高职高专规划教材

建筑力学与结构

第二版

游普元　主　编
郭晓凤　副主编

化学工业出版社
·北京·

本书根据高职高专职业教育的要求，满足工程造价、工程管理、项目管理等相关专业的培养目标及教学改革要求，将理论力学、材料力学、结构力学与建筑结构相结合，按“必需、够用”为度的原则编写而成，书中采用了最新的建筑结构荷载规范和混凝土结构设计规范。

本书共分两篇12章，主要内容有静力学的基本概念、平面力系、静定结构的基本知识、静定平面桁架、轴向拉伸和压缩、受弯构件、压杆稳定、钢筋混凝土结构的基本原理、钢筋混凝土受弯构件、钢筋混凝土受压构件、钢筋混凝土楼盖、砌体结构等。

本书为高职高专工程造价、工程管理、项目管理、建筑企业经济管理、建筑装饰工程技术等专业的教学用书，也可供现场技术人员参考之用。

图书在版编目（CIP）数据

建筑力学与结构/游普元主编．—2版．—北京：化学工业出版社，2014.6（2020.9重印）

高职高专规划教材

ISBN 978-7-122-20456-1

Ⅰ.①建…　Ⅱ.①游…　Ⅲ.①建筑力学-高等职业教育-教材②建筑结构-高等职业教育-教材　Ⅳ.①TU3

中国版本图书馆CIP数据核字（2014）第078774号

责任编辑：王文峡　　装帧设计：尹琳琳

责任校对：边　涛

出版发行：化学工业出版社（北京市东城区青年湖南街13号　邮政编码100011）

印　　刷：三河市延风印装有限公司

787mm×1092mm　1/16　印张15　字数394千字　2020年9月北京第2版第4次印刷

购书咨询：010-64518888　　售后服务：010-64518899

网　　址：http：//www.cip.com.cn

凡购买本书，如有缺损质量问题，本社销售中心负责调换。

定　　价：40.00元

前　言

本书在第一版的基础上，广泛地征集了对第一版教材的使用意见，总结了多年的教学改革经验，结合高职高专院校工程造价、工程管理等专业的“建筑力学与结构”课程标准，以及现行国家标准《建筑地基基础设计规范》（GB 50007—2011）、《建筑结构荷载规范》（GB 50009—2012）、《混凝土结构设计规范》（GB 50010—2010）、《砌体结构设计规范》（GB 50003—2011）、《高层建筑混凝土结构技术规程》（JGJ 3—2010）及其他相关规范、标准修订而成。

本次修订主要对原第一篇（建筑力学）中的符号表达、专业术语、图形精确度、部分不实用的习题等进行了修改和删除；对第二篇（钢筋混凝土结构与砌体结构）的内容，根据最新的结构规范、荷载规范、砌体结构规范等进行了相应的修改，使之符合新规范、新标准的要求，使用时请注意与已颁布或将要修订发布的其他相关规范、标准配合使用。

本次修订保留了第一版的结构体系和特色，即内容翔实，通俗易懂、概念清晰、简明扼要、深入浅出，尽可能反映新规范、新标准、新技术的应用；书中主要章节编有设计实例，其内容深度、广度、步骤及格式均满足工程造价、建筑工程管理等专业的就业岗位群完成典型工作任务的需要，且便于教学和学习。

本书为高职高专工程造价、建筑工程管理、建筑工程经济、建筑装饰工程技术、园林工程技术等专业的教学用书，也可供现场技术人员参考之用。

本书由重庆工程职业技术学院游普元任主编，郭晓凤任副主编，参加本次修订的该院教师有：游普元（绪论、第 1 章至第 4 章、附录），郭晓凤（第 5 章至第 7 章、第 11 章），张冬秀（第 8 章至第 10 章），彭军（第 12 章）。在本次修订过程中，尤小明（正高工）、王坤禄［重庆龙脊（集团）有限公司，高工、一级结构注册工程师］、伍川生（博士）、刘燕等给予了帮助，在此表示感谢！

限于编者水平，书中仍有不妥之处，恳请读者批评指正。

编者

2014 年 3 月

第一版前言

本教材是根据高职高专的培养目标、专业教学计划、建筑力学与结构课程教学标准进行编写的。全书共两篇十二章，主要内容包括静力学的基本原理、结构组成规律、杆件的内力和变形、压杆稳定、钢筋混凝土结构、砌体结构。整个教材的编写严格执行了我国新颁布的标准《建筑地基基础设计规范》(GB 50007—2002)、《建筑结构荷载规范》(GB 50009—2001)、《混凝土结构设计规范》(GB 50010—2002)、《砌体结构设计规范》(GB 50003—2001)、《高层建筑混凝土结构技术规程》(JGJ 3—2002)、《建筑结构设计术语和符号标准》(GB/T 50083—1997)，并结合专业特点，注重理论联系实际的原则，力求使工程造价专业学员在较少学时的情况下，尽可能全面地了解建筑力学与结构的基本知识，为学习专业课打下良好的基础；力求做到选材恰当，内容精练，重点突出，图文并茂、文字通俗易懂。

为便于组织教学和学生自学，本书各章均附有学习目标、思考题及习题。书后还附有建筑力学与建筑结构中常用的一些附表和习题参考答案，以备需要时查用。在学习目标中所涉及的程度用语主要有"熟练"、"正确"、"基本"。"熟练"指能在所规定的较短时间内无错误的完成任务，"正确"指没有任何错误，"基本"指在没有时间要求的情况下，不经过旁人提示，能无错误的完成任务。

本书由游普元同志主编，邹绍明主审，张冬秀、郭晓凤参编。具体分工如下：游普元编写了第1～6章和第11、12章，同时完成了全部插图的绘制工作；张冬秀编写了第7～10章；郭晓凤编写了各章学习目标、学习重点、学习难点、习题参考答案。

本书在编写过程中，得到了建筑工程与艺术设计系建筑教研室全体同仁的大力支持，特别是徐安平、郭晓凤、王贵珍、余志刚等老师对本书的编写提出了不少宝贵的意见，在此一并表示感谢。

本教材可作为工程造价、工程管理、项目管理、建筑企业经济管理、建筑装饰工程技术等专业的教学用书，也可供现场技术人员参考之用。

由于本书编写时间仓促，加之编者水平有限，书中难免有欠妥之处，欢迎广大师生指正。

编者

2008 年 6 月

目　录

第一篇　建筑力学

第二篇 钢筋混凝土结构与砌体结构

0 绪 论

学习目标

1. 能熟练陈述建筑力学的研究对象和主要任务。
2. 能正确陈述本课程的性质和主要内容。
3. 能基本陈述本课程的学习方法。

0.1 本课程的研究对象及任务

建筑物是由屋盖、楼板、梁、墙（或柱）、门窗、楼梯、基础等构件组成，这些构件在房屋中互相支撑，互相扶持，并通过正确的连接而组成能够承受和传递各种“作用”的平面或空间体系，统称为建筑结构。这里的“作用”是指施加在结构上的荷载（如恒载、活荷载等）或引起建筑结构外加变形或约束变形的原因（如地震、基础沉降、温度变化等）。前者称为直接作用，后者称为间接作用。

建筑结构是房屋的骨架，它对建筑物的安全和耐久性起决定作用。

建筑结构所要研究的是各种结构在正常施工和使用条件下的可靠度，具体来讲就是要保证房屋在可能出现的各种“作用”下具有足够的强度、耐久性和良好的工作性能，在偶然事件发生时及发生后，仍能保持必需的整体稳定性。

建筑质量的好坏，在很大程度上取决于施工质量的优劣，但结构的设计质量却是先决条件。房屋结构不合理、不牢固，房屋就会出问题，严重的还可能发生倒塌，但房屋结构过于结实、坚固，又势必增加房屋造价而造成不必要的浪费。因此，结构设计就是要在保证安全和耐久的前提下，尽可能取得最大限度的经济效果，这也正是建筑结构所要研究的课题。

建筑结构设计的成果是建筑结构施工图，它是建筑工程预算，建筑施工和经营管理的重要技术文件。

建筑力学是以建筑结构和构件为对象，是研究结构和构件的力学计算理论及方法的科学。它的主要任务是：应用力学的基本原理，分析研究结构和构件在各种条件下，维持平衡所需的条件、内力分布规律，变形以及构件的强度、刚度和稳定性等问题，为结构设计提供计算理论和方法，以正确解决安全适用与经济合理之间的矛盾。因此，建筑力学是学习研究建筑结构的基础。

建筑力学与结构的内容十分丰富，涉及面广。本书重点讨论杆件结构、钢筋混凝土结构、砌体结构等构件的基本计算方法与构造要求，并对楼（屋）盖结构的结构计算与构造做简要介绍。

0.2 建筑结构的类型

建筑结构常按所用的材料和承重结构的类型来分类。建筑结构按所用材料的不同，可分为如下几种类型。

0.2.1 钢筋混凝土结构

钢筋混凝土是由钢筋和混凝土两种材料组合而成，它具有强度高、耐久性、可模性、耐火性及抗震性能好等优点，因此，它的应用非常广泛，几乎任何建筑工程都可采用。但钢筋混凝土结构也有自重大，抗裂能力差、费工、费模板等缺点，这在一定程度上限制了钢筋混凝土结构的使用范围。随着生产和科学技术的发展，钢筋混凝土结构的这些缺点正在逐步得到克服。如采用轻骨料混凝土，以减轻结构自重，采用预应力混凝土提高构件的抗裂性，而采用预制钢筋混凝土构件则可克服模板耗费多和工期长等缺点。

0.2.2 砌体结构

砌体是块材用砂浆砌筑而形成的整体，以砌体作为房屋的主要承重骨架的结构型式称为砌体结构。砌体结构所用材料可就地取材，造价低、耐久性好、施工工艺简单，因此，在建筑工程中应用较为广泛。但砌体结构也有施工进度缓慢、自重大、抗拉及抗震性能差等缺点。一般用于以受压为主的竖向承重结构。

0.2.3 钢结构

钢结构是由钢材制成的结构，其特点是强度高、自重轻、材质均匀、制作简单、施工及运输方便。但钢结构也有容易锈蚀、维修费用高、耐火性能差等缺点，目前主要用于大跨度及高层建筑中，也常用于一些简易或临时性建筑物。

0.2.4 木结构

木结构是指全部或大部分用木材作为房屋的承重骨架的结构。由于木结构具有就地取材、制作简单、便于施工等优点，所以在木材产地采用较多；但木材产量受自然条件限制，木材本身易燃、易腐，易虫蛀等，因此在重要建筑中采用较少。

0.3 本课程的内容及学习要求

0.3.1 静力学部分

介绍静力学的基本知识、力系的合成与分解以及力系的平衡条件，并能应用平衡条件求解构件。

0.3.2 结构组成分析

介绍平面体系几何不变的组成规律，应用体系的组成规律来判别结构是否几何不变；确定结构是静定结构还是超静定结构。

0.3.3 杆件的内力和变形

介绍杆件在各种受力状态下的内力与变形的计算，以及杆件的强度和刚度的计算。

0.3.4 压杆稳定

介绍杆件受压的稳定概念，以及稳定计算的基本原理。

0.3.5 钢筋混凝土结构

介绍材料的基本力学性质，钢筋混凝土构件的基本计算原理、计算方法与构造要求，钢筋混凝土楼盖的形式、计算要点与构造要求，预应力混凝土的基本知识。

0.3.6 砌体结构

介绍砌体结构材料的力学性质，砌体结构的承重方案及静力计算方案，砌体结构构件的强度和稳定性计算及构造要求。

0.4 建筑力学与结构的学习方法

建筑力学与结构包括力学与结构两部分内容，是一门整合后的综合性课程的教材。力学的基本规律，是人们通过观察生活和生产实践中的各种现象，进行多次科学实验，经过分析、综合和归纳而总结出来的，理论性较强，它与数学、物理学有着密切的关系。在学习这部分时应根据实际情况对上述课程进行必要的复习，注意掌握力学的基本概念、基本理论和必要的计算方法，注意多练、多思考、多总结。结构则实践性较强，它是以建筑力学为基础，与建筑工程有着紧密的联系，在学习时应识读一定数量的结构施工图，掌握结构构件的一般构造要求，注重理论联系实际，学会用力学的原理和计算方法，分析和计算结构的内力、位移，并应用有关的结构知识解决实际工程中的一些问题，做到学以致用。

建筑力学与结构是工程造价、工程管理、项目管理、建筑企业经济管理等专业的技术基础课，它是学好建筑施工技术、建筑工程定额与预算、建筑工程施工组织等课程的基础，如本课程学不好，将会给上述课程学习带来困难。

第一篇
建筑力学

1 静力学的基本知识

学习目标

1. 能正确陈述力、刚体、平衡等基本概念。
2. 能熟练陈述静力学四个公理及其推论。
3. 能正确完成约束、约束反力的分析和受力图绘制。

学习重点

1. 力、平衡、刚体等概念。
2. 静力学公理及其推论。
3. 静力学几个重要定理的应用。
4. 约束、约束反力的分析和受力图绘制。

学习难点

1. 约束的概念，尤其是光滑圆柱铰链约束的特征及其约束反力的确定。
2. 物体的受力分析及其受力图的绘制。

1.1 静力学的基本概念

静力学是研究力系的简化，即物体在力作用下处于平衡状态的规律和物体的受力分析问题。

1.1.1 力的概念及要素

(1) 力的概念

力在人类的生产和生活实践中无处不在，力的概念是人们从实践活动中产生的。当人们用手提、举或推某一物体时，从肌肉的紧张收缩中就感觉到人对物体施加了力。例如人们用扁担挑重物，重物的重量通过扁担压在肩膀上，就使人感觉到肩膀受到压力的作用。通过进一步地观察、实验和分析，认识到给物体施加力，可使物体运动状态发生改变或使物体产生变形。如力作用在车子上可以让车由静止到运动，力作用在钢筋上可以使钢筋由直变弯。由此得到力的科学概念：**力是物体间相互的机械作用**，这种作用引起物体运动状态发生变化或使物体产生变形。

由于力是物体间相互的机械作用，因此，力不能脱离物体而单独存在，某一物体受到力的作用，一定有另一物体对它施加作用。在今后研究物体的受力问题时，必须分清谁是施力物体，谁是受力物体。

(2) 力的三要素

① 力的大小　指物体间相互作用的强弱程度。在国际单位中，力的大小以牛顿（N）或千牛顿（kN）为单位。在工程单位制中，以千克力（kgf）或吨力（tf）为力的单位。

牛顿与千克力的换算关系是：

$$1\text{千克力}(\text{kgf})=9.807\text{N}\approx 10\text{N}$$

② 力的方向　通常包括方位和指向两个含义。例如“铅直向下”，“铅直”是力的方位，

“向下”是力的指向。

③ 力的作用点　指力作用在物体上的位置。通常它是一块面积而不是一个点。仅当作用面积很小时可以近似看成是一个点。

实践证明，改变力的三要素中的任意一个，都将改变力对物体的作用效果，也就是说，物体之间的这种相互机械作用的效果是由力的大小、方向和作用点来确定的。只有这三个要素唯一地确定下来，那么力对物体的作用效果才能唯一地确定。

在数学和力学中，有两种量：标量和矢量。只有大小而没有方向的量称为标量，如质量、温度、时间等；不仅有大小而且有方向的量称为矢量。因此，力是一个矢量，可以用一有向线段表示（图 1.1）；线段的长度（按一定比例画）表示力的大小，箭头的指向表示力的方向，线段的起点或终点表示力的作用点，力所顺沿的线段表示力的作用线。本书矢量用黑体字母表示（例如 **F**）。

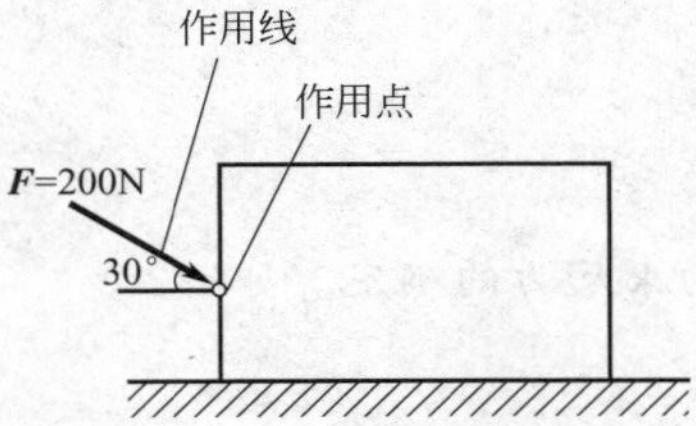

图 1.1

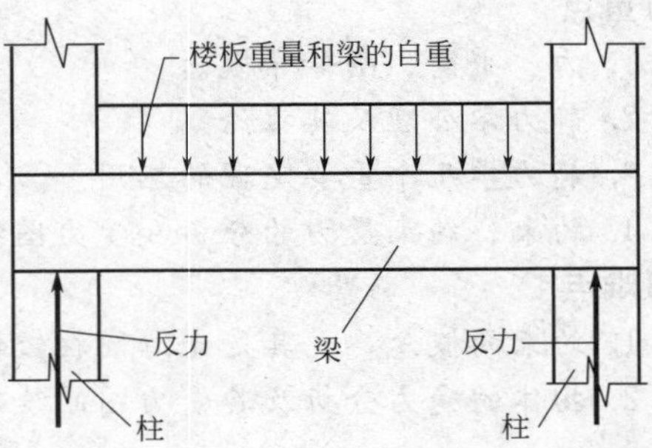

图 1.2

1.1.2　刚体和平衡

（1）刚体的概念

在任何外力作用下，其形状、大小均保持不变的物体称为刚体。

刚体只是人们对物体的一种假想。事实上，在自然界中任何物体受外力作用都有不同程度的变形，只是有些物体受力后变形很微小，有些甚至要用专门的仪器才能测量出来。在研究静力学问题时，忽略变形对所研究的结果影响甚微，但却使研究的问题得到简化。

然而，当研究物体受力作用后物体的内力和变形时，即使变形很微小也应考虑，不能忽略不计。从第 5 章的轴向拉伸和压缩起，就不再将物体视为刚体而必须视为可变形的固体。

（2）平衡的概念

物体相对于地球处于静止或匀速直线运动的状态称为平衡。而作用于同一物体上使物体处于平衡状态的力系，称为平衡力系。例如梁在自重、楼板重量作用和柱子支撑的情况下（图 1.2）保持静止不动，则该梁处于平衡状态，而梁的自重、楼板的重量和柱子的支撑反力则是作用在梁上的平衡力系。

平衡是机械运动的一种特殊情况，即物体受力后的运动状态不发生变化。

1.2　静力学基本公理

静力学公理是人们在长期的生产实践中积累起丰富的经验又经过分析而得到的，它为人们研究静力学奠定了必要的基础。

1.2.1　静力学公理

(1) 二力平衡公理

作用在同一刚体上的两个力，使刚体处于平衡状态的必要与充分条件是：这两个力大小相等，方向相反，作用线在同一直线上（简称二力等值、反向、共线）。如图 1.3 所示的杆件 AB 受到一对拉力，当 $\boldsymbol{F}_A=-\boldsymbol{F}_B$（负号表示 $\boldsymbol{F}_A$ 和 $\boldsymbol{F}_B$ 的方向相反）。则杆件 AB 平衡。

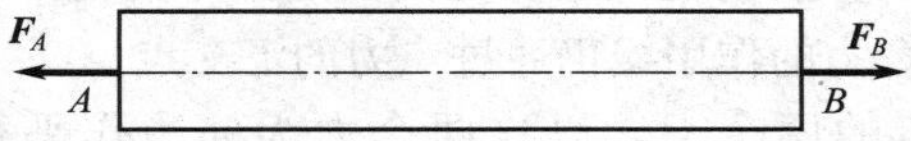

图 1.3

图 1.4

在两力作用下处于平衡的刚体称为二力体，如果刚体是一个杆件，则称为二力杆件。图 1.3 所示的杆件 AB，若不计自重，就是一个二力杆件。二力杆件上 $\boldsymbol{F}_A$ 和 $\boldsymbol{F}_B$ 两力的作用线必在两力的作用点连线上，且等值、反向。

在物体受力分析时要经常利用二力杆件这一受力特点确定二力杆件所受力的作用线方位。

只有当力作用在刚体上时二力平衡公理才能成立。对于变形体，二力平衡条件只是必要条件，并不是充分条件。例如满足上述条件的两个力作用在一根绳子上，当这两个力是张力（即使绳子受拉）时，绳子才能平衡（图 1.4）。如受等值、反向、共线的压力就不能平衡。

(2) 作用力与反作用力公理

若甲物体对乙物体有一个作用力，则乙物体对甲物体必有一个反作用力，这两个力大小相等、方向相反、并且沿着同一直线而相互作用。

力是物体间相互的机械作用，因而作用力与反作用力必然是同时出现，同时消失。

作用力和反作用力是分别作用在两个物体上的力，任何作用在同一个物体上的两个力都不是作用力和反作用力

如图 1.5 所示，在光滑的水平面上放置一重量为 $\boldsymbol{G}$ 的球体，球体在重力 $\boldsymbol{G}$ 作用下，给水平支撑面一个铅垂向下的压力 $\boldsymbol{N}$，同时水平支撑面给球体一个向上的支撑力 $\boldsymbol{N}'$，力 $\boldsymbol{N}$ 和 $\boldsymbol{N}'$ 就是作用力与反作用力。另外球体的重力 $\boldsymbol{G}$ 与水平支撑面给球体的向上支撑力 $\boldsymbol{N}'$，尽管它们是大小相等、方向相反，沿着同一直线作用的两个力，但它们是作用在同一物体（球体）上的，所以它们不是一对作用力与反作用力，应该是一对平衡力。所以在分析作用力与反作用力时，不能同二力平衡公理混淆。

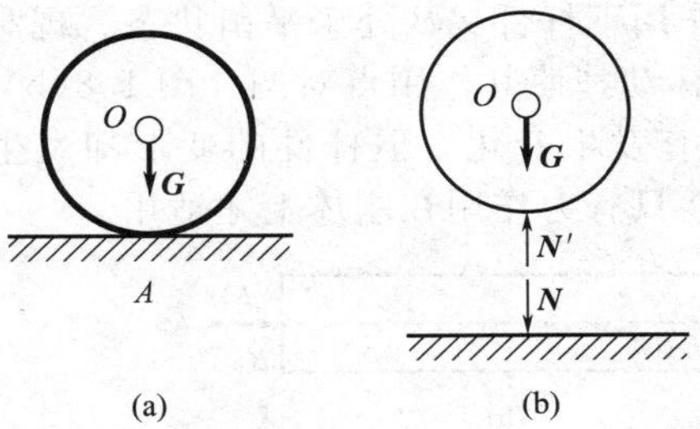

图 1.5

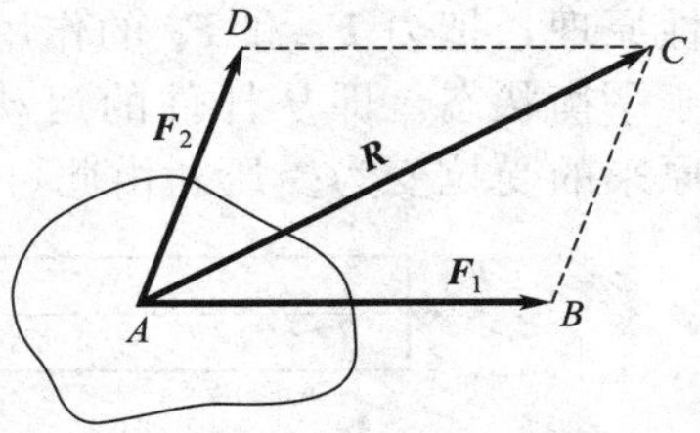

图 1.6

（3）加减平衡力系公理

在作用着已知力系的刚体上，加上或减去任意平衡力系，原力系对刚体的作用效果不变。

这是因为平衡力系对刚体的运动状态没有影响，所以增加或减少任意平衡力系均不会使刚体的运动效果发生改变。

（4）力平行四边形公理

作用于刚体上同一点的两个力可以合成一个合力，该合力的大小和方向由这两个力为邻边所组成的平行四边形并通过二力汇交点的对角线确定。合力的作用线仍通过二力的汇交点。

如图 1.6 所示，$\boldsymbol{F}_1$ 和 $\boldsymbol{F}_2$ 为作用于刚体上 A 点的两个力，以这两个力为邻边作平行四边形 $ABCD$，则 $\boldsymbol{F}_1$ 与 $\boldsymbol{F}_2$ 的合力 $\boldsymbol{R}$ 的大小、方向即以平行四边形的对角线 AC 表示，$\boldsymbol{R}$ 的作用线通过两力的作用点 A。

求 $\boldsymbol{F}_1$ 和 $\boldsymbol{F}_2$ 两力的合力 $\boldsymbol{R}$，还可以用矢量表达式：

$$\boldsymbol{R}=\boldsymbol{F}_1+\boldsymbol{F}_2$$

1.2.2 两个推论

根据上述静力学公理，可以得出以下两个重要推论。

（1）力的可传性原理

作用于刚体上的力，其作用点可以沿着作用线移动到该刚体上任意一点，而不改变力对刚体的作用效果。

如图 1.7(a) 所示，设在小车 A 点上作用一力 $\boldsymbol{F}$。在力 $\boldsymbol{F}$ 作用线上任取一点 B，并沿力 $\boldsymbol{F}$ 作用线其 B 点加一对平衡力（$\boldsymbol{F}_1$、$\boldsymbol{F}_2$），使 $\boldsymbol{F}_1=\boldsymbol{F}_2=\boldsymbol{F}$［图 1.7(b)］，由加减平衡力系公理可知，力系 $\boldsymbol{F}_1$、$\boldsymbol{F}_2$、$\boldsymbol{F}$ 对小车的作用，与力 $\boldsymbol{F}$ 单独作用的效果相同。然后再减去平衡力系 $\boldsymbol{F}$ 与 $\boldsymbol{F}_1$，于是刚体上就只剩下作用于 B 点的力 $\boldsymbol{F}_2$($\boldsymbol{F}_2=\boldsymbol{F}$)，这就相当于将力 $\boldsymbol{F}$ 的作用点沿作用线由 A 点移到 B 点［图 1.7(c)］。实践证明这两种情况的作用效果完全相同。

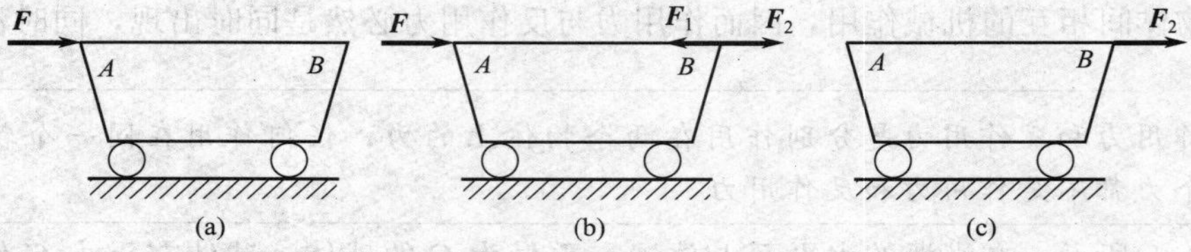

图 1.7

力的可传性原理只适用于刚体而不适用于变形体。

当研究物体的内力、变形时，将力的作用点沿着作用线移动，必然使该力对物体的内效应发生改变。如图 1.8(a) 所示杆件 AB，在 A、B 两点分别作用有力 $\boldsymbol{F}_1$、$\boldsymbol{F}_2$，$\boldsymbol{F}_1$ 与 $\boldsymbol{F}_2$ 大小相等、方向相反、作用在同一直线上，在此两力作用下杆件 AB 处于平衡状态。现利用力的可传性原理，把力 $\boldsymbol{F}_1$ 和 $\boldsymbol{F}_2$ 的作用点沿着作用线移动，使其作用点对调［图 1.8(b)］，杆件仍处于平衡状态，即从杆件的运动状态来说，没有发生变化；但杆件的变形却发生了改变，由原来的受拉变为受压。由此可见，力的可传性只有力作用在刚体上才适用。

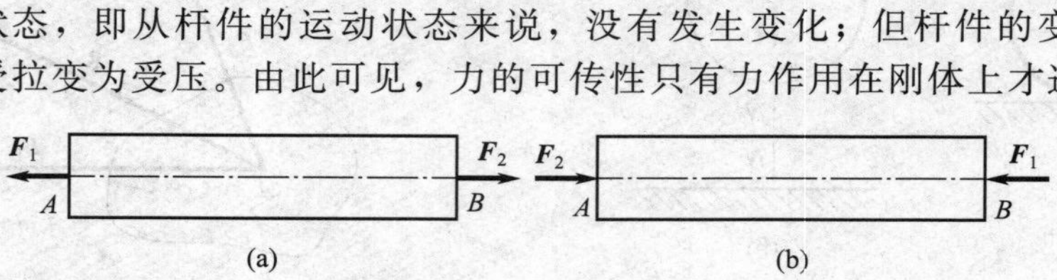

图 1.8

（2）三力平衡汇交原理

若刚体在三个互不平行的力作用下处于平衡，则此三个力的作用线必在同一平面内且汇交于一点。

如图 1.9 所示，刚体上受有不平行的三个力 $\boldsymbol{F}_1$、$\boldsymbol{F}_2$ 和 $\boldsymbol{F}_3$ 作用而保持平衡。可先根据力的平行四边形公理，将其中任意两力 $\boldsymbol{F}_1$ 和 $\boldsymbol{F}_2$ 合成一个合力 $\boldsymbol{R}$。于是刚体上只受 $\boldsymbol{F}_3$ 和 $\boldsymbol{R}$ 两个力作用，因刚体是平衡的，则 $\boldsymbol{F}_3$ 和 $\boldsymbol{R}$ 必满足二力平衡公理，即 $\boldsymbol{F}_3$ 与 $\boldsymbol{R}$ 的作用线必在同一直线上。因此，作用在刚体上的 $\boldsymbol{F}_1$、$\boldsymbol{F}_2$ 和 $\boldsymbol{F}_3$ 组成平衡力系的条件是三个力的作用线汇交于 O 点。

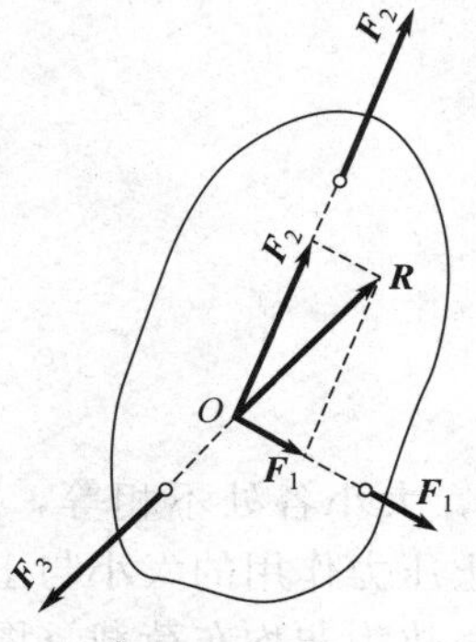

图 1.9

由此可知，刚体受不平行的三力作用而平衡时，如果已知其中两个力的方向，则第三个力的方向就可以按三力平衡汇交原理确定。

1.3　荷　　载

作用在物体上的力或力系统称为外力，物体所受的外力包括主动力和约束反力两种，其中主动力又称为荷载（即为直接作用）。如物体的自重、人群、风压力、雪压力等。此外，其他可以使物体产生内力和变形的任何作用，如温度变形、材料收缩、地震的冲击等，从广义上讲也称为荷载（即间接作用）。本节重点讨论直接作用。

1.3.1　荷载的分类

（1）荷载按作用的性质分类

① 永久荷载（又称为恒荷载）：长期作用不变的荷载。如构件本身自重、设备自重等。永久荷载的大小可根据其形状尺寸、材料的密度计算确定。各种常用材料的密度可由《建筑结构荷载规范》（以下简称《荷载规范》）查得。

② 可变荷载（又称为活荷载）：荷载的大小和作用位置经常随时间变化。如楼面上人群、物品的重量、雪荷载、风荷载、吊车荷载等。在《荷载规范》中对各种活荷载的标准值（称为标准荷载）都作了规定，计算时可直接查用。

（2）荷载按分布形式分类

① 集中荷载：荷载的分布面积远小于物体受荷的面积时，为简化计算，可近似地看成集中作用在一点上，这种荷载称为集中荷载。集中荷载在日常生活和实践中经常遇到，例如人站在地板上，人的重量就是集中荷载。集中荷载的单位是牛顿（N）或千牛顿（kN），通常用字母 $\boldsymbol{F}$ 表示（图 1.10 所示）。

② 均布荷载：荷载连续作用，且大小各处相等，这种荷载称为均布荷载。单位面积上承受的均布荷载称为均布面荷载，通常用字母 $\boldsymbol{p}$ 表示（图 1.11 所示），单位为牛顿/平方米（N/

m^2）或千牛顿/平方米（kN/m^2）。单位长度上承受的均布荷载称为均布线荷载，通常用字母 q 表示（图 1.12 所示），单位为牛顿/米（N/m）或千牛顿/米（kN/m）。

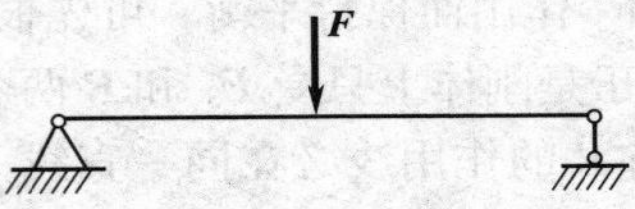

图 1.10

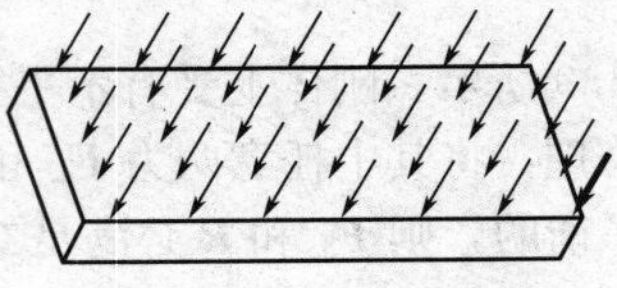

图 1.11

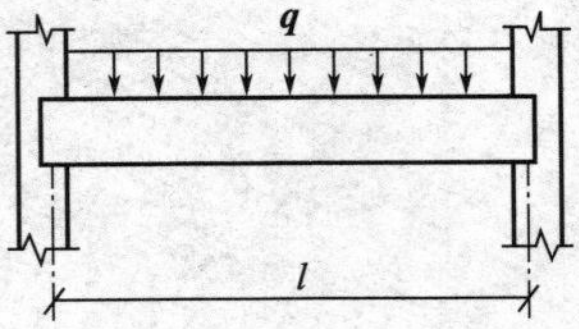

图 1.12

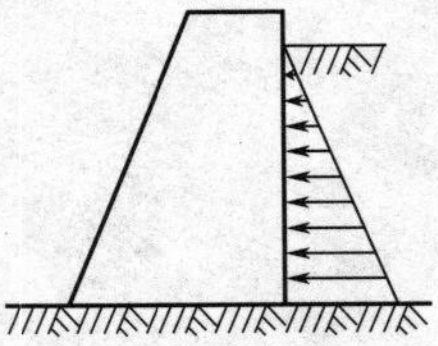

图 1.13

③ 非均布荷载：荷载连续作用，大小各处不相等，而是按一定规律变化的，这种荷载称为非均布荷载。例如挡土墙所受土压力作用的大小与土的深度成正比，愈往下，挡土墙所受的土压力也愈大，呈三角形分布，故为非均布荷载（图 1.13 所示）。

1.3.2 荷载的计算

荷载的计算是结构计算的第一步。结构计算就是要根据荷载的大小及作用的形式决定构件的内力和尺寸，使设计的构件有足够的强度、刚度和稳定性。因此，荷载的确定是工程设计中很重要的一环，必须慎重、细致地进行计算。

现以例题说明荷载计算的步骤和方法。

【例 1.1】 某办公楼屋面采用预制板，板长 $l=3.14$m，板宽 $b=1.2$m。每块板自重 $G=9.6$kN，板的两端搁置在砖墙上，屋面材料作法为：二毡三油上铺小石子（$0.35kN/m^2$），20mm 厚水泥砂浆找平层，砂浆的密度为 $\gamma=20kN/m^3$，板底 20mm 厚抹灰，抹灰密度为 $\gamma=17kN/m^3$。屋面活荷载的标准值为 $0.7kN/m^2$（不上人屋面），试计算屋面板单位长度的均布线荷载。

解：a. 屋面板每单位面积上的永久荷载：

二毡三油上铺小石子　　$0.35kN/m^2$

20mm 厚水泥砂浆找平层　　$0.02\times20=0.40(kN/m^2)$

板自重　　$\dfrac{9.6}{3.14\times1.2}=2.55(kN/m^2)$

20mm 厚板底抹灰　　$0.02\times17=0.34(kN/m^2)$

$$p_{恒}=3.64kN/m^2$$

b. 屋面板每单位面积上的总荷载：

$$p_{总}=p_{恒}+p_{活}=3.64+0.7=4.34(kN/m^2)$$

c. 屋面板单位长度所受的均布线荷载：

$$q_{总}=p_{总}\,b=4.34\times1.2=5.21(kN/m)$$

1.4 约束与约束反力

在空间能自由作任意方向运动的物体称为自由体。如空气中的气球和飞行的飞机就是自由体。**在某一方向的运动受到限制的物体称为非自由体**。图 1.14(a) 中的小球受到绳索的限制，绳索限制小球沿绳轴线向下运动，小球就是非自由体。

使非自由体在某一方向不能自由运动的限制装置称为约束。图 1.14(a) 的绳索就是小球的约束。**由约束引起的沿约束方向阻止物体运动的力称为约束反力**。图 1.14(b) 中绳索拉住小球以限制其下落的张力 $\boldsymbol{T}$ 就是约束反力。由于约束反力的作用是阻止物体运动，因此约束反力的方向总是与被约束物体的运动方向或运动趋势的方向相反。

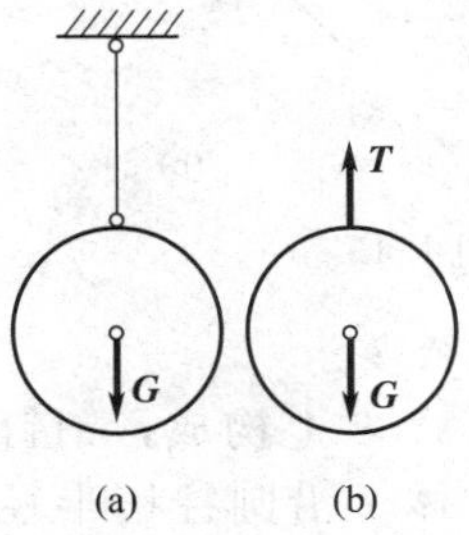

图 1.14

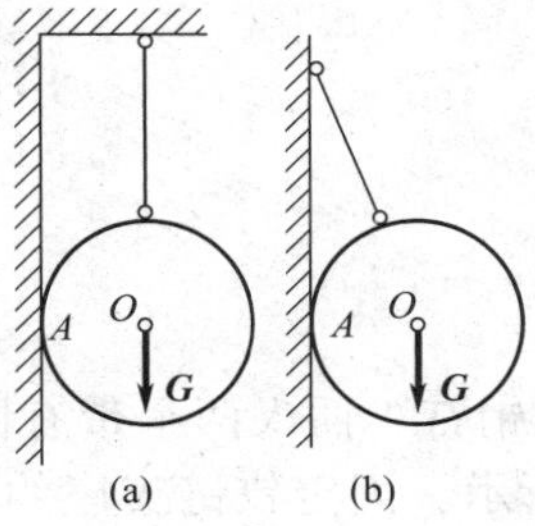

图 1.15

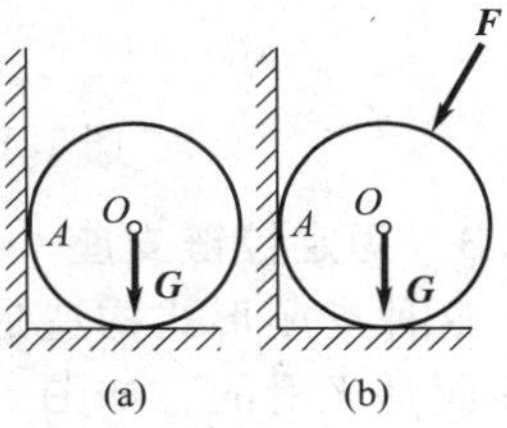

图 1.16

约束反力的产生条件，是由物体的运动趋势和约束性能来决定的。使物体运动或有运动趋势的力称为主动力。物体在主动力作用下如果没有相对于某个约束的运动趋势，则该约束反力就不会产生。如图 1.15(a) 和图 1.16(a) 的球体在 A 点虽有约束，但球体在约束阻止球运动的方向上并没有运动趋势，所以 A 点没有约束反力。而图 1.15(b) 和图 1.16(b) 所示的球体在自重 $\boldsymbol{G}$ 或 $\boldsymbol{F}$ 作用下有向左的运动趋势，因此在 A 点就有约束反力。

约束反力是在主动力影响下产生的，主动力的大小是已知或可测定的，而约束反力的大小通常是未知的。在静力学问题中，主动力和约束反力组成平衡力系，可利用平衡条件求约束反力。

下面介绍工程中常见的几种约束类型及其约束反力。

1.4.1 柔体约束

由柔软的绳索、链条、皮带等所形成的约束称为柔体约束。由于柔体约束只能阻止物体沿着柔体轴线方向离开柔体的运动；所以柔体约束的约束反力是沿着柔体轴线方向并背离物体。柔体约束反力通常用字母 $\boldsymbol{T}$ 表示。如图 1.17(a) 所示的绳索 AB 和 DC 就是柔体约束，其约束反力是绳索给球的拉力 $\boldsymbol{T}_{AB}$ 和 $\boldsymbol{T}_{CD}$，如图 1.17(b) 所示。

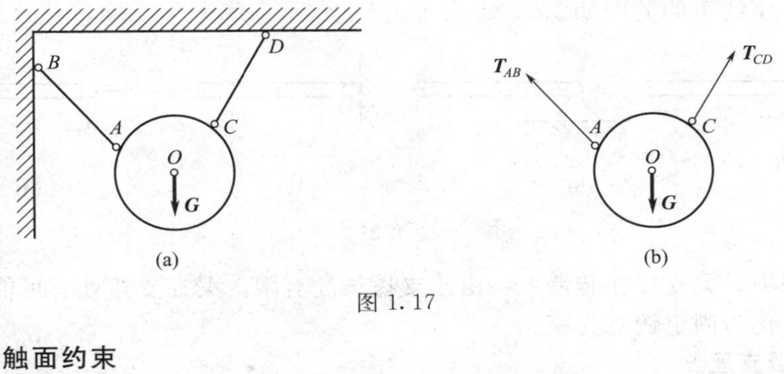

图 1.17

1.4.2 光滑接触面约束

两个相互接触的物体，如沿着接触表面切线方向的摩擦力极小，略去不计，这种光滑接触面构成的约束称为光滑接触面约束。由于光滑表面只能阻止物体沿接触面法线向光滑面方向运动；所以光滑接触面约束的约束反力的方向是沿着接触表面的法线方向并指向物体，作用点为接触点。光滑面约束反力通常用字母 $\boldsymbol{N}$ 表示，如图 1.18(a) 和图 1.19(a) 所示的 A、B 接触面为光滑接触面约束，其约束反力沿着接触处的法线方向并指向物体，如图 1.18(b) 和图 1.19(b) 所示的 $\boldsymbol{N}_A$ 和 $\boldsymbol{N}_B$。

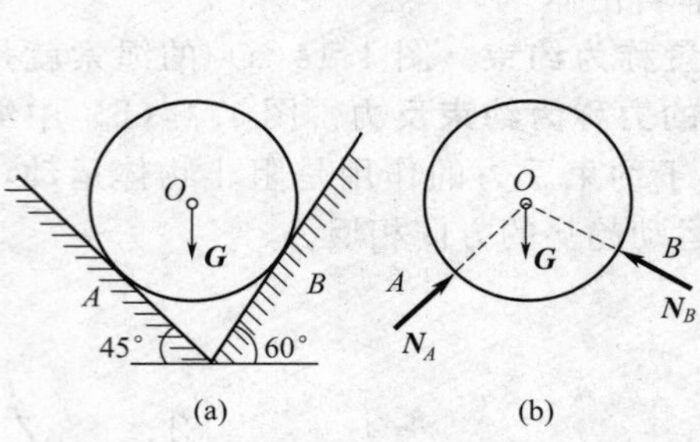

图 1.18

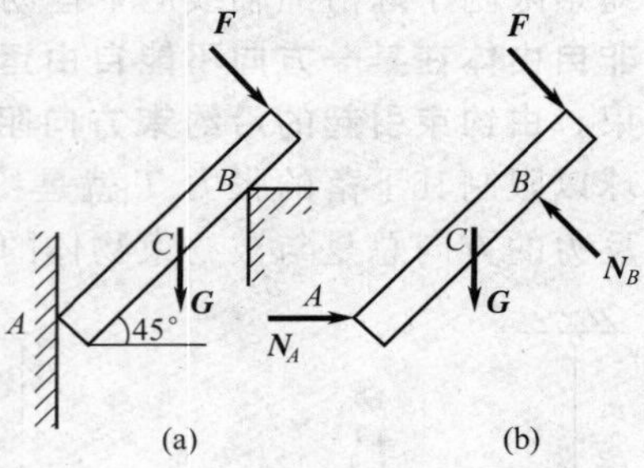

图 1.19

1.4.3 固定铰链支座

这种支座形式构造是将圆柱形销钉 1 插入两个带有圆孔的物体 2、3 上构成，销钉与圆孔表面是光滑的，如图 1.20(a) 所示。固定铰链支座约束能限制物体 2 沿圆柱销半径方向移动，但不能限制被约束物体绕销钉转动。

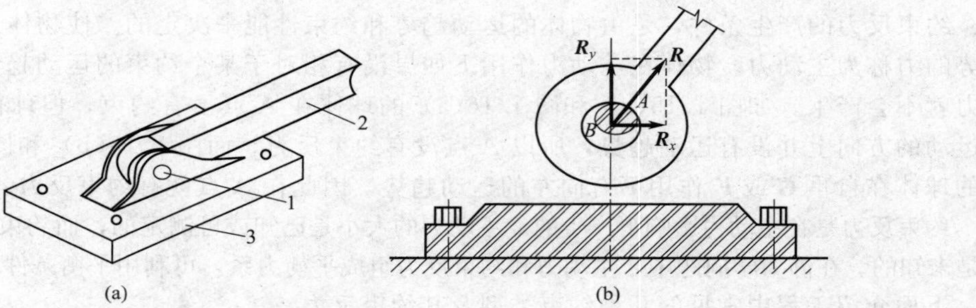

图 1.20

在物体 2 受荷载作用时，销钉孔壁便与销钉上的某点 A 压紧，这样销钉将通过接触点 A 给物体 2 一个约束反力 $\boldsymbol{R}$，$\boldsymbol{R}$ 的作用线必须通过销钉中心 B，沿接触处的法线方向［图 1.20(b)］。然而销钉孔与销钉的接触点 A 与受力情况有关，事先无法确定，故 $\boldsymbol{R}$ 的方向也无法最后确定。在实际应用时，通常是用两个互相垂直且通过铰心 B 的分力 $\boldsymbol{R}_x$ 和 $\boldsymbol{R}_y$ 来代替。固定铰链支座约束的简图如图 1.21 所示。

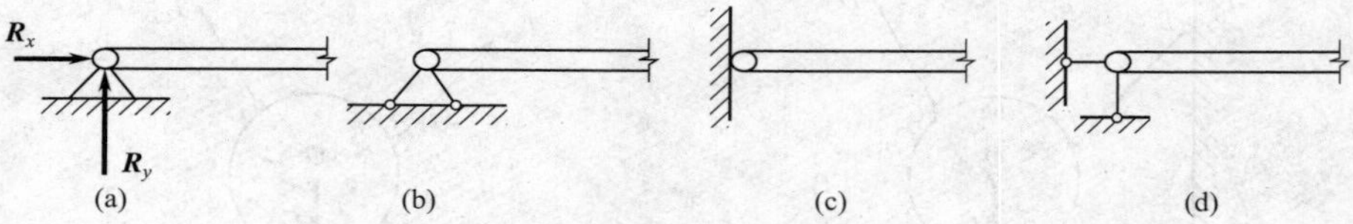

图 1.21

在实际工程中，梁支撑在砖墙上，由于支撑长度有限，梁在支撑处有可能发生微小的转动，所以也可简化为固定铰链支座。

1.4.4 活动铰链支座

将铰链支座安装在带有滚轴的固定支座上，支座在滚子上可以任意的作前后、左右的相对运动，如图 1.22(a) 所示，这种约束称为活动铰链支座。被约束物体不仅能自由转动，而且可以沿着平行支座底面的方向任意移动，因此活动铰链支座只能阻止物体沿着垂直于支座底面的方向运动。故活动铰链支座的约束反力 $\boldsymbol{R}$ 的方向必垂直于支撑面，作用线通过铰链中心。

活动铰链支座的简图如图 1.22(b)、(c) 所示。

由于活动铰链支座不限制杆件沿轴线方向的伸长或缩短。因此桥梁或屋架等工程结构一端用固定铰链支座，另一端用活动铰链支座，以适应温度变化引起的伸缩。

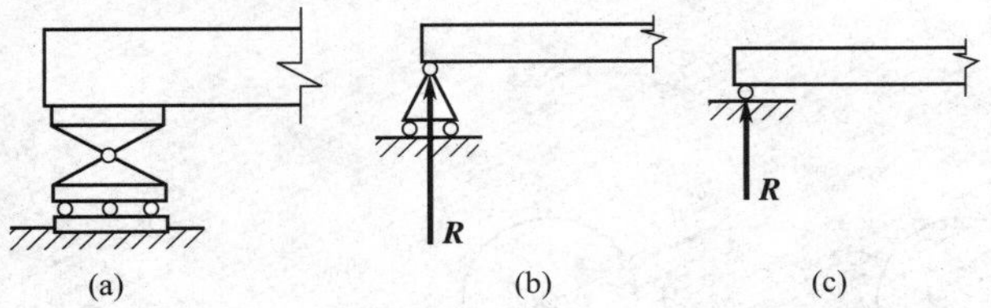

图 1.22

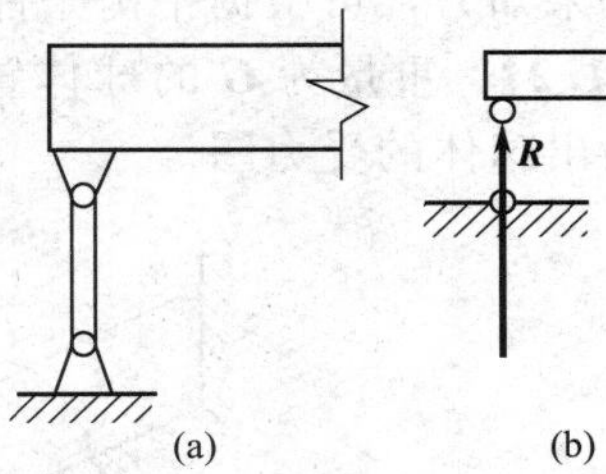

图 1.23

1.4.5 链杆

两端用铰链与物体连接而不计自重的直杆为链杆，如图 1.23(a) 所示。链杆能阻止物体沿链杆轴线方向的运动，但不能阻止其他方向的运动；所以链杆的约束反力 $\boldsymbol{R}$ 的方向是沿着链杆的轴线，而指向则由受力情况而定。链杆的计算简图如图 1.23(b) 所示。

链杆通常又称为二力杆。凡是两端具有光滑铰链，杆中间不受外力作用，又不计自身重量的刚性杆，就是二力杆。

1.4.6 固定端支座

工程中常将构件牢固地嵌在墙或基础内，使物体不仅不能在任意方向上移动，而且也不能自由转动，这种约束称为**固定端支座**。例如梁端被牢固在嵌在墙中时［图 1.24(a)］，其支承可视为固定端支座。又如钢筋混凝土柱，插入基础部分较深，且四周又用混凝土与基础浇筑在一起，因此柱的下部被嵌固的很牢，不能产生转动和任何方向的移动，即可视为固定端支座［图 1.24(b)］。

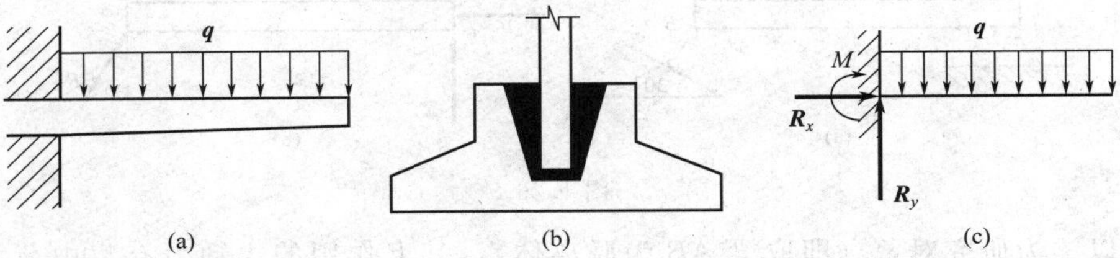

图 1.24

固定端支座的计算简图如图 1.24(c) 所示。固定端支座的约束反力有三个：作用于嵌入处截面形心上的水平约束反力 $\boldsymbol{R}_x$ 和垂直约束反力 $\boldsymbol{R}_y$，以及约束反力偶 M。

1.5 物体的受力分析和受力图

静力学主要研究受力物体的平衡问题。在考虑物体受力平衡时，必须先弄清物体的受力情况，即分析物体受到哪些力的作用，并确定每个力的作用位置和作用方向。在进行物体受力分析时，首先要明确哪一物体（或几个物体的组合）为研究对象（即所需要研究的物体），然后再对其进行受力分析。

工程结构中，每个构件都与其他构件联在一起，它们之间保持着一定的作用力，为了分析研究对象的受力情况，往往需要把研究对象从与它有联系的物体中分离出来（即解除约束），所分离出来的研究对象称为脱离体；然后画出脱离体图，在脱离体图上标出物体的主动力，再在解除约束处用相应的约束反力来代替，即得脱离体的受力图。

脱离体受力图中，包括主动力和约束反力。主动力往往是已知或可以测定的，而约束反力通常是未知力，可根据平衡条件求出。

【例 1.2】 重量为 $\boldsymbol{G}$ 的球体置于光滑的斜面上，并用绳子 AB 系住，如图 1.25(a) 所示，试画出球体的受力图。

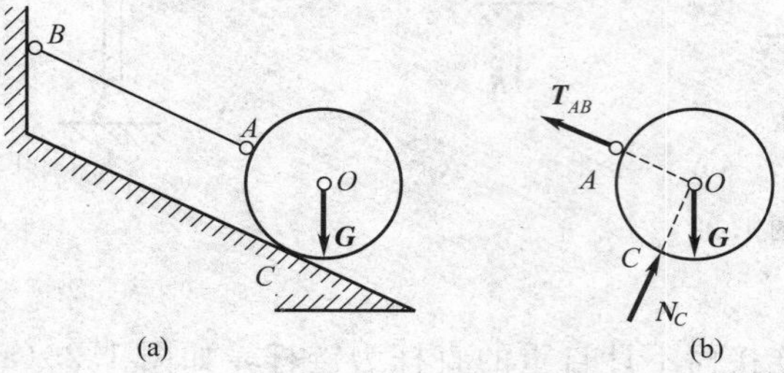

图 1.25

解： a. 以球体为研究对象（即取球为脱离体），画出脱离体简图；

b. 标出主动力——重力 $\boldsymbol{G}$，作用于重心 O 点，铅垂向下。

c. 标出约束反力——绳子对球的拉力 $\boldsymbol{T}_{AB}$，通过接触点 A 沿绳轴作用、方向背离球体；斜面对球的压力 $\boldsymbol{N}_C$，通过点 C，垂直于斜面指向球体，图 1.25(b) 就是球体的受力图。因球体受 $\boldsymbol{G}$、$\boldsymbol{N}_C$、$\boldsymbol{T}_{AB}$ 三力作用而平衡，故 $\boldsymbol{G}$、$\boldsymbol{N}_C$、$\boldsymbol{T}_{AB}$ 三力作用线必交于一点 O。

【例 1.3】 梁一端为固定铰链支座，另一端为链杆支座，如图 1.26(a) 所示，梁的自重不计，梁上作用斜向集中荷载 $\boldsymbol{F}$，试画出梁的受力图。

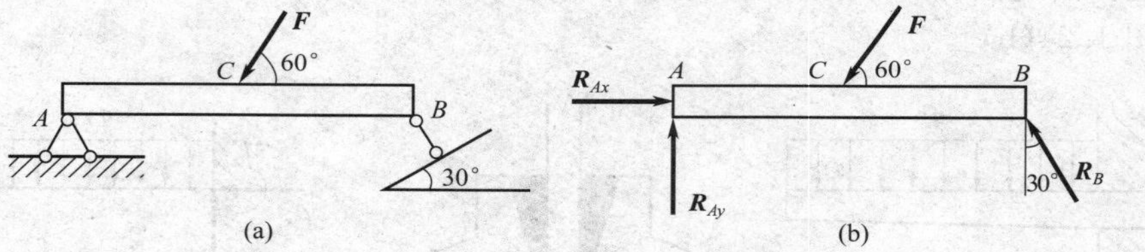

图 1.26

解： 以梁为研究对象（即取梁 AB 为脱离体），其上作用的主动力有集中荷载 $\boldsymbol{F}$；固定铰链支座 A 的约束反力 $\boldsymbol{R}_{Ax}$、$\boldsymbol{R}_{Ay}$ 是两个互相垂直且通过 A 铰链中心的力；链杆支座 B 的约束反力 $\boldsymbol{R}_B$ 的作用点通过 B 铰链中心，其作用线沿着杆轴。图 1.26(b) 是该梁的受力图。

【例 1.4】 图 1.27(a) 为两跨静定梁，C 为铰链，且受已知力 $\boldsymbol{F}$ 和 $\boldsymbol{q}$ 作用，试画出梁 CB、AC 及整体的受力图。

解： 先以梁 CB 为研究对象（即取 CB 为脱离体），主动力为均布荷载 $\boldsymbol{q}$，约束反力有铰链的反作用力 $\boldsymbol{R}_{Cx}$、$\boldsymbol{R}_{Cy}$ 和链杆支座的反作用力 $\boldsymbol{R}_B$，其受力图如图 1.27(b) 所示。

再取梁 AC 为研究对象（即取梁 AC 为脱离体），主动力有集中荷载 $\boldsymbol{F}$，均布荷载 $\boldsymbol{q}$ 和 $\boldsymbol{R}'_{Cx}$、$\boldsymbol{R}'_{Cy}$（$\boldsymbol{R}'_{Cx}$ 和 $\boldsymbol{R}'_{Cy}$ 与梁上的 $\boldsymbol{R}_{Cx}$ 和 $\boldsymbol{R}_{Cy}$ 是两对作用力和反作用力），约束反力有 $\boldsymbol{R}_{Ax}$、$\boldsymbol{R}_{Ay}$ 和 M_{A}，其受力图如图 1.27(c) 所示。

最后取整体为研究对象，主动力有集中荷载 $\boldsymbol{F}$ 和均布荷载 $\boldsymbol{q}$，约束反力有固定支座的反作用力 $\boldsymbol{R}_{Ax}$、$\boldsymbol{R}_{Ay}$ 和 M_A 及链杆支座的反作用力 $\boldsymbol{R}_B$，其受力图如图 1.27(d) 所示。

【例 1.5】 如图 1.28(a) 所示的三角形支架 A、B、C 三处均以光滑铰链连接，支架 AB 上放置一重物 $\boldsymbol{G}$，试画出 AB 杆和 BC 杆的受力图。（不计杆自重）

解： 先以 BC 杆为研究对象（即取 BC 杆为脱离体），由于 BC 杆两端用铰链连接，又不

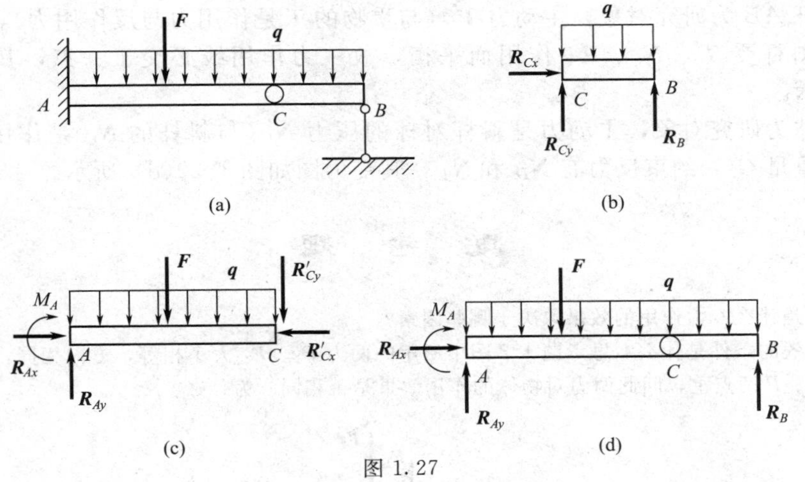

图 1.27

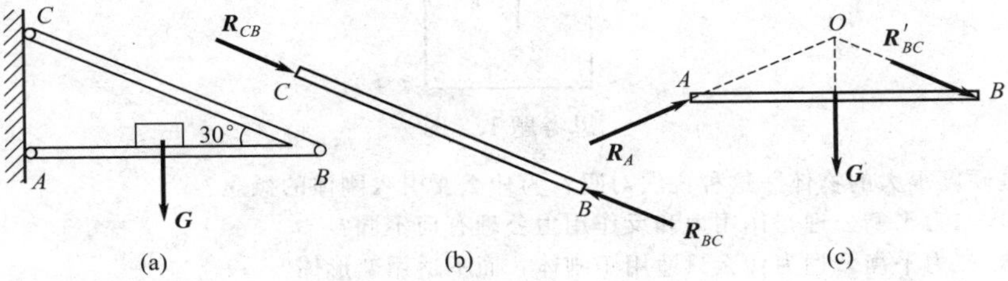

图 1.28

计自重，显然是二力杆，其 B、C 端的约束反力分别为 $\boldsymbol{R}_{CB}$ 和 $\boldsymbol{R}_{BC}$，根据二力平衡公理，此二力必须等值、反向、共线，其受力图如图 1.28(b) 所示。

再以 AB 杆为研究对象，主动力为 $\boldsymbol{G}$、$\boldsymbol{R}'_{BC}$($\boldsymbol{R}'_{BC}$ 与 BC 杆的 $\boldsymbol{R}_{BC}$ 是作用力与反作用力)，A 端的约束反力 $\boldsymbol{R}_A$，根据三力平衡汇交原理，$\boldsymbol{R}_A$、$\boldsymbol{G}$、$\boldsymbol{R}'_{BC}$ 必交于 O 点，其受力图如图 1.28(c) 所示。

【例 1.6】 物体放置如图 1.29(a) 所示，斜杆 AB 不计自重，试分别画出每个物体的受力图。

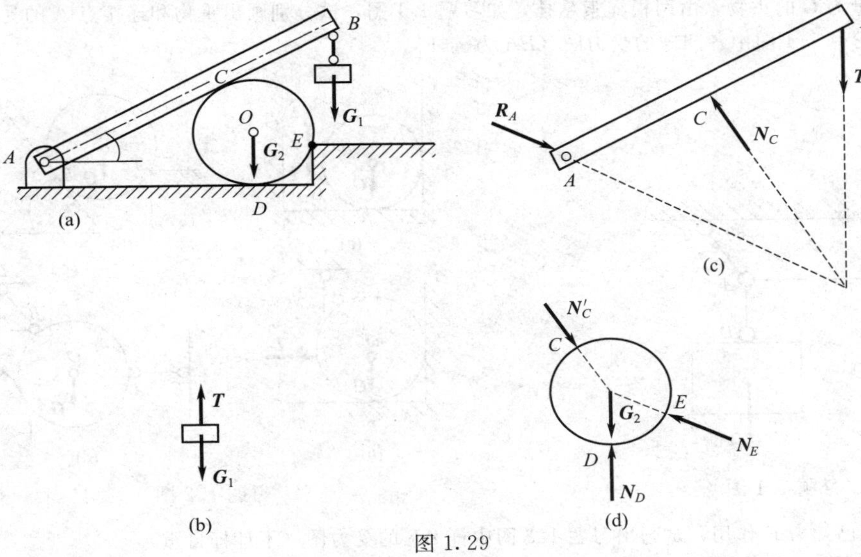

图 1.29

解： 先以重物 $\boldsymbol{G}_1$ 为研究对象（即取重物 $\boldsymbol{G}_1$ 为脱离体），主动力为 $\boldsymbol{G}_1$，约束反力是绳索的拉力 $\boldsymbol{T}$，其受力图如图 1.29(b) 所示。

再以斜杆 AB 为研究对象，主动力 $\boldsymbol{T}'$（与重物的 $\boldsymbol{T}$ 是作用力与反作用力），约束反力有 $\boldsymbol{N}_C$ 和 $\boldsymbol{R}_A$，斜杆受 $\boldsymbol{T}'$、$\boldsymbol{N}_C$、$\boldsymbol{R}_A$ 作用而平衡，故三力作用线必交于一点，其受力图如图 1.29(c) 所示。

最后以球为研究对象，主动力是斜杆对球的压力 $\boldsymbol{N}'_C$（与斜杆的 $\boldsymbol{N}_C$ 是作用力与反作用力）和球的重量 $\boldsymbol{G}_2$，约束反力有 $\boldsymbol{N}_D$ 和 $\boldsymbol{N}_E$，其受力图如图 1.29(d) 所示。

思 考 题

1.1 力的概念是什么？力作用的效果取决于哪些因素？

1.2 两个力等效的条件是什么？思考题 1.2 图中所示的两力 $\boldsymbol{F}_1$、$\boldsymbol{F}_2$ 大小相等，方向相同，并且分别作用在物体 A、B 两点上，问此两力对物体的作用效果是否相同？为什么？

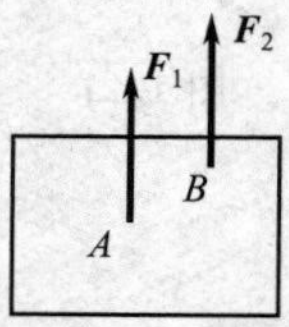

思考题 1.2 图

1.3 “刚体就是硬度很大的物体”这种说法对吗？为什么要引入刚体的概念？

1.4 举例说明，二力平衡公理与作用力和反作用力公理有何不同？

1.5 举例说明，二力平衡公理为什么只适用于刚体，而不适用变形体？

1.6 刚体上受互不平行的三个力作用而保持平衡状态，其中二力汇交于一点。试问这三个力是否在同一平面内？能否不汇交于同一点？为什么？

1.7 如何区分主动力和约束反力？

习 题

1.1 有一重量为 $\boldsymbol{G}$ 的重物，由两根绳索悬挂，如习题 1.1 图，试分别画出重物和连接点 A 的受力图。

1.2 试画出习题 1.1 图中各圆球的受力图（EA 为链杆）。

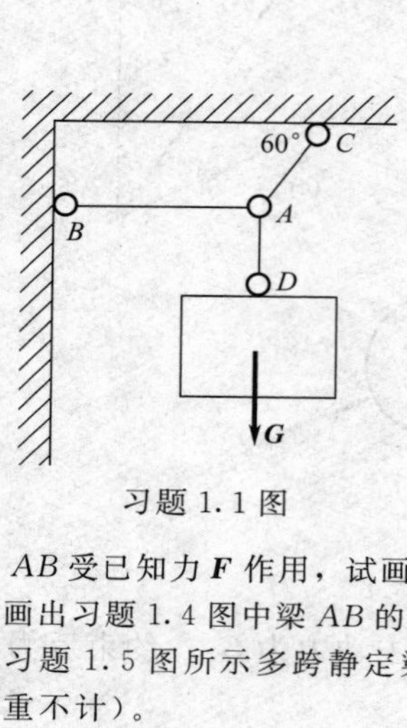

习题 1.1 图

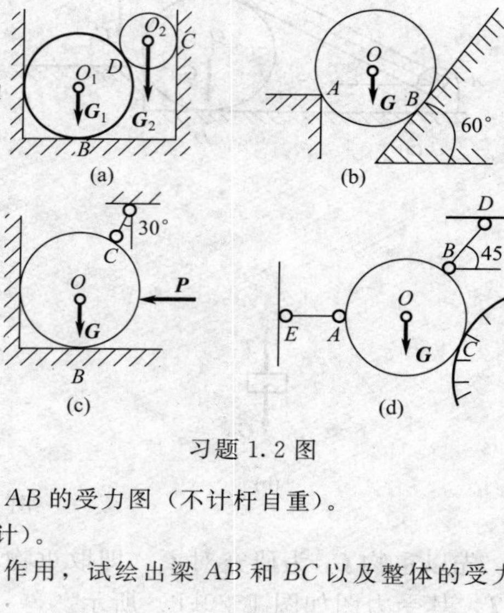

习题 1.2 图

1.3 杆 AB 受已知力 $\boldsymbol{F}$ 作用，试画出习题 1.3 图中杆 AB 的受力图（不计杆自重）。

1.4 试画出习题 1.4 图中梁 AB 的受力图（梁自重不计）。

1.5 如习题 1.5 图所示多跨静定梁受荷载 $\boldsymbol{F}_1$ 和 $\boldsymbol{F}_2$ 作用，试绘出梁 AB 和 BC 以及整体的受力图（梁自重不计）。

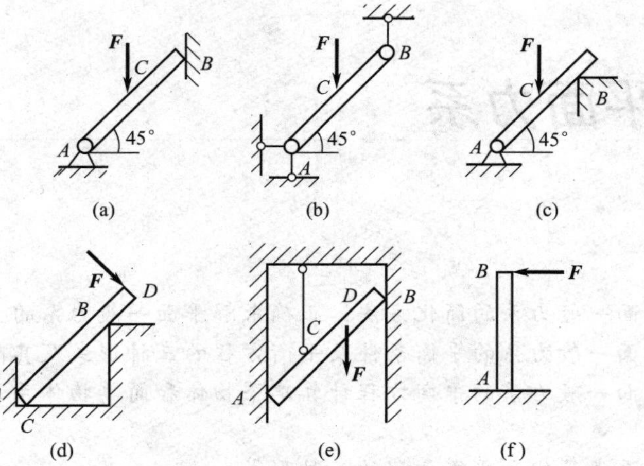

习题 1.3 图

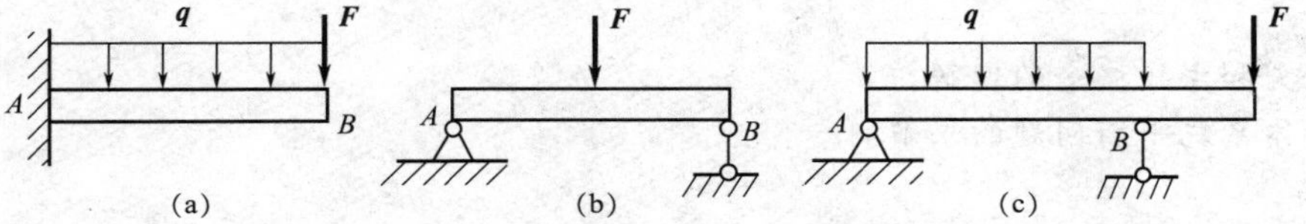

习题 1.4 图

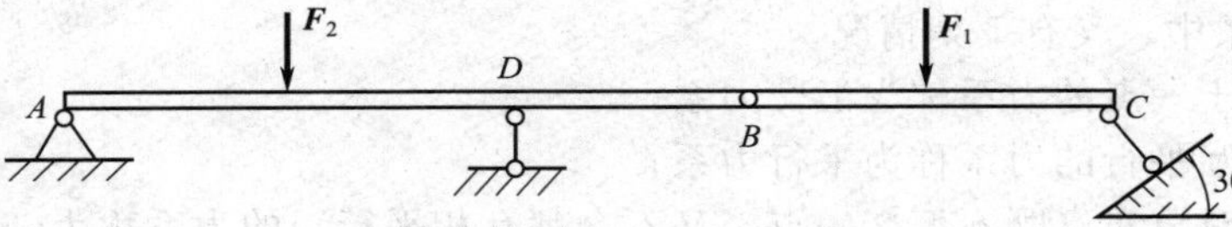

习题 1.5 图

2 平面力系

学习目标

1. 熟练应用平面一般力系的简化方法；正确求解平面一般力系的主矢和主矩。
2. 正确陈述平面一般力系的平衡条件及平衡方程的三种形式及其限制条件。
3. 熟练应用平面一般力系的平衡方程计算单个物体和简单物体系的平衡问题。

学习重点

1. 平面一般力系的简化和平衡方程的三种形式。
2. 平面一般力系作用下物体系和单个物体平衡问题的解题方法。

学习难点

1. 主矢和主矩概念的理解。
2. 物体系统平衡问题的求解。

作用在同一物体上的一群力称为力系。凡是各力的作用线在同一平面内的力系称为平面力系；各力的作用线不在同一平面内的力系称为空间力系。

在这两类力系中，又有下列情况。

① 作用线交于一点的力系称为汇交力系；

② 作用线相互平行的力系称为平行力系；

③ 作用线任意分布（既不汇交一点，又不全都互相平行）的力系称为一般力系。

2.1 平面汇交力系

平面汇交力系是一种最基本的力系，它不仅是研究其它复杂力系的基础，而且在工程中用途也比较广泛，如图 2.1 所示的屋架，结点 C 所受的力；如图 2.2 所示的起重机，在起吊构件时，作用于吊钩上 C 点的力都属于平面汇交力系。

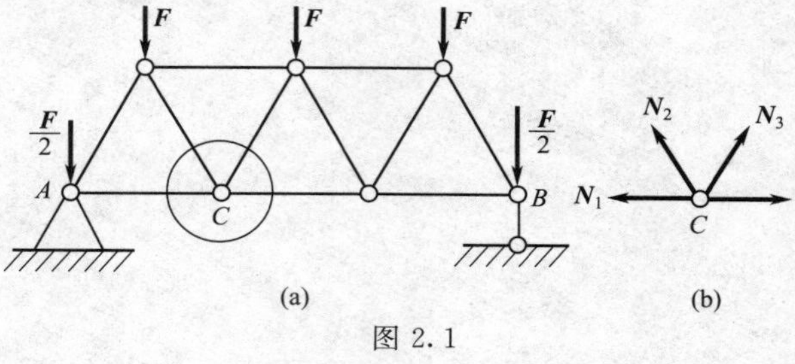

图 2.1

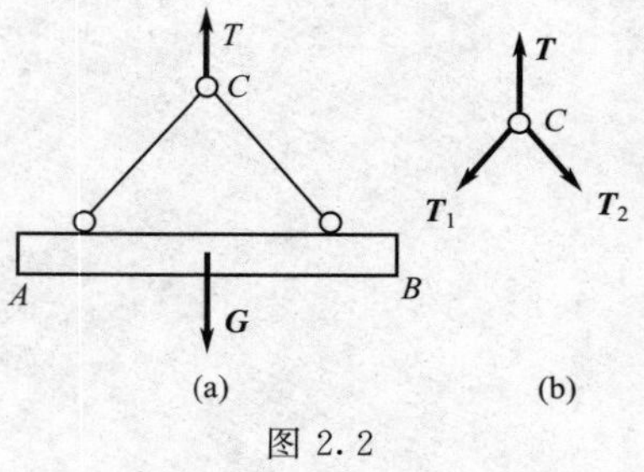

图 2.2

2.1.1 力的合成与分解

（1）合力与分力的概念

作用于刚体上的力系，如果可以用一个力 $\boldsymbol{R}$ 代替而不改变原力系对刚体的作用效果，则这个力 $\boldsymbol{R}$ 称为原力系的合力，而原力系的各力就是合力 $\boldsymbol{R}$ 的分力。

在力学计算中，有时需要将几个力合成一个合力，这叫做**力的合成**，或者需要将一个力分解成两个或几个分力，这叫做**力的分解**。在第1章中已经介绍了用平行四边形原理求两个汇交力合力问题，下面主要讨论将一个力分解成两个或多个分力的分解问题。

(2) 力的分解

作用在刚体上的两个汇交力可以合成一个合力。反之，作用在刚体上的一个力也可以分解为两个分力。

把一个力分解成两个分力，从几何作图的角度来看，就是在已知对角线的情况下作一平行四边形。显然，如果没有任何附加条件，则可作出无限多个平行四边形（即一个力分解为两个相交的力有无穷多个解），如图 2.3(a) 所示；因此，要使问题有唯一的解答，必须给予一定的附加条件，如给出两个分力的方向或给出一个分力的大小和方向。

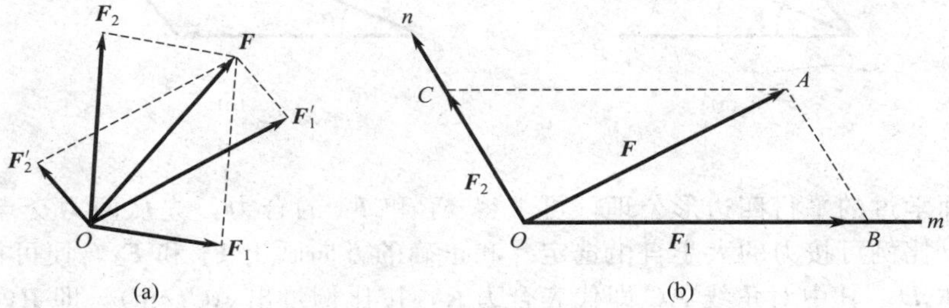

图 2.3

例如，已知两分力的方向为 m 和 n [图 2.3(b)]，从已知力 $\boldsymbol{F}$ 的终端 A 作两条与已知方向 m 和 n 平行的直线，此两直线分别与 m 和 n 汇交于 B、C 点，形成平行四边形 $OBAC$，从而得 OB 边为分力 $\boldsymbol{F}_1$，OC 边为分力 $\boldsymbol{F}_2$。

最常用的分解方法是将已知力沿正交的水平方向和铅垂方向分解，如图 2.4 所示。按照三角公式可得下列关系：

$$\boldsymbol{F}_1=\boldsymbol{F}\cdot\cos\alpha$$

$$\boldsymbol{F}_2=\boldsymbol{F}\cdot\sin\alpha$$

式中　α——力 $\boldsymbol{F}$ 与 x 方向的夹角。

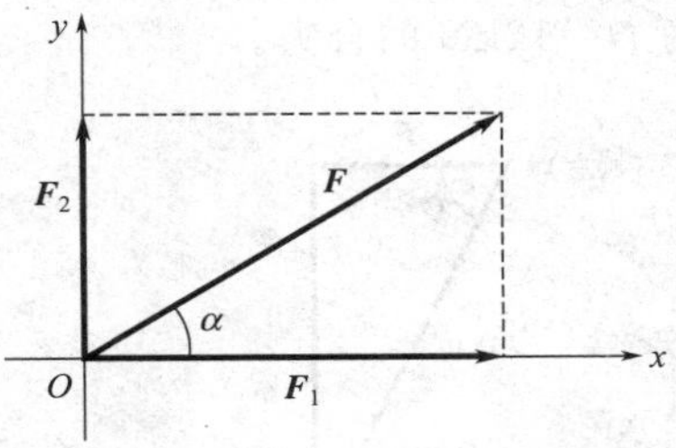

图 2.4

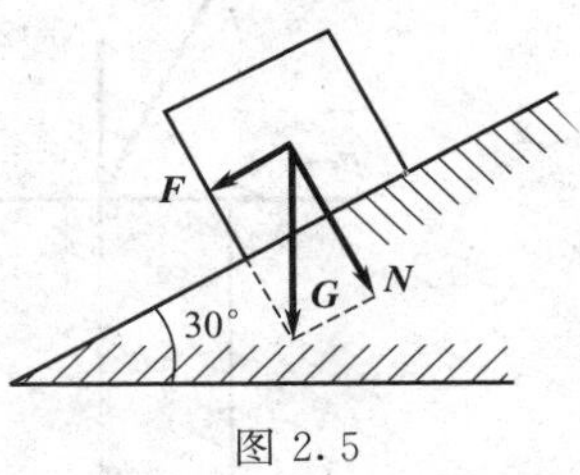

图 2.5

【例 2.1】 物体重力 $\boldsymbol{G}=30\text{kN}$，放在与水平面成 30°角的斜面上，试求物体的下滑力及其对斜面的压力（图 2.5）。

解：物体的重力 $\boldsymbol{G}$ 的方向是铅垂向下，它沿斜面方向的分力 $\boldsymbol{F}$ 即物体的下滑力；与斜面垂直的分力 $\boldsymbol{N}$ 则是它对斜面的压力。根据力的分解方法，以重力 $\boldsymbol{G}$ 为对角线，以平行于斜面及垂直于斜面的方向为二邻边，作出力平行四边形，如图 2.5 所示，此平行四边形为一矩形，由三角函数公式得：

$$\boldsymbol{F}=\boldsymbol{G}\cdot\sin30°=30\times\frac{1}{2}=15(\text{kN})$$

$$N = G \cdot \cos 30^{\circ} = 30 \times \frac{\sqrt{3}}{2} = 25.98(\text{kN})$$

N、F 的指向如图 2.5 所示。

2.1.2 平面汇交力系与平衡的几何法

(1) 平面汇交力系合成的几何法

① 平面两个汇交力的合成　设在刚体 A 点上作用有两汇交力 F_1 和 F_2［图 2.6(a)］，力 F_1 水平向右，F_2 与水平方向成 β 角且朝向右上方。试求它们的合力。

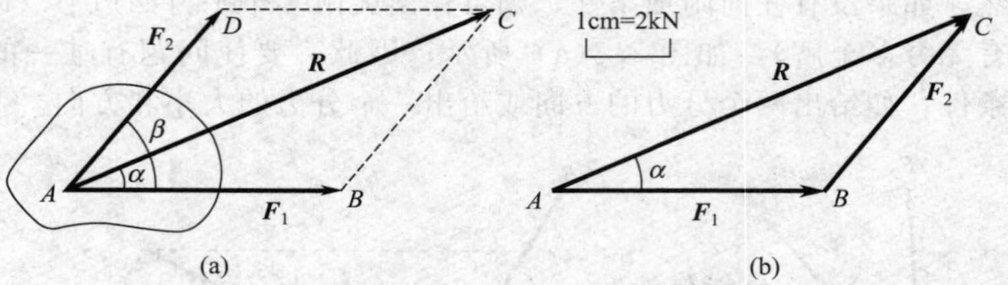

图 2.6

应用前面学过的平行四边形公理，可求得 F_1 和 F_2 的合力：先从两力交点 A 出发，按适当的比例（比例可按力的大小自由选定）和正确的方向画出 F_1 和 F_2，便可得出相应的平行四边形 $ABCD$，其中对角线 AC 即代表合力 R，按比例量出 AC(cm)，即 R(cm)，同时可量出合力 R 与水平线夹角 α(°)。

从上述可看出，在求合力 R 的大小和方向时，不一定要作出整个平行四边形 $ABCD$，因为平行四边形的对边平行且相等，而只画出其中的三角形 ABC 或 ACD 便可解决问题，如图 2.6(b) 所示，直接将力 F_2 平行移至 B 点得 BC，再连接起点 A 和终点 C，所得 AC 即代表合力 R，合力的方向应由图形的起点 A 指向终点 C［图 2.6(b)］，这与平行四边形的结果完全相同，这一力的合成方法称为力的三角形法则。

注意

画力三角形时一个分力的箭尾总是紧接着另一个分力的箭头，即首尾相接，两力的先后次序可以任选，但大小、方向不能改变。

【例 2.2】 试求图 2.7 中水平力 $F=6$kN 和垂直力 $N=12$kN 的合力。

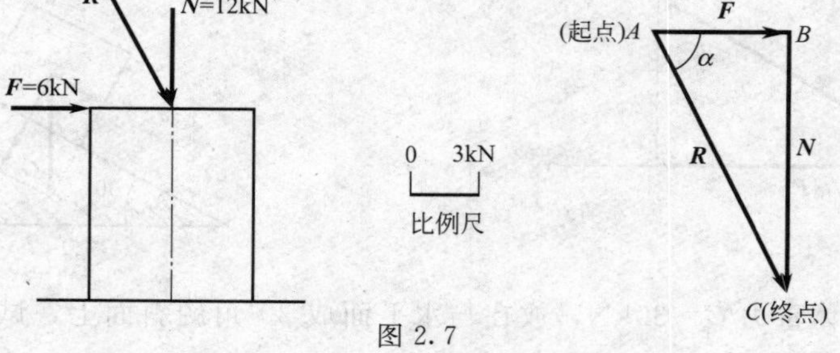

图 2.7

解：　这是两个汇交力的合成问题，可用力三角形法则求合力。步骤具体如下。

a. 选比例尺：1cm 相当于 3kN。

b. 从任意点 A 开始，画水平线 $AB=2$cm，表示水平力 F。

c. 由 B 点画竖线 $BC=4$cm，表示垂直力 N。

d. 连接直线 AC，即代表合力 R 的大小和方向。合力的指向由起点 A 指向终点 C。

e. 量得 $AC=4.5$cm，即合力的大小 $R=3\times4.5=13.5$(kN)；量得角 $\alpha=63°26'$，即合力

$\boldsymbol{R}$ 与水平方向的夹角为 63°21′，指向右下方。

f. 把合力 $\boldsymbol{R}$ 标注在原图上。

② 平面多个汇交力的合成　在求两个以上力的合力时，可将力的三角形法则推广为力的多边形法则。如墙上固定环受到一组力 $\boldsymbol{F}_1$、$\boldsymbol{F}_2$、$\boldsymbol{F}_3$、$\boldsymbol{F}_4$ 作用，各力作用线在同一平面内并汇交于 O 点，如图 2.8(a)。为求汇交力系的合力，可连续应用力三角形法则，如图2.8(b) 所示。先求 $\boldsymbol{F}_1$ 和 $\boldsymbol{F}_2$ 的合力 $\boldsymbol{R}_1$；再求 $\boldsymbol{R}_1$ 和 $\boldsymbol{F}_3$ 的合力 $\boldsymbol{R}_2$；最后求 $\boldsymbol{R}_2$ 和 $\boldsymbol{F}_4$ 的合力 $\boldsymbol{R}$。显然，$\boldsymbol{R}$ 就是原汇交力系（$\boldsymbol{F}_1$、$\boldsymbol{F}_2$、$\boldsymbol{F}_3$、$\boldsymbol{F}_4$）的合力。

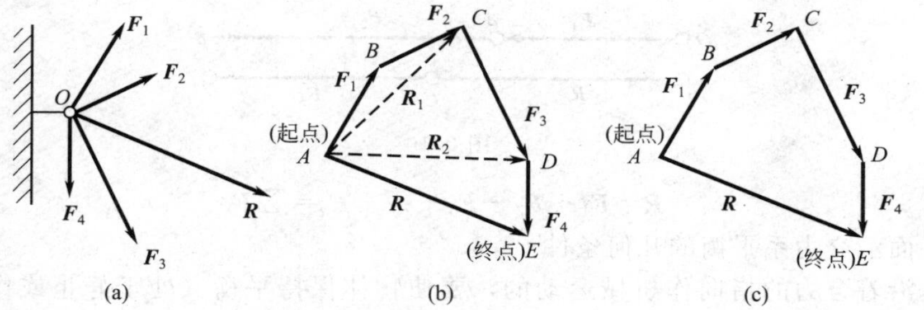

图 2.8

实际作图时，表示力 $\boldsymbol{R}_1$ 和 $\boldsymbol{R}_2$ 的线段可不必画出，只要将力系中的各力首尾相连地依次按比例画出；最后，连接第一个分力的起点和最后一个分力的终点，就可得到力系的合力 $\boldsymbol{R}$，合力 $\boldsymbol{R}$ 的大小根据力的比例去测量，合力的方向是起点 A 指向终点 E，如图 2.8(c) 所示，合力的作用线通过汇交点。这种求多个汇交力合力的几何方法称为力多边形法则，封闭折线 $ABCDE$ 称为力多边形，线段 AE 称为多边形的封闭边。

在作图时，如果改变各分力作图的先后次序，得到的力多边形的形状自然不同，但所得合力 $\boldsymbol{R}$ 的大小和方向均不改变。由此而知，合力 $\boldsymbol{R}$ 与绘制力多边形的先后顺序无关。

【例 2.3】 已知 O 点作用有五个力，$F_1=40\text{kN}$，$F_2=20\text{kN}$，$F_3=60\text{kN}$，$F_4=50\text{kN}$，$F_5=30\text{kN}$，方向如图 2.9(a) 所示，试用几何法求平面汇交力系的合力 $\boldsymbol{R}$。

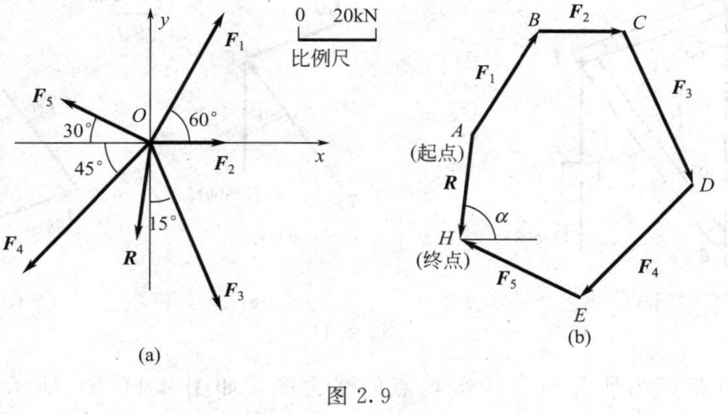

图 2.9

解：这是五个力的汇交力系的合成问题，可用力多边形法求合力 $\boldsymbol{R}$ 的大小和方向，具体步骤如下。

a. 选择力比例：1cm 相当于 20kN。

b. 从任意点 A 开始，按力 $\boldsymbol{F}_1$、$\boldsymbol{F}_2$、$\boldsymbol{F}_3$、$\boldsymbol{F}_4$、$\boldsymbol{F}_5$ 各自的大小和方向，首尾相接成开口的力多边形 $ABCDEH$。

c. 连接起点 A 和终点 H，即得合力 $\boldsymbol{R}$，指向是起点 A 到终点 H ［图 2.9(b)］。

d. 由图量得 $\boldsymbol{R}$ 的大小：$\boldsymbol{R}=43.2\text{kN}$　$\alpha=89°13'$。

e. 把合力 $\boldsymbol{R}$ 按方向和大小标注在图 2.9(a) 上。

如果平面力系中各力的作用线在同一直线上，则此力系称为共线力系，这种力系是平面汇交力系的特殊情况。平面共线力系的力多边形各边都在一直线上，图 2.10 就是用几何法求共线力系 $\boldsymbol{F}_1$、$\boldsymbol{F}_2$、$\boldsymbol{F}_3$ 的合力 $\boldsymbol{R}$ 时的力多边形。

从图 2.10 可见，如取某一指向的力为正，相反指向的力为负，则合力的大小等于各力的代数和的绝对值，而代数和的符号表示合力的指向。即：

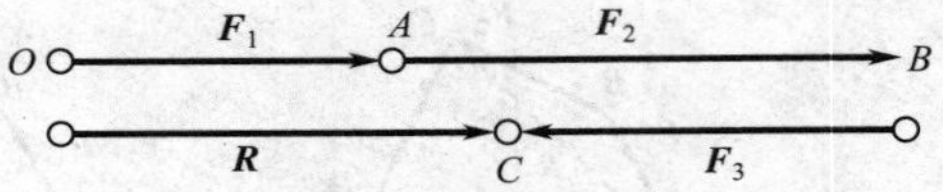

图 2.10

$$\boldsymbol{R}=\boldsymbol{F}_1+\boldsymbol{F}_2+\boldsymbol{F}_3+\cdots+\boldsymbol{F}_n=\sum \boldsymbol{F} \tag{2.1}$$

(2) 平面汇交力系平衡的几何条件

物体是沿着合力的指向作机械运动的，要使物体保持平衡（处于静止或作等速直线运动），则必须合力等于零。

由前可知：平面汇交力系的合力是用开口的力多边形封闭边表示（即第一分力的始端到最后一个分力末端的线段），欲使合力为零，则封闭边的长度应为零；也就是说，力多边形中最后一个分力的终点与第一个分力的起点重合，这种情况称为力多边形自行封闭。

所以，平面汇交力系平衡的必要和充分的几何条件是：力多边形自行封闭。

利用几何平衡条件，可以解决以下两类问题。

① 检验刚体在平面汇交力系作用下是否平衡；

② 当刚体处于平衡时，利用平衡条件求解力系中任意两个未知力。

【例 2.4】 杆 AC 和杆 BC 铰接于 C，两杆的另一端分别支撑在墙上。在 C 点悬挂重物 $\boldsymbol{G}=60\text{kN}$，如图 2.11(a) 所示。如不计杆重，试用几何法求两杆所受的力。

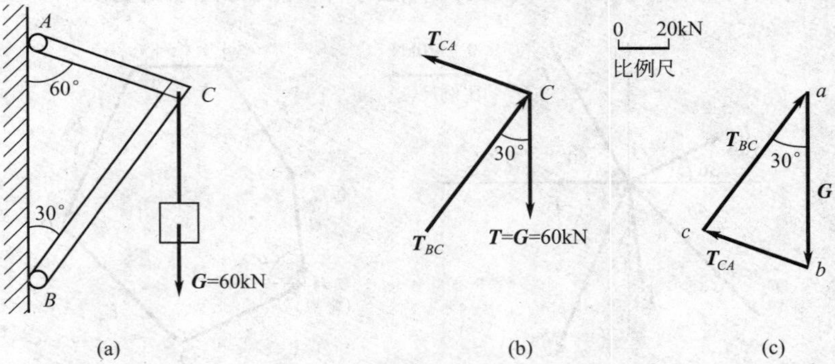

图 2.11

解：a. 取节点 C 为研究对象，作 C 点的受力图，如图 2.11(b) 所示。C 点受 $\boldsymbol{G}$、$\boldsymbol{T}_{CA}$、$\boldsymbol{T}_{BC}$ 作用而平衡，根据平面汇交力系平衡的几何条件，此三力组成的力三角形自行封闭。

b. 选择比例：1cm 相当于 20kN。

c. 自任意点 a 起按比例作力的封闭多边形，如图 2.11(c) 所示。

d. 按力三角形闭合条件，确定力 $\boldsymbol{T}_{CA}$ 和 $\boldsymbol{T}_{BC}$ 的指向（即 $\boldsymbol{T}_{CA}$ 和 $\boldsymbol{T}_{BC}$ 应符合各力首尾相接的规则）。

e. 按所选比例量出：$\boldsymbol{T}_{CA}=30\text{kN}$，$\boldsymbol{T}_{BC}=52\text{kN}$。

【例 2.5】 如图 2.12(a) 所示一水平梁 AB，在梁中点 C 作用着倾斜力 $\boldsymbol{F}=20\text{kN}$，不计梁自重。试用几何法求支座 A 和 B 的反力。

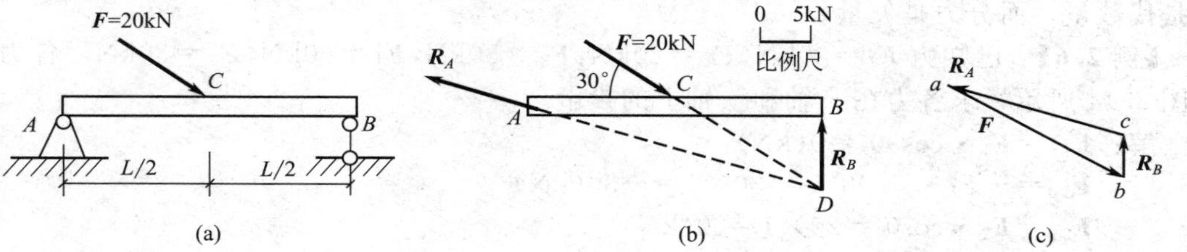

图 2.12

解：a. 取梁 AB 为研究对象，画受力图，如图 2.12(b) 所示。梁在 $\boldsymbol{R}_A$、$\boldsymbol{R}_B$、$\boldsymbol{F}$ 作用下保持平衡，根据三力平衡汇交原理，此三力必汇交于 D 点构成一平面汇交力系。

b. 按图示比例，自任意点 a 画出 $\boldsymbol{F}$、$\boldsymbol{R}_A$、$\boldsymbol{R}_B$ 三力的封闭三角形，如图 2.12(c) 所示。

c. 按力三角形闭合条件定出力 $\boldsymbol{R}_A$ 和 $\boldsymbol{R}_B$ 的指向。

d. 按比例量得，$\boldsymbol{R}_A=18.5\text{kN}$，$\boldsymbol{R}_B=5.1\text{kN}$。

由于几何法的结果受作图精度影响较大，因此，工程中很少使用几何法求解。

2.1.3 平面汇交力系合成与平衡的解析法

平面汇交力系求合力的方法除前述的几何法外，在更多情况下还是采用解析法，这种方法是以力在坐标轴上的投影作为基础来进行计算的。

(1) 力在坐标轴上的投影

如图 2.13 所示，力 $\boldsymbol{F}$ 在直角坐标 xOy 平面内，力 $\boldsymbol{F}$ 的大小用线段 AB 表示，此力与 x 轴的夹角为 α。自力 $\boldsymbol{F}$ 两端 A 和 B 分别向 x、y 轴作垂线，垂足分别为 a、b 和 a'、b'。两垂足间的线段 ab 和 $a'b'$ 称为力在坐标轴上的投影。其中，ab 表示力 $\boldsymbol{F}$ 在 x 轴上的投影，以 $\boldsymbol{F}_x$ 表示，$a'b'$ 表示力 $\boldsymbol{F}$ 在 y 轴上的投影，以 $\boldsymbol{F}_y$ 表示。

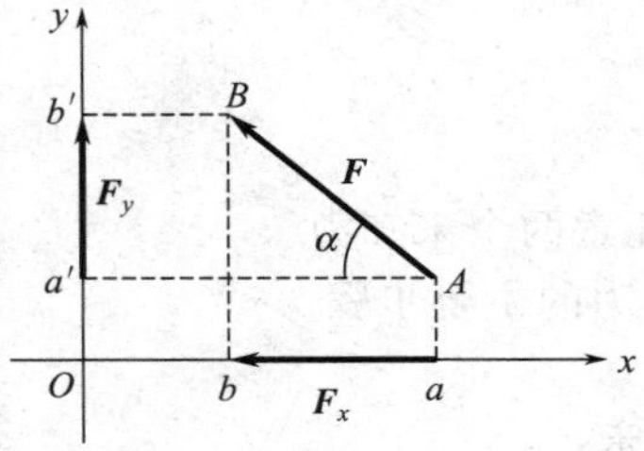

图 2.13

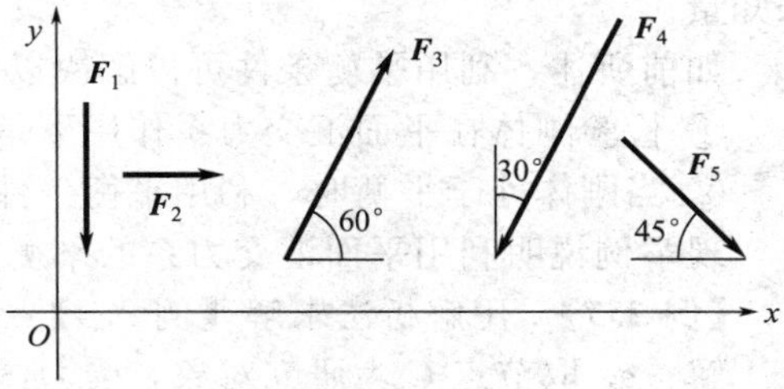

图 2.14

力在坐标轴上的投影是一个代数量，它有正负号规定：凡投影的指向与坐标轴的正方向一致时，投影值为正号，反之则为负号。投影 $\boldsymbol{F}_x$ 和 $\boldsymbol{F}_y$ 的数值可按三角公式求得，图 2.13 中的力 $\boldsymbol{F}$ 在 x、y 轴上的投影值为：

$$\boldsymbol{F}_x=\boldsymbol{F}\cdot\cos\alpha$$
$$\boldsymbol{F}_y=\boldsymbol{F}\cdot\sin\alpha \tag{2.2}$$

反之，如果已知力 $\boldsymbol{F}$ 在两坐标轴上的投影 $\boldsymbol{F}_x$ 和 $\boldsymbol{F}_y$，则力 $\boldsymbol{F}$ 的大小和它与 x 轴的夹角 α，可根据勾股定理和三角关系求得：

$$\left.\begin{aligned}\boldsymbol{F}&=\sqrt{\boldsymbol{F}_x^2+\boldsymbol{F}_y^2}\\ \tan\alpha&=\left|\frac{\boldsymbol{F}_y}{\boldsymbol{F}_x}\right|\end{aligned}\right\} \tag{2.3}$$

力 $\boldsymbol{F}$ 的指向须根据 $\boldsymbol{F}_x$ 和 $\boldsymbol{F}_y$ 的正负号确定。

所谓投影，在计算上与力沿直角坐标轴分解是相似的，但在概念上则不同，并且力的投影是代数量，而分力是矢量。

【例 2.6】 已知力 $\boldsymbol{F}_1=30\text{kN}$，$\boldsymbol{F}_2=20\text{kN}$，$\boldsymbol{F}_3=50\text{kN}$，$\boldsymbol{F}_4=60\text{kN}$，$\boldsymbol{F}_5=30\text{kN}$，各力方向如图 2.14 所示，求各力在 x 轴和 y 轴上的投影。

解：$\boldsymbol{F}_{1x}=\boldsymbol{F}_1\cdot\cos90°=0(\text{kN})$

$\boldsymbol{F}_{1y}=-\boldsymbol{F}_1\cdot\sin90°=-30\times1=-30(\text{kN})$

$\boldsymbol{F}_{2x}=\boldsymbol{F}_2\cdot\cos0°=20\times1=20(\text{kN})$

$\boldsymbol{F}_{2y}=\boldsymbol{F}_2\cdot\sin0°=20\times0=0(\text{kN})$

$\boldsymbol{F}_{3x}=\boldsymbol{F}_3\cdot\cos60°=50\times1/2=25(\text{kN})$

$\boldsymbol{F}_{3y}=\boldsymbol{F}_3\cdot\sin60°=50\times\sqrt{3}/2=43.30(\text{kN})$

$\boldsymbol{F}_{4x}=-\boldsymbol{F}_4\cdot\sin30°=-60\times1/2=-30(\text{kN})$

$\boldsymbol{F}_{4y}=-\boldsymbol{F}_4\cdot\cos30°=-60\times\sqrt{3}/2=-51.96(\text{kN})$

$\boldsymbol{F}_{5x}=\boldsymbol{F}_5\cdot\cos45°=30\times\sqrt{2}/2=21.21(\text{kN})$

$\boldsymbol{F}_{5y}=-\boldsymbol{F}_5\cdot\sin45°=-30\times\sqrt{2}/2=-21.21(\text{kN})$

由上例计算可知：

① 如力的作用线与坐标轴垂直，则力在该坐标轴上的投影值等于零；

② 如力的作用线与坐标轴平行，则力在该坐标轴上投影的绝对值等于力的大小。

（2）平面汇交力系平衡的解析条件

前面已提过，平面汇交力系平衡的必要和充分条件是合力为零。在解析法中，合力 $\boldsymbol{R}=\sqrt{\boldsymbol{R}_x^2+\boldsymbol{R}_y^2}=\sqrt{\sum\boldsymbol{F}_x^2+\sum\boldsymbol{F}_y^2}$，欲使 $\boldsymbol{R}=0$，则必须

$$\left.\begin{aligned}\sum\boldsymbol{F}_x=0\\\sum\boldsymbol{F}_y=0\end{aligned}\right\}\tag{2.4}$$

上式表明平面汇交力系平衡的解析条件是：力系中所有各力在两坐标轴上投影的代数和等于零。

式(2.4) 又称为平面汇交力系的平衡方程，它是两个独立的方程，利用它可以求解两个未知量。

如前所述，利用平衡条件可以解决以下两类问题。

① 检验刚体在平面汇交力系作用下是否平衡；

② 当刚体处于平衡时，利用平衡条件求解力系中任意两个未知力。

现举例说明利用平面汇交力系的平衡方程求解未知力的主要步骤。

【例 2.7】 用解析法求解【例 2.4】。

解：a. 取节点 C 为研究对象，受力图如图 2.15 所示；

b. 选定坐标轴 xCy，如图 2.15；

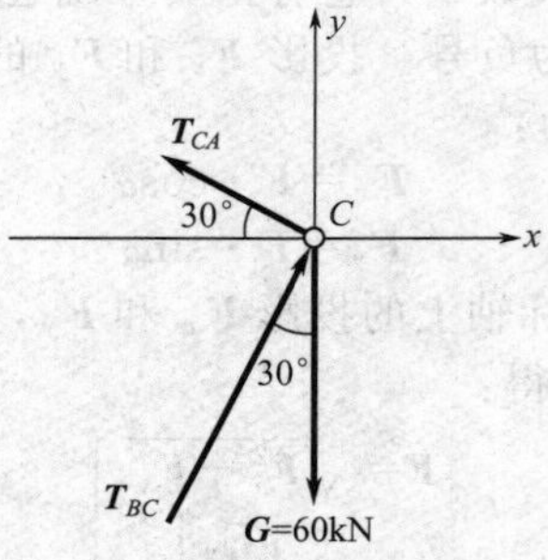

图 2.15

c. 列平面汇交力系平衡方程：

$$\sum F_x = 0 \quad -T_{CA}\cos30° + T_{BC}\sin30° = 0 \tag{1}$$

$$\sum F_y = 0 \quad T_{CA}\sin30° + T_{BC}\cos30° - G = 0 \tag{2}$$

由式(1) 得

$$T_{BC} = \sqrt{3}T_{CA} \tag{3}$$

将式(3) 代入式(2) 得：

$$T_{CA} \times 1/2 + T_{CA} \times 3/2 - G = 0$$

$$T_{CA} = G \times 1/2 = 30(\text{kN})$$

$$T_{BC} = \sqrt{3}T_{CA} = 52(\text{kN})$$

答案与【例 2.4】相同。在计算时求出的 T_{CA} 和 T_{BC} 均为正值，说明所设的未知力指向与实际的指向一致。在计算未知力时，如结果为负值，则说明所设的未知力指向与实际的指向相反。

【例 2.8】 托架 ABC 如图 2.16(a) 所示，杆 AC 中点受集中力 $F=60\text{kN}$ 作用。如不计杆自重，试求杆 BC 和铰 A 所受的力。

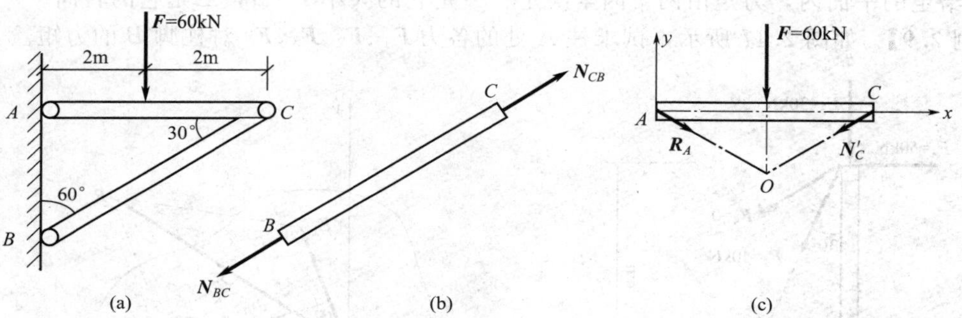

图 2.16

解： a. 取杆 BC 为研究对象，杆 BC 是二力杆（即 $N_{CB}=N_{BC}$，是一对平衡力），假设杆 BC 受拉力，受力图如图 2.16(b) 所示。为求未知力 N_{CB} 和 R_A，选取杆 AC 为研究对象，受力图如图 2.16(c) 所示。杆 AC 在 F、R_A、N'_{CB}（与 N_{CB} 是作用力与反作用力）三力作用下平衡，故 F、R_A、N'_{CB} 必汇交于一点 O。

b. 选定坐标轴 xOy [图 2.16(c)]。

c. 列平面汇交力系平衡方程。

$$\sum F_x = 0 \qquad -N'_{CB} \cdot \cos30° + R_A \cdot \cos30° = 0$$

$$N'_{CB} = R_A$$

$$\sum F_y = 0 \qquad -F - N'_{CB} \cdot \sin30° - R_A \cdot \sin30° = 0$$

$$-F - N'_{CB} \times 1/2 - N'_{CB} \times 1/2 = 0$$

$$N'_{CB} = -F = -60\text{kN}$$

$$R_A = N'_{CB} = -60\text{kN}$$

$$N_{CB} = N_{BC} = -60\text{kN}$$

计算结果，N'_{CB} 为负值，表示所设方向与实际方向相反，即杆 BC 受压力；R_A 为负值，表示所设方向与实际方向相反。

2.2 力矩和力偶

2.2.1 力矩

在日常生活和生产实践中，人们发现力对物体的作用，除能使物体产生移动外，还能使物体产生转动。如用手推门、用扳手旋转螺母等都是力使物体转动的例子。

力作用在物体上使其绕某定点转动的效果有大有小，而且转动的方向也有不同。为了度量力使物体绕某一定点转动的效果，力学中引入“力对点之矩”这个物理量，简称**力矩**。

（1）力对点之矩

一个力对某点 O 的力矩等于该力的大小与 O 点到力作用线垂直距离的乘积。以符号 $m_O(\boldsymbol{F})$ 表示即：

$$m_O(\boldsymbol{F})=\pm \boldsymbol{F}\cdot d \tag{2.5}$$

式中，O 点称为力矩中心，简称矩心；d 称为臂（力和力臂是使物体发生转动的两个必不可少的因素）；其正负号用以区别力使物体绕矩心转动的方向；通常规定：力使物体绕矩心逆时针方向转动时，力矩为正，反之力矩为负。

力矩的单位决定于力和力臂的单位，在国际单位制中通常用牛顿米（N·m）或千牛顿米（kN·m），有时工程中还采用工程单位制千克力米（kgf·m）或吨力米（tf·m）。

在给定的平面内，力矩由两个因素决定：一是它的大小 $\boldsymbol{F}\cdot d$，二是它的转向。

【例 2.9】 如图 2.17 所示，试求柱 A 处的各力 $\boldsymbol{F}_1$、$\boldsymbol{F}_2$、$\boldsymbol{F}_3$、$\boldsymbol{F}_4$ 对柱脚 B 的力矩。

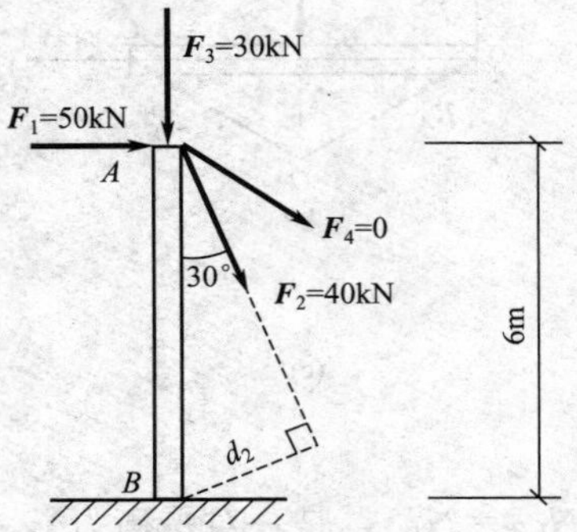

图 2.17

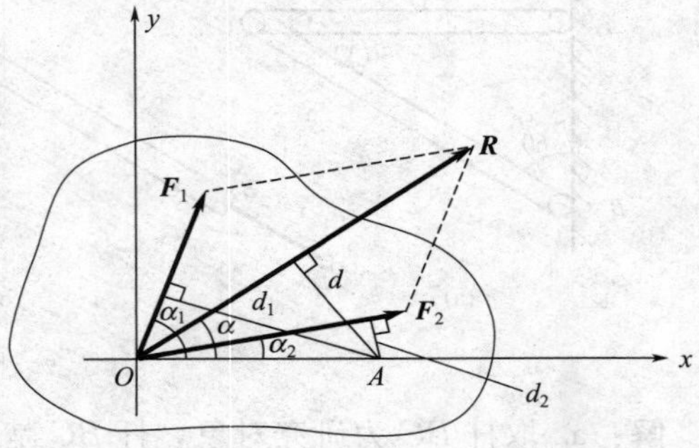

图 2.18

解： 根据力矩定义可得：

$$m_B(\boldsymbol{F}_1)=-\boldsymbol{F}_1\cdot d_1=-50\times 6=-300(\text{kN}\cdot\text{m})$$

$$m_B(\boldsymbol{F}_2)=-\boldsymbol{F}_2\cdot d_2=-\boldsymbol{F}_2\cdot 6\sin30^\circ=-40\times 6\times\frac{1}{2}=-120(\text{kN}\cdot\text{m})$$

$$m_B(\boldsymbol{F}_3)=\boldsymbol{F}_3\cdot d_3=30\times 0=0$$

$$m_B(\boldsymbol{F}_4)=\boldsymbol{F}_4\cdot d_4=0\times d_4=0$$

从上例可知：①力的作用线通过矩心（$d=0$）；②力等于零。这两种情况力对某点之矩均为零。

（2）合力矩定理

在计算力矩时，力臂一般可通过几何关系确定，但有时由于几何关系比较复杂，直接计算力臂比较困难。这时，如果将力适当的分解，计算各分力的力矩可能更方便，这样，就必须建立合力对某点的力矩与其分力对同一点的力矩之间的关系。

设物体 O 点作用有平面汇交力系 $\boldsymbol{F}_1$、$\boldsymbol{F}_2$，其合力为 $\boldsymbol{R}$。在力系所在平面内任取一点 A，点 A 到 $\boldsymbol{F}_1$、$\boldsymbol{F}_2$、$\boldsymbol{R}$ 三力作用线的垂直距离分别为 d_1、d_2 和 d。以 OA 为 x 轴，建立如图 2.18 所示的直角坐标系。图中 $\boldsymbol{F}_1$、$\boldsymbol{F}_2$、$\boldsymbol{R}$ 与 x 轴正方向之夹角分别为 α_1、α_2、α。现求 $m_A(\boldsymbol{R})$ 与 $m_A(\boldsymbol{F}_1)$、$m_A(\boldsymbol{F}_2)$ 的关系。

由力矩定义可得：

$$m_A(\boldsymbol{F}_1)=-\boldsymbol{F}_1\cdot d_1$$

$$m_A(\boldsymbol{F}_2)=-\boldsymbol{F}_2\cdot d_2$$

又由合力投影定理可得：

$$\boldsymbol{R}_y=\boldsymbol{F}_{1y}+\boldsymbol{F}_{2y}$$

即 $$\boldsymbol{R}\cdot\sin\alpha=\boldsymbol{F}_1\cdot\sin\alpha_1+\boldsymbol{F}_2\cdot\sin\alpha_2$$

等式两边同时乘以长度 OA 得：

$$\boldsymbol{R}\cdot OA\cdot\sin\alpha=\boldsymbol{F}_1\cdot OA\cdot\sin\alpha_1+\boldsymbol{F}_2\cdot OA\cdot\sin\alpha_2$$

由图 2.18 可知：

$$OA\cdot\sin\alpha=d$$

$$OA\cdot\sin\alpha_1=d_1$$

$$OA\cdot\sin\alpha_2=d_2$$

故 $$\boldsymbol{R}\cdot d=\boldsymbol{F}_1\cdot d_1+\boldsymbol{F}_2\cdot d_2$$

即 $$m_A(R)=m_A(\boldsymbol{F}_1)+m_A(\boldsymbol{F}_2) \qquad (2.6)$$

如果力系中不是两个力，而是多个力，则可推得：

$$m_A(\boldsymbol{R})=\sum m_A(\boldsymbol{F}) \qquad (2.7)$$

于是得合力矩定理：平面汇交力系的合力对平面内任一点的力矩，等于力系中各分力对于该点力矩的代数和。

【例 2.10】 构件尺寸如图 2.19 所示，力 $F=4\text{kN}$，与水平方向的夹角为 60°，作用在 D 点，试求力 $\boldsymbol{F}$ 对 A 点之矩。

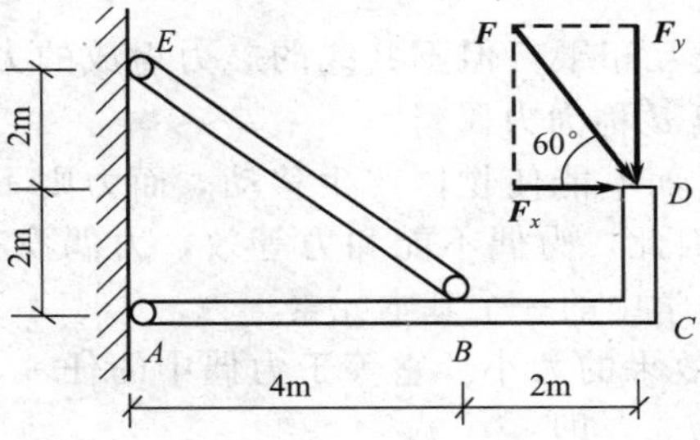

图 2.19

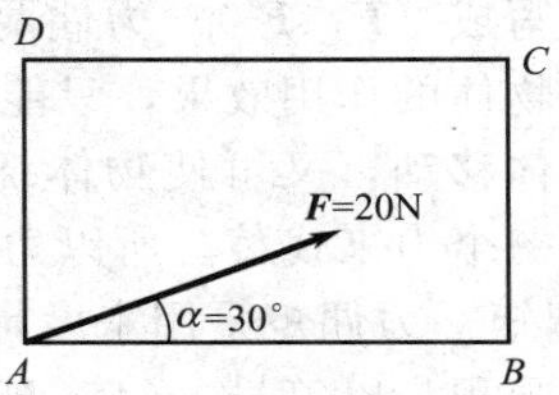

图 2.20

解：由于本题力臂 d 的确定较复杂，故将力 $\boldsymbol{F}$ 正交分解为：

$$\boldsymbol{F}_x=\boldsymbol{F}\cdot\cos60°$$

$$\boldsymbol{F}_y=\boldsymbol{F}\cdot\sin60°$$

由合力矩定理得：

$$m_A(\boldsymbol{F})=-m_A(\boldsymbol{F}_x)-m_A(\boldsymbol{F}_y)=-\boldsymbol{F}\cdot\cos60°\times2-\boldsymbol{F}\cdot\sin60°\times6$$

$$=-4\times1/2\times2-4\times\sqrt{3}/2\times6=-24.78(\text{kN}\cdot\text{m})$$

【例 2.11】 矩形板 $ABCD$，$AB=100\text{mm}$，$BC=80\text{mm}$，若力 $F=20\text{N}$，$\alpha=30°$，试分别计算力 $\boldsymbol{F}$ 对 A、B、C、D 各点的力矩，如图 2.20 所示。

解：a. 力 $\boldsymbol{F}$ 对 A 点之矩。因为力 $\boldsymbol{F}$ 的作用线通过 A 点（即 $d=0$），故：

$$m_A(\boldsymbol{F})=0$$

b. 力 $\boldsymbol{F}$ 对 B 点之矩，由力矩定义得：

$$m_B(\boldsymbol{F})=-\boldsymbol{F}\cdot AB\cdot\sin\alpha=-20\times100\times1/2=-1000(\text{N}\cdot\text{mm})$$

c. 力 $\boldsymbol{F}$ 对 C 点之矩，由于 C 点到力 $\boldsymbol{F}$ 作用线的垂直距离（力臂）的确定比较复杂，但是应用合力矩定理求解较为方便，故将力 $\boldsymbol{F}$ 正交分解：

$$\boldsymbol{F}_x=\boldsymbol{F}\cdot\cos\alpha$$

$$\boldsymbol{F}_y=\boldsymbol{F}\cdot\sin\alpha$$

根据合力矩定理，力 $\boldsymbol{F}$ 对 C 点之矩为

$$m_c(\boldsymbol{F})=m_c(\boldsymbol{F}_x)-m_c(\boldsymbol{F}_y)=\boldsymbol{F}_x\cdot BC-\boldsymbol{F}_y\cdot AB$$
$$=\boldsymbol{F}\cdot\cos30^\circ\cdot BC-\boldsymbol{F}\cdot\sin30^\circ\cdot AB$$
$$=20\times\sqrt{3}/2\times80-20\times1/2\times100=385.64(\mathrm{N\cdot mm})$$

d. 力 $\boldsymbol{F}$ 对 D 点之矩，由力矩定义得

$$m_D(\boldsymbol{F})=\boldsymbol{F}\cdot d=\boldsymbol{F}\cdot BC\cdot\sin60^\circ=20\times80\times\sqrt{3}/2=1385.64(\mathrm{N\cdot mm})$$

(3) 力矩平衡条件

设在具有固定转动中心的物体上作用有平面力系 $\boldsymbol{F}_1$、$\boldsymbol{F}_2$、$\boldsymbol{F}_3$、…、$\boldsymbol{F}_n$，各力对转动中心 O 点的力矩分别为 $m_O(\boldsymbol{F}_1)$、$m_O(\boldsymbol{F}_2)$、$m_O(\boldsymbol{F}_3)$、…、$m_O(\boldsymbol{F}_n)$，则该物体处于转动平衡的必要和充分条件是：各力对转动中心 O 点之矩的代数和等于零，即合力矩等于零。用公式表示为

$$\sum m_O(\boldsymbol{F})=0 \qquad (2.8)$$

式(2.8) 称为力矩平衡方程。

2.2.2 力偶

(1) 力偶的含义及特性

① 力偶的概念　在生产实践和日常生活中，经常遇到由两个大小相等，方向相反，不在同一作用线上平行的两个力组成的力系。物体受这样一组力系作用的效果是使物体发生转动。如汽车司机手作用在汽车方向盘上的一对力，钻孔时作用在钻柄上的一对力等，都属于这种情况。

在力学中，把这种大小相等、方向相反、作用线互相平行但不共线的二力组成的力系，称为**力偶**，写成 ($\boldsymbol{F}$、$\boldsymbol{F}'$)。力偶两力之间的垂直距离 d 称为**力偶臂**。

力偶对物体的作用效果，只能使物体产生转动，而不能使物体产生移动。而力则不然，它既可使物体移动，又可使物体绕某一定点转动；因此，力偶不能和力等效，力偶没有合力，不能用一个力来代替。所以力偶像力一样，是力学中的一个基本元素。

② 力偶矩　力偶矩是用来度量力偶对物体转动效果的大小。它等于力偶中的任一个力与力偶臂的乘积。以符号 $m(\boldsymbol{F}\cdot\boldsymbol{F}')$ 表示，或简写为 m，即

$$m=\pm\boldsymbol{F}\cdot d \qquad (2.9)$$

式中，正负号表示力偶的转动方向，与力矩一样，使物体逆时针方向转动的力偶矩为正；使物体顺时针方向转动的力偶矩为负。

力偶矩的单位与力矩的单位相同。在国际单位制中通常用牛顿米（N·m）或千牛顿米（kN·m），在工程单位制中通常用千克力米（kgf·m）或吨力米（tf·m）。

力偶对物体的转动效果取决于力偶的三要素，即力偶矩的大小，力偶的转向以及力偶的作用平面。

力矩和力偶都能使物体转动，但力矩使物体转动的效果与矩心的位置有关，矩心距离不同，力矩的大小也不同，而力偶就无所谓矩心，它对其作用平面内任一点的矩都一样，即等于本身的力偶矩。

③ 力偶的特性

a. 力偶中的两力在任意坐标轴上的投影代数和为零。

设在坐标系 xOy 平面内作用有一力偶（$\boldsymbol{F}$、$\boldsymbol{F}'$），如图 2.21 所示。

由图可知，力偶中的两力 $\boldsymbol{F}$、$\boldsymbol{F}'$ 在 x 轴上的投影分别为：

$$\boldsymbol{F}_x=-\boldsymbol{F}\cdot\cos\alpha$$
$$\boldsymbol{F}'_x=\boldsymbol{F}'\cdot\cos\alpha$$

因为 $\boldsymbol{F}=\boldsymbol{F}'$，所以 $\sum \boldsymbol{F}_x=\boldsymbol{F}_x+\boldsymbol{F}'_x=-\boldsymbol{F}\cos\alpha+\boldsymbol{F}'\cos\alpha=0$

同理
$$\boldsymbol{F}_y=-\boldsymbol{F}\sin\alpha$$
$$\boldsymbol{F}'_y=\boldsymbol{F}'\sin\alpha$$
$$\sum \boldsymbol{F}_y=\boldsymbol{F}_y+\boldsymbol{F}'_y=-\boldsymbol{F}\sin\alpha+\boldsymbol{F}'_y\sin\alpha=0$$

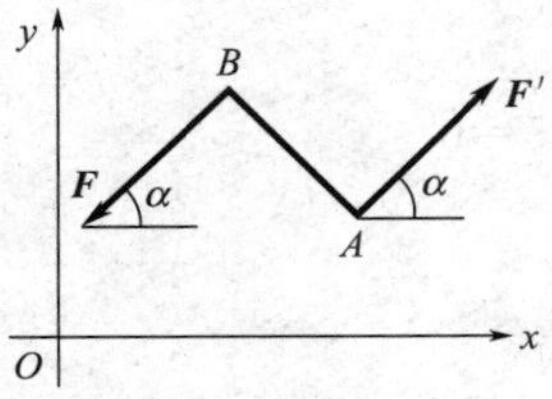

图 2.21

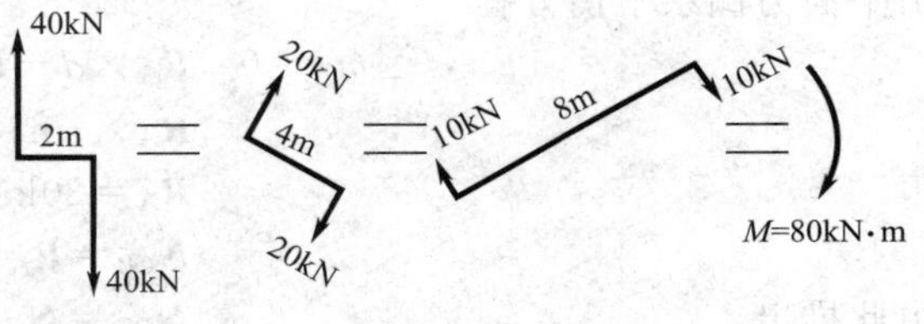

图 2.22

b. 力偶不能与力等效，只能与另一个力偶等效。同一平面内的两个力偶等效的条件是力偶矩的大小相等和转动方向相同。因此，只要保持力偶矩的大小和转向不变，可以任意改变力的大小和力偶臂的长短，而不影响力偶对物体的作用效果。图 2.22 所示的几个力偶都是等效力偶。

c. 力偶不能用力平衡，而只能用力偶去平衡。

d. 力偶可以在它的作用平面内任意移动和转动，而不会改变它对物体的作用。因此，力偶对物体的作用完全决定于力偶矩，而与它在其作用平面内的位置无关。

(2) 平面力偶系的合成与平衡条件

① 平面力偶系的合成　作用在物体上同一平面内两个以上的力偶，称为平面力偶系。因为力偶没有合力，即对物体的作用效果不能用一个力来代替，所以，平面力偶系合成的结果就是合力偶。设 m_1、m_2、m_3、…、m_n 为平面力偶系中各力偶的力偶矩，M 为合力偶的力偶矩，其合力偶矩等于平面力偶系中各力偶矩的代数和。即：

$$M=m_1+m_2+m_3+\cdots+m_n=\sum m \tag{2.10}$$

式(2.10)如计算结果为正值，则表示合力偶是逆时针方向转动；计算结果为负值，则表示合力偶是顺时针方向转动。

② 平面力偶系的平衡条件　由上述可知，平面力偶系合成的结果只能是一个合力偶，当平面力偶系的合力偶矩等于零时，表明使物体顺时针方向转动的力偶矩与使物体逆时针方向转动的力偶矩相等，作用效果相互抵消，物体必处于平衡状态。因此，平面力偶系平衡的必要和充分条件是：力偶系中各力偶矩的代数和为零。即

$$M=\sum m=0 \tag{2.11}$$

【例 2.12】 如图 2.23(a) 所示结构，荷载 $\boldsymbol{F}_1=\boldsymbol{F}_2=20\text{kN}$，试求 A、B 两支座的约束反力（不计杆自重）。

解： 杆 BC 上无荷载作用，故为二力杆，$\boldsymbol{N}_{CB}$ 和 $\boldsymbol{N}_{BC}$ 等值且反向，作用线必沿着 BC 杆

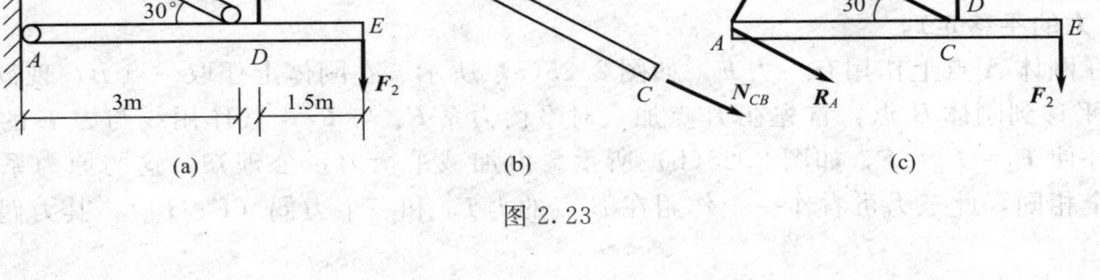

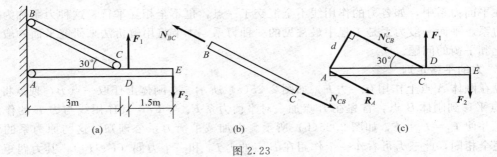

图 2.23

轴线，受力图如图 2.23(b) 所示。

取杆 AE 为研究对象，荷载 $\boldsymbol{F}_1$ 和 $\boldsymbol{F}_2$ 大小相等、方向相反、作用线互相平行，正好组成一个力偶（$\boldsymbol{F}_1$、$\boldsymbol{F}_2$）。因力偶只能以力偶来平衡，所以，约束反力 $\boldsymbol{R}_A$ 和 $\boldsymbol{N}'_{CB}$ 必组成一等值反向力偶 $\boldsymbol{R}_A$、$\boldsymbol{N}'_{CB}$，指向假设如图 2.23(c) 所示。

由平面力偶系平衡方程

$$\sum m_E=0 \quad \boldsymbol{R}_A\times d-\boldsymbol{F}_1\times 1.5=0$$

$$\boldsymbol{R}_A\times \sin30°\times 3-20\times 1.5=0$$

得

$$\boldsymbol{R}_A=20\text{kN}$$

$$\boldsymbol{N}'_{CB}=\boldsymbol{R}_A=20\text{kN}$$

由此推出

$$\boldsymbol{N}_{BC}=\boldsymbol{N}_{CB}=\boldsymbol{N}'_{CB}=20\text{kN}$$

【例 2.13】 求图 2.24(a) 所示梁的支座反力。

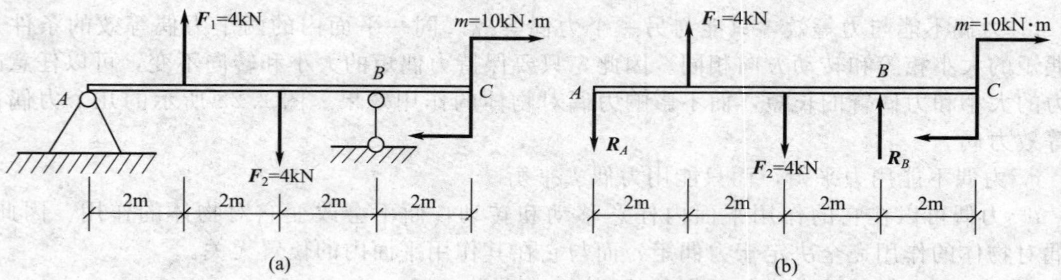

图 2.24

解： 取梁 AC 为研究对象，荷载 $\boldsymbol{F}_1$、$\boldsymbol{F}_2$ 大小相等、方向相反、作用线互相平行，组成一力偶，梁在力偶（$\boldsymbol{F}_1$、$\boldsymbol{F}_2$）、m 和支座 A、B 的约束反力作用下处于平衡，因力偶只能用力偶来平衡，所以 $\boldsymbol{R}_A$ 与 $\boldsymbol{R}_B$ 必组成一力偶，$\boldsymbol{R}_A$ 与 $\boldsymbol{R}_B$ 的指向假设如图 2.24(b) 所示。

由平面力偶系的平衡条件

$$\sum m_B=0$$

$$-m-2\boldsymbol{F}_1+6\boldsymbol{R}_A=0$$

得

$$\boldsymbol{R}_A=3\text{kN}$$

$$\boldsymbol{R}_B=\boldsymbol{R}_A=3\text{kN}$$

上述两例计算结果为正值，表示支座反力的方向与假设的方向一致。

2.3 平面一般力系

在平面力系中，如各力的作用线不全汇交于一点，也不全相互平行，这种力系称为平面一般力系。平面一般力系是工程中最常见的一种力系。本节将用解析法来研究平面一般力系的简化和平衡的问题。

2.3.1 力的平移定理

设在刚体 A 点上作用有一力 $\boldsymbol{F}$，如图 2.25(a) 所示。在刚体上任取一点 B，现欲将力 $\boldsymbol{F}$ 从 A 点平移到刚体 B 点：首先在 B 点加一对平衡力系 $\boldsymbol{F}_1$ 与 $\boldsymbol{F}'_1$，其作用线与力 $\boldsymbol{F}$ 的作用线平行，并使 $\boldsymbol{F}_1=\boldsymbol{F}'_1=\boldsymbol{F}$，如图 2.25(b) 所示。由加减平衡力系公理知，这与原力系的作用效果完全相同，此三力可看作一个作用在 B 点的力 $\boldsymbol{F}_1$ 和一个力偶（$\boldsymbol{F}$、$\boldsymbol{F}'_1$），其力偶矩 $m=$

$m_B(\boldsymbol{F}) = \boldsymbol{F} \cdot d$，如图 2.25(c) 所示。

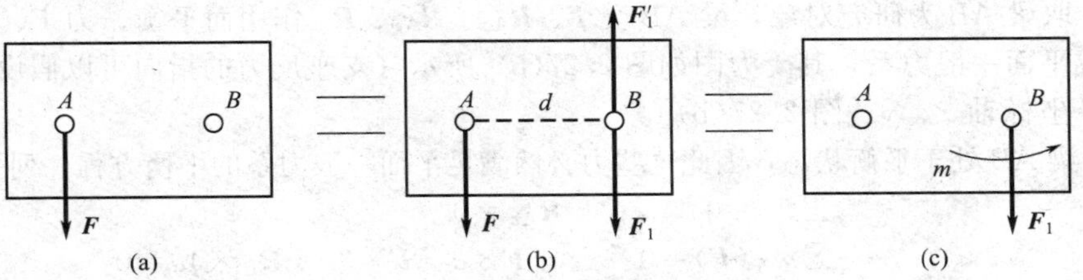

图 2.25

由此可得，力的平移定理：作用在刚体上的力，可以平行移动到刚体上的任意一点，但必须同时附加一个力偶，其力偶矩等于原力对新作用点的矩。

【例 2.14】 如图 2.26(a) 所示，柱子上作用有一集中力 $\boldsymbol{F}=20\text{kN}$，它的作用线偏离柱子轴线的距离为 $e=3\text{cm}$，试将力 $\boldsymbol{F}$ 平移到柱子轴线 O 点上。

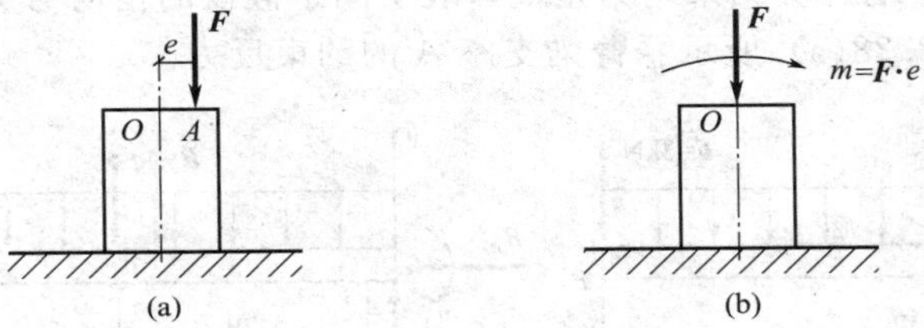

图 2.26

解：根据力的平移定理可知，将作用于 A 点的力 $\boldsymbol{F}$ 平行移动到 O 点，则必须同时附加力偶［图 2.26(b)］，其力偶矩 $m=-\boldsymbol{F} \cdot e=-20\times0.03=-0.6(\text{kN}\cdot\text{m})$，负号表示附加力偶是顺时针转向。

2.3.2 平面一般力系的平衡条件

由前可知，平面一般力系可以分解为一个平面汇交力系和一个平面力偶系，如果原平面一般力系是一个平衡力系，则该力系所分解的两个基本力系也应该是平衡力系。因此，平面一般力系平衡的必要和充分条件是：力系的主矢和主矩都等于零。即

$$\boldsymbol{R}'=\sqrt{(\sum \boldsymbol{F}_x)^2+(\sum \boldsymbol{F}_y)^2}=0$$

$$\boldsymbol{M}_O=\sum m_O(\boldsymbol{F})=0$$

从而得

$$\left.\begin{array}{l}\sum \boldsymbol{F}_x=0\\ \sum \boldsymbol{F}_y=0\\ \sum m_O(\boldsymbol{F})=0\end{array}\right\} \qquad (2.12)$$

上式表明，平面一般力系处于平衡的必要和充分条件是：力系中所有各力分别在 x 轴和 y 轴上投影的代数和等于零，力系中各力对任意一点力矩的代数和等于零。式(2.12)又称为平面一般力系的平衡方程。它是三个独立的方程，利用它可以求解出三个未知量。

【例 2.15】 图 2.27(a) 所示一简支梁，在 C 点和 D 点上分别作用有集中力 $\boldsymbol{F}$。试求 A、

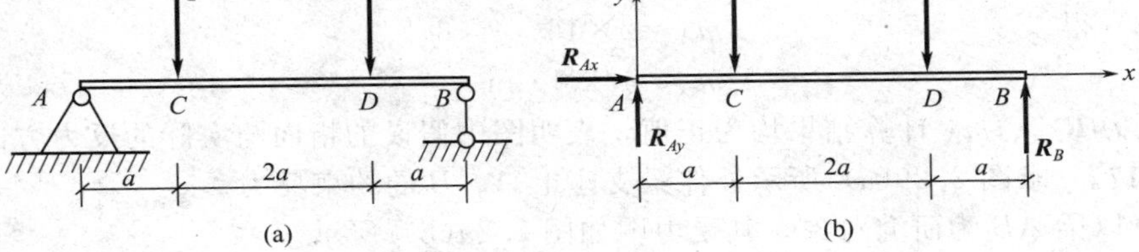

图 2.27

B 两支座的约束反力。

解：a. 取梁 AB 为研究对象，梁 AB 受 $\boldsymbol{F}$、$\boldsymbol{R}_{Ax}$、$\boldsymbol{R}_{Ay}$、$\boldsymbol{R}_B$ 作用而平衡。力 $\boldsymbol{F}$、$\boldsymbol{R}_{Ax}$、$\boldsymbol{R}_{Ay}$、$\boldsymbol{R}_B$ 共同组成平面一般力系，其受力图如图 2.27(b) 所示（支座反力的指向可以假设）。

b. 选择坐标轴 x、y［图 2.27(b)］。

c. 由于梁 AB 处于平衡状态，因此这些力必然满足平面一般力系的平衡方程。列平衡方程：

$$\sum \boldsymbol{F}_x=0 \qquad \boldsymbol{R}_{Ax}=0 \tag{1}$$

$$\sum m_A(\boldsymbol{F})=0 \qquad -\boldsymbol{F}\times a-\boldsymbol{F}\times 3a+\boldsymbol{R}_B\times 4a=0 \tag{2}$$

$$\sum \boldsymbol{F}_y=0 \qquad \boldsymbol{R}_{Ay}+\boldsymbol{R}_B-\boldsymbol{F}-\boldsymbol{F}=0 \tag{3}$$

d. 解方程组

由式(1) 得 $\boldsymbol{R}_{Ax}=0$

由式(2) 得 $\boldsymbol{R}_B=F$

由式(3) 得 $\boldsymbol{R}_{Ay}=F$

支座反力 $\boldsymbol{R}_{Ay}$、$\boldsymbol{R}_B$ 的计算结果均为正值，表明图中假设的指向与实际的反力方向一致。

【例 2.16】 求图 2.28(a) 所示悬臂梁支座 A 的约束反力。

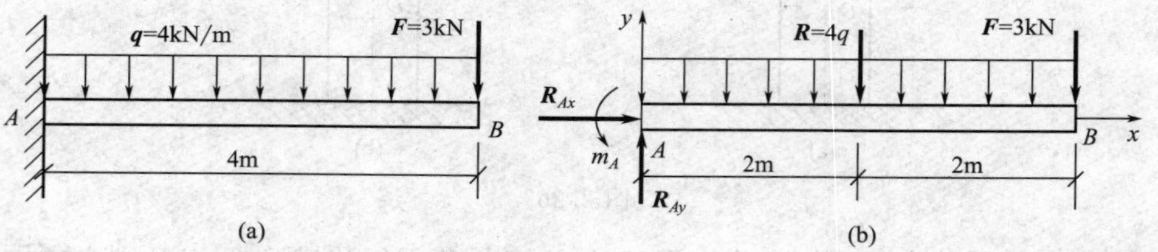

图 2.28

解：a. 以梁 AB 为研究对象。梁上所受的均布荷载可简化为一合力 $\boldsymbol{R}$，如图 2.28(b) 所示，作用在受力部分的中点，合力 $\boldsymbol{R}$ 的大小等于均布荷载密度乘以受力部分长度，即 $\boldsymbol{R}=\boldsymbol{q}\times 4=4\times 4=16(\text{kN})$。支座 A 为固定支座，它除阻止梁的水平位移和铅垂位移外，还阻止梁绕 A 点转动。因此，在 A 点有水平约束反力 $\boldsymbol{R}_{Ax}$、铅垂约束反力 $\boldsymbol{R}_{Ay}$ 和反力偶矩 m_A，其受力图如图 2.28(b) 所示。

b. 选择坐标轴 x、y［图 2.28(b)］。

c. 由于梁 AB 受力 $\boldsymbol{R}$、$\boldsymbol{R}_{Ax}$、$\boldsymbol{R}_{Ay}$、$\boldsymbol{F}$ 作用而平衡，因此这些力必然满足平面一般力系的平衡方程。列平衡方程：

$$\sum \boldsymbol{F}_x=0 \qquad \boldsymbol{R}_{Ax}=0 \tag{1}$$

$$\sum \boldsymbol{F}_y=0 \qquad \boldsymbol{R}_{Ay}-\boldsymbol{R}-\boldsymbol{F}=0 \tag{2}$$

$$\sum m_A(\boldsymbol{F})=0 \quad m_A-2\boldsymbol{R}-4\boldsymbol{F}=0 \tag{3}$$

d. 解方程组

由式(1) 得 $\boldsymbol{R}_{Ax}=0$

由式(2) 得 $\boldsymbol{R}_{Ay}-16-3=0$

$\boldsymbol{R}_{Ay}=19\text{kN}$

由式(3) 得 $m_A=2\times 16+4\times 3$

$m_A=44\text{kN}\cdot\text{m}$

支座反力 $\boldsymbol{R}_{Ay}$、m_A 计算结果均为正值，表明图中假设的指向与实际的反力方向一致。

【例 2.17】 求图 2.29(a) 所示外伸梁支座上 A、B 的约束反力。

解：a. 以梁 AB 为研究对象，其受力图如图 2.29(b) 所示。

b. 选择坐标轴 x、y。

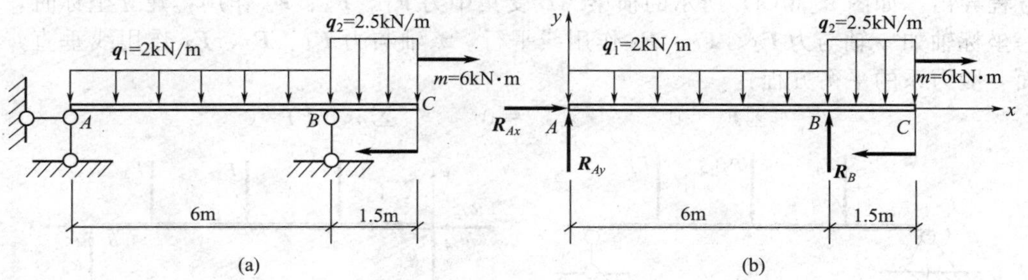

图 2.29

c. 列平衡方程：

$\sum F_x=0 \qquad R_{Ax}=0$ (1)

$\sum m_A(F)=0 \qquad -q_1\times6\times3+6R_B-q_2\times1.5\times6.75-6=0$ (2)

$\sum F_y=0 \qquad R_{Ay}+R_B-q_1\times6-q_2\times1.5=0$ (3)

d. 解方程组

由式(1) 得 $R_{Ax}=0$

由式(2) 得 $6R_B=2\times6\times3+2.5\times1.5\times6.75+6$

$R_B=11.22\text{kN}$

由式(3) 得 $R_{Ay}=4.53\text{kN}$

支座反力 R_B、R_{Ay} 计算结果为正值，表明图中假设的指向与实际的反力方向一致。

平衡方程式(2.12) 并不是平面一般力系平衡方程的唯一形式，它只是平面一般力系平衡方程的基本形式（又称为一矩式）。除此以外，还有以下两种形式。

① 二矩式（即三个平衡方程中，有两个力矩方程和一个投影方程）：

$$\left.\begin{aligned}&\sum m_A(F)=0\\&\sum m_B(F)=0\\&\sum F_x=0(\text{或}\sum F_y=0)\end{aligned}\right\}\qquad(2.13)$$

式(2.13) 中两矩心 A、B 两点的连线不能与 x 轴（或 y 轴）垂直。

② 三矩式（即三个平衡方程都是力矩方程）：

$$\left.\begin{aligned}&\sum m_A(F)=0\\&\sum m_B(F)=0\\&\sum m_C(F)=0\end{aligned}\right\}\qquad(2.14)$$

式(2.14) 中三矩心 A、B、C 三点不能共线。

式(2.12)、式(2.13)、式(2.14) 三组方程式，都是平面一般力系的平衡方程式，均可用来解决平面一般力系的平衡问题。解题时究竟采用哪一组平衡方程，主要决定于计算是否简便，但不论用哪一组平衡方程解题，对于同一平面一般力系，只能列出三个独立的平衡方程；因此，最多只能求解出三个未知力，任何多列出的平衡方程，都不再是独立方程，但可用来校核结果。

2.4 平面平行力系的平衡方程

在平面力系中，如果各力的作用线互相平行，这种力系称为**平面平行力系**。平面平行力系在工程实际中经常遇到，如梁、起重物、屋架等结构上所受的力系，常常可以简化为平面平行力系。平面平行力系是平面一般力系的特殊情况，它的平衡方程可由平面一般力系的平衡方程导出。如图 2.30(a) 所示的横梁 AB 受集中力 $\boldsymbol{F}_1$、$\boldsymbol{F}_2$、$\boldsymbol{F}_3$ 作用，建立坐标时，应使某一坐标轴如 y 轴与力 $\boldsymbol{F}_1$、$\boldsymbol{F}_2$、$\boldsymbol{F}_3$ 作用线平行，x 轴与力 $\boldsymbol{F}_1$、$\boldsymbol{F}_2$、$\boldsymbol{F}_3$ 作用线垂直，则有平面一般力系的平衡方程：

$$\sum \boldsymbol{F}_x=0 \qquad \sum \boldsymbol{F}_y=0 \qquad \sum m_O(\boldsymbol{F})=0$$

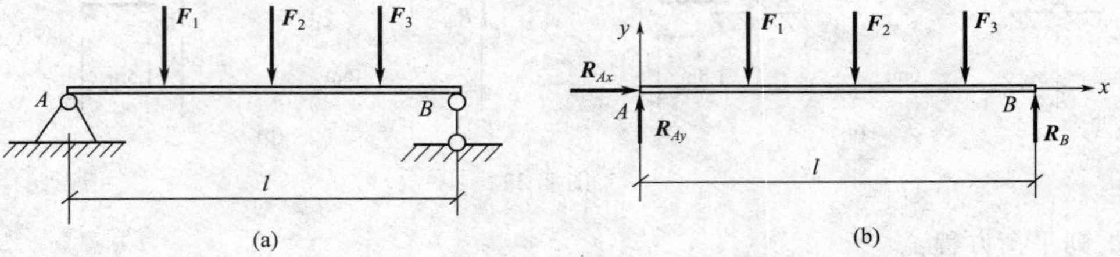

图 2.30

从图 2.30(b) 可以看出，力 $\boldsymbol{F}_1$、$\boldsymbol{F}_2$、$\boldsymbol{F}_3$、$\boldsymbol{R}_{Ay}$、$\boldsymbol{R}_B$ 在 x 轴上的投影恒等于零，所以从 $\sum \boldsymbol{F}_x=0$ 方程中可得到 $\boldsymbol{R}_{Ax}=0$（即铰支座处无水平约束反力）。且力 $\boldsymbol{F}_1$、$\boldsymbol{F}_2$、$\boldsymbol{F}_3$、$\boldsymbol{R}_{Ay}$、$\boldsymbol{R}_B$ 共同构成一个平面平行平衡力系。这组平面平行平衡力系，利用剩下的两个平衡方程（$\sum \boldsymbol{F}_y=0$、$\sum m_O(\boldsymbol{F})=0$）就可求出 $\boldsymbol{R}_{Ay}$、$\boldsymbol{R}_B$ 两个反力。

因此，平面平行力系的平衡方程只有两个：

$$\left.\begin{aligned}&\sum \boldsymbol{F}_y=0(y\text{ 轴与力系作用线平行})\\&\sum m_O(\boldsymbol{F})=0\end{aligned}\right\} \tag{2.15}$$

式(2.15) 表明，平面平行力系平衡的必要和充分条件是：力系中所有各力在与力作用线平行的轴上投影的代数和为零；力系中所有各力对任一矩心力矩的代数和为零。

与平面一般力系相同，平面平行力系的平衡方程还有二矩式，即

$$\left.\begin{aligned}&\sum m_A(\boldsymbol{F})=0\\&\sum m_B(\boldsymbol{F})=0\end{aligned}\right\} \tag{2.16}$$

式中，A、B 两点的连线不能平行于力系的作用线。

【例 2.18】 已知外伸梁承受荷载如图 2.31(a) 所示。均布荷载 $\boldsymbol{q}=10\text{kN/m}$，集中荷载 $\boldsymbol{F}=20\text{kN}$，力偶 $m_C=10\text{kN}\cdot\text{m}$。试求支座 A、B 的约束反力。

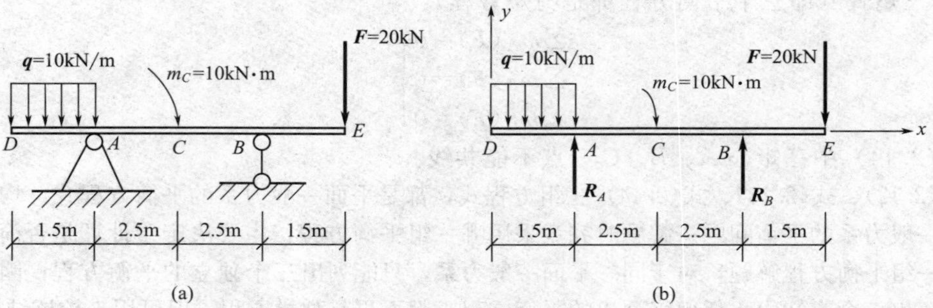

图 2.31

解：a. 以梁为研究对象，受力图如图 2.31(b) 所示，由于在水平方向没有主动力，所以支座 A 没有水平方向的约束反力。梁在 $\boldsymbol{q}$、$\boldsymbol{F}$、m_C 作用下保持平衡。

b. 选取坐标轴 x、y。

c. 列平衡方程

$$\sum m_A(\boldsymbol{F})=0 \qquad 5\boldsymbol{R}_B-6.5\boldsymbol{F}-m_C+\frac{\boldsymbol{q}\times 1.5^2}{2}=0 \tag{1}$$

$\sum \boldsymbol{F}_y=0$ $\boldsymbol{R}_A+\boldsymbol{R}_B-F-1.5\boldsymbol{q}=0$ (2)

由式(1) 得 $5\boldsymbol{R}_B=130+10-11.25$

$\boldsymbol{R}_B=25.75\text{kN}$

由式(2) 得 $\boldsymbol{R}_A=-25.75+20+15$

$\boldsymbol{R}_A=9.25\text{kN}$

利用多余的不独立方程$\sum m_B(\boldsymbol{F})=0$来校核以上计算结果：

$$\sum m_B(\boldsymbol{F})=-m_c-1.5\boldsymbol{F}+\boldsymbol{q}\times1.5\times5.75-5\boldsymbol{R}_A=-10-30+86.25-46.25=0$$

故，计算结果无误。反力$\boldsymbol{R}_A$、$\boldsymbol{R}_B$计算结果均为正值，表明图中假设指向与实际反力指向一致。

思 考 题

2.1 什么是平面汇交力系？什么是平面平行力系和平面一般力系？

2.2 什么是合力和分力？“合力一定大于分力”这种说法对不对？为什么？试作图说明。

2.3 试指出思考题2.3图中所示的各力多边形，哪些是自行封闭的？哪些不是自行封闭的？如果不是自行封闭，哪个力是合力？哪些力是分力？

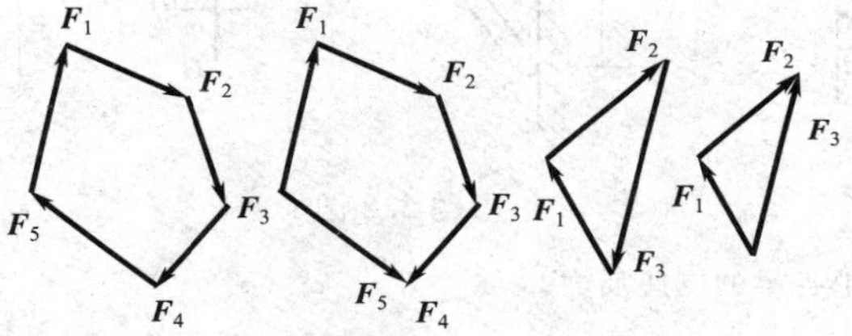

思考题2.3图

2.4 什么是力矩？力与力矩对物体的作用效果有何不同？

2.5 举例说明，力矩和力偶有何共性和区别？

2.6 平面力偶系的等效条件是什么？试判别思考题2.6图中所示的力偶，哪些是等效力偶？哪些不是等效力偶？

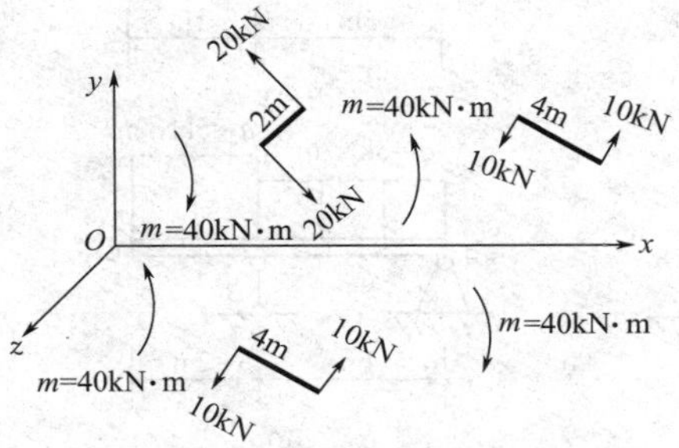

思考题2.6图

2.7 如思考题2.7图所示，已知力$\boldsymbol{F}_1=\boldsymbol{F}_2=\boldsymbol{F}_3=\boldsymbol{F}_4$，它们在$x$轴、$y$轴的投影的代数和分别等于零，能否说刚体是处于平衡状态？为什么？

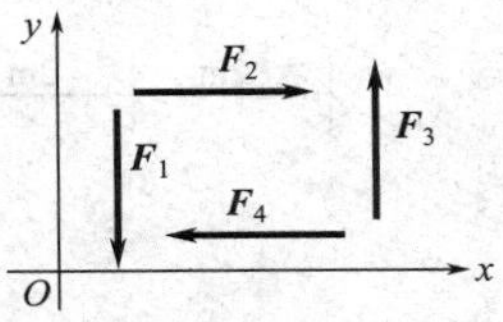

思考题2.7图

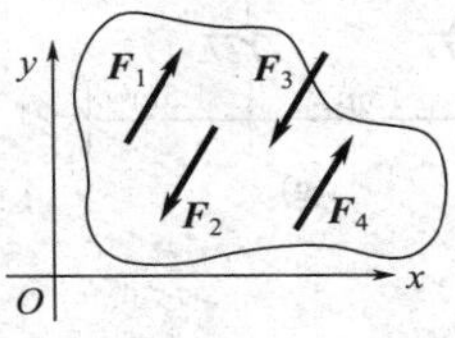

思考题2.10图

2.8 什么是力的平移定理?

2.9 平面一般力系向某点简化结果主矩为零，能否说原力系是汇交力系？为什么？

2.10 如图所示的平面平行力系，若取 x、y 轴都不与各力平行或垂直，则平面平行力系的平衡方程 $\sum \boldsymbol{F}_x=0$，$\sum m_A(\boldsymbol{F})=0$ 是否成立?

习 题

2.1 如习题 2.1 图所示，已知 $\boldsymbol{F}_1=30\text{kN}$，$\boldsymbol{F}_2=50\text{kN}$，$\boldsymbol{F}_3=20\text{kN}$，$\boldsymbol{F}_4=40\text{kN}$，$\boldsymbol{F}_5=20\text{kN}$，$\boldsymbol{F}_6=10\text{kN}$，试求各力在 x 轴和 y 轴的投影。

2.2 习题 2.2 图示构架 $ABCD$，D 端挂有重物 $\boldsymbol{G}=50\text{kN}$。如不计杆件自重，试用解析法求支座 A 的反力和杆 BC 所受的力。

2.3 求习题 2.3 图示桁架的支座反力。

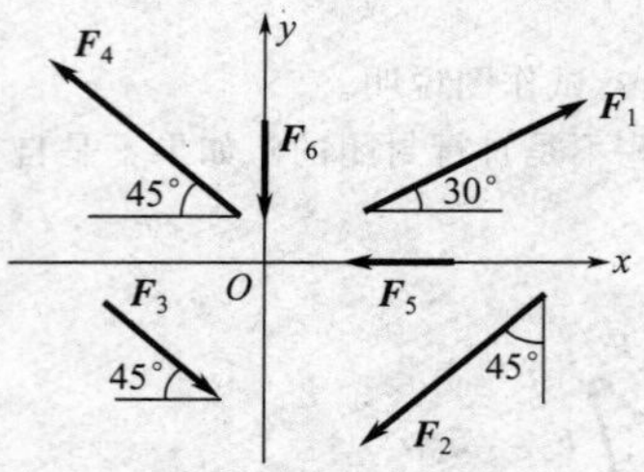

习题 2.1 图

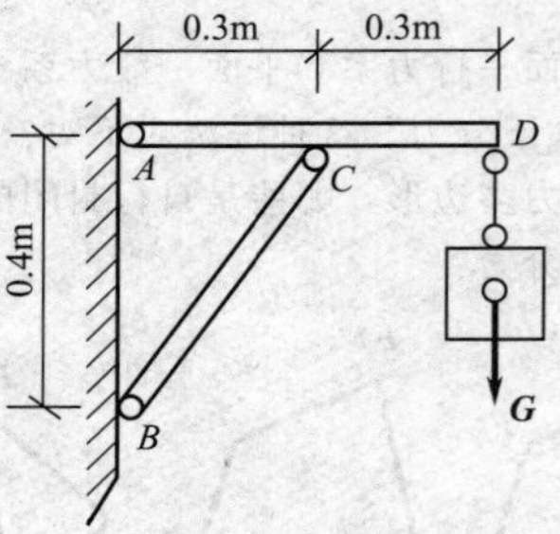

习题 2.2 图

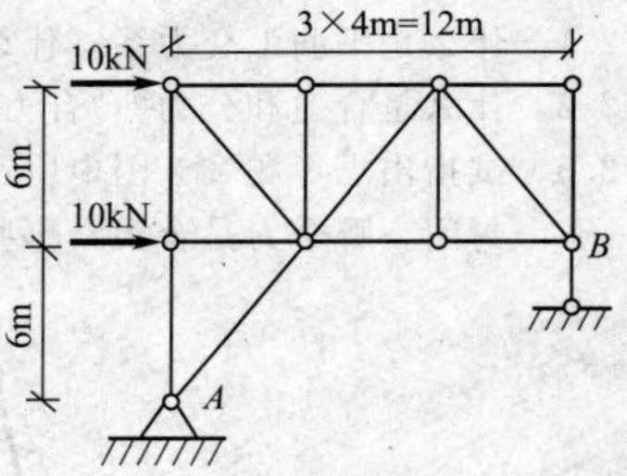

习题 2.3 图

2.4 试求习题 2.4 图各图中各梁的支座反力。

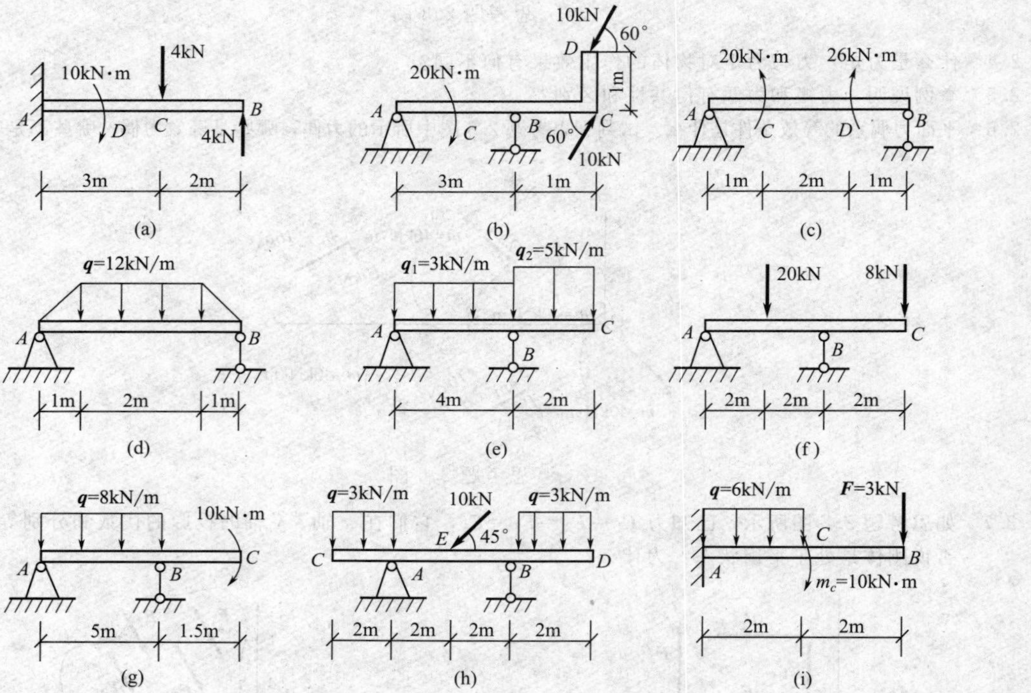

习题 2.4 图

3 静定结构的基本知识

学习目标

1. 能熟练陈述几何不变体系、几何可变体系、瞬变体系的概念。

2. 能基本陈述几何组成分析的目的，明确只有几何不变体系才能作为结构使用。

3. 能熟练陈述平面几何不变体系的简单组成规则，能正确应用这些规则分析问题。

4. 能基本陈述结构的几何组成与静定性的关系。

学习重点

1. 平面几何不变体系组成规则。

2. 如何应用以上规则对简单的平面杆件体系进行几何组成分析。

学习难点

三个组成规则的灵活应用。

3.1 概　　述

建筑物中承受荷载而起骨架作用的部分，称为结构。结构一般是由若干简单构件通过各种方式相互连接而成，如桁架、框架等；单个的构件（如梁、柱）则是最简单的结构。

结构的类型是多种多样的，从几何角度来看，可分为杆件结构、薄壁结构和实体结构。

3.1.1 杆件结构

由若干杆件组成的结构，称为杆件结构。杆件的几何特征是长度远大于截面的宽度和厚度。它是最常见的结构型式。杆件结构主要有下列几种基本形式。

① 梁　梁是一种受弯构件，其轴线通常为直线，它可以是单跨的［图 3.1(a)、(c)］，也可以是多跨连续的［图 3.1(b)、(d)］。

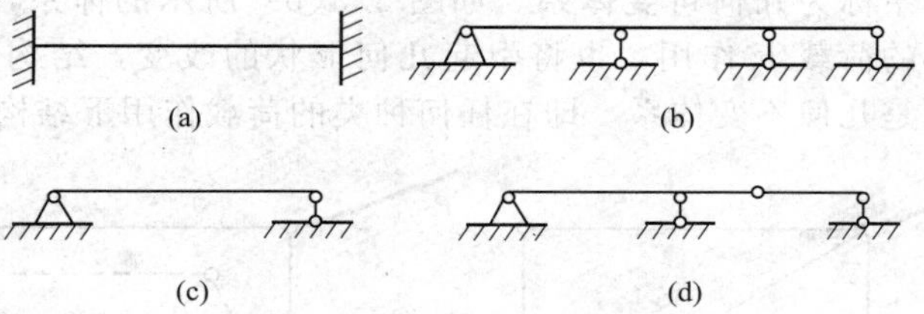

图 3.1

② 桁架　桁架是由若干杆件在每杆两端用理想铰连接而成的结构，在结点荷载作用下，各杆件主要受拉或受压（图 3.2）。

③ 刚架　刚架是由梁和柱组成的结构，其结点主要为刚结点（图 3.3）。

④ 组合结构　组合结构是由桁架和梁或刚架组合在一起形成的结构，这种结构中有些

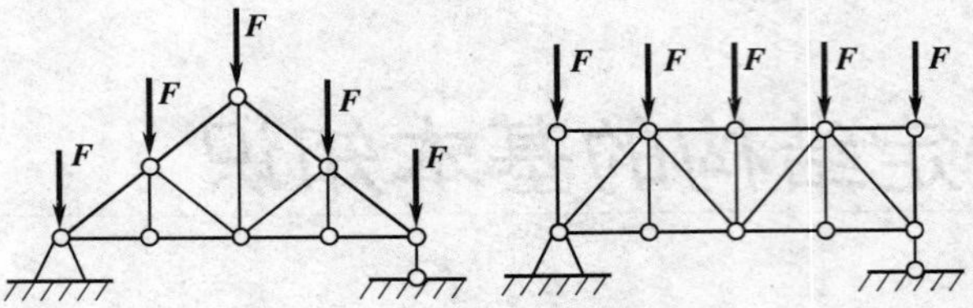

(a)　　　　　　(b)

图 3.2

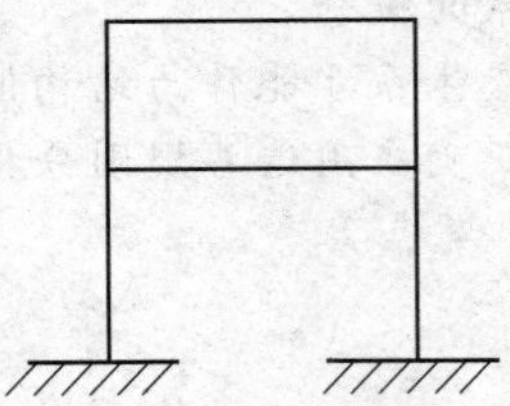

图 3.3

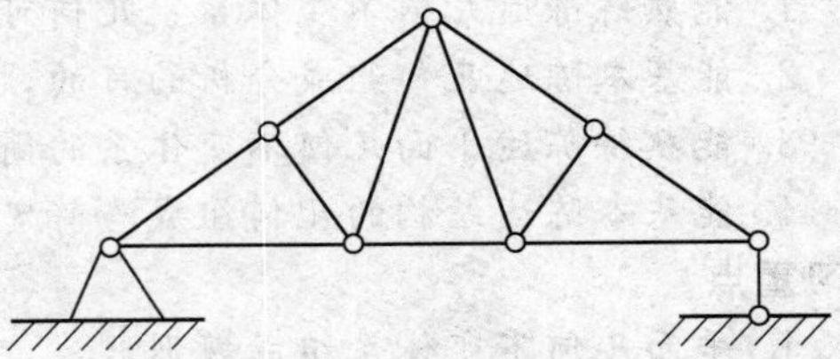

图 3.4

杆件受拉或受压，有些杆件受弯（图 3.4）。

3.1.2　薄壁结构

由薄壁或薄壳等薄壁元件组成的一种结构，称为薄壁结构，其几何特征是厚度远小于长度和宽度，如飞机结构就是薄壁结构。

3.1.3　实体结构

长、宽、厚三个尺度大小相近的结构，称为实体结构。如挡土墙、基础等。

结构按计算方法的特征又可分为静定结构和超静定结构。

3.2　平面体系的几何组成分析

3.2.1　几何组成分析的目的

由若干杆件（包括支座）按某种连系所组成的整体，称为**体系**。体系受到任意荷载作用后，如不考虑材料的变形，仍能保持几何形状和位置不变的体系，**称为几何不变体系**。如图 3.5(a) 所示的体系就是一个几何不变体系，因为在所示荷载作用下，只要不发生破坏，它的形状和位置是不会改变的。另一种体系，尽管只受到很小的荷载作用，也会引起体系几何形状的改变，这类体系称为**几何可变体系**。如图 3.5(b) 所示的体系，就是几何可变体系，因为尽管只受到很小的荷载 F 作用，也将引起几何形状的改变，结构是一种体系。工程中所采用的结构都必须是几何不变体系，即在任何种类的荷载作用下结构的整体和局部都必须

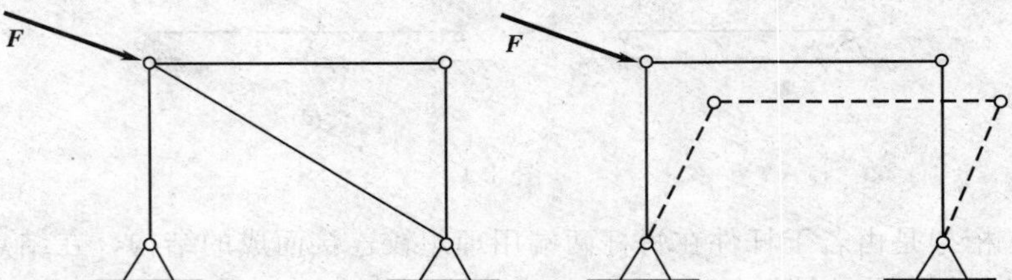

(a)　　　　　　(b)

图 3.5

保持静止状态，否则就不能正常使用。

判断体系是几何不变体系还是几何可变体系的分析过程，称为体系的几何组成分析。进行几何组成分析的目的在于：判断某一体系是否几何不变，从而决定它能否作为结构；研究几何不变体系的组成规律，以保证所设计的结构能承受荷载而维持平衡，避免工程事故；同时还可根据体系的几何组成确定结构是静定结构还是超静定结构，以便选择相应的计算方法。

3.2.2 平面体系的自由度和约束

在进行几何组成分析时，涉及体系运动的自由度。所谓**体系的自由度**，是指该体系运动时，用来确定其位置所需要的独立的坐标数目。例如在平面内某一点 A，其位置要由两个坐标 x 和 y 来确定，如图 3.6 所示，所以一个点在平面内有两个自由度。平面体系中，在不考虑材料变形的条件下，可以把一根梁、柱、板、一个链杆或体系中已经肯定为几何不变的某个部分看成是一个平面刚体，称为刚片；同理，支撑结构的地基也可看成是一个刚片。一个刚片在平面内运动时，其位置将由它上面任一点 A 的坐标 x、y 和通过 A 点的任一直线 AB 的倾角 β 来确定，如图 3.7 所示。因此，一个刚片在平面内有三个自由度，即刚片在平面内不但可以自由移动，而且还可以自由转动。

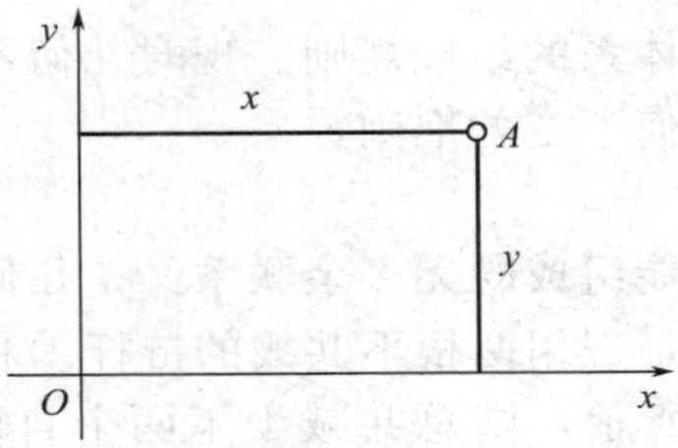

图 3.6

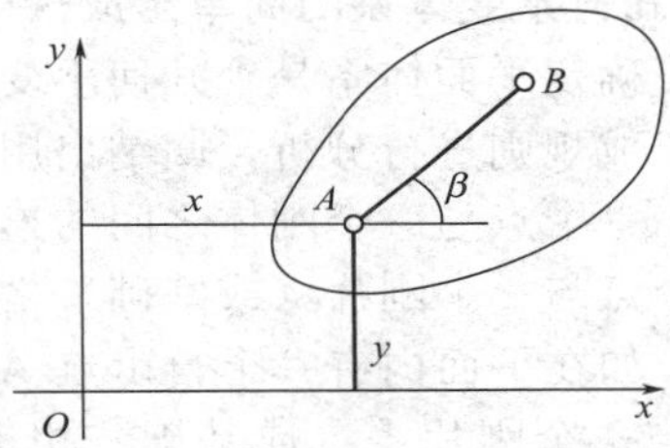

图 3.7

一般说来，一个体系如果有 n 个独立的运动方式，就说这个体系有 n 个自由度。工程结构都必须是几何不变体系，故其自由度应该等于或小于零。凡是自由度大于零的体系都是几何可变体系。

对刚片加入某些约束装置时，它的自由度将会减少，凡能减少自由度的装置，就称为连系，减少 n 个自由度的装置，就称为 n 个连系。

现在来分析不同约束装置对自由度的影响。

（1）链杆的作用

图 3.8 所示的 AB 梁，没有任何约束时，梁在平面内有三个自由度。如用一根链杆与基础相连［图 3.8(a)］，梁就不能沿此链杆方向移动，因而减少了一个自由度，如在 A 点再加上一个水平链杆，如图 3.8(b) 所示，使 A 形成一个固定铰支座，则梁在 A 点完全被固定，整个梁也就不能再作水平方向和竖直方向的移动，但还能绕 A 点转动，即梁此时还有一个自由度，因而两根链杆减少了两个自由度。由此说明，一根链杆相当于一个连系，一个固定铰支座相当于两个连系。若在梁上其他点（如 B 点），加一个垂直链杆，如图 3.8(c) 所示，则梁的转动也被约束了，于是梁就完全被固定在基础上，也就是说梁的自由度为零，这就是前面提到的简支梁。

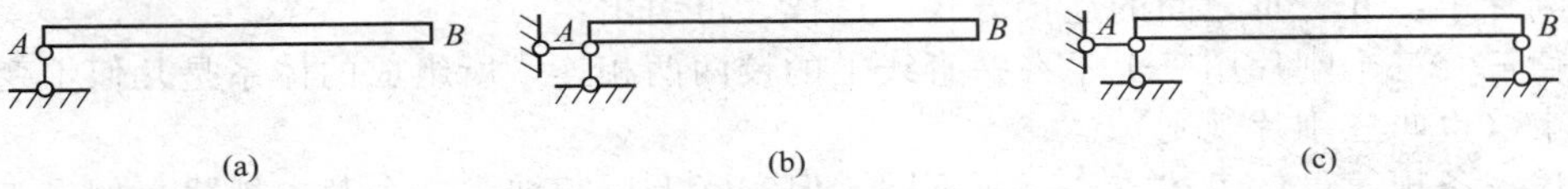

图 3.8

(2) 单铰的作用

图 3.9 所示两根杆件 AB 和 BC，在未连接以前两根孤立的杆件在平面内共有六个自由度，用铰 B 连接在一起后，此体系便只有四个自由度。因为对杆件 AB 而言用三个坐标便可以确定它的位置，因此，它仍为三个自由度，而杆件 BC 因与杆件 AB 在 B 点铰结，则只能绕 B 点转动，故只需要用一个转角就可以确定杆件 BC 的位置。由此可见，一个连接两个物体的铰能减少两个自由度，所以一个铰相当于两个连系，也相当于两根链杆的约束作用。反之，两根链杆也相当于一个单铰的作用。

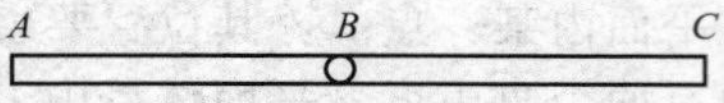

图 3.9

图 3.10

(3) 刚结点的作用

图 3.10 所示两根杆件 AB 和 BC 在 B 点连接成一个整体，其中结点 B 称为刚结点。未连接前两根孤立的杆件在平面内共有六个自由度，刚性连接成整体后，只有三个自由度。所以，一个刚结点相当于三个连系。同理，一个固定支座相当于三个连系。

3.2.3 几何不变体系的简单组成规律

为了确定平面体系是否几何不变，需研究几何不变体系的组成规则。现对几何不变体系的简单组成规则进行分析，归纳出用以判别体系是否几何不变的准则。

(1) 一个点与一个刚体之间的连接方式

一个点与一个刚片（或基础）之间应当怎样连接才能组成既无多余联系又是几何不变的整体呢？如在平面内有一个自由点 A，它有两个自由度，现用两根不共线的链杆①和链杆②把 A 点与一个刚片 Ⅰ（或基础）相连，如图 3.11(a) 所示，则总共减少了两个自由度，A 点即被固定，故此连接方式为几何不变。由此可得：

规律一 一个刚片与一个点用两根链杆相连，且三个铰不在一直线上，则组成的体系是几何不变的，且无多余约束。

(2) 两个刚片之间的连接方式

图 3.11(a) 中，如果把链杆 AB 看作刚片Ⅱ，则得图 3.11(b) 所示的体系，它表示两个刚片Ⅰ与Ⅱ之间的连接方式。这样，由规律一可引出：

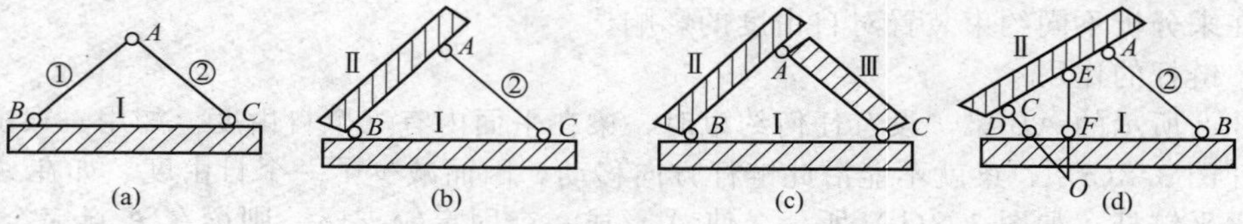

图 3.11

规律二 两个刚片用一个铰和一根不过铰心的链杆相连，所组成的体系几何不变，且无多余约束（也叫两刚片规则）。

(3) 三个刚片之间的连接方式

在图 3.11(b) 中，如果把链杆 AC 看作刚片Ⅲ，则得到图 3.11(c) 所示的体系，它表明三个刚片Ⅰ、Ⅱ、Ⅲ之间的连接方式。这样，可引出：

规律三 三个刚片用三个不在一直线上的铰两两相连，所组成的体系是几何不变，且无多余约束（也叫三刚片规则）。

上述三条规律虽然表述方式有所不同，但实际上可归纳为一个基本规律：如果三铰不共线，则一个铰结三角形的几何形状是不变的，而且没有多余的连系（约束），这个基本规律称为三角形规律。

由上可知，一个铰相当于两个连系，一根链杆相当于一个连系，所以两根链杆与一个铰等效。如图 3.11(d) 所示的体系，链杆 CD 与 EF 延长相交于一点 O，O 点就起到一个铰的作用，称为虚铰。虚铰与实铰（两链杆相交的铰）的作用是一样的。因此，图 3.11(d) 的平面体系组成方式与图 3.11(b) 的平面体系组成方式一样，也是几何不变的。同理，三角形规律的每一个实铰，都可用相应的链杆来代替。由此，规律二和规律三又可得下述规律：

规律四 两个刚片用三根链杆相连，且三根链杆不平行不交于同一点，则组成的体系几何不变，且无多余约束（图 3.12）。

规律五 三个刚片用三个虚铰两两相连，且三个虚铰不在一直线上，则组成的体系几何不变，且无多余约束（图 3.13）。

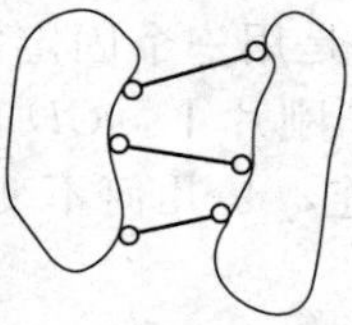

图 3.12

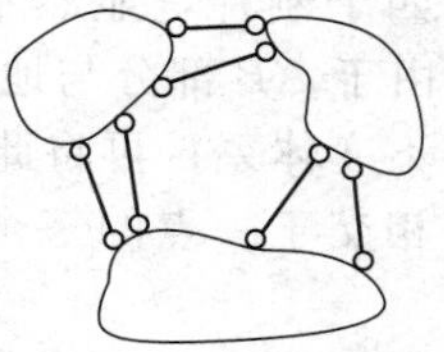

图 3.13

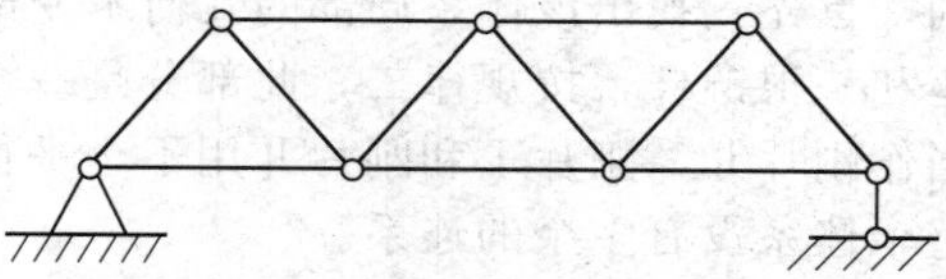

图 3.14

(4) 二元体规则

两根链杆间用一铰相连，且两根链杆不共直线，称为**二元体**。如图 3.11(a) 所示，在刚片Ⅰ上增加一个二元体 BAC，显然仍是一个几何不变体系。由此可得二元体规则：刚片上增加或减少一个二元体后组成的体系为几何不变。二元体规则虽与组成规律一相同，但由于它的应用很广，所以单独提出。

应用上述几何不变体系的简单组成规则，就可组成几何不变体系。如图 3.14 所示的桁架就是以一个基本铰接三角形开始，按二元体规则依次增加二元体所构成的几何不变体系。同时应用基本规则，还可判别体系是否几何不变。其步骤如下。

① 如果给定的体系可看作是两个或三个刚片时，则可以直接按规律二或规律三加以判别。

② 如果给定的体系不能归结为两个或三个刚片时，则可先把其中能直接观察出的某些几何不变部分当作刚片或撤去二元体，然后再利用规律二或规律三加以判别。

③ 如果组成平面体系的连系数少于几何不变体系的简单组成规律所需要的连系数，则该体系就是几何可变的。

如图 3.15 所示的体系，杆 AB 和大地两个刚片之间只有两根链杆相连，缺少一个连系，有一个自由度，不符合组成规律的要求，所以它是几何可变的体系。如果组成体系的连系数，多于几何不变体系的简单组成规律所需要的连系数，则该体系是几何不变的，并且有多余的连系（即去掉某些连系后，体系仍为几何不变体系，则所去掉的连系称为多余连系），如图 3.16 所示的体系，就是具有一个多余连系的几何不变体系。

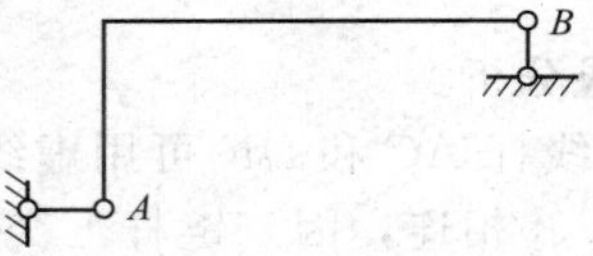

图 3.15

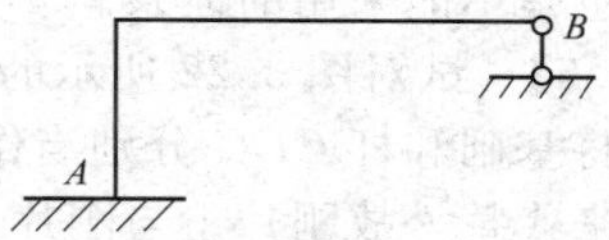

图 3.16

【例 3.1】 试对图 3.17 所示的平面体系进行几何组成分析。

解：将杆 AB 和基础分别当作刚片Ⅰ和刚片Ⅱ。按规律二，刚片Ⅰ和刚片Ⅱ用固定支座相连，已经组成一个几何不变体系。现又在此体系上添加一个固定支座 B，从几何不变的角度来分析，固定支座 B 就是多余的连系。故此体系为具有三个多余连系的几何不变体系。

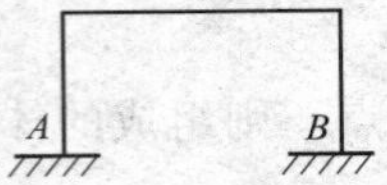

图 3.17

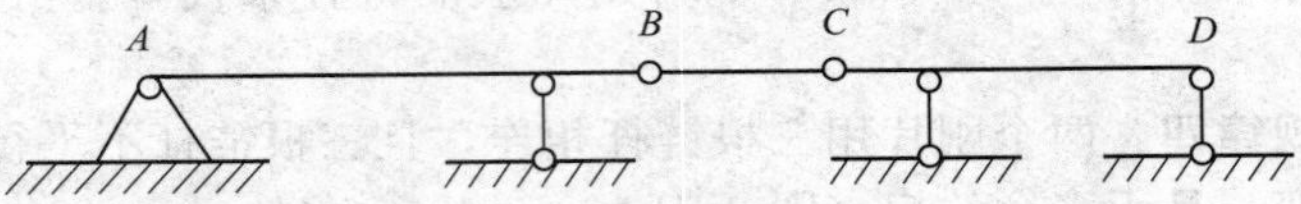

图 3.18

【例 3.2】 试对图 3.18 所示的平面体系进行几何组成分析。

解：该体系具有杆 AB、BC、CD 和地基四个刚片，显然不能直接应用上述规律来判别。首先，找出该体系局部的几何不变部分，由于 AB 部分与地基的连接是用一个固定铰支座和一根链杆，按规律二，此部分是一个几何不变体系；再将此部分当作刚片Ⅰ，CD 部分当作刚片Ⅱ，刚片Ⅰ和刚片Ⅱ用不全平行和不相交于一点的三个链杆相连，是几何不变的，整个体系没有多余的连系。

【例 3.3】 试对 3.19 所示的平面体系进行几何组成分析。

解：将杆 AB 和基础分别当作刚片Ⅰ和刚片Ⅱ。按规律二，刚片Ⅰ和刚片Ⅱ用固定铰支座 A 和链杆①相连，已经组成一个几何不变体系。现又在此体系添加了三个链杆，故此体系为几何不变体系且具有三个多余连系。

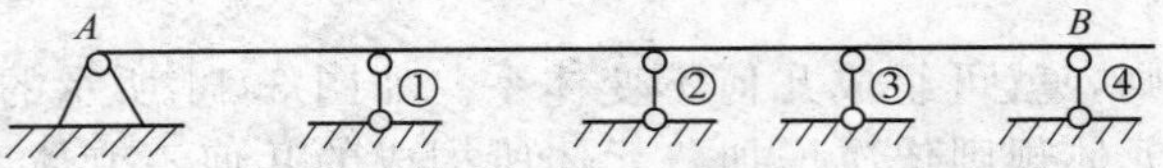

图 3.19

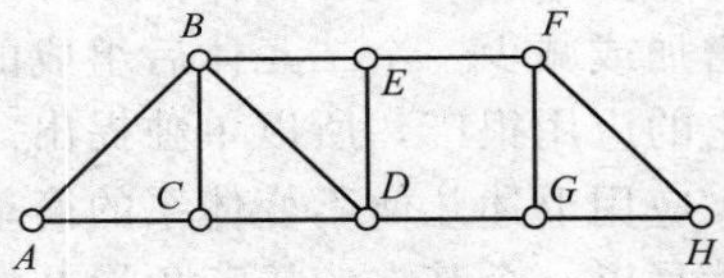

图 3.20

【例 3.4】 试对图 3.20 所示的平面体系进行几何组成分析。

解：桁架中 $ABCDE$ 是由三个铰接的三角形组成，FGH 也是一个铰接三角形，因此各自是几何不变的，可当作刚片Ⅰ和刚片Ⅱ，这两个刚片仅用链杆 EF 和 DG 来连接，由规律二可知缺少一个连系，所以此桁架是一个几何可变体系。

3.2.4 瞬变体系的概念

在讨论上述体系的组成规律时，曾提出一些限制条件，如连接两个刚片的三链杆不能全交于一点也不能全都平行，连接三个刚片的三个铰不能在同一直线上等。如果体系的组成不满足这些限制条件，那么体系又会发生什么变化呢？

如图 3.21 所示，一个点 A 用两根共线的链杆与基础相连，则 A 点可沿公切线方向作微小的运动（即转动），但在发生一微小转动后，两链杆就不再共线（即三铰不在一直线上），当然也就不再继续发生相对转动。这种本来是几何可变的体系，经微小转动后又成为几何不变的体系称为**瞬变体系**。瞬变体系是可变体系的一种特殊情况，瞬变体系和可变体系一样，在工程中也是不能采用的体系。

【例 3.5】 试对图 3.22 所示的平面体系进行几何组成分析。

解：将基础和杆 CDG 分别当作刚片Ⅰ和刚片Ⅱ，折线杆 AC 和 DF 可用虚线表示的链杆②与③来代替，故刚片Ⅰ与刚片Ⅱ用三个链杆①、②、③相连，因三链杆汇交于同一点，所以此体系是几何瞬变体系。

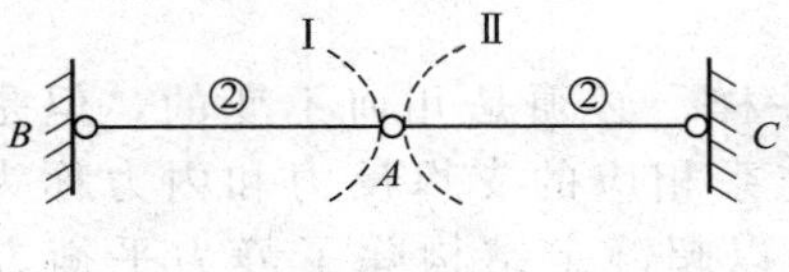

图 3.21

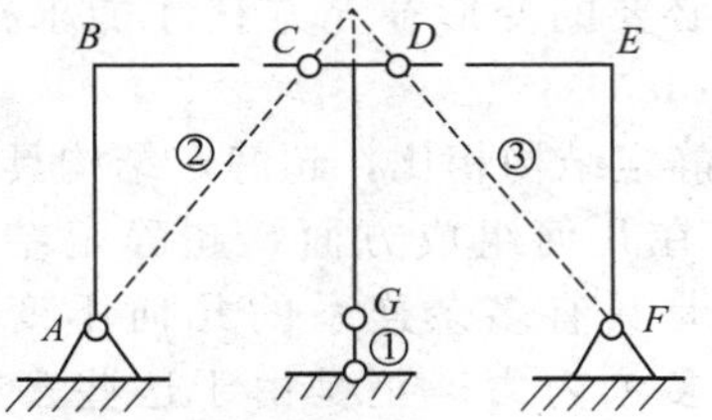

图 3.22

3.3 静定结构和超静定结构

3.3.1 静定结构

在第 2 章里讨论了几种力系的合成与平衡问题，并得出每一种力系的平衡方程数目都是一定的。例如，平面一般力系的平衡方程数是三个，平面汇交力系是两个，平面力偶系是一个。因此，对每一种力系来说，能求解未知量的数目是一定的。

如果研究对象的未知力数目等于对应的平衡方程数目时，未知量均可由平衡方程求得，这类结构称为**静定结构**。如图 3.23 所示的结构支座反力的未知量数目与平衡方程数相同，用平衡方程式就能全部解出，因此属于静定结构。

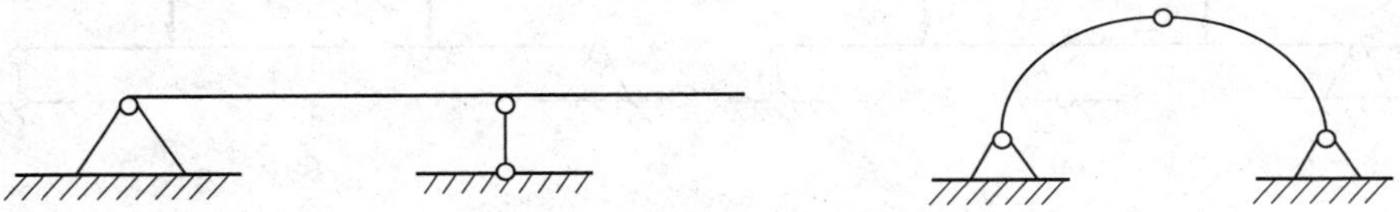

图 3.23

静定结构是工程中最常见的结构型式之一，静定结构具有以下特征。

① 在几何组成方面，静定结构是没有多余连系的几何不变体系，即在任一连系遭到破坏后，结构就会丧失几何不变性，而不能再承受荷载。

② 在静力计算方面，静定结构的全部反力和内力都可由静力平衡方程求得，且为确定的值，其值只与结构的形状和几何尺寸有关，而与结构所用的材料及横截面形状和尺寸无关。

③ 由于静定结构没有多余连系，因此它在支座移动、温度改变和制造误差等因素影响下不会产生反力和内力，只能使静定结构产生位移，静定结构只有在外荷载作用下才能产生反力和内力。

3.3.2 超静定结构

在实际工程中，还有另一种结构，其研究对象的未知量数目多于对应的平衡方程数，且结构的支撑反力和内力只用静力平衡方程是不能求出的，这类结构称为**超静定结构**。如图 3.24 所示的结构，其支撑反力只凭静力平衡条件是无法确定的，所以此结构是超静定结构。超静定结构必须考虑杆件受力后的变形，并找出变形和作用力之间的关系，

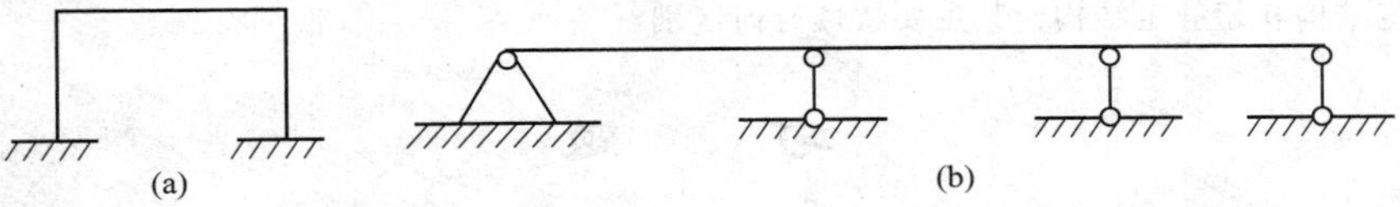

图 3.24

再建立必要的变形补充方程才能求得结构的支撑反力和截面内力。其具体解法本书不再详细介绍。

与静定结构相比，超静定结构具有以下特征。

① 在几何组成方面，超静定结构与静定结构一样，必须是几何不变的，但是超静定结构是具有多余连系的几何不变体系，与多余连系相应的支撑反力和内力称为**多余反力或多余内力**。正是由于这些多余力的存在，所以超静定结构除了静力平衡方程外还要辅以变形补充方程才能求解。超静定结构的多余连系数称为该结构的超静定次数。

由于超静定结构具有多余连系，所以在其多余连系被破坏后，仍能保持其几何不变，并具有一定的承载力。由此可见，超静定结构具有一定的抵御突然破坏的防护能力。

所谓“多余”是相对于维持结构的几何不变静定的需要而言，若从其他方面来看，这些多余连系是完全必要的。例如图 3.25(a) 所示的连续梁，是具有一个多余连系的超静定结构，如去掉一根竖向支承链杆（多余连系）则成为图 3.25(b) 所示的形式，虽然结构仍为几何不变体系，但这时梁的反力、内力和变形都要发生很大的改变，这样就可能发生不安全的问题，这是不能容许的。

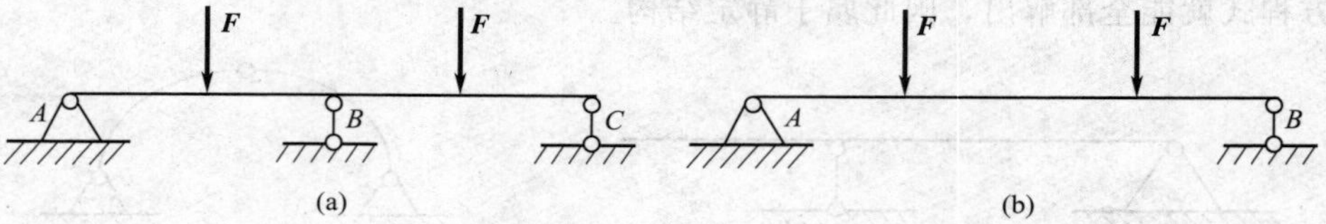

图 3.25

② 超静定结构即使不受到外荷载的作用，如果发生温度变化、支座移动、材料收缩或构件制造误差等情况，也会引起支撑反力和构件内力。因为上述情况会引起结构的构件变形，而这种变形又由于受到结构多余连系的约束，必然使结构产生反力和内力。

③ 在超静定结构中各部分的内力和支撑反力与结构各部分的材料、截面尺寸和形状都有关系。如所用材料不同，或截面尺寸和形状有所改变，则构件的内力和结构的支承反力也会随之变化。

④ 从结构内力的分布情况来看，超静定结构比静定结构均匀，内力峰值极小。

在结构设计时，至于采用超静定结构还是静定结构，主要应根据结构的具体情况而合理选用。

思 考 题

3.1　何谓几何不变体系和可变体系？

3.2　如何进行体系几何组成分析？

3.3　何谓瞬变体系？瞬变体系在房屋建筑中为什么不能采用？

3.4　何谓静定结构和超静定结构？其主要特性有何区别？

习　题

3.1　试对习题 3.1 图的平面体系进行几何组成分析。

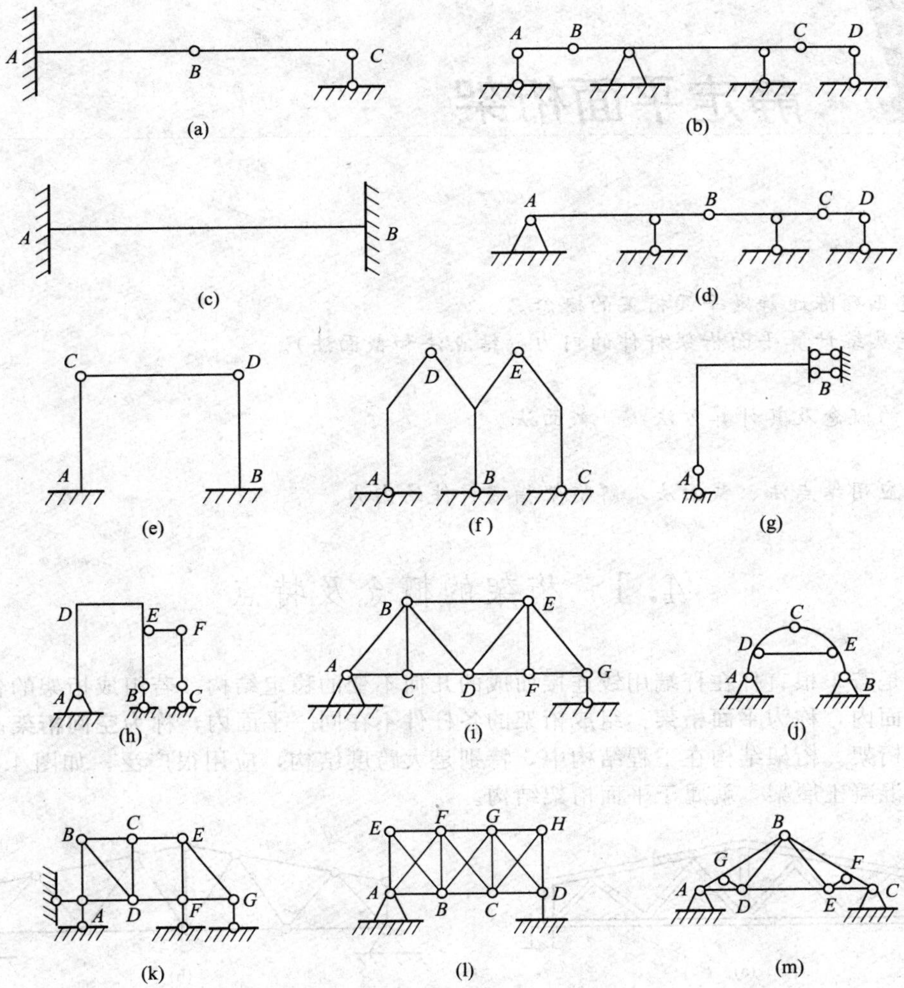
A B C
(a)
A B C D
(b)
A B
(c)
A B C D
(d)
C D A B
(e)
D E A B C
(f)
B A
(g)
D E F A B C
(h)
B E A C D F G
(i)
C D E A B
(j)
B C E A D F G
(k)
E F G H A B C D
(l)
B G F A D E C
(m)

习题 3.1 图

4 静定平面桁架

学习目标

1. 能正确陈述静定平面桁架的概念。

2. 能熟练计算平面桁架杆件的内力（结点法和截面法）。

学习重点

内力的概念及其计算方法——截面法。

学习难点

灵活应用结点法、截面法求解桁架指定杆件的内力。

4.1 桁架的概念及特点

桁架是若干根直杆在杆端用铰连接而成的几何不变的稳定结构。若组成桁架的各杆件均在同一平面内，称为**平面桁架**；组成桁架的各杆件不在同一平面内，称为**空间桁架**。本章只研究平面桁架。桁架结构在工程结构中，特别是大跨度结构，应用很广泛，如图 4.1(a) 所示的钢筋混凝土屋架，就属于平面桁架结构。

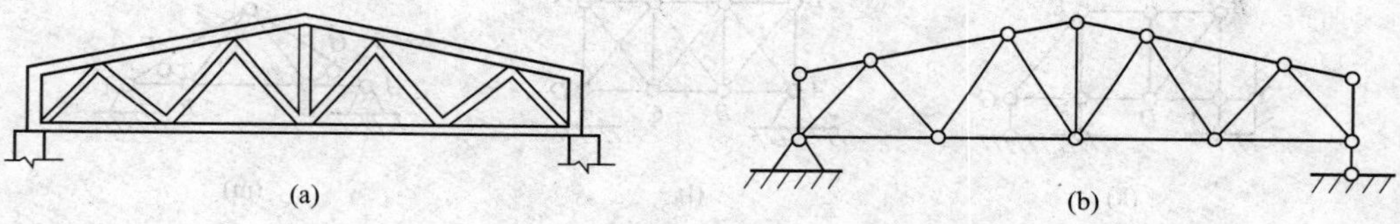

图 4.1

桁架的实际受力情况比较复杂。因此，在分析桁架时，必须抓住主要矛盾，对桁架做必要的简化。通常在分析桁架内力时作以下四点假设。

① 桁架中连接各杆件两端的铰是无摩擦的理想铰，它不能承受弯矩（各杆件可绕铰链自由转动）；

② 桁架中所有杆件都是直杆，且各杆的轴线都是直线并通过铰的中心；

③ 杆件的自重不计；

④ 荷载和支座反力都作用在结点上，并且都位于桁架平面内。

根据上述假设可以得到简化桁架的计算简图，图 4.1(b) 就是图 4.1(a) 钢筋混凝土屋架的计算简图，各杆件均用轴线表示，结点用小圆圈代表铰。符合上述假设的桁架，又称为理想桁架。显然，组成理想桁架的每一杆件都是二力杆件，因此，理想桁架的各杆件只承受沿直杆轴线方向作用的拉力或压力，至于是拉力还是压力可通过计算确定。实践证明，以上述假设为基础而计算出的结果与实际出入不大，而且由于截面内力分布较均匀，一般桁架比承受同样荷载的梁式结构节省材料，自重较轻，故工程实践中广泛使用。

桁架中的杆件，按所在位置的不同，可分为弦杆和腹杆两类。**弦杆**是指桁架上下外围的杆件，上边缘的杆件称为上弦杆，下边缘的杆件称为下弦杆。位于上、下弦杆之间的中间杆件称为**腹杆**，腹杆又分竖杆和斜杆。连接各杆的铰链称**结点**，弦杆相临两结点之间的水平距离称为**节间**，桁架两支座间的水平距离称为**跨度**，最高顶点至支座连线的竖直距离称为桁架的**高度**，如图 4.2 所示。

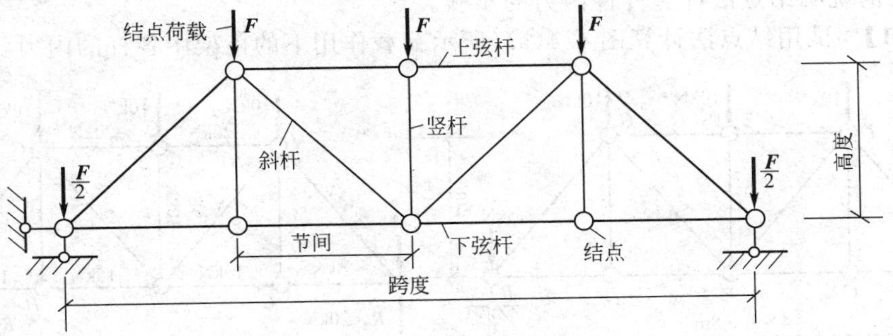

图 4.2

常用的桁架一般按下列两种方式组成。

① 由基础或由一个基本铰结三角形开始，依次增加二元体所组成的桁架，称为简单桁架，如图 4.3(a) 所示。

② 几个简单桁架按照几何不变体系的组成规则联合而成的桁架，称为联合桁架，如图 4.3(b) 所示。

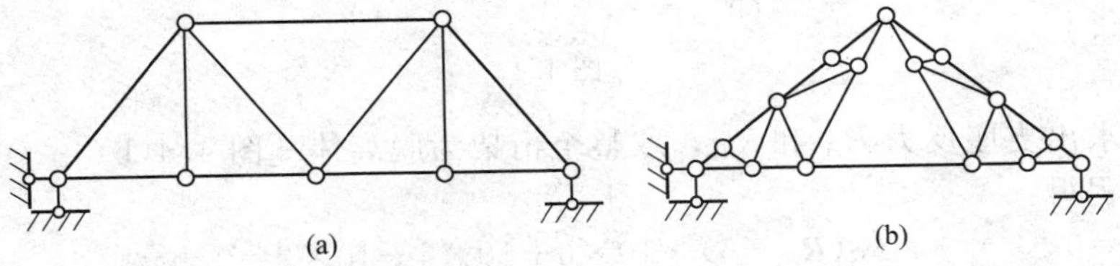

图 4.3

4.2 结点法计算桁架杆件内力

桁架在结点荷载和支座反力的作用下处于平衡，桁架的每一结点也一定保持平衡。**结点法**是取桁架的结点为研究对象（即取结点为脱离体），利用各结点的静力平衡条件来计算杆件内力的方法。杆件内部各质点间的相互作用力由于受到外力作用而引起的改变量，称为**内力**。

由于桁架各杆件承受沿杆轴方向的拉力或压力，且各杆的轴线在结点处汇交一点，所以作用于任意结点上的各力都组成一个平面汇交力系。根据平面汇交力系的平衡方程：$\sum \boldsymbol{F}_x=0$ 和 $\sum \boldsymbol{F}_y=0$ 就可求出桁架杆件的未知内力。

因为平面汇交力系只有两个独立的平衡方程式，每个结点只能求解两个未知力，所以在取结点为脱离体时未知力数目不能超过两个，如多于两个未知力，未知力就求不出，应改取其他结点计算。通常解算桁架时，都由只有两个未知力的结点开始，依次逐点计算，即可求出桁架各杆的内力。

关于内力的符号，规定以拉力为正，压力为负。在结点脱离体上，拉力的指向是离开结点，而压力的指向是指向结点。在解桁架杆件未知内力时，通常先假定杆件的未知内力为拉力，如果计算结果为正值，则表示杆件的内力与假定的相一致（即为拉力），反之则表示杆件的内力为压力。

结点法最适用于计算简单桁架，因为简单桁架是以一个基本铰结三角形（或基础）开始依次增加二元体所组成的，因而最后一个结点必然只包含二根杆件。

下面举例说明结点法计算杆件内力的步骤。

【例 4.1】 试用结点法计算图 4.4(a) 所示荷载作用下的桁架中各杆的内力。

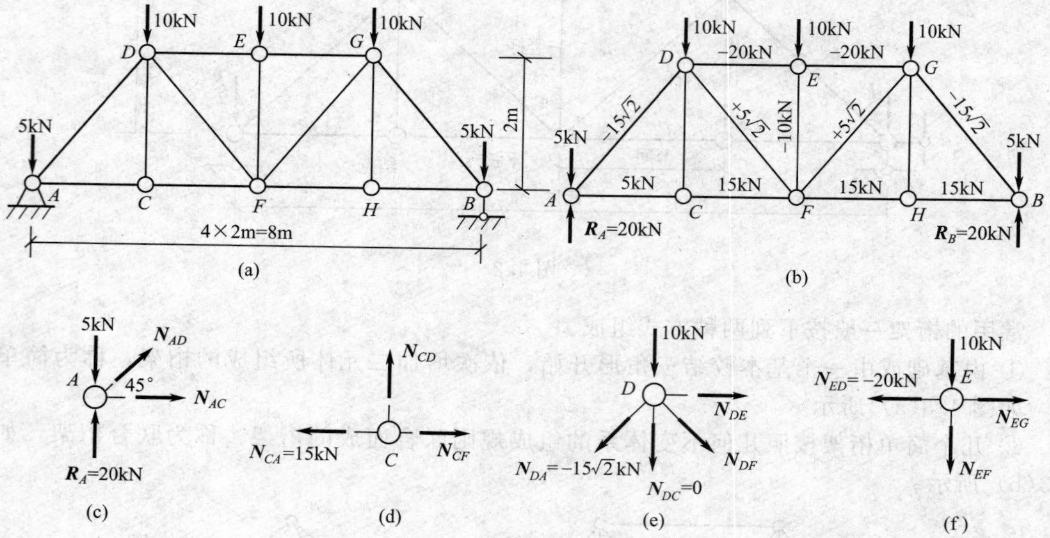

图 4.4

解： 首先求出支座反力 R_A 和 R_B，取整个桁架为脱离体［图 4.4(b)］。

由平衡方程得：

$\sum m_B(\boldsymbol{F})=0$ $\qquad -8(\boldsymbol{R}_A-5)+10\times6+10\times4+10\times2=0$

$\qquad \boldsymbol{R}_A=20\text{kN}(\uparrow)$

$\sum \boldsymbol{F}_y=0$ $\qquad \boldsymbol{R}_A+\boldsymbol{R}_B-10-10-10-5-5=0$

$\qquad \boldsymbol{R}_B=20\text{kN}(\uparrow)$

由于桁架的形式和荷载都是对称的，其支座反力和内力也都是对称的，所以只需求出半榀桁架杆件的内力即可。支座反力也可利用对称性求出，即：

$$\boldsymbol{R}_A=\boldsymbol{R}_B=\frac{10+10+10+5+5}{2}=20(\text{kN})(\uparrow)$$

支座反力求出后，然后取结点为脱离体，计算各杆的内力。此题最初包含两个未知力的结点只有 A、B 两结点，现从结点 A 开始，依序按 C、D、E 截取结点计算杆件内力。

a. 取结点 A 为脱离体绘出受力图，如图 4.4(c) 所示。

由 $\sum \boldsymbol{F}_y=0$ $\qquad \boldsymbol{R}_A-5+\boldsymbol{N}_{AD}\cdot\sin45°=0$

得 $\qquad \boldsymbol{N}_{AD}=-15\sqrt{2}\text{kN}$（压力）

由 $\sum \boldsymbol{F}_x=0$ $\qquad \boldsymbol{N}_{AD}\cdot\cos45°+\boldsymbol{N}_{AC}=0$

得 $\qquad \boldsymbol{N}_{AC}=15\text{kN}$（拉力）

b. 取结点 C 脱离体绘出受力图，如图 4.4(d) 所示。

$\sum \boldsymbol{F}_y=0$ 得 $\qquad \boldsymbol{N}_{CD}=0$

由 $\sum \boldsymbol{F}_x=0$ $\qquad -\boldsymbol{N}_{CA}+\boldsymbol{N}_{CF}=0$

得 $\qquad \boldsymbol{N}_{CF}=\boldsymbol{N}_{CA}=15\text{kN}$（拉力）

c. 取结点 D 为脱离体绘出受力图，如图 4.4(e) 所示。

由$\sum \boldsymbol{F}_y=0$　　　$-10-\boldsymbol{N}_{DC}-\boldsymbol{N}_{DA}\cdot\cos45°-\boldsymbol{N}_{DF}\cdot\sin45°=0$

得　　　$\boldsymbol{N}_{DF}=+5\sqrt{2}\text{kN}$（拉力）

由$\sum \boldsymbol{F}_x=0$　　　$\boldsymbol{N}_{DE}+\boldsymbol{N}_{DF}\cdot\cos45°-\boldsymbol{N}_{DA}\cdot\sin45°=0$

得　　　$\boldsymbol{N}_{DE}=-20\text{kN}$（压力）

d. 取结点 E 为脱离体绘出受力图，如图 4.4(f) 所示。

由$\sum \boldsymbol{F}y=0$　　　$-\boldsymbol{N}_{EF}-10=0$

得　　　$\boldsymbol{N}_{EF}=-10\text{kN}$（压力）

由对称性可得：$\boldsymbol{N}_{EG}=\boldsymbol{N}_{ED}$　$\boldsymbol{N}_{FG}=\boldsymbol{N}_{FD}$　$\boldsymbol{N}_{FH}=\boldsymbol{N}_{FC}$　$\boldsymbol{N}_{HG}=\boldsymbol{N}_{CD}$　$\boldsymbol{N}_{HB}=\boldsymbol{N}_{AC}$　$\boldsymbol{N}_{BG}=\boldsymbol{N}_{AD}$

为了检查上面计算结果是否正确，可再取结点 F 的脱离体（图 4.5）进行校核。但要注意，由于 $\boldsymbol{N}_{FD}=\boldsymbol{N}_{FG}$，$\boldsymbol{N}_{FC}=\boldsymbol{N}_{FH}$，因此，无论 $\boldsymbol{N}_{FC}$ 和 $\boldsymbol{N}_{DE}$ 计算结果如何，平衡方程$\sum \boldsymbol{F}_x=0$恒得到满足，所以此方程不能达到校核的目的。必须用$\sum \boldsymbol{F}_y=0$ 来检查，即

$$\sum \boldsymbol{F}_y=-10+5\sqrt{2}\cdot\cos45°+5\sqrt{2}\cdot\cos45°$$
$$=-10+5\sqrt{2}\times\sqrt{2}/2+5\sqrt{2}\times\sqrt{2}/2=0$$

可见计算结果无错误。

为了清楚起见，最后将此桁架各杆的内力值标注在桁架图中各相应杆件的近旁，并注明符号，如图 4.4(b) 所示。

由上例计算结果可见，在计算桁架内力过程中，有时会遇到某些杆件的内力为零的情况（如上例中的 CD 杆件和 HG 杆件）。桁架中内力等于零的杆件称为零杆，即它们是不受力的杆件。**零杆不能随意去掉**，因为零杆只是在特定的荷载作用下内力为零；另外从几何组成上看，静定桁架是没有多余连系的，如果将零杆去掉则桁架就变成几何可变体系。

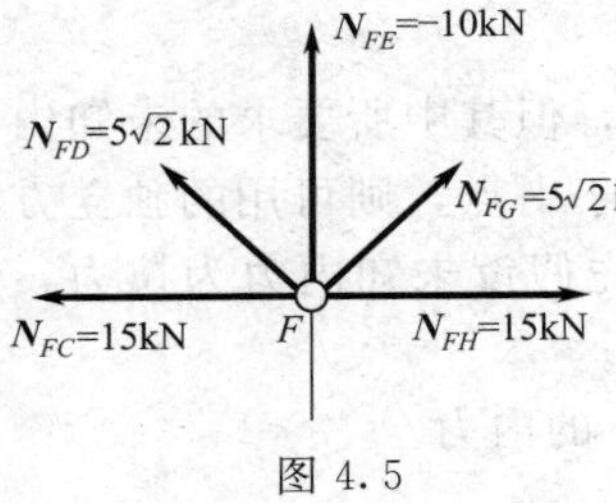

图 4.5

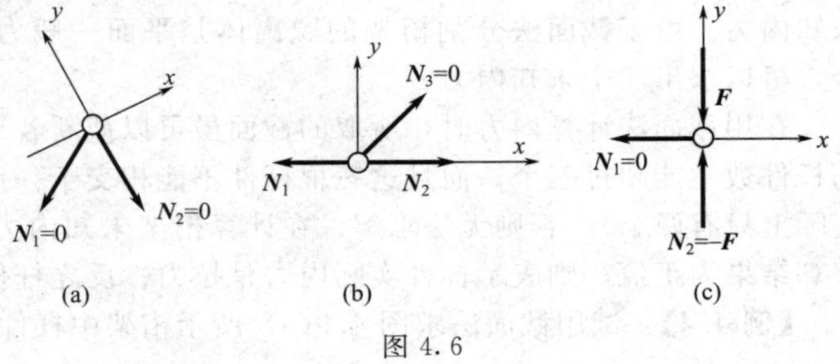

图 4.6

零杆可以通过计算求出，也可以直接判断出来。下面介绍几种判别零杆的方法。

① 不在一直线上的两杆组成的结点，如结点上没有外荷载作用，则该两杆都是零杆。如图 4.6(a) 所示，取图中的 x、y 轴，则由$\sum \boldsymbol{F}_x=0$ 得 $\boldsymbol{N}_1=0$，由$\sum \boldsymbol{F}_y=0$ 得 $\boldsymbol{N}_2=0$，所以两杆的内力都等于零。

② 三杆组成的结点，此结点无外荷载作用，其中两杆在一直线上，则另一杆件是零杆，而共线的两杆件内力大小相等，内力性质相同。如图 4.6(b) 所示，如取图中的 x、y 轴，则由$\sum \boldsymbol{F}_y=0$ 得 $\boldsymbol{N}_3=0$，由$\sum \boldsymbol{F}_x=0$ 得 $\boldsymbol{N}_1=\boldsymbol{N}_2$。

③ 不在一直线上的两杆组成的结点，当结点上作用的荷载（或支座反力）与其中一杆件轴线在一直线上时，此杆件的内力与荷载（或支座反力）相等，而另一杆件为零杆。从图 4.6(c) 中可知，由$\sum \boldsymbol{F}_y=0$ 得 $\boldsymbol{N}_2=-\boldsymbol{F}$，由$\sum \boldsymbol{F}_x=0$ 得 $\boldsymbol{N}_1=0$。

【例 4.2】 试判别图 4.7 所示桁架的零杆。

解： a. 先找由两根杆件组成的结点，如 F 结点符合条件①，所以杆 FA、FG 是零杆；

J 结点符合条件③，所以杆 IJ 是零杆。

b. 再找由三根杆件组成的结点，如 C、E、H 三结点符合条件②，所以 CG、HD 和 EI 是零杆。

【例 4.3】 试判别图 4.8 所示桁架的零杆。

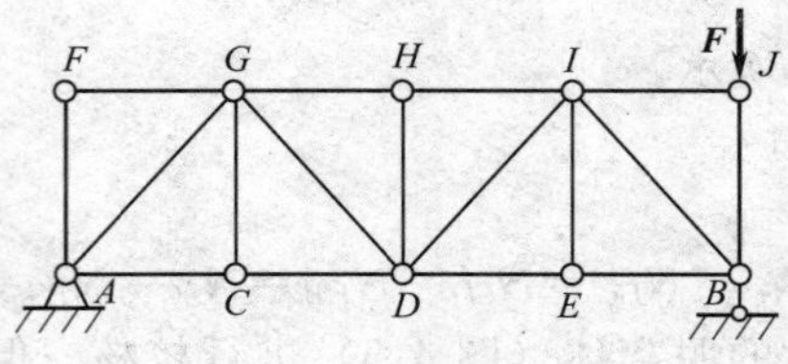

图 4.7

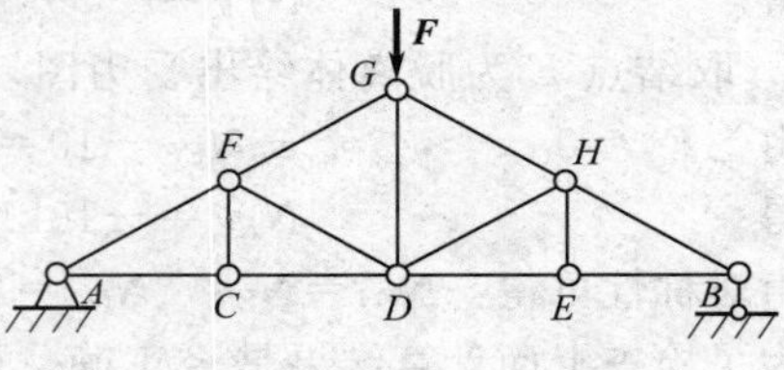

图 4.8

解： a. 由判别零杆方法②得知，结点 C、E 的 CF、EH 杆件均为零杆。

b. 结点 F 虽有四根杆件，但其中 CF 为零杆，可以不考虑，余下的三根杆件中，杆 AF 和 FG 在一直线上，结点上又无荷载，故杆 FD 为零杆。同理，杆 HD 和 GD 也为零杆。

在计算桁架内力时，如果能熟练而灵活地运用上述方法判定零杆及有关杆的内力，然后再计算，可使计算简化。

4.3 截面法计算桁架杆件内力

计算桁架内力的另一种方法是截面法。**截面法**是假想用一个截面去截开若干根杆件，将桁架分割为两个脱离体，取其中一个脱离体，绘出受力图，再根据静力平衡方程求出杆件的未知内力。由于截面法分割桁架的脱离体是平面一般力系，因此，截面法的平衡方程有三个，可以求出三个未知内力。

在用截面法计算内力时，所取的截面虽可以截断若干根杆件，但其中所要求的未知内力的杆件数不能超过三个，而且这三根杆件不能相交于一点（如交于一点，则可用的独立方程实际上只有两个），否则无法求解。在计算桁架未知内力时，仍先假设未知内力为拉力，如计算结果为正值，则表示杆件实际内力是拉力；反之杆件为压力。

【例 4.4】 试用截面法求图 4.9(a) 所示桁架中杆件 1、2、3 的内力。

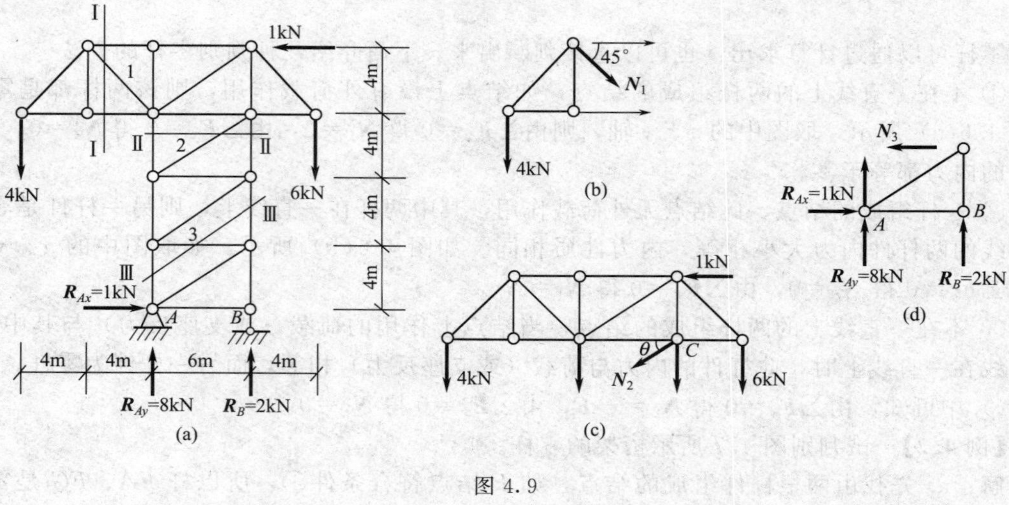

图 4.9

解： a. 求支座反力，取桁架整体为脱离体。

由 $\sum \boldsymbol{F}_x = 0$ $\boldsymbol{R}_{Ax} - 1 = 0$

得 $\boldsymbol{R}_{Ax} = 1\text{kN}$（→）

由 $\sum m_B(F) = 0$ $-6\boldsymbol{R}_{Ay} + 4 \times 14 + 1 \times 16 - 6 \times 4 = 0$

得 $\boldsymbol{R}_{Ay} = 8\text{kN}$（↑）

由 $\sum m_A(\boldsymbol{F}) = 0$ $6\boldsymbol{R}_B - 6 \times 10 + 4 \times 8 + 1 \times 16 = 0$

得 $\boldsymbol{R}_B = 2\text{kN}$（↑）

b. 求杆件 1 的内力（$\boldsymbol{N}_1$），用截面Ⅰ—Ⅰ将桁架截为两部分，取左半部分为脱离体，如图 4.9(b) 所示。假设杆件内力为拉力。

由 $\sum \boldsymbol{F}_y = 0$ $-4 - \boldsymbol{N}_1 \sin 45° = 0$

得 $\boldsymbol{N}_1 = -5.66\text{kN}$（压力）

c. 求杆件 2 的内力（$\boldsymbol{N}_2$），用截面Ⅱ—Ⅱ将桁架截为两部分，取上半部分为脱离体，如图 4.9(c) 所示。假设杆件内力为拉力。

$$\cos\theta = \frac{6}{\sqrt{6^2 + 4^2}} = 0.832$$

由 $\sum \boldsymbol{F}_x = 0$ $-1 - \boldsymbol{N}_2 \cos\theta = 0$

得 $\boldsymbol{N}_2 = -1.2\text{kN}$（压力）

d. 求杆件 3 的内力（$\boldsymbol{N}_3$），用截面Ⅲ—Ⅲ将桁架截为两部分，取下半部分为脱离体，如图 4.9(d) 所示。假设杆件内力为拉力。

由 $\sum \boldsymbol{F}_x = 0$ $\boldsymbol{R}_{Ax} - \boldsymbol{N}_3 = 0$

$1 - \boldsymbol{N}_3 = 0$

得 $\boldsymbol{N}_3 = 1\text{kN}$（拉力）

【例 4.5】 用截面法求图 4.10(a) 所示桁架中杆件 1、2、3 的内力。

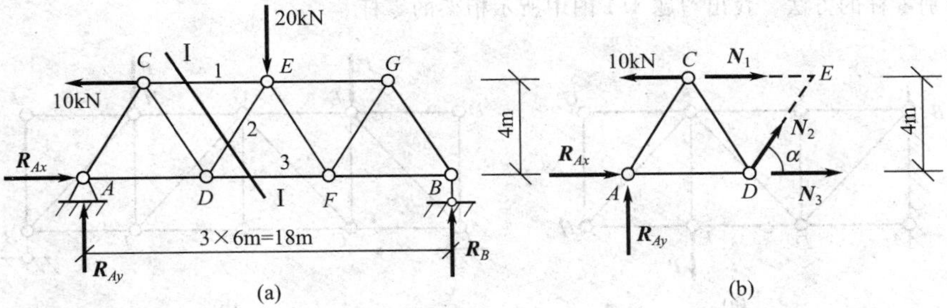

图 4.10

解： a. 求支座反力，取桁架整体为脱离体，由平衡方程：

$\sum m_A(\boldsymbol{F}) = 0$ $10 \times 4 - 20 \times 9 + 18\boldsymbol{R}_B = 0$

得 $\boldsymbol{R}_B = 7.78\text{kN}$（↑）

$\sum \boldsymbol{F}_y = 0$ $\boldsymbol{R}_{Ay} + \boldsymbol{R}_B - 20 = 0$

得 $\boldsymbol{R}_{Ay} = 12.22\text{kN}$（↑）

$\sum \boldsymbol{F}_x = 0$ $\boldsymbol{R}_{Ax} - 10 = 0$

得 $\boldsymbol{R}_{Ax} = 10\text{kN}$（→）

b. 用截面Ⅰ—Ⅰ将杆件 1、2、3 截断，把桁架截为两部分，取左半部分为脱离体，如图 4.10(b) 所示。假设杆件 1、2、3 内力均为拉力。由平衡方程：

$\sum m_D(\boldsymbol{F})=0$　　　$-4\boldsymbol{N}_1+10\times4-6\boldsymbol{R}_{Ay}=0$

$-4\boldsymbol{N}_1+10\times4-6\times12.22=0$

得　　$\boldsymbol{N}_1=-8.33\text{kN}$（压力）

$\sum m_E(\boldsymbol{F})=0$　　　$4\boldsymbol{N}_3-9\boldsymbol{R}_{Ay}+4\boldsymbol{R}_{Ax}=0$

$4\boldsymbol{N}_3-9\times12.22+4\times10=0$

得　　$\boldsymbol{N}_3=17.50\text{kN}$（拉力）

$\sum \boldsymbol{F}_y=0$　　　$\boldsymbol{R}_{Ay}+\boldsymbol{N}_2\sin\alpha=0$

而　　$\sin\alpha=0.8$

得　　$\boldsymbol{N}_2=-15.28\text{kN}$（压力）

结点法和截面法是计算桁架内力的两种通用方法。通常在计算桁架全部杆件内力时，宜采用结点法；如果只需求出桁架内某几根杆件的内力，一般宜用截面法。在计算桁架各杆件内力时，结点法和截面法可以结合运用，如计算联合桁架杆件内力，单用结点法是算不出来的，应先用截面法将联合处杆件的内力求出，然后再用结点法对组成联合桁架的各简单桁架进行内力分析。

思　考　题

4.1　如何用结点法、截面法求桁架内力？在计算时应注意哪些要点？有何技巧？

4.2　试述判别零杆的方法。

4.3　所谓零杆，就是不受力的杆件，它们在桁架中并不起作用，如果去掉这些杆件会更省材料。这种说法是否正确？为什么？

习　　题

4.1　根据判别零杆的方法，找出习题 4.1 图中所示桁架的零杆。

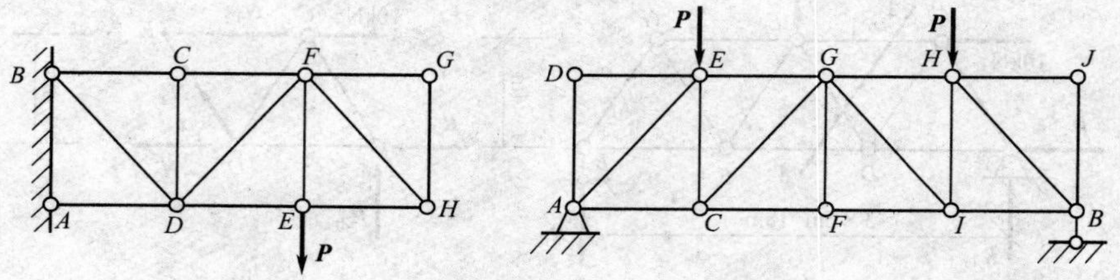

(a)　　(b)

习题 4.1 图

4.2　试用结点法计算习题 4.2 图桁架中各杆件内力。

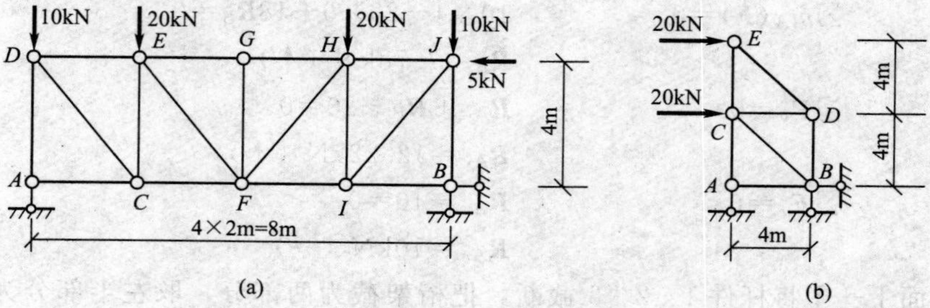

(a)　　(b)

习题 4.2 图

4.3　试用截面法计算习题 4.3 图桁架中指定杆件的内力。

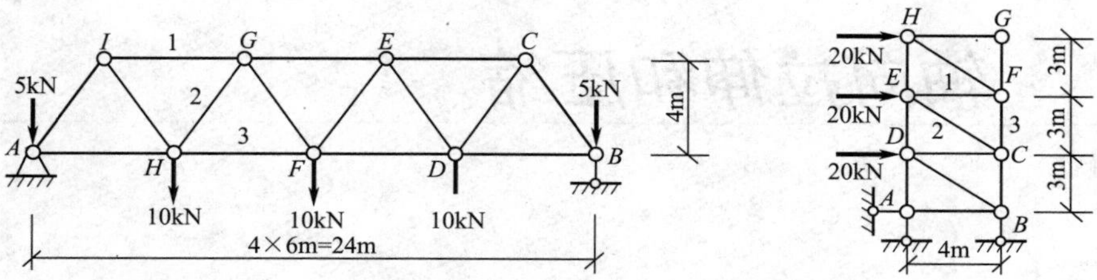

(a)　　　　(b)

习题 4.3 图

4.4　试选择适当方法求习题 4.4 图桁架中指定杆件的内力。

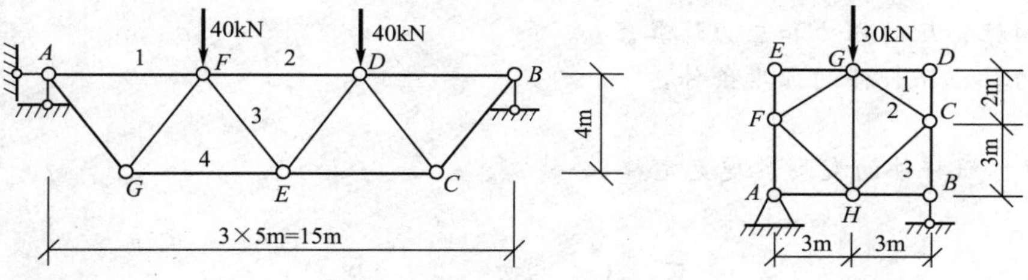

(a)　　　　(b)

习题 4.4 图

5 轴向拉伸和压缩

学习目标

1. 能熟练陈述材料力学的基本概念、基本方法和基本定律。

2. 能正确计算直杆的轴向拉伸和压缩的强度及变形。

学习重点

1. 轴向拉、压的内力和应力计算。

2. 轴向拉、压杆件的强度条件。

学习难点

轴向拉、压杆件的变形、虎克定律。

5.1 概　　述

在前面几章中，主要研究物体受力时保持平衡状态的条件，在研究过程中略去了力对物体产生的变形效果，将物体视为“不会变形的刚体”。

从本章开始，将研究结构或组成结构的各构件在荷载作用下其内部的受力情况。在进行研究时，不再将物体视作“刚体”，而恢复物体的本来面目，即各种物体受力后都会产生或大或小的变形。如建筑结构中的钢筋混凝土梁，受力后会产生弯曲变形；钢筋混凝土柱和砖墙，受压后会产生压缩变形等。变形的大小与受力的大小有关，受力越大，变形也越大；当力增大到一定程度时，构件就会发生破坏。所以，从工程实际来讲，任何一个建筑结构物的正常工作，就必须保证该建筑结构物中的任意构件都应满足一定的要求，这种要求可分为以下三种。

① 强度要求　构件在外力作用下不会发生破坏，即构件抵抗破坏能力的要求，称为强度要求。

② 刚度要求　构件在外力作用下产生的变形不超过一定的范围，即构件抵抗变形能力的要求，称为刚度要求。

③ 稳定性要求　构件在外力作用下不能丧失平衡状态，即构件抵抗丧失稳定平衡能力的要求，称为稳定性要求。

只有满足上述三项要求，才能保证构件安全正常的工作，达到建筑结构安全使用的目的。

5.1.1　变形固体的概念

工程中的各种构件都是由钢材、铸铁、混凝土、砖、石材、木材等固体材料制成的。这些固体材料在外力作用下，都会产生变形，称为**变形固体**。根据变形的性质，变形可分为弹性变形和塑性变形。所谓**弹性变形**，是指变形固体在外力去掉后，能恢复到原来形状和尺寸的变形。例如一根钢丝在不大的拉力作用下产生伸长变形，在去掉拉力后，钢丝又恢复到原状，这说明钢丝具有弹性。如钢丝受较大外力，产生较大的变形，当外力去掉后，变形不能完全消失而留有残余，则消失的变形是弹性变形，残余的变形称为**塑性变形或残余变形**。

用于建筑工程的变形固体材料是多种多样的，其性质也千差万别，为使研究任务简单易行，在对物体进行变形和受力分析时，应对各种具体的变形固体材料进行抽象简化。为此，对所研究的变形固体作出如下的基本假设。

① 连续均匀假设　即认为这个物体内部是连续不断地充满着均匀的物质，且在各点处材料的性质完全相同。

② 各向同性假设　即认为物体沿各个方向的力学性质是相同。

③ 弹性假设　即当作用于物体上的外力不超过某一限度时，将物体看成是完全弹性体。

总之，在建筑力学的范围内，研究的材料是均匀连续的、各向同性的弹性体。

5.1.2　杆件及其变形的基本形式

所谓杆件，是指其纵向尺寸比横向尺寸大得多的构件。如房屋建筑中的梁、柱及屋架中的各种杆都可视作杆件。

杆件的形状和尺寸是由杆件的横截面和杆轴线来确定的。杆件各横截面几何中心的连线，称为杆轴线。垂直于杆轴线的截面称为横截面。如杆轴线为直线、横截面的形状和尺寸都相同的杆件称为等直杆，如图 5.1 所示。

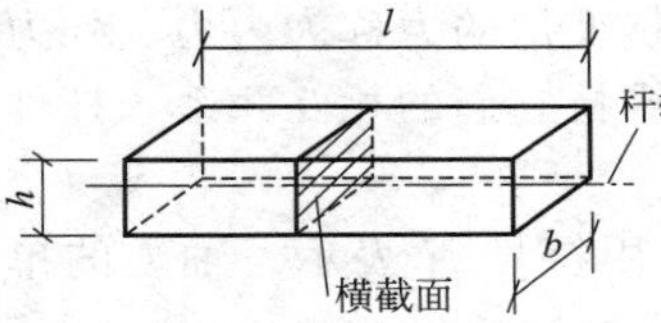

图 5.1

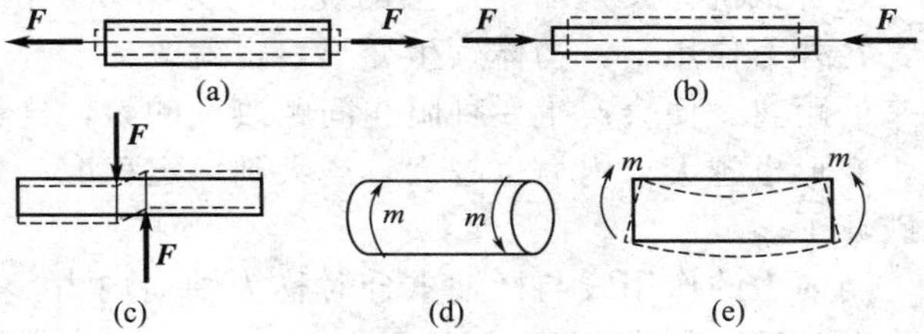

图 5.2

杆件在不同形式的外力作用下，将会发生不同形式的变形，通常可归纳为以下四种基本形式。

① 轴向拉伸或压缩变形［见图 5.2(a)、(b)］；

② 剪切变形［见图 5.2(c)］；

③ 扭转变形［见图 5.2(d)］；

④ 弯曲变形［见图 5.2(e)］。

在工程中的杆件，往往同时承受不同的外力，虽然变形较为复杂，但也都是由上述各种基本变形组成的。

5.2　轴向拉、压的内力和应力计算

5.2.1　轴向拉、压杆横截面上的内力

沿杆件轴线作用一对大小相等、方向相反的外力 F，杆件将产生轴向拉伸或轴向压缩变形。当作用力的指向离开杆端时，杆件伸长，称为轴向拉伸［图 5.2(a)］；当作用力指向杆端时，杆件缩短，称为轴向压缩［图 5.2(b)］。通常称产生轴向拉伸或压缩的杆件为拉杆或压杆。

在工程中，产生轴向拉伸和压缩的杆件是很常见的。如图 5.3(a) 所示的三角形支架中 AB 杆受到拉伸，BC 杆受到压缩；又如图 5.3(b) 所示的桁架各杆，有的是拉杆，有的是压杆。

物体在受到外力作用而变形时，其内部各质点间的相对位置将有变化。与此同时，各质

点间相互作用的力也发生了改变。各质点间的相互作用力由于物体受到外力作用而引起的改变量，这就是力学中所研究的内力。

为了更进一步说明内力的概念，可以做一个简单的实验。取一根橡皮筋，用手拉它时，橡皮筋被拉长，同时会感到橡皮筋在拉手，试图恢复其原来的长度；也就是橡皮筋内部有一种反抗拉长的力，拉力越大，橡皮筋伸长也越大，这种反抗力也越大。当拉力达到一定程度时，橡皮筋被拉断。

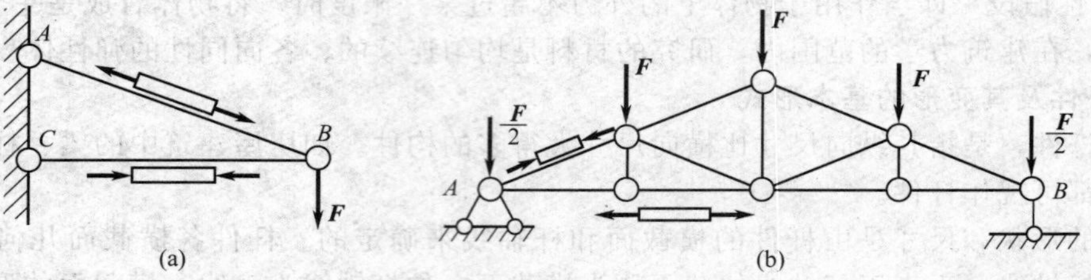

图 5.3

这种抵抗力又是如何产生的呢？因为物体是由许多分子组成的，分子间保持一定的距离，在外力作用下，物体发生变形，也就改变了分子之间的相互距离，而分子之间要维持其原来的距离，便会产生一种阻止间距改变的力，这种分子间抵抗变形的力称为**内力**。外力越大，变形也越大，内力也越大，当大到一定程度，分子间无法维持它们的相互联系，杆件也就破坏了。

当内力的作用线与杆轴重合时称为轴向内力，简称**轴力**，用符号 N 表示。轴力的单位是牛顿（N）或千牛顿（kN）。

轴力的正负符号规定为：拉力为正、压力为负。

轴心受力构件横截面上的内力只有轴力。分析轴心受力构件的内力时，所用的方法是“截面法”。它是求内力的一般方法，也是力学中最常用的基本方法之一。

用截面法求内力，包括以下四个步骤。

① 截开　在需要求内力处，用一假想截面将杆件截开，分成两部分，将截面上的内力暴露出来。

② 取脱离体　取假想截面任一侧的一部分为脱离体，最好取外力较少的一侧为脱离体。

③ 画受力图　画出所取脱离体部分的受力图，截面上的内力方向最好按正方向假设。

④ 平衡　根据脱离体的受力图，建立平衡方程，由脱离体上的已知外力来计算截面上的未知内力。

【例 5.1】 求图 5.4(a) 所示等截面直杆各段的轴力。

解：a. 求 AB 段轴力

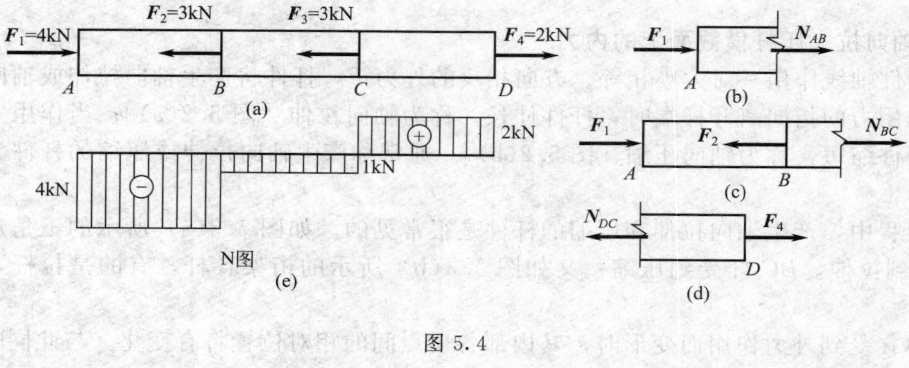

图 5.4

在 AB 段内任意截面处将杆截开，取截面以左为脱离体，截面上内力用 $\boldsymbol{N}_{AB}$ 表示，并假定 $\boldsymbol{N}_{AB}$ 为拉力，如图 5.4(b)。

由 $\sum F_x = 0$ 得　　$\boldsymbol{N}_{AB} = -\boldsymbol{F}_1 = -4\text{kN}$

求得 $\boldsymbol{N}_{AB}$ 为负值，则表示 AB 段的实际内力与假设方向相反，其轴力不是拉力，而是压力，大小为 4kN。

b. 求 BC 段轴力

类似 AB 段，用一假想截面在 BC 段内任意处将杆件截成两部分，以 $\boldsymbol{N}_{BC}$ 表示截面上的内力，如图 5.4(c)，取截面以左为脱离体。

由 $\sum F_x = 0$ 得　　$\boldsymbol{N}_{BC} + \boldsymbol{F}_1 - \boldsymbol{F}_2 = 0$

有　　$\boldsymbol{N}_{BC} = \boldsymbol{F}_2 - \boldsymbol{F}_1 = 3 - 4 = -1(\text{kN})$

由上述结果可知，BC 段轴力为压力，大小为 1kN。

c. 求 CD 段轴力

同上面所讲步骤，取截面以右为脱离体，如图 5.4(d)。

由 $\sum F_x = 0$ 得　　$\boldsymbol{N}_{DC} = \boldsymbol{F}_4 = 2\text{kN}$

$\boldsymbol{N}_{DC}$ 为正值，截面上的轴力为拉力，大小为 2kN。

通过上面这个例题，可以看出在求杆件的内力时，可以取截面以左或截面以右的脱离体为研究对象。同一截面上的内力，由左侧或右侧的脱离体求得的内力总是大小相等、方向相反、符号相同。

当杆件受到多于两个的轴向外力作用时，杆件各段轴力也就不同。计算等截面直杆强度时，都要以杆件的最大轴力作为依据，因此必须知道杆件各截面上的轴力，以确定其最大轴力。为了表示各横截面上的轴力随横截面位置而变化的规律，工程上常采用图形来表示。【例 5.1】中的图 5.4(e) 就是所计算杆件的轴力图。

绘轴力图时，先作一条基线与杆轴线平行且等长，基线上的每一点都代表相应截面的位置。用与基线正交的短线代表相应截面的轴力，其长短应按一定的比例来表示轴力的大小；正轴力（拉力）应绘在基线的上方，图中标明⊕号；负轴力（压力）绘在基线的下方，图中标明⊖号。从轴力图中即可确定最大轴力的数值及其所在横截面的位置。

5.2.2　轴向拉、压杆横截面上的应力

(1) 应力的概念

在用截面法求杆件内力时，杆件的内力只与作用在杆件上的外力有关，与截面尺寸大小、形状、所用材料无关。可是杆件的强度却与所用材料的性质及截面的几何性质，有着密切的关系。如有同一材料的两根直杆，一粗一细，在相同拉力作用下，细杆比粗杆先拉断。这是因为两根杆件的截面面积不等，在相同内力作用下，单位面积上分布内力的大小却不相同。截面小的杆件，单位面积上受的内力大，当然先于粗杆而破坏。由此可见，杆件的强度是和材料的性质及杆件截面的几何性质有着密切的关系。

通常将单位面积上的分布内力称为**应力**，它反映内力在截面面积上的分布密集程度。与截面正交的应力称为正应力，用符号“$\boldsymbol{\sigma}$”表示。

应力的单位是帕斯卡（Pa），简称帕。

$$1\text{Pa} = 1\text{N/m}^2$$

$$1\text{kPa} = 1000\text{Pa} = 1000\text{N/m}^2$$

$$1\text{MPa} = 10^3\text{kPa} = 10^6\text{N/m}^2 = 1\text{N/mm}^2$$

以往工程中还用 kgf/cm^2 作为应力的单位，两种单位的换算关系为

$$1\text{kgf/cm}^2 = 10^5\text{Pa} = 100\text{kPa}$$

（2）轴向拉、压杆件横截面上的应力

要计算轴向拉、压杆件横截面上各点的应力，首先应知道轴力在横截面上的分布规律。

为此，取一等直杆做实验。先在杆件表面上画出垂直于杆轴线的横截面与杆件表面的交线 aa、bb 和平行于杆轴线的平行线 cc、dd，如图 5.5(a)。然后在杆件的两端作用轴向拉力 $\boldsymbol{F}$，使杆件产生轴向伸长变形。可观察到，横截面与杆件表面的交线 aa、bb 沿轴向分别平移到 $a'a'$、$b'b'$，但仍然垂直于杆件的轴线。纵向线 $c'c'$、$d'd'$ 都有相同的伸长，并仍然平行于杆件的轴线，如图 5.5(b) 所示。

根据实验所观察到的现象，可以推断出杆件内部的变形和杆件表面的变形是相同的，整个横截面在变形前是平面，变形后仍保持平面，且与杆件轴线垂直，这称为**平面假设**。由于两个横截面之间各根纵向线的伸长均相同，则其受力也相同，因此可得出横截面上的内力是均匀分布的，即在横截面上各点的正应力是相等的，如图 5.5(c) 所示。

如用 A 表示杆件横截面面积，轴力为 $\boldsymbol{N}$，则杆件横截面上的正应力为

$$\boldsymbol{\sigma}=\frac{\boldsymbol{N}}{A} \tag{5.1}$$

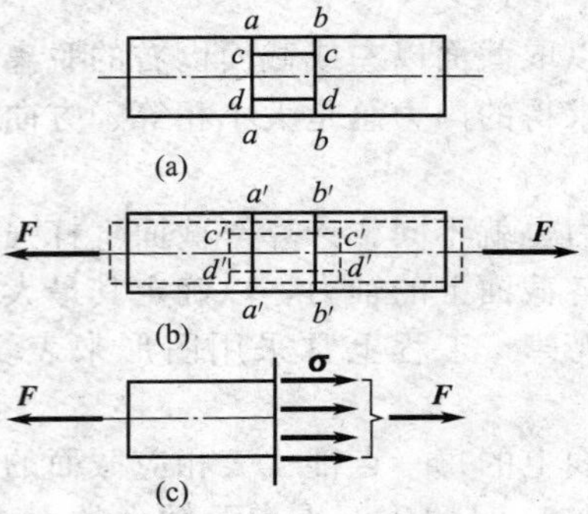

图 5.5

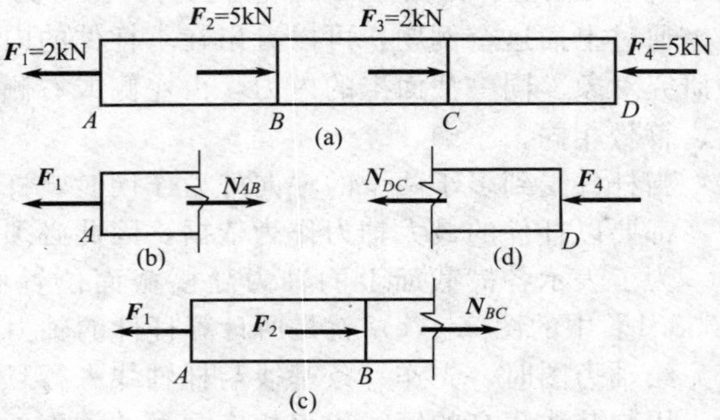

图 5.6

正应力的正负号规定为：拉应力为正，压应力为负。

当杆件受几个轴向外力作用时，由截面法可求得最大轴力 $\boldsymbol{N}_{\max}$，对等直杆来讲，杆件的最大正应力算式为：

$$\boldsymbol{\sigma}_{\max}=\boldsymbol{N}_{\max}/A \tag{5.2}$$

最大轴力所在的横截面称为危险截面，由式(5.2) 算得的正应力即危险截面上的正应力，称为最大工作应力。

【例 5.2】 一横截面面积 $A=100\text{mm}^2$ 的等直杆，其受力情况如图 5.6(a) 所示。试求各段的应力值和最大工作应力。

解：此题的各段轴力计算过程从略。下面求各段正应力。

a. AB 段

$$\boldsymbol{N}_{AB}=2\text{kN}=2000\text{N}$$

$$\boldsymbol{\sigma}_{AB}=\frac{\boldsymbol{N}_{AB}}{A}=\frac{2000}{100\times10^{-6}}=20\times10^{6}(\text{N/m}^2)=20(\text{MPa})$$

b. BC 段

$$\boldsymbol{N}_{BC}=-3\text{kN}=-3000\text{N}$$

$$\boldsymbol{\sigma}_{BC}=\frac{\boldsymbol{N}_{BC}}{A}=\frac{-3000}{100\times10^{-6}}=-30\times10^{6}(\text{N/m}^2)=-30(\text{MPa})$$

c. CD 段

$$N_{DC}=-5\text{kN}=-5000\text{N}$$

$$\sigma_{DC}=\frac{N_{DC}}{A}=\frac{-5000}{100\times10^{-6}}=-50\times10^6(\text{N/m}^2)=-50(\text{MPa})$$

AB 段应力值为正值，为拉应力；BC、CD 段应力值为负值，为压应力。

d. 最大工作应力：

最大轴力为

$$N_{max}=N_{DC}=-5\text{kN}=-5000\text{N}$$

将其带入式(5.2)，得此杆的最大工作应力为

$$\sigma_{max}=\frac{N_{max}}{A}=\frac{-5000}{100\times10^{-6}}=-50\times10^6(\text{N/m}^2)=-50(\text{MPa})$$

5.3 轴向拉、压杆件的强度条件

5.3.1 容许应力与安全系数

通过上一节的学习，只要知道作用在杆件上的轴向外力，便可求出杆件横截面上的内力和应力。但要判断该杆是否破坏，仅知道截面上的应力是不够的，必须了解杆件材料抵抗破坏能力的大小。不同材料能承受的应力总是有一定限度的，如杆件的应力达到或超过此限度，杆件便破坏。此应力称为**极限应力**，用 σ^0 表示。

为了保证杆件能安全正常地工作，必须使杆件在轴向外力作用下所产生的应力值不超过材料的极限应力。在实际计算时，考虑各种不利因素，保证杆件在使用过程中留有一定的安全储备，因此规定用一个比极限应力小的应力值来作为衡量材料承载能力的依据，此应力称为**容许应力**，用符号 $[\sigma]$ 表示。常用材料的容许应力见表 5.1。

表 5.1 常用材料的容许应力

材料名称	牌号	容许应力			
		轴向拉伸		轴向压缩	
		/MPa	/(kgf/cm^2)	/MPa	/(kgf/cm^2)
低碳钢	HPB300	270	(2700)	270	(2700)
低合金钢	16Mn	230	(2300)	230	(2300)
混凝土	C20	0.44	4.5	7	70
	C30	0.6	(6)	10.3	(105)
红松(顺纹)		6.4	(64)	10	(100)
杉木(顺纹)		7	(70)	10	(100)
灰口铸铁		34～54	(340～540)	160～200	(1600～2000)

注：$1\text{kgf/cm}^2=10^5\text{Pa}$。

极限应力 σ^0 与容许应力 $[\sigma]$ 的比值叫做安全系数，用符号 K 表示，即

$$K=\sigma^0/[\sigma] \tag{5.3a}$$

或

$$[\sigma]=\sigma^0/K \tag{5.3b}$$

安全系数 K 是一个大于 1 的数，它反映了人们给予材料的强度储备量，也就是反映了材料在工作中安全可靠的程度。安全系数的确定是一个十分重要、严肃的问题，如安全系数确定低了，构件在使用过程中不安全；如定高了，则浪费材料不经济。因此安全与节约应二者兼顾，使矛盾得到统一。

5.3.2 轴向拉、压杆件的强度条件

对于轴向拉、压杆件，为了保证杆件安全正常地工作，就必须满足下述条件

$$\boldsymbol{\sigma}_{\max} \leqslant [\boldsymbol{\sigma}] \tag{5.4}$$

式(5.4) 就是拉、压杆件的强度条件。对于等截面直杆，还可以根据式(5.2) 改为

$$\boldsymbol{N}_{\max}/A \leqslant [\boldsymbol{\sigma}] \tag{5.5}$$

在不同的工程实际情况下，可根据上述强度条件对拉、压杆件进行以下三方面的计算。

① 强度校核　如已知杆件截面尺寸、承受的荷载及材料的容许应力，就可以检验杆件是否安全，称为杆件的强度校核。

② 选择截面尺寸　如已知杆件所承受的荷载和所选用的材料，要求按强度条件确定杆件横截面的面积或尺寸，则可将式 (5.5) 改为

$$A \geqslant \boldsymbol{N}_{\max}/[\boldsymbol{\sigma}] \tag{5.6}$$

③ 确定容许荷载　如已知杆件所用的材料和杆件横截面积，要求按强度条件来确定此杆所能容许的最大轴力，并根据内力和荷载的关系，计算出杆件所容许承受的荷载。则可将式(5.5) 改为

$$\boldsymbol{N}_{\max} \leqslant A[\boldsymbol{\sigma}] \tag{5.7}$$

【例 5.3】 三角屋架如图 5.7(a) 所示，承受沿水平方向分布的竖向均布荷载 $\boldsymbol{q}=4.8\text{kN/m}$。屋架中的钢拉杆 AB 直径 $d=20\text{mm}$，钢材的容许应力 $[\boldsymbol{\sigma}]=170\text{MPa}$。试校核该钢拉杆的强度。

解： a. 求支座反力　取屋架整体为脱离体如图 5.7(a) 所示。

由 $\sum F_x=0$ 得　　$\boldsymbol{R}_{Ax}=0$

利用对称关系得　　$\boldsymbol{R}_{Ay}=\boldsymbol{R}_B=4.8\times9\times0.5=21.6(\text{kN})$

b. 求拉杆 AB 的轴力　取半个屋架为脱离体如图 5.7(b) 所示。

由 $\sum M_C=0$ 得

$$\boldsymbol{N}_{AB}\times1.42+\frac{1}{2}\times4.8\times4.5^2-\boldsymbol{R}_{Ay}\times4.5=0$$

$$\boldsymbol{N}_{AB}=\left(\boldsymbol{R}_{Ay}\times4.5-\frac{1}{2}\times4.8\times4.5^2\right)/1.42$$

$$=34.23(\text{kN})$$

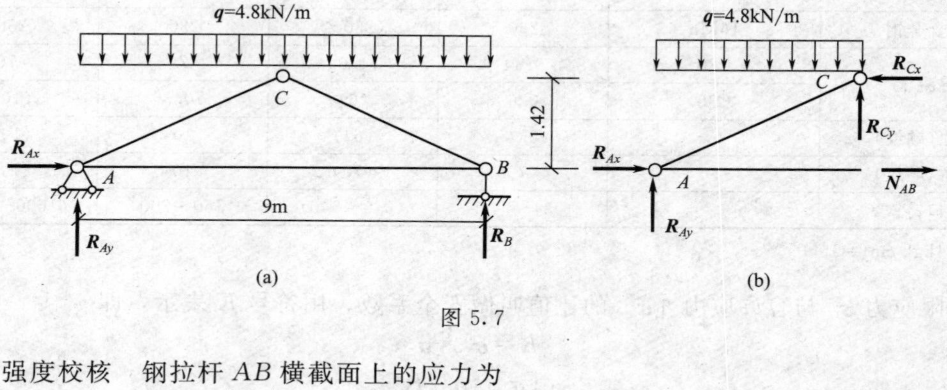

图 5.7

c. 强度校核　钢拉杆 AB 横截面上的应力为

$$\boldsymbol{\sigma}=\frac{\boldsymbol{N}}{A}=34.23\times10^3\Big/\left(\frac{\pi}{4}\times0.02^2\right)=109\times10^6(\text{Pa})$$

$$=109(\text{MPa})<[\boldsymbol{\sigma}]=170\text{MPa}$$

满足强度条件,故此钢拉杆在强度方面是安全的。

【例 5.4】 一支架如图 5.8(a)，AB 杆为圆形截面钢杆，容许应力 $[\boldsymbol{\sigma}]=170\text{MPa}$；$BC$ 杆为正方形截面木杆，容许应力 $[\boldsymbol{\sigma}]=6\text{MPa}$。在节点 B 处挂一重物 $\boldsymbol{Q}=50\text{kN}$，试分别选择 AB、BC 杆的截面尺寸。

解：a. 计算各杆轴力　取 B 节点为研究对象如图 5.8(b)，由平衡条件得

$\sum F_y=0$　　$\boldsymbol{N}_{BC}\sin\alpha+\boldsymbol{Q}=0$

$$\boldsymbol{N}_{BC}=-\frac{\boldsymbol{Q}}{\sin\alpha}=-50/\frac{2}{\sqrt{2^2+1.5^2}}=-62.5(\text{kN})$$

$\sum F_x=0$　　$\boldsymbol{N}_{BA}+\boldsymbol{N}_{BC}\cos\alpha=0$

$$\boldsymbol{N}_{BA}=-(-62.5)\times1.5/\sqrt{2^2+1.5^2}=37.5(\text{kN})$$

b. 截面尺寸选择

AB 杆：由式(5.6) 得

$$A=\frac{\pi d^2}{4}\geqslant\boldsymbol{N}_{BA}/[\boldsymbol{\sigma}]$$

$$d\geqslant\sqrt{\frac{4\boldsymbol{N}_{BA}}{[\boldsymbol{\sigma}]\pi}}=\sqrt{\frac{4\times37.5}{170\times10^3\times\pi}}=0.0168(\text{m})=16.8(\text{mm})$$

取 $d=18\text{mm}$

BC 杆：BC 杆截面是正方形，设截面边长为 a，由式(5.6) 得

$$A=a^2\geqslant\boldsymbol{N}_{BC}/[\boldsymbol{\sigma}]$$

$$a\geqslant\sqrt{\boldsymbol{N}_{BC}/[\boldsymbol{\sigma}]}=\sqrt{62.5/6\times10^3}=0.102(\text{m})=102(\text{mm})$$

取 $a=110\text{mm}$

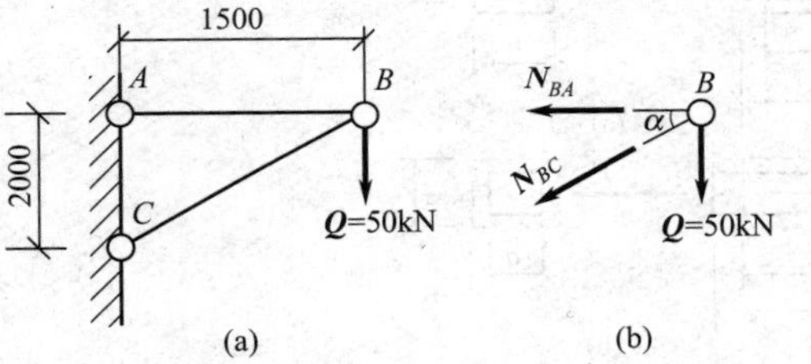

图 5.8

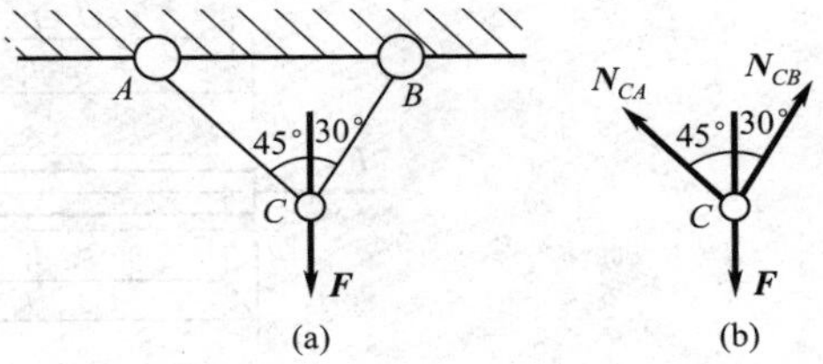

图 5.9

【例 5.5】 图 5.9(a) 所示吊架中 AC 和 BC 都是圆杆，AC 为铜杆，$d=20\text{mm}$，$[\boldsymbol{\sigma}]=120\text{MPa}$；$BC$ 为钢杆，$d=16\text{mm}$，$[\boldsymbol{\sigma}]=160\text{MPa}$。试求该吊架的容许荷载。

解：a. 计算各杆轴力　由于本例的荷载是未知数，故应先找出轴力与荷载的关系。取结点 C 为研究对象，如图 5.9(b) 所示。由平衡条件得

$\sum F_x=0$　　$\boldsymbol{N}_{CB}\sin30^\circ-\boldsymbol{N}_{CA}\sin45^\circ=0$

$\sum F_y=0$　　$\boldsymbol{N}_{CB}\cos30^\circ+\boldsymbol{N}_{CA}\cos45^\circ=\boldsymbol{F}$

解此联立方程得　　$\boldsymbol{N}_{CB}=0.732\boldsymbol{F}$

$\boldsymbol{N}_{CA}=0.518\boldsymbol{F}$

b. 计算容许荷载　以上求出了各杆轴力与荷载 $\boldsymbol{F}$ 之间的关系，要求容许荷载，则应先求出各杆的许用轴力，由强度条件得

$$[\boldsymbol{N}_{CA}]\leqslant[\boldsymbol{\sigma}]A=120\times10^3\times\frac{\pi\times0.02^2}{4}=37.68(\text{kN})$$

$$[\boldsymbol{N}_{CB}]\leqslant[\boldsymbol{\sigma}]A=160\times10^3\times\frac{\pi\times0.016^2}{4}=32.15(\text{kN})$$

根据轴力与荷载的关系得

铜杆 $F=\frac{[N_{CA}]}{0.518}=\frac{37.68}{0.518}=72.74(\text{kN})$

钢杆 $F=\frac{[N_{CB}]}{0.732}=\frac{32.15}{0.732}=43.92(\text{kN})$

要使整个结构满足强度条件，故该吊架的容许荷载 $F=43.92\text{kN}$。

5.4 轴向拉、压杆件的变形、虎克定律

轴向拉伸或压缩时的变形特点是杆件在纵向伸长或压缩和横向缩小或增大，如图 5.10 所示。

5.4.1 纵向变形

杆件拉伸或压缩时，杆件长度方向发生的改变量称为**绝对变形**，用 Δl 表示。如杆件原长为 l，变形后为 l_1，则绝对变形为：

$$\Delta l=l_1-l$$

拉伸时杆件伸长，绝对变形为正，如图 5.10(a)；压缩时杆件缩短，绝对变形为负，如图 5.10(b)。绝对变形的单位为米（m）或毫米（mm）。

绝对变形只反映杆件的总变形量，无法表明杆件的变形程度。由于杆件各段的伸长是均匀的，故可用单位长度杆件的纵向伸长来反映杆件的变形程度，这个量称为**相对变形**，又称为**线应变**，通常用符号 ε 表示，即

$$\varepsilon=\Delta l/l$$

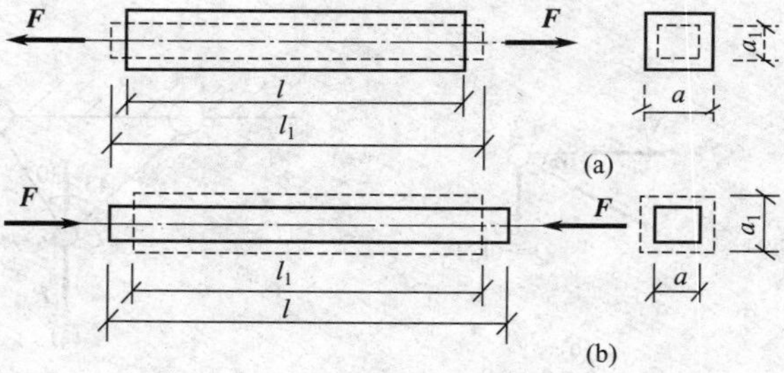

图 5.10

拉伸时，因为 Δl 为正值，所以 ε 也为正；压缩时，Δl 为负值，ε 也就为负。同时，线应变是一个没有单位的量。

5.4.2 横向变形

杆件在轴向外力作用下，不仅发生纵向变形，而且还要发生横向变形。拉伸时横向尺寸减小，压缩时横向尺寸增大，见图 5.10。如杆件横向原长为 a，变形后为 a_1，则横向绝对变形为

$$\Delta a=a_1-a$$

横向绝对变形与横向原长之比称横向线应变，用符号 ε' 表示，即

$$\varepsilon'=\Delta a/a$$

拉伸时，Δa 为负值，所以 ε' 为负值；压缩时，Δa 为正值，ε' 就为正值。拉伸或压缩时，杆件的纵向线应变和横向线应变的符号总是相反的。横向线应变 ε' 仍是一个没有单位的量。

实验表明，在弹性范围内，横向线应变 ε' 和纵向线应变 ε 的比值是一个常数。这个比值的绝对值称为横向变形系数或泊松比，通常用符号 μ 表示。即

$$\mu=\left|\frac{\varepsilon'}{\varepsilon}\right| \tag{5.8}$$

泊松比是一个没有单位的量，各种材料 μ 值的大小都是通过实验来测定的。表 5.2 中列出部分常用材料的泊松比。

表 5.2 常用材料的 E、μ 值

材料名称	弹性模量 E/MPa	泊松比 μ
碳钢	$(200\sim220)\times10^3$	0.25～0.33
16Mn 钢	$(200\sim220)\times10^3$	0.25～0.33
铸铁	$(115\sim160)\times10^3$	0.23～0.27
铜及其合金	$(74\sim130)\times10^3$	0.31～0.42
花岗石	49×10^3	—
木材(顺纹)	$(10\sim12)\times10^3$	—
混凝土	$(14.6\sim36)\times10^3$	0.16～0.18

5.4.3 虎克定律

拉、压杆件的变形是纵向伸长或缩短，其变形的大小与杆件所受的力、截面的几何性质及材料的性能有关。实验表明，多数建筑材料在受力不超过弹性范围时，其应力与应变成正比。材料受力后的这种比例关系，称为**虎克定律**，并用下式表示。

$$\boldsymbol{\sigma}=E\cdot\varepsilon \tag{5.9}$$

式(5.9) 中的 E 为比例常数，称为材料的弹性模量，不同的材料其值也不同。常用材料的弹性模量 E 值都由实验测定，见表 5.2。

如将应力 $\boldsymbol{\sigma}$ 和应变 ε 分别用下式

$$\boldsymbol{\sigma}=\boldsymbol{N}/A$$

$$\varepsilon=\Delta l/l$$

代入式(5.9)，则得虎克定律的另一种表达式。

$$\Delta l=\boldsymbol{N}\cdot l/EA$$

由上式可知，纵向绝对变形 Δl 与轴力 $\boldsymbol{N}$ 和杆长 l 成正比，与材料的弹性模量 E 和截面面积 A 成反比。EA 乘积越大，杆件的纵向绝对变形 Δl 越小；所以，EA 反映杆件抵抗线变形的能力，称为抗拉、压刚度。

【例 5.6】 图 5.11(a) 所示钢杆的横截面面积 $A=1000\text{mm}^2$，已知 $\boldsymbol{F}_1=\boldsymbol{F}_2=15\text{kN}$、$\boldsymbol{F}_3=45\text{kN}$，钢的弹性模量 $E=200\times10^3\text{MPa}$。试求 A 点的竖向位移。

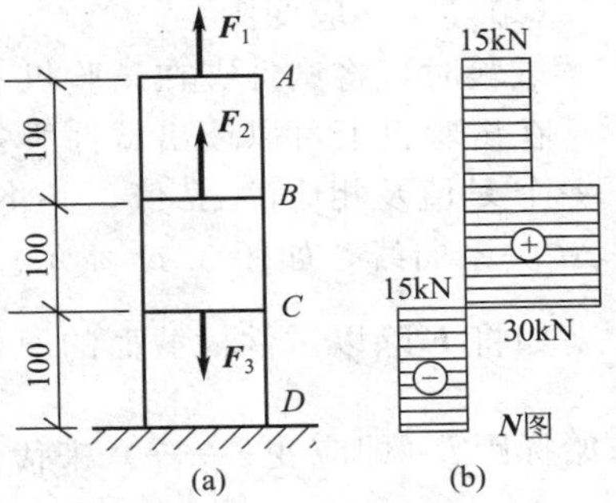

图 5.11

解：因为 D 端固定，所以 A 点的竖向位移就是整个杆件的轴向变形量。由于各段轴力不同，应先作出杆件的轴力图，如图 5.11(b) 所示。杆件的总变形量应是各段变形量的代数和，即

$$\Delta l=\Delta l_{AB}+\Delta l_{BC}+\Delta l_{CD}=\frac{\boldsymbol{N}_{AB}\cdot l_{AB}}{EA}+\frac{\boldsymbol{N}_{BC}\cdot l_{BC}}{EA}+\frac{\boldsymbol{N}_{CD}\cdot l_{CD}}{EA}$$

由轴力图 5.11(b) 得

$$\boldsymbol{N}_{AB}=15\text{kN}$$

$$\boldsymbol{N}_{BC}=30\text{kN}$$

$$\boldsymbol{N}_{CD}=-15\text{kN}$$

$$l_{AB}=l_{BC}=l_{CD}=100\text{mm}=0.1\text{m}$$

$$A=1000\text{mm}^2=10\times10^{-4}\text{m}^2$$

$$E=200\times10^3\text{MPa}=200\times10^6\text{kPa}$$

将以上各值代上式，得

$$\begin{aligned}\Delta l &= \frac{1}{200\times10^{6}\times10\times10^{-4}}[15\times0.1+30\times0.1+(-15)\times0.1]\\ &=1.5\times10^{-5}(\mathrm{m})\\ &=1.5\times10^{-2}(\mathrm{mm})\end{aligned}$$

正号表示 A 的位移方向向上。

5.5 材料拉（压）时的力学性质

前述有关拉（压）杆的力学计算，都涉及材料固有的某些力学性质。如材料的弹性模量 E、泊松比 μ 和极限应力等，它们都是用材料的拉伸和压缩试验的方法来测定的。

由于低碳钢在塑性材料中具有代表性，而铸铁在脆性材料中具有代表性，下面主要介绍这两种材料的力学性质。

5.5.1 低碳钢拉伸时的力学性质

材料拉伸实验要求采用标准试件，如图 5.12。

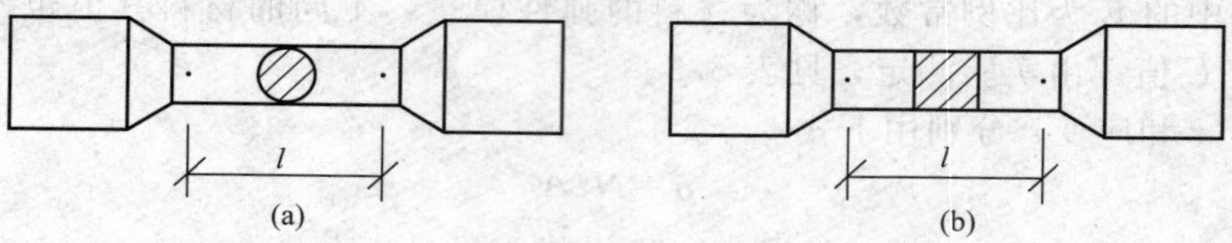

图 5.12

试件的工作段长度（称为标距）l 与截面直径 d 的比例规定为：$l=5d$ 或 $l=10d$；如截面为矩形，截面面积为 A，则 $l=11.3\sqrt{A}$或 $l=5.65\sqrt{A}$。

(1) 应力-应变图

试验时，将试件夹在试验机上。开动机器后，试件由零开始逐渐承受拉力并同时发生变形。在试验机上可以读出试件所受力 $\boldsymbol{F}$ 的大小，以及相应的伸长变形 Δl。每隔一段时间记下一个 $\boldsymbol{F}$ 值及相应的 Δl 值，并将其画在以 Δl 为横坐标、$\boldsymbol{F}$ 为纵坐标的坐标图上，便可得到 $\boldsymbol{F}$-Δl 关系曲线，如图 5.13 所示。

如将 $\boldsymbol{F}$ 除以试件横截面的原始面积 A（即应力 $\boldsymbol{\sigma}=\frac{N}{A}$）来代替 $\boldsymbol{F}$ 作纵坐标；将 Δl 除以原始标距 l（即应变 $\varepsilon=\frac{\Delta l}{l}$）来代替 Δl 作横坐标，这样画出来的曲线称为应力-应变图（或称$\boldsymbol{\sigma}$-ε图），它表示材料从加载到破坏，全过程的应力与应变之间的对应关系。图 5.14 为 HPB300 钢的 $\boldsymbol{\sigma}$-ε 图。

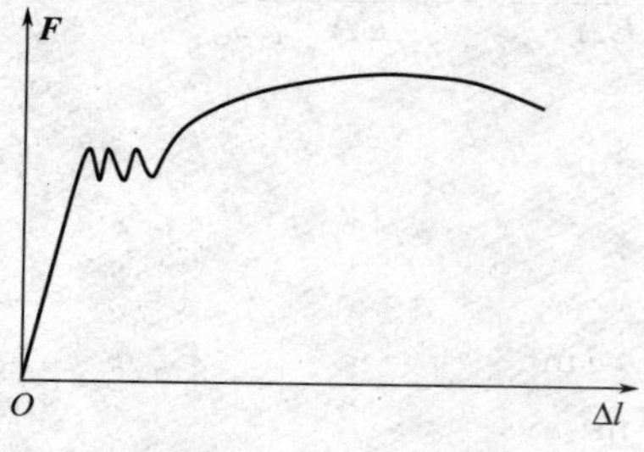

图 5.13

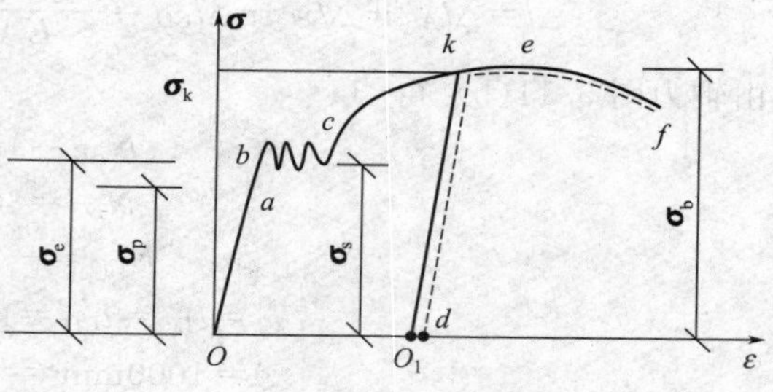

图 5.14

(2) 力学性能

从图 5.14 可以看出应力与应变之间的关系是比较复杂的，根据曲线的变化情况，可以将其分为以下四个阶段。

① 弹性阶段（图 5.14 中 Ob 段）　拉伸初始阶段 Oa 为直线，表明 $\boldsymbol{\sigma}$ 与 ε 成正比。a 点对应的应力值称为**比例极限**，用符号 $\boldsymbol{\sigma}_p$ 表示。HPB300 钢的比例极限 $\boldsymbol{\sigma}_p = 200\text{MPa}$ (2000kgf/cm^2)。

当应力不超过 $\boldsymbol{\sigma}_p$ 时，材料的应力与应变成正比。由此可知，直线 Oa 的斜率即为材料的弹性模量 E。

$$E = \frac{\boldsymbol{\sigma}}{\varepsilon} = \tan\alpha$$

应力超过 $\boldsymbol{\sigma}_p$ 后，$\boldsymbol{\sigma}$ 与 ε 就不再成直线关系。但在应力不超过 b 点所对应的应力值，材料的变形仍是弹性变形，b 点所对应的应力值称为**弹性极限**，用符号 $\boldsymbol{\sigma}_e$ 表示。前面提到的弹性范围就是指应力不超过 $\boldsymbol{\sigma}_e$ 的范围。由于 a、b 两点非常接近，工程上对弹性极限 σ_e 和比例极限 $\boldsymbol{\sigma}_p$ 就未加严格区别，所以得出“在弹性范围内，应力与应变成正比”。

② 屈服阶段（图 5.14 中的 bc 段）　当应力超过 b 点的对应值以后，应变增加得很快，而应力几乎不增加或仅在一个微小范围内上下波动，其图形近似于一条水平线，它表明材料丧失了抵抗变形的能力。这种现象称为**屈服现象**，bc 段称为屈服阶段，bc 段中的最低点所对应的应力值称为**屈服极限**，用符号 $\boldsymbol{\sigma}_s$ 表示。HPB300 钢的屈服极限 $\boldsymbol{\sigma}_s = 300\text{MPa}$ (3000kgf/cm^2)。

③ 强化阶段（图 5.14 中的 ce 段）　经过屈服阶段后，材料内部结构进行重新调整，又产生了新的抵抗变形的能力。此时，增加荷载还会继续变形，这种现象称为材料的**强化**。强化阶段的最高点 e 所对应的应力值是材料所能承受的最大应力，称为**强度极限**，用符号 $\boldsymbol{\sigma}_b$ 表示。HPB300 钢的强度极限 $\boldsymbol{\sigma}_b = 420\text{MPa}(4200\text{kgf/cm}^2)$。

④ 颈缩阶段（图 5.14 中的 ef 段）　过 e 点以后，试件在局部范围内，横截面的尺寸将急剧减小，形成颈缩现象。此时，试件继续伸长变形所需的拉力相应减少，曲线形成下降段并很快达到 f 点，试件被拉断。

由上述材料的力学性能分析可知。

① 材料的应力达到屈服强度 $\boldsymbol{\sigma}_s$ 时，杆件虽未断裂，但产生了显著的变形，势必影响结构的正常使用，所以屈服强度 $\boldsymbol{\sigma}_s$ 是衡量材料强度的一个重要指标。

② 材料的应力达到强度极限 $\boldsymbol{\sigma}_b$ 时，出现颈缩现象并很快被拉断，所以强度极限 $\boldsymbol{\sigma}_b$ 也是衡量材料强度的一个重要指标。

(3) 材料的变形性能

在拉伸试验中，还可以得到一些关于材料变形的性能。

① 延伸率　试件拉断后，弹性变形消失，残留的变形称为塑性变形。试件的标距由原来的 l 变为 l_1，长度的改变量与原标距 l 之比的百分率称为**材料的延伸率**，用符号 δ 表示。

$$\delta = \frac{l_1 - l}{l} \times 100\% \tag{5.10}$$

HPB300 钢的延伸率 δ 为 20%～30%。

工程上根据延伸率的不同，将材料分为以下两类。

$\delta > 5\%$ 的材料，称为塑性材料（如钢、合金钢、铜、铝等）。

$\delta < 5\%$ 的材料，称为脆性材料（如铸铁、石料、混凝土、砖等）。

② 截面收缩率　试件拉断后，断口处的截面面积为 A_1。截面的缩小量与原截面面积 A

之比的百分率，称为材料的**截面收缩率**，用符号 ψ 表示。

$$\psi=\frac{A-A_1}{A}\times 100\%$$

HPB300 钢的截面收缩率 $\psi=60\%$。

（4）钢材的冷加工

在钢材的拉伸试验中，若在强化阶段内任意一点 k 卸去荷载，则应力-应变曲线将沿着与 Oa 近似平行的直线回到 O_1 点，如图 5.14。图中 O_1d 代表消失的弹性变形；OO_1 代表残留的塑性变形。如卸载后立即重新加载，应力-应变曲线将沿着 O_1kef 变化。由于 O_1k 是直线变化，这表明材料的比例极限和屈服极限都比没有经过加载-卸载处理的材料有所提高，这种现象称为**冷作硬化**。

工程中常用冷作硬化的方法来提高钢筋和钢丝的屈服点，并把它们称为冷拉钢筋和冷拔钢丝。把直径为 5mm 的钢丝（$\boldsymbol{\sigma}_s=1180$MPa）冷拉后，其屈服极限可提高到 $\boldsymbol{\sigma}_s=1330$MPa，节约钢材 10%左右。

5.5.2 低碳钢压缩时的力学性质

压缩试验的试件一般作成圆柱形，如图 5.15(a) 所示。试件的长度 l 一般为直径 d 的 1.5～3 倍，即 $l=(1.5\sim3)d$。

图 5.15(b) 为 HPB300 钢压缩时的应力-应变图（其中实线为拉伸时的应力-应变图）。从图 5.15(b) 中可看出，压缩时低碳钢的比例极限 $\boldsymbol{\sigma}_p$、屈服极限 $\boldsymbol{\sigma}_s$ 和弹性模量 E 都与拉伸时相同，但无法测定压缩时的强度极限。因为屈服阶段以后，试件越压越扁，没有颈缩阶段，不发生断裂。

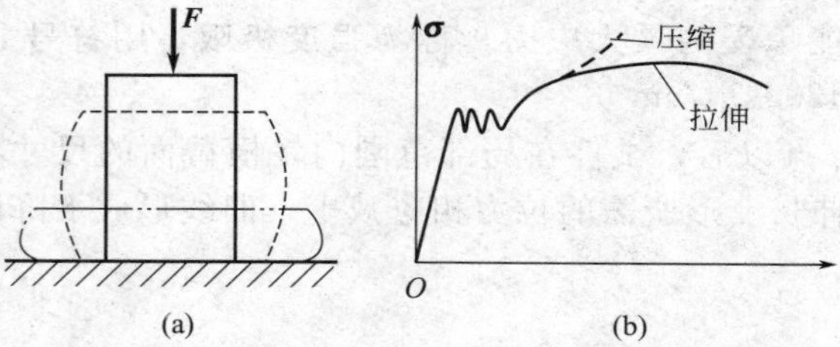

图 5.15

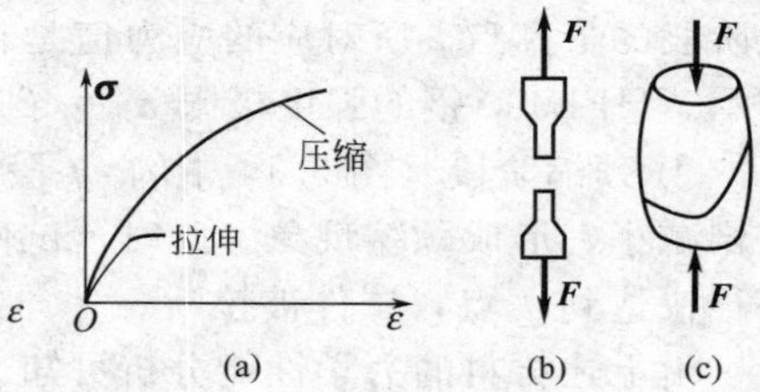

图 5.16

5.5.3 铸铁的力学性质

对于铸铁的拉伸和压缩试验，其试件及试验方法与低碳钢试验相同。

铸铁拉伸及压缩的应力-应变曲线及试件的破坏情况，如图 5.16 所示。

由图 5.16 可看出，铸铁拉伸和压缩时的应力-应变曲线没有直线部分和屈服阶段，即没有比例极限和屈服极限，只有强度极限。延伸率 δ 为 0.5%～0.6%。无颈缩现象，破坏突然发生，断口是一个近似垂直于试件轴线的横截面。

铸铁压缩时没有明显的直线阶段，没有屈服和颈缩现象，只有一个强度特征值，即强度极限 $\boldsymbol{\sigma}_b$，其值为 600～900MPa。压缩破坏时，沿着与轴线大约成 $(0.25\sim0.3)\pi$ 的斜截面突然破裂。

5.5.4 两种材料力学性能的对比

低碳钢是一种典型的塑性材料，通过试验可以看出塑性材料的抗拉和抗压强度都很高，拉杆在断裂前变形明显，有屈服、颈缩等报警现象，可即时采取措施加以预防。

铸铁是一种典型的脆性材料，其特征是抗压强度很高，但抗拉强度很低，脆性材料破坏前毫无预兆，突然断裂，令人措手不及。

思 考 题

5.1 两根截面相同、材料不同的杆件，受相同的轴向外力作用，它们的内力是否相同？

5.2 轴力与截面形状相同、材料与截面面积不同的受拉杆件，它们的应力是否相同？强度是否一样？

5.3 塑性材料和脆性材料在力学性质上有哪些主要区别？

5.4 变形与应变有何区别？受拉杆件的总伸长若等于零，那么杆内的应变是否也为零？

5.5 简述低碳钢拉伸时的力学性质及每个阶段的特点？

5.6 轴向拉、压杆件的强度条件是哪些？根据强度条件可解决哪几类实际问题？

习 题

5.1 试求习题5.1图示各杆Ⅰ—Ⅰ、Ⅱ—Ⅱ、Ⅲ—Ⅲ截面上的轴力。

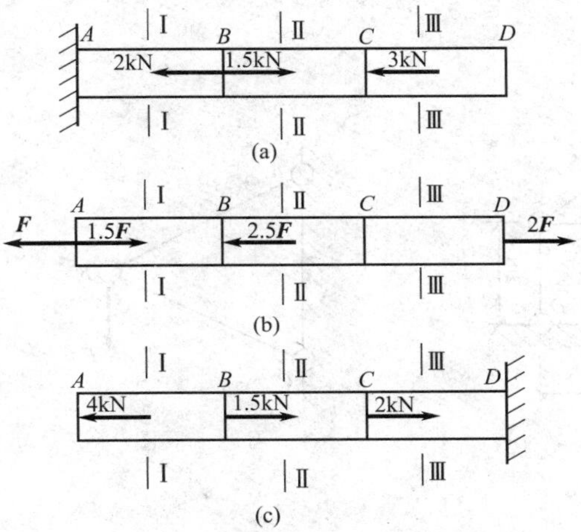

习题5.1图

5.2 试绘出习题5.2图示各杆的轴力图。

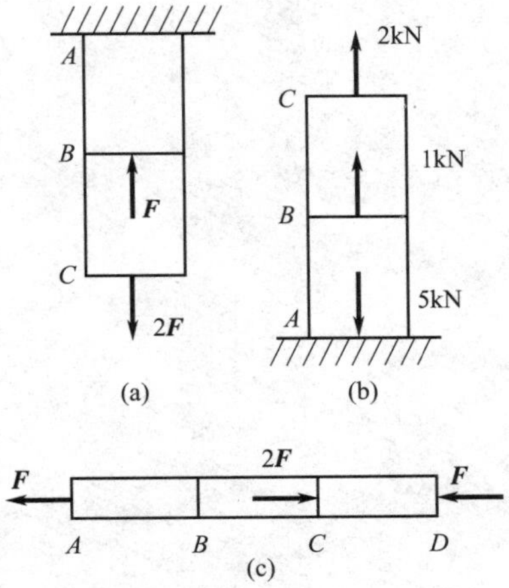

习题5.2图

5.3　试求习题 5.3 图示各杆指定截面的轴力和正应力。

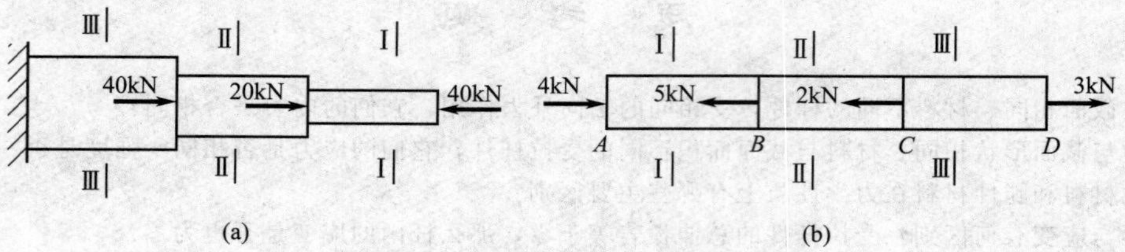

习题 5.3 图

5.4　在习题 5.4 图示结构中，各杆横截面面积都等于 $30cm^2$，力 $\boldsymbol{F}$=100kN 作用在 B 节点上，试求 BC 和 CD 杆的应力。

5.5　如习题 5.5 图所示，正三角架受荷载 $\boldsymbol{F}$=80kN 作用，AB 杆为钢杆，容许应力 [$\boldsymbol{\sigma}$]=170MPa；BC 杆为木杆，容许应力 [$\boldsymbol{\sigma}$]=10MPa，试求两杆截面面积。

5.6　如习题 5.6 图所示，有一重 12kN 的木箱，用绳索吊起，设绳索的直径 d=40mm，容许应力 [$\boldsymbol{\sigma}$]=10MPa，试校核其强度。

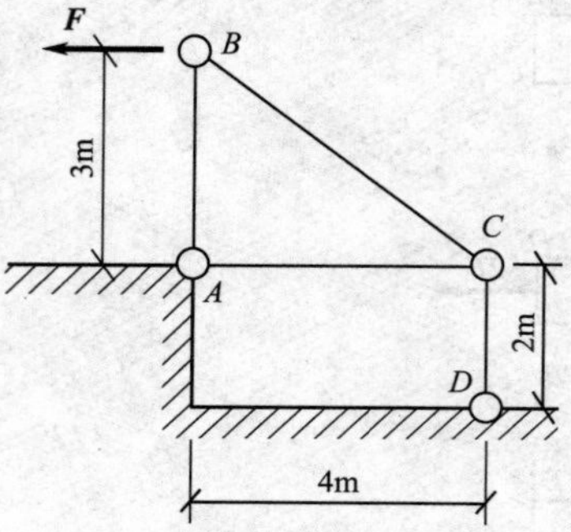

习题 5.4 图

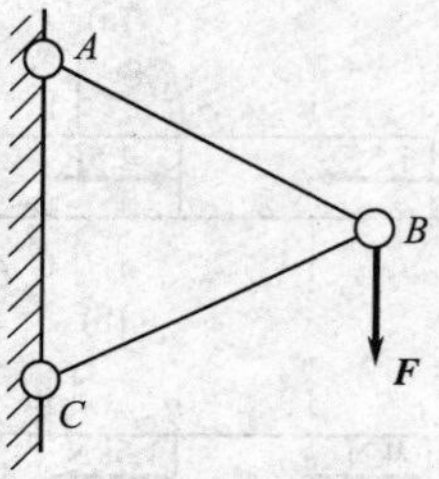

习题 5.5 图

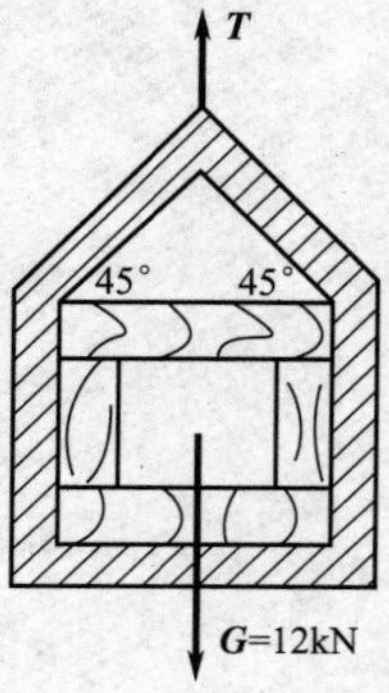

习题 5.6 图

6 受弯构件

学习目标

1. 能熟练陈述常见平面图形的几何性质。
2. 能正确计算简支梁的弯曲内力，并正确绘制其内力图。
3. 能基本陈述梁弯曲时正应力和剪应力的强度条件。
4. 能正确计算梁的刚度。

学习重点

1. 常见平面图形的截面几何性质。
2. 简支梁弯曲内力的计算和内力图的绘制。
3. 梁弯曲时正应力和剪应力的强度条件。

学习难点

1. 组合图形惯性矩的计算。
2. 简支梁弯曲内力的内力图绘制。
3. 梁弯曲时的正应力和剪应力的强度条件。
4. 挠度微分方程的建立。

6.1 截面的几何性质

构件在外力作用下产生的应力和应变，都与构件的截面形状和尺寸有关。反映截面形状和尺寸的某些性质的量，统称为截面的**几何性质**。

6.1.1 静矩和形心

(1) 静矩

图 6.1 所示的平面图形代表任意截面，在图形平面内建立一直角坐标系 zOy，在图形内任取一微面积 $\mathrm{d}A$，该微面积至两坐标轴的距离分别为 y 和 z，截面图形内每一微面积 $\mathrm{d}A$ 与其到平面内任意坐标轴 y 或 z 的距离乘积的总和，称为该截面图形对 y 或 z 轴的**静矩**，即

$$\left.\begin{aligned} S_y &= \int_A z \cdot \mathrm{d}A \\ S_z &= \int_A y \cdot \mathrm{d}A \end{aligned}\right\} \tag{6.1}$$

由式(6.1) 可知，静矩是对某定轴而言的，同一截面对不同坐标轴的静矩各不相同。静矩的单位为 m^3 或 mm^3，静矩可为正值、也可为负值、也可以为零。

(2) 截面的形心

若截面的形心 c 的坐标分别为 z_C 和 y_C，将截面看成等厚的均质薄板，则根据合力矩定理可得

$$\int_A y \cdot \mathrm{d}A = A \cdot y_c$$

$$\int_A z \cdot \mathrm{d}A = A \cdot z_c$$

即

$$\left.\begin{aligned}S_z&=A\cdot y_c\\S_y&=A\cdot z_c\end{aligned}\right\}\tag{6.2}$$

于是截面形心的坐标式是：

$$\left.\begin{aligned}y_c&=S_z/A\\z_c&=S_y/A\end{aligned}\right\}\tag{6.3}$$

如果 z 轴和 y 轴通过截面的形心，则 $S_z=S_y=0$，即截面对通过形心轴的静矩等于零。

由 n 个简单图形组成的截面称为组合截面。计算组合截面对某轴的静矩时，可分别算出各简单图形对该轴的静矩，然后代数相加，即

$$\left.\begin{aligned}S_z&=\sum_{i=1}^{n}A_iy_i\\S_y&=\sum_{i=1}^{n}A_iz_i\end{aligned}\right\}\tag{6.4}$$

式中，A_i、y_i和z_i分别代表各简单图形的面积和形心坐标；n 为简单图形的个数。由此，组合截面的形心坐标可按下式进行计算。

$$\left.\begin{aligned}y_c&=\sum_{i=1}^{n}A_iy_i\Big/\sum_{i=1}^{n}A_i\\z_c&=\sum_{i=1}^{n}A_iz_i\Big/\sum_{i=1}^{n}A_i\end{aligned}\right\}\tag{6.5}$$

【例 6.1】 图 6.2 所示的倒 T 形截面，尺寸如图所示，单位 mm。试求截面的形心。

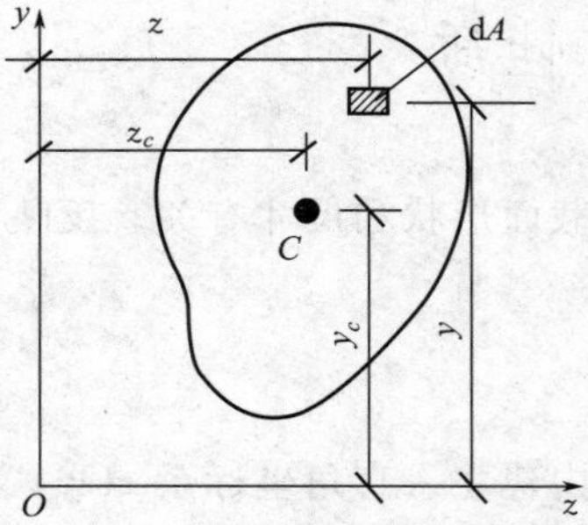

图 6.1

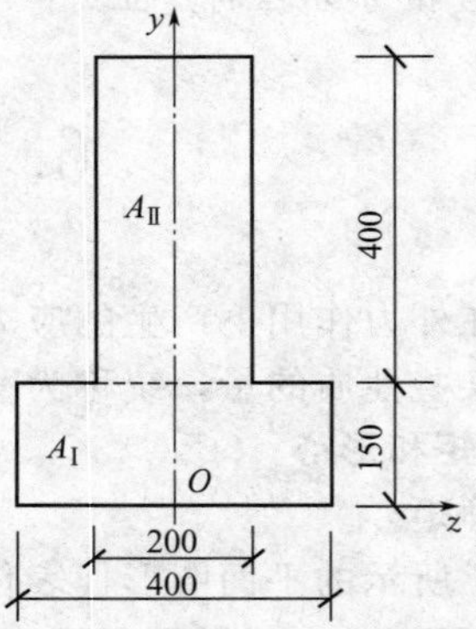

图 6.2

解：取坐标系 zOy。因图形对 y 轴对称，截面的形心必在 y 轴上，故 $z_c=0$，只需计算 y_c 值。将截面分为Ⅰ、Ⅱ两个矩形，则

$$A_{Ⅰ}=400\times150=6.0\times10^4(\text{mm}^2)$$
$$y_{Ⅰ}=75\text{mm}$$
$$A_{Ⅱ}=400\times200=8.0\times10^4(\text{mm}^2)$$
$$y_{Ⅱ}=350\text{mm}$$

将上述各值代入式(6.5)，得

$$y_c=\frac{\sum_{i=1}^{n}A_iy_i}{\sum_{i=1}^{n}A_i}=\frac{6\times10^4\times75+8\times10^4\times350}{6\times10^4+8\times10^4}=232(\text{mm})$$

6.1.2 截面的惯性矩

(1) 惯性矩

图 6.3 所示平面图形为任意截面，在图形上任取一微面积 dA，该微面积到两坐标轴的距离分别为 z 和 y。截面图形内每一微面积 dA 与其到平面内任意坐标轴 z 或 y 的距离平方乘积的总和，称为该截面图形对 z 轴或 y 轴的**惯性矩**，分别用符号 I_z 和 I_y 表示。即

$$\left.\begin{aligned} I_z &= \int_A y^2 \mathrm{d}A \\ I_y &= \int_A z^2 \mathrm{d}A \end{aligned}\right\} \tag{6.6}$$

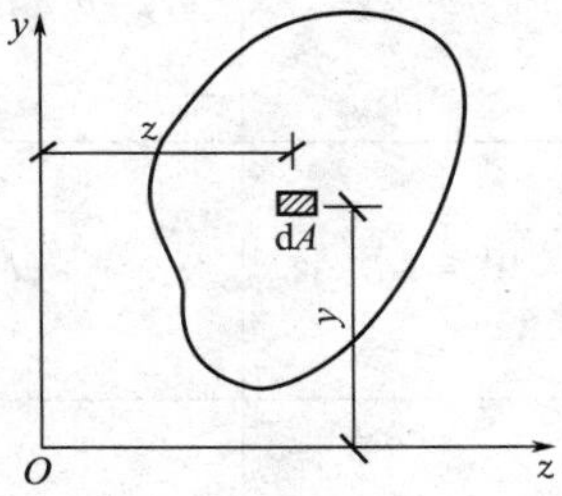

图 6.3

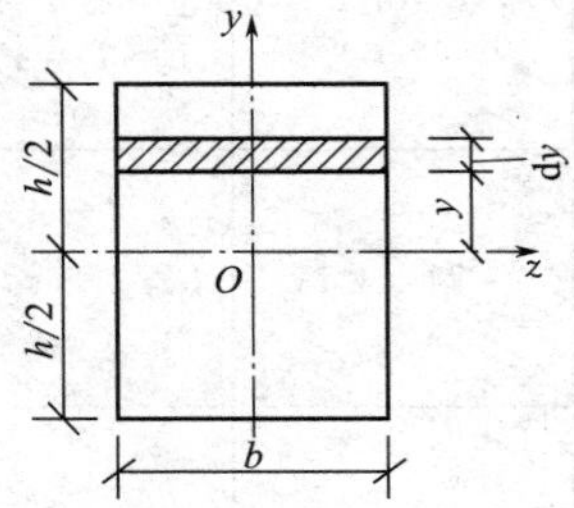

图 6.4

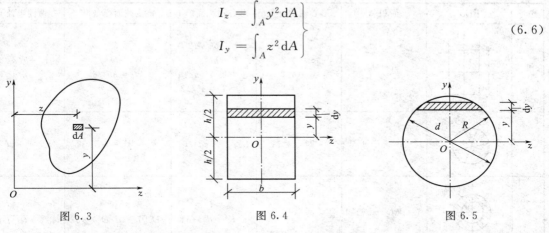

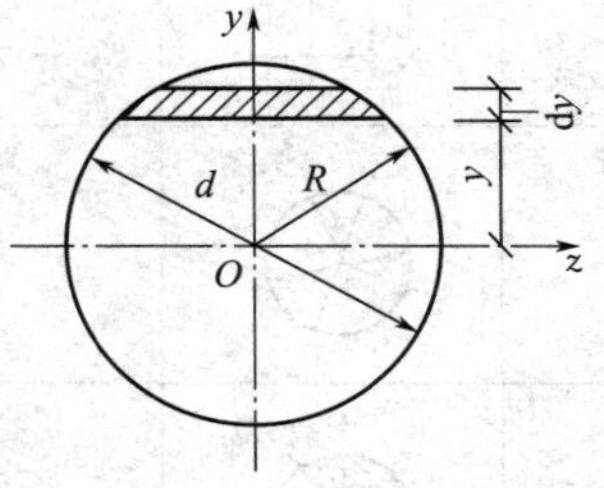

图 6.5

不论坐标轴取在截面的什么部位，y^2 和 z^2 恒为正值，所以惯性矩恒为正值。惯性矩常用单位是四次方米（m^4）或四次方毫米（mm^4）。

(2) 简单截面图形的惯性矩

① 矩形截面　图 6.4 所示矩形截面，高为 h、宽为 b。z 轴和 y 轴为截面对称轴。取微面积 $dA=b\cdot dy$，由惯性矩的定义直接积分得

$$I_z = \int_A y^2 \mathrm{d}A = \int_{-\frac{h}{2}}^{\frac{h}{2}} y^2 \cdot b \cdot \mathrm{d}y = \frac{bh^3}{12}$$

同理可求得

$$I_y = \frac{b^3 h}{12}$$

对于边长为 a 的正方形截面，其惯性矩为

$$I_z = I_y = \frac{a^4}{12}$$

② 圆形截面　图 6.5 所示圆形截面，直径为 d，半径为 R，直径轴 z 和 y 为其对称轴，取微面积 $dA=2\sqrt{R^2-y^2}\cdot dy$，积分得圆形截面的惯性矩为：

$$I_z = \int_A y^2 \mathrm{d}A = 2\int_{-R}^{R} y^2 \sqrt{R^2-y^2}\,\mathrm{d}y = \frac{\pi R^4}{4} = \frac{\pi d^4}{64}$$

同理可求得

$$I_y = \frac{\pi d^4}{64}$$

(3) 惯性半径

为了计算上的需要，常将惯性矩表达为图形面积与某一长度平方的乘积，即

$$I_z = r_z^2 \cdot A,\ I_y = r_y^2 \cdot A$$

$$\left.\begin{aligned} r_z &= \sqrt{\frac{I_z}{A}} \\ r_y &= \sqrt{\frac{I_y}{A}} \end{aligned}\right\} \tag{6.7}$$

此长度 r_z、r_y 称为截面图形对形心轴 z 和 y 的**惯性半径**。

常用截面图形的几何性质（包括截面面积、截面图形的形心坐标、截面图形对形心轴的惯性矩、抗弯截面模量、截面图形对形心轴的惯性半径）。列在表 6.1 中，以供计算时查用。

表 6.1　常用平面图形的几何性质表

序号	图形	面积 A	形心轴的位置	形心轴惯性矩 I	抗变截面模量 W	惯性半径 r
1	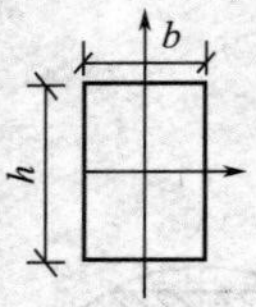	$A=bh$	$z_c=b/2$ $y_c=h/2$	$I_z=bh^3/12$ $I_y=hb^3/12$ 正方形 $b=h=a$ $I_z=I_y=a^4/12$	$W_z=bh^2/6$ $W_y=hb^2/6$	$r_z=h/2\sqrt{3}$ $r_y=b/2\sqrt{3}$
2	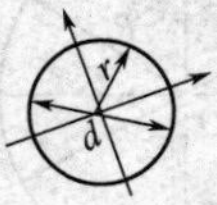	$A=\pi d^2/4$	圆心上	$I_z=I_y=\pi d^4/64$	$W_z=W_y=\pi d^3/32$	$r_z=r_y=d/4$
3	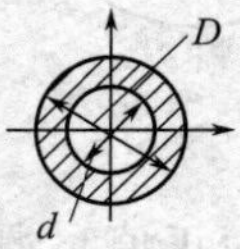	$A=\pi(D^2-d^2)/4$	圆心上	$I_z=I_y=$ $\pi(D^4-d^4)/64$	$W_z=W_y=$ $\pi D^3[1-(d/D^4)]/32$	$r_z=r_y=d/4$ $\sqrt{1+(d/D)^2}$
4	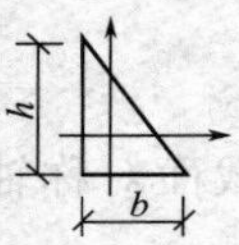	$A=bh/2$	$z_c=b/3$ $y_c=h/3$	$I_z=bh^3/36$ $I_{z0}=bh^3/12$ $I_{z1}=bh^3/4$	$W_z=bh^2/24$ $W_y=bh^2/12$	$r_z=h/3\sqrt{2}$

6.1.3　惯性矩的平行移轴公式

同一截面对不同坐标轴的惯性矩是不同的，但其间存在一定的关系。下面讨论坐标轴相互平行的惯性矩之间的关系。

图 6.6 所示 C 点为截面的形心，z 和 y 轴为形心轴。z_1 和 y_1 轴分别与 z 和 y 轴平行，其间距分别为 a 和 b。

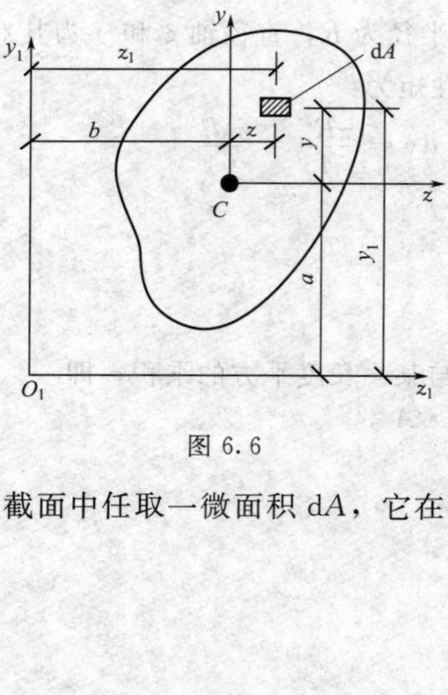

图 6.6

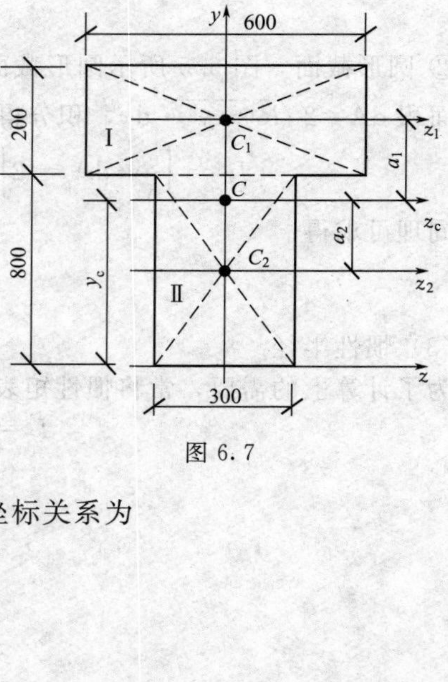

图 6.7

在截面中任取一微面积 dA，它在两坐标系中的坐标关系为

$$z_1=z+b$$
$$y_1=y+a$$

根据惯性矩定义可知　$I_{z1}=\int_A y_1^2 \mathrm{d}A=\int_A (y+a)^2 \mathrm{d}A=\int_A (y^2+2ya+a^2)\mathrm{d}A$

$$=\int_A y^2 \mathrm{d}A+2a\int_A y\mathrm{d}A+a^2\int_A \mathrm{d}A$$

式中，第一项积分$\int_A y^2 \mathrm{d}A$为截面对形心轴z的惯性矩；第二项积分$\int_A y\mathrm{d}A$为截面对形心轴z的静矩，该项等于零；第三项积分$\int_A \mathrm{d}A$为截面的面积A。

故得
同理得

$$\left.\begin{aligned}I_{z1}&=I_z+a^2A\\I_{y1}&=I_y+b^2A\end{aligned}\right\}\tag{6.8}$$

式(6.8)说明，截面图形对任意轴的惯性矩，等于其对平行于该轴的形心轴的惯性矩，再加上截面面积与两轴间距离平方的乘积，这就是惯性矩平行移轴公式。

6.1.4　组合截面惯性矩的计算

组合截面对某轴的惯性矩，等于组成它的各个简单图形对同一轴惯性矩之和。

【例6.2】　图6.7所示T形截面，尺寸如图所示，单位mm。试求T形截面对形心轴z_c轴和y_c的惯性矩。

解：a. 求形心位置　将截面分为Ⅰ、Ⅱ两个矩形

$$A_1=600\times200=12\times10^4(\text{mm}^2),y_1=900\text{mm}$$

$$A_2=300\times800=24\times10^4(\text{mm}^2),y_2=400\text{mm}$$

由形心公式得

$$y_c=\frac{\sum_{i=1}^{n}A_iy_i}{\sum_{i=1}^{n}A_i}=\frac{12\times10^4\times900+24\times10^4\times400}{12\times10^4+24\times10^4}=567(\text{mm})$$

b. 求T形截面对z_c轴、y_c轴的惯性矩　由图得：

$$a_1=1000-y_c-\frac{200}{2}=1000-567-100=333(\text{mm})$$

$$a_2=y_c-\frac{800}{2}=567-400=167(\text{mm})$$

由平行移轴公式得

$$I_{zc}=I_{z1}+a_1^2A_1+I_{z2}+a_2^2A_2=\frac{600\times200^3}{12}+333^2\times12\times10^4+\frac{300\times800^3}{12}+167^2\times24\times10^4$$

$$=3.32\times10^{10}(\text{mm}^4)$$

$$I_{yc}=I_{y1}+I_{y2}=\frac{200\times600^3}{12}+\frac{800\times300^3}{12}=0.54\times10^{10}(\text{mm}^4)$$

6.2　受弯构件的内力

6.2.1　直梁弯曲的构件

工程结构中经常利用梁来承受荷载。如房屋建筑中的楼（屋）面梁承受楼板传来的荷载，如图6.8(a)所示；外廊式建筑的挑梁承受楼板及栏杆传来的荷载，如图6.8(b)所示。这些荷载的方向都与梁的轴线相垂直，在荷载作用下梁要变弯，其轴线由原来的直线变成了曲线，构件的这种变形称为**弯曲变形**，产生弯曲变形的构件称为**受弯构件**。

在工程中常见的梁，其横截面大都具有一个对称轴，对称轴与梁轴线所组成的平面称为

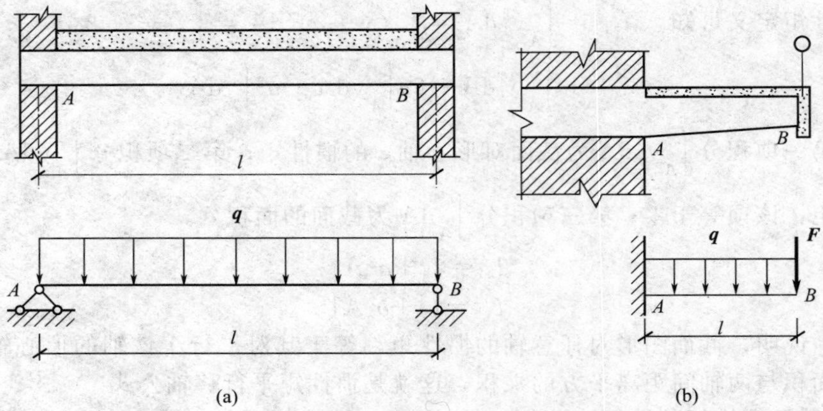

图 6.8

纵向对称平面。如果梁上的外力（包括荷载和支座反力）的作用线都位于纵向对称平面内，组成一个平衡力系。此时，梁的轴线将弯曲成一条位于纵向对称平面内的平面曲线，这样的弯曲变形称为**平面弯曲**。

为了分析梁的内力，首先应确定作用在梁上的外力。作用在梁上的外力包括两部分：第一部分是作用在梁上的荷载，第二部分是梁的约束反力。

作用在梁上的荷载有下列几种。

① 分布荷载　分布在某一面积上的荷载，如风荷载、雪荷载和梁的自重等。计算时通常将分布荷载折算成沿梁长度方向连续分布的线荷载，线荷载的大小通常用荷载集度 q 来表示，线荷载的单位为牛每米（N/m）或千牛每米（kN/m）。分布荷载又分为均布荷载（即在分布长度上各点的荷载集度是相同的）和非均布荷载（即在分布长度上各点的荷载集度是不相同的），如图 6.9 所示。

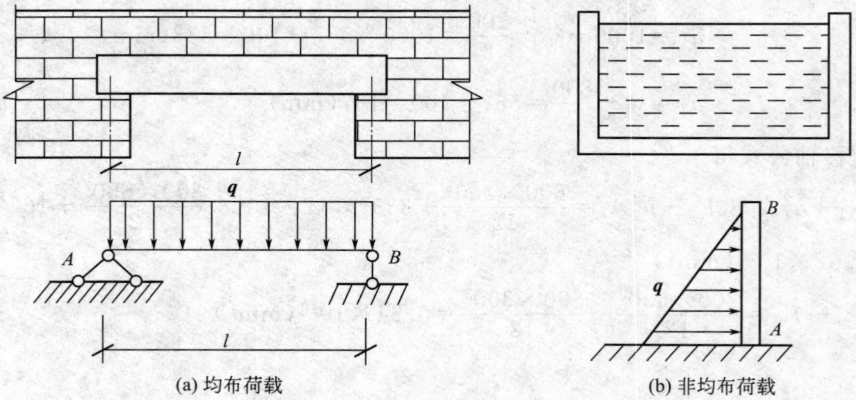

图 6.9

② 集中荷载　当分布荷载作用在梁上的长度与梁的全长相比很小时，可简化为作用在梁上一点，称为集中荷载，用符号 $\boldsymbol{F}$ 表示，其单位为牛（N）或千牛（kN），如图 6.10 所示。

③ 集中力偶　如图 6.11 所示荷载作用在梁上的长度与梁的全长相比很小时，可简化为作用在梁上某截面处的一对反向集中力，称为集中力偶，用符号 m 表示，其单位为牛·米（N·m）或千牛·米（kN·m）。

梁的支座反力与梁的支座构造形式有关，具体内容详见 1.4 节。

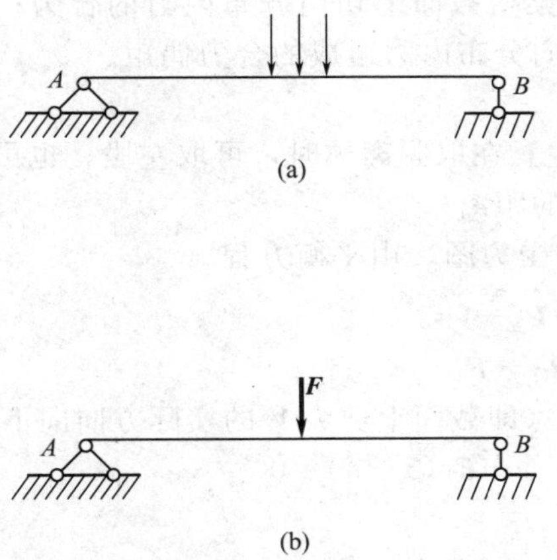

图 6.10

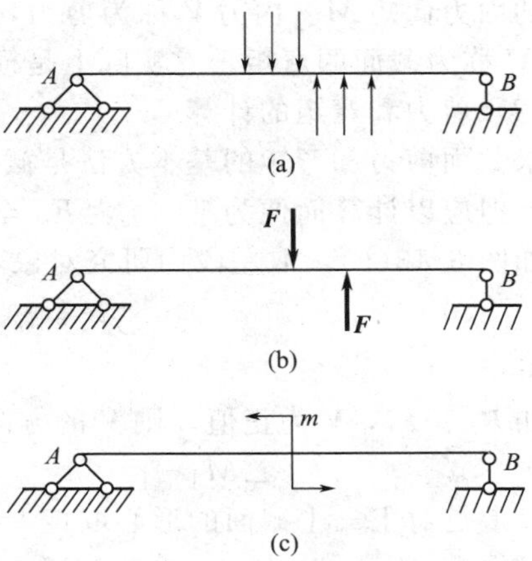

图 6.11

工程中常见的梁，可分为以下三种。

① 简支梁　该梁的一端为固定铰支座，另一端为活动铰支座，如图 6.12(a)；

② 外伸梁　一端或两端向外伸出的简支梁称为外伸梁，如图 6.12(b)；

③ 悬臂梁　该梁的一端为固定端支座，另一端为自由端，如图 6.12(c)。

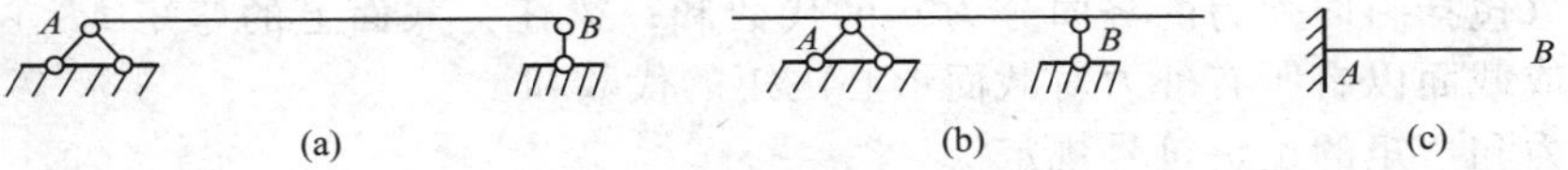

图 6.12

上述三种梁均属于静定梁，在荷载已知的条件下，静定梁的全部支座反力均可由平衡方程求得。

6.2.2 梁的内力及计算

梁在外力作用下，横截面上将产生内力。

(1) 梁的内力——剪力和弯矩

设一简支梁 AB 如图 6.13(a) 所示，现分析距支座 A 为 x 处的横截面Ⅰ—Ⅰ上的内力。

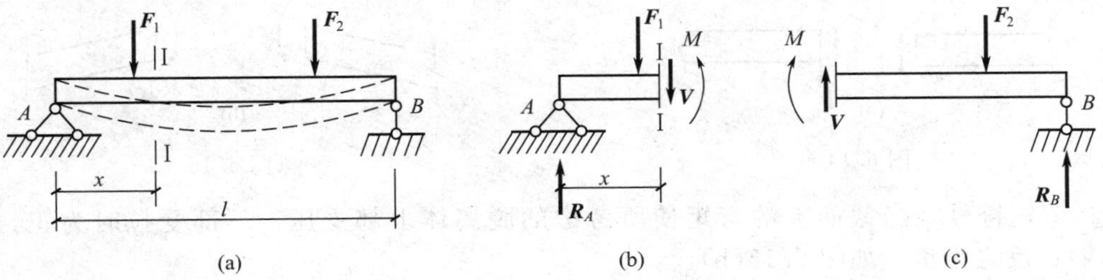

图 6.13

在求内力的Ⅰ—Ⅰ处，用一假想与梁轴线垂直的平面将梁截为两段，取其中任意一段来研究，如图 6.13(b) 中的左段，左段上除作用有荷载和支座反力外，在截开的截面上还有右段梁对左段梁的作用力，这些力就是截面Ⅰ—Ⅰ上的内力。

由于梁原来是平衡的，截开后的每一段梁也应该保持平衡，所以截面Ⅰ—Ⅰ上的内力可用平衡方程求得。因为左段梁上的各外力在 y 轴上投影的代数和及各外力对截面形心之矩的代数和一般不为零，即左段梁上的外力一般不是平衡力系。所以，左段梁要保持平衡，在Ⅰ—Ⅰ截面上必然要产生一个与各外力的合力平行、指向相反的内力 $\boldsymbol{V}$ 和一个位于荷载平

面内的内力偶矩 M。内力 $\boldsymbol{V}$ 称为剪力，它实际上是梁横截面上切向分布内力的合力；内力偶矩 M 称为截面的弯矩，它实际上是横截面上的法向分布内力组成的合力偶矩。

（2）剪力和弯矩的计算

求截面剪力和弯矩的基本方法是截面法，但应注意在取脱离体时，可取左段，也可以取右段，但应以计算简便为准（a 为 F_1 至右端点之间的距离）。

如图 6.13(b)，取左段为研究对象，画出左段的受力图，由平衡方程

$$\sum F_y=0 \qquad \boldsymbol{R}_A-\boldsymbol{F}_1-\boldsymbol{V}=0$$

可得

$$\boldsymbol{V}=\boldsymbol{R}_A-\boldsymbol{F}_1$$

如 $\boldsymbol{R}_A>\boldsymbol{F}_1$，$\boldsymbol{V}$ 为正值，则 $\boldsymbol{V}$ 的方向与假设一致（即截面上剪力 $\boldsymbol{V}$ 的实际方向向下）。

$$\sum M_{\mathrm{I-I}}=0 \qquad M-\boldsymbol{R}_A\cdot x+\boldsymbol{F}_1(x-a)=0$$

以上是对Ⅰ—Ⅰ截面的形心取矩

可得

$$M=\boldsymbol{R}_A\cdot x-\boldsymbol{F}_1(x-a)$$

如计算结果为正值，则弯矩 M 的转向与假设一致（即截面上弯矩的实际转向为逆时针转向）。

若取右段梁为研究对象，同样可求得如上的结果，但剪力的指向和弯矩的转向与左段梁剪力的指向及弯矩的转向相反，这是因为它们是作用力与反作用力的原因。

由以上结果可以看出：梁任一截面上的剪力 $\boldsymbol{V}$ 在数值上，等于截面以左或截面以右所有竖向外力（包括斜向外力的竖向分力）的代数和；梁任一截面上的弯矩 M 在数值上，等于截面以左或截面以右所有外力对截面形心之矩的代数和。

（3）剪力和弯矩的正负符号规定

内力有正负之分，梁的弯曲内力——剪力和弯矩的正负符号规定如下。

① 剪力符号　当截面上的剪力使所选的脱离体作顺时针方向转动为正，如图 6.14(a)；反之为负，如图 6.14(b)。

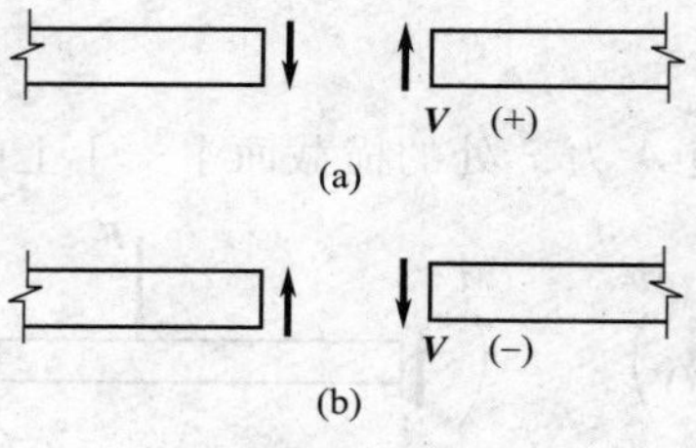

图 6.14

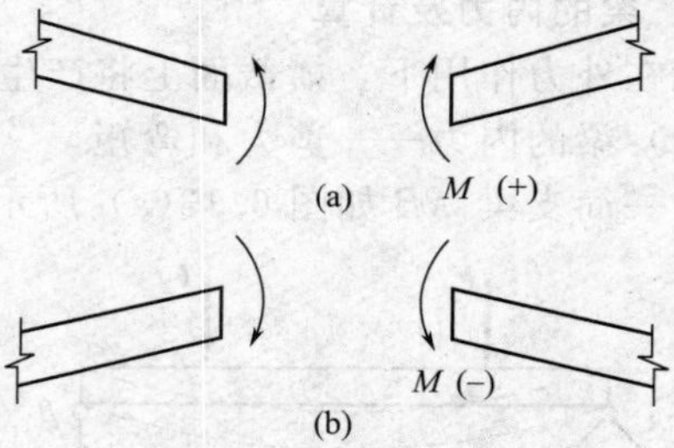

图 6.15

② 弯矩符号　当截面上的弯矩使所考虑的脱离体上部受压，下部受拉时为正，如图 6.15(a)；反之为负，如图 6.15(b)。

按上述规定，如图 6.13(b) 所示Ⅰ—Ⅰ截面上的剪力 $\boldsymbol{V}$ 和弯矩 M 均为正值。

【例 6.3】 图 6.16(a) 所示一简支梁，承受两个集中荷载作用，已知 $\boldsymbol{F}_1=24\text{kN}$、$\boldsymbol{F}_2=12\text{kN}$，试求指定截面 1—1、2—2 的剪力和弯矩。

解： a. 求支座反力

由 $\sum M_A=0$ 得 $\boldsymbol{R}_B=\dfrac{\boldsymbol{F}_1\times2+\boldsymbol{F}_2\times5}{6}=\dfrac{24\times2+12\times5}{6}=18(\text{kN})(\uparrow)$

由 $\sum M_B=0$ 得 $\boldsymbol{R}_A=\dfrac{\boldsymbol{F}_1\times4+\boldsymbol{F}_2\times1}{6}=\dfrac{24\times4+12\times1}{6}=18(\text{kN})(\uparrow)$

由 $\sum F_y=0$ 得 $\boldsymbol{R}_A+\boldsymbol{R}_B-\boldsymbol{F}_1-\boldsymbol{F}_2=18+18-24-12=0$

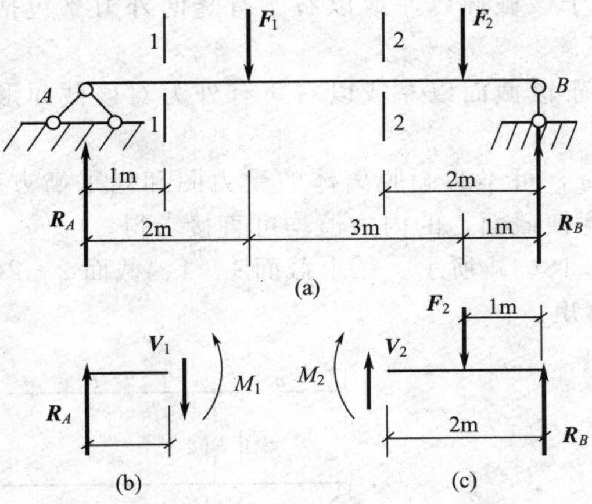

图 6.16

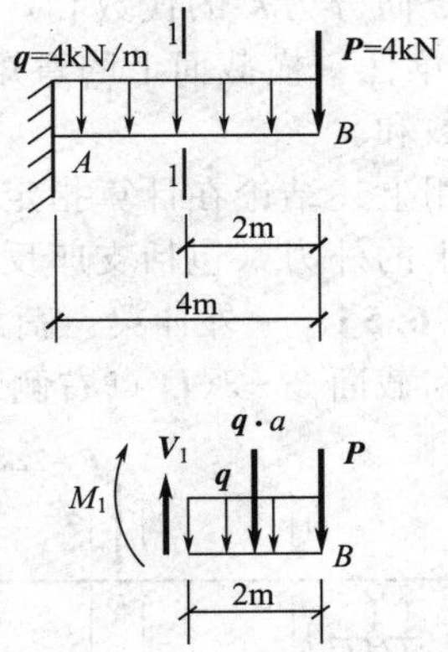

图 6.17

支座反力计算正确。

b. 求指定截面 1—1 的内力　取截面 1—1 以左为脱离体，截面上的剪力 $\boldsymbol{V}_1$、弯矩 M_1 均按正方向假设，如图 6.16(b)。

由 $\sum F_y=0$　　$\boldsymbol{V}_1-\boldsymbol{R}_A=0$

得　　$\boldsymbol{V}_1=\boldsymbol{R}_A=18$ (kN)

由 $\sum M_{1-1}=0$　　$M_1-\boldsymbol{R}_A\times1=0$

得　　$M_1=\boldsymbol{R}_A\times1=18$ (kN·m)

由计算结果可知，$\boldsymbol{V}_1$ 和 M_1 均为正值，这说明截面上的剪力和弯矩的实际方向与假设方向相同。按内力的正负号规定，截面 1—1 上的内力均为正值。

c. 求指定截面 2—2 的内力　取截面 2—2 以右为脱离体，截面上的剪力 $\boldsymbol{V}_2$ 和弯矩 M_2 均按正方向假设，如图 6.16(c)。

由 $\sum F_y=0$　　$\boldsymbol{V}_2+\boldsymbol{R}_B-\boldsymbol{F}_2=0$

得　　$\boldsymbol{V}_2=\boldsymbol{F}_2-\boldsymbol{R}_B=12-18=-6$(kN)

由 $\sum M_{2-2}=0$　　$M_2+\boldsymbol{F}_2\times1-\boldsymbol{R}_B\times2=0$

得　　$M_2=\boldsymbol{R}_B\times2-\boldsymbol{F}_2\times1=18\times2-12\times1=24$(kN·m)

由计算结果知道，$\boldsymbol{V}_2$ 为负值，这说明截面 2—2 上剪力的假设方向与实际方向相反，即 $\boldsymbol{V}_2$ 的实际方向应向下；M_2 为正值，这说明截面 2—2 弯矩的假设方向与实际方向相同。

【例 6.4】 图 6.17 所示悬臂梁，受均布荷载与集中荷载作用，试求 1—1 截面上的剪力和弯矩。

解： 将 1—1 截面截开，取右段为脱离体，脱离体受力图如图 6.17。在列平衡方程时，分布荷载可用合力代替。

由 $\sum F_y=0$　　$\boldsymbol{V}_1-\boldsymbol{q}\cdot a-\boldsymbol{P}=0$

得　　$\boldsymbol{V}_1=\boldsymbol{q}\cdot a+\boldsymbol{P}=4\times2+4=12$(kN)

由 $\sum M_{1-1}=0$　　$M_1+\boldsymbol{q}\cdot a\cdot\dfrac{a}{2}+\boldsymbol{P}\cdot a=0$

$$M_1=-\frac{1}{2}\boldsymbol{q}\cdot a^2-\boldsymbol{P}\cdot a=-\frac{1}{2}\times4\times2^2-4\times2=-16(\text{kN}\cdot\text{m})$$

M_1 为负值，表明弯矩的实际转向同假设转向相反。

从上述例题的剪力和弯矩的计算过程中可以看到，梁任意横截面上的剪力 $\boldsymbol{V}$，是由 $\sum F_y=0$ 这个平衡方程式求得的；弯矩 M_1 是由 $\sum M_{1-1}=0$ 这个平衡方程式求得的。并可得出以下结论。

① 梁任一横截面上的剪力，在数值上等于该截面以左或以右所有竖向外力（包括斜向外力的竖向分力）的代数和。

② 梁任一横截面上的弯矩，在数值上等于该截面以左或以右所有外力对该截面形心力矩的代数和。

利用上述结论在计算指定截面上的内力时，可不必画脱离体的受力图和列平衡方程式，只要梁上的外力（包括支座反力）已知，任意横截面上的内力值均可直接求得。

【例 6.5】 一外伸梁，荷载及尺寸如图 6.18(a) 所示。试求截面 1—1、截面 2—2(D 点左侧）和截面 3—3(D 点右侧）上的剪力和弯矩。

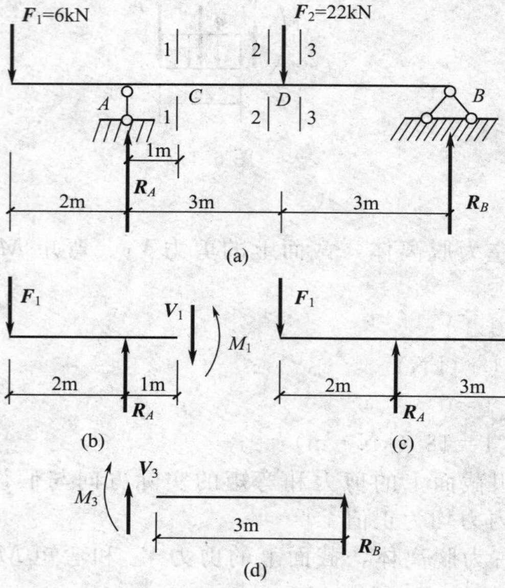

图 6.18

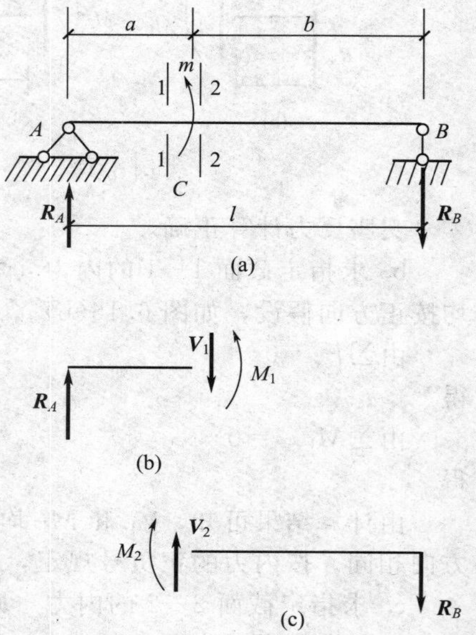

图 6.19

解：a. 求支座反力

由 $\sum M_B=0$ 得 $\quad \boldsymbol{R}_A=\frac{1}{6}(\boldsymbol{F}_1\times8+\boldsymbol{F}_2\times3)=\frac{1}{6}(6\times8+22\times3)=19(\mathrm{kN})(\uparrow)$

由 $\sum M_A=0$ 得 $\quad \boldsymbol{R}_B=\frac{1}{6}(\boldsymbol{F}_2\times3-\boldsymbol{F}_1\times2)=\frac{1}{6}(22\times3-6\times2)=9(\mathrm{kN})(\uparrow)$

b. 求指定截面内力

由图 6.18(b) 得 $\quad \boldsymbol{V}_1=\boldsymbol{R}_A-\boldsymbol{F}_1=19-6=13(\mathrm{kN})$

$M_1=\boldsymbol{R}_A\times1-\boldsymbol{F}_1\times3=19\times1-6\times3=1(\mathrm{kN\cdot m})$

由图 6.18(c) 得 $\quad \boldsymbol{V}_2=\boldsymbol{V}_{D左}=\boldsymbol{R}_A-\boldsymbol{F}_1=19-6=13(\mathrm{kN})$

$M_2=M_{D左}=\boldsymbol{R}_A\times3-\boldsymbol{F}_1\times5=19\times3-6\times5=27(\mathrm{kN\cdot m})$

由图 6.18(d) 得 $\quad \boldsymbol{V}_3=\boldsymbol{V}_{D右}=-\boldsymbol{R}_B=-9(\mathrm{kN})$

$M_3=M_{D右}=\boldsymbol{R}_B\times3=9\times3=27\ (\mathrm{kN\cdot m})$

$\boldsymbol{V}_2$ 和 $\boldsymbol{V}_3$ 分别表示集中作用点稍左和稍右截面的剪力，此二截面剪力值虽不同，但其绝对值之和 13＋9＝22(kN) 与集中荷载 $\boldsymbol{F}_2$ 的数值相等。M_2 和 M_3 分别表示 D 点稍左、稍右的弯矩值，其特点是：大小相等、符号相同。

【例 6.6】 荷载及尺寸如图 6.19 所示的一简支梁，试求 C 点稍左和稍右截面上的剪力和弯矩。

解：a. 求支座反力

由$\sum M_A=0$得 $\boldsymbol{R}_B=m/l(\downarrow)$

由$\sum M_B=0$得 $\boldsymbol{R}_A=m/l(\uparrow)$

b. 求指定截面内力

由图 6.19(b) 得 $\boldsymbol{V}_1=\boldsymbol{V}_{C左}=\boldsymbol{R}_A=m/l$

$M_1=M_{C左}=\boldsymbol{R}_A\cdot a=ma/l$

由图 6.19(c) 得 $\boldsymbol{V}_2=\boldsymbol{V}_{C右}=\boldsymbol{R}_B=m/l$

$M_2=M_{C右}=-\boldsymbol{R}_B\cdot b=-mb/l$

由以上计算结果看出，$\boldsymbol{V}_1=\boldsymbol{V}_2=m/l$ 即集中力偶作用点处稍左、稍右截面上的剪力值；大小相等、符号相同。另外，M_1和M_2为C点稍左、稍右截面上的弯矩，其值虽不相同，但它们的绝对值之和 $ma/l+mb/l=m(a+b)/l=m$ 等于集中力偶的力偶矩 m。

6.2.3 剪力图和弯矩图

在一般情况下，梁各个截面上的剪力值和弯矩值是不同的，它们随截面位置的不同而变化。由于在进行梁的强度计算时，需要知道梁在外力作用下所产生的最大内力及最大内力所在的截面位置，以及全段梁的内力随截面位置而变化的情况，通常内力沿梁全长的变化规律用图形来表示，这种表示剪力、弯矩变化规律的图形称为**剪力图**和**弯矩图**。

(1) 静力法绘制剪力图和弯矩图

在外力作用下，梁的内力图都是函数图形，若以横坐标 x 表示梁横截面的位置，则梁上各横截面上的剪力和弯矩均可以表示为 x 的函数。即

$$\boldsymbol{V}=\boldsymbol{V}_{(x)};\ M=M_{(x)}$$

以上两式，分别称为梁的剪力方程和弯矩方程。在列方程时，首先应建立坐标 x，一般以梁的左端为坐标原点。然后根据平衡条件列方程、作图。并规定：以平行于梁轴线的 x 轴为基线，作剪力图时，正剪力画在基线的上方，负剪力画在基线的下方；作弯矩图时，正弯矩画在基线的下方，负弯矩画在基线的上方，并在图中注明正负号。

【例 6.7】 图 6.20(a) 所示悬臂梁，受均布荷载 $\boldsymbol{q}$ 作用，试绘制此梁的剪力图和弯矩图。

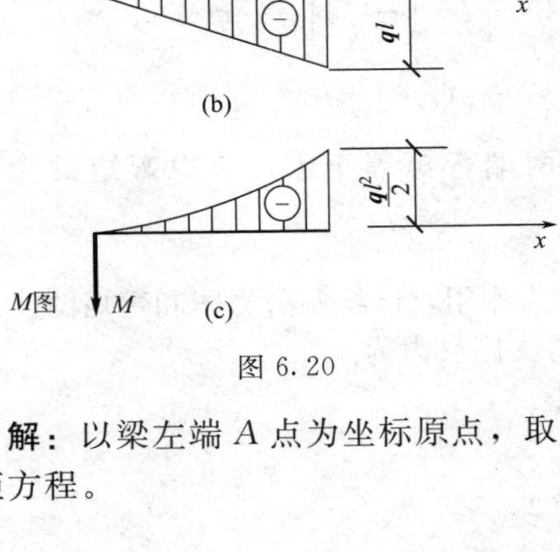

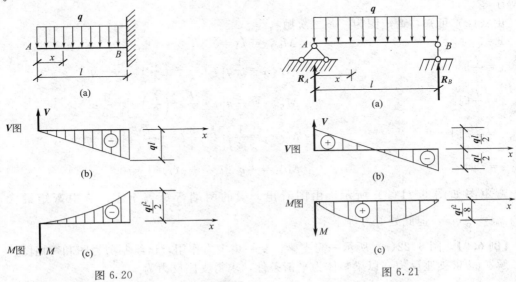

图 6.20

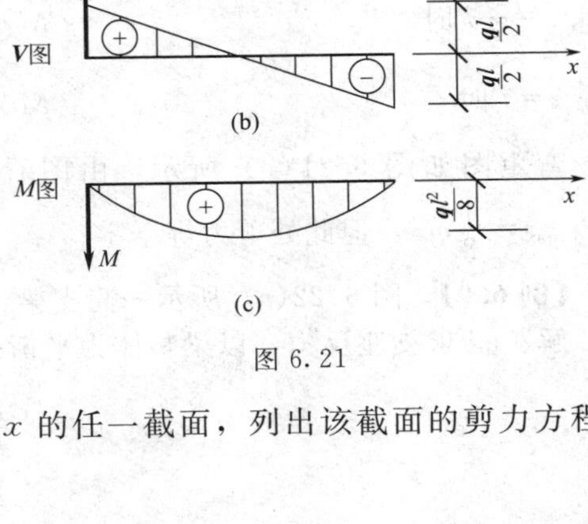

图 6.21

解： 以梁左端 A 点为坐标原点，取距 A 点为 x 的任一截面，列出该截面的剪力方程和弯矩方程。

$$V_{(x)}=-qx\ (0\leqslant x<l) \tag{1}$$

$$M_{(x)}=-\frac{1}{2}qx^2\ (0\leqslant x<l) \tag{2}$$

由式(1) 可知剪力 $V_{(x)}$ 是 x 的一次函数，故剪力 $V_{(x)}$ 在 $0\leqslant x<l$ 范围内为一斜直线，即 $x=0$ 时，$V_{(o)}=0$；$x=l$ 时，$V_{(l)}=-q\cdot l$，剪力图如图 6.20(b) 所示。

由式(2) 可知弯矩 $M_{(x)}$ 是 x 的二次函数，故弯矩 $M_{(x)}$ 在 $0\leqslant x<l$ 范围内为二次抛物线，这就需要确定三四个控制点，才能大致描出该曲线形状，即 $x=0$ 时，$M_{(o)}=0$；$x=\frac{l}{2}$时，$M_{(\frac{l}{2})}=-\frac{1}{8}ql^2$；$x=l$ 时，$M_{(l)}=-\frac{1}{2}ql^2$，由此可绘出弯矩图，如图 6.20(c) 所示。

【例 6.8】 图 6.21(a) 所示一简支梁，受均布荷载作用，试绘制该梁的剪力图和弯矩图。

解：a. 求支座反力

$$R_A=R_B=\frac{1}{2}ql(\uparrow)$$

b. 列剪力和弯矩方程　取 A 点为坐标原点，距 A 点为 x 的任一截面的剪力方程和弯矩方程为

$$V_{(x)}=R_A-qx=q\left(\frac{1}{2}l-x\right)\quad (0<x<l) \tag{1}$$

$$M_{(x)}=R_Ax-q\cdot x\,\frac{x}{2}=\frac{1}{2}q(l\cdot x-x^2)\quad (0\leqslant x\leqslant l) \tag{2}$$

c. 绘制剪力图和弯矩图　由式(1) 可知，剪力图为一斜直线。

$x=0$ 时　　$V_A=R_A=\frac{1}{2}ql$

$x=l$ 时　　$V_B=q\left(\frac{1}{2}l-l\right)=-\frac{1}{2}ql$

剪力图如图 6.21(b) 所示，由图看出，梁两端的剪力最大，即 $|V|_{\max}=\frac{1}{2}ql$，跨中剪力等于零。

由式(2) 可知，弯矩图为一条二次抛物线。

$x=0$ 时　　$M_{(o)}=M_A=0$

$x=\frac{l}{4}$时　　$M_{(\frac{l}{4})}=\frac{1}{2}q\left[l\cdot\frac{l}{4}-\left(\frac{l}{4}\right)^2\right]=\frac{3}{32}ql^2$

$x=\frac{l}{2}$时　　$M_{(\frac{l}{2})}=\frac{1}{2}q\left[l\cdot\frac{l}{2}-\left(\frac{l}{2}\right)^2\right]=\frac{1}{8}ql^2$

$x=\frac{3}{4}l$ 时　　$M_{(\frac{3l}{4})}=\frac{1}{2}q\left[l\cdot\frac{3}{4}l-\left(\frac{3l}{4}\right)^2\right]=\frac{3}{32}ql^2$

$x=l$ 时　　$M_{(l)}=\frac{1}{2}q\ [l\cdot l-\ (l)^2]\ =0$

弯矩图如图 6.21(c) 所示，由图看出，梁的两端弯矩等于零，跨中弯矩最大，即 $|M|_{\max}=\frac{1}{8}ql^2$，但此处剪力等于零。

【例 6.9】 图 6.22(a) 所示一简支梁，受一集中力作用，试绘制剪力图和弯矩图。

解：a. 求支座反力　以梁整体为平衡条件，求得支座反力为

$$R_A=\frac{Fb}{l}(\uparrow)$$

$$R_B=\frac{Fa}{l}(\uparrow)$$

b. 列剪力方程和弯矩方程　由于梁上的集中力 $\boldsymbol{F}$ 将梁分为 AC、CB 两段，各段的剪力方程和弯矩方程分别为

AC 段：　$\boldsymbol{V}_{(x_1)}=\boldsymbol{R}_A=\boldsymbol{F}b/l \quad (0<x_1<a)$　(1)

BC 段：　$\boldsymbol{V}_{(x_2)}=\boldsymbol{R}_A-\boldsymbol{F}=-\boldsymbol{F}a/l \quad (a<x_2<l)$　(2)

AC 段：　$M_{(x_1)}=\boldsymbol{R}_A\cdot x_1=\dfrac{\boldsymbol{F}b}{l}x_1 \quad (0\leqslant x_1\leqslant a)$　(3)

BC 段：　$M_{(x_2)}=\boldsymbol{R}_A\cdot x_2-\boldsymbol{F}(x_2-a)=\dfrac{\boldsymbol{F}b}{l}x_2-\boldsymbol{F}(x_2-a) \quad (a\leqslant x_2\leqslant l)$　(4)

c. 绘制剪力图和弯矩图　由式(1)、式(2) 可知，AC 段和 BC 段的剪力为常数，剪力图各为一条平行于基线的直线，如图 6.22(b)；由式(3)、式(4) 两式可知，AC 段和 BC 段的弯矩图各为一条斜直线，如图 6.22(c)。

AC 段：$x_1=0$ 时　$M_A=0$

$x_1=a$ 时　$M_C=\boldsymbol{R}_A\cdot a=\dfrac{\boldsymbol{F}ab}{l}$

BC 段：$x_2=a$ 时　$M_C=\dfrac{\boldsymbol{F}b}{l}a-\boldsymbol{F}(a-a)=\dfrac{\boldsymbol{F}ab}{l}$

$x_2=l$ 时　$M_B=\dfrac{\boldsymbol{F}b}{l}\cdot l-\boldsymbol{F}(l-a)=0$

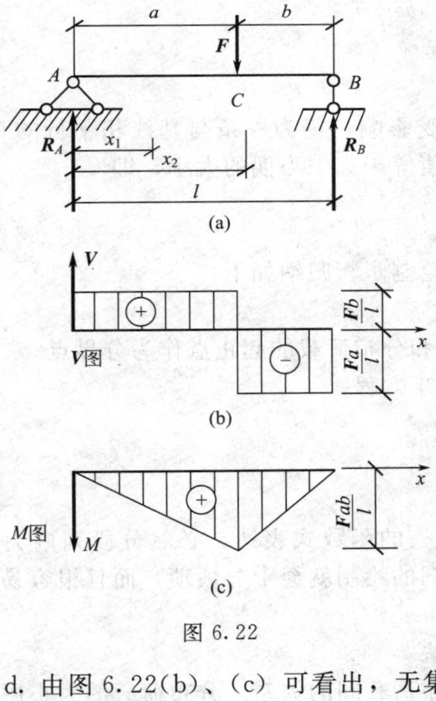

图 6.22

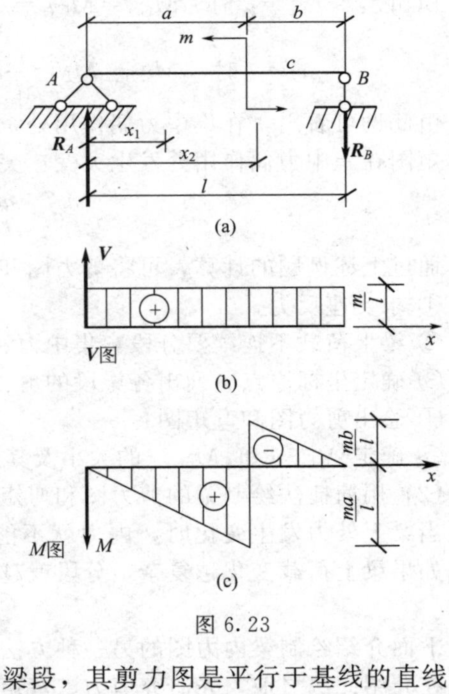

图 6.23

d. 由图 6.22(b)、(c) 可看出，无集中荷载的梁段，其剪力图是平行于基线的直线，集中力作用点处，剪力图发生突变，即由 $+\dfrac{\boldsymbol{F}b}{l}$ 变到 $-\dfrac{\boldsymbol{F}a}{l}$，突变绝对值为 $\dfrac{\boldsymbol{F}b}{l}+\dfrac{\boldsymbol{F}a}{l}=\boldsymbol{F}$，等于集中力 $\boldsymbol{F}$ 的大小；在无集中荷载的梁段，弯矩图为斜直线，在集中力作用点处，弯矩图出现一个拐点。

【例 6.10】　图 6.23(a) 所示一简支梁，受集中力偶 m 作用，试绘此梁的剪力图和弯矩图。

解： a. 求支座反力　以梁整体为平衡条件，求得

$$\boldsymbol{R}_A=\frac{m}{l}(\uparrow);\boldsymbol{R}_B=\frac{m}{l}(\downarrow)$$

b. 列剪力方程和弯矩方程　由于此梁只有一集中力偶作用，而无横向外力作用，故此梁只有一个剪力方程。即

$$\boldsymbol{V}_{(x)}=\frac{m}{l}(0<x<l)$$

AC 段和 BC 段的弯矩方程分别为

AC 段：$$M_{(x_1)}=\boldsymbol{R}_A\cdot x_1=\frac{m}{l}x_1(0\leqslant x_1<a)$$

BC 段：$$M_{(x_2)}=\boldsymbol{R}_A\cdot x_2-m=\frac{m}{l}x_2-m(a<x_2\leqslant l)$$

c. 绘剪力图和弯矩图　由剪力方程可知，全梁的剪力值为一常数，即剪力图为一条与基线相平行的直线，如图 6.23(b)。

由弯矩方程可知，AC 和 BC 梁段的弯矩值分别为 x_1、x_2 的一次函数，各为一条斜直线，如图 6.23(c)。

AC 段：　$x_1=0$ 时　$M_{(o)}=M_A=0$

$x_1=a$ 时　$M_{(a)}=M_{C左}=\boldsymbol{R}_A\cdot a=\frac{m}{l}a$

BC 段：　$x_2=a$ 时　$M_{(a)}=M_{C右}=\frac{m}{l}\cdot a-m=-\frac{m}{l}b$

$x_2=l$ 时　$M_{(l)}=M_B=\frac{m}{l}l-m=0$

由此例可看出，在集中力偶作用处，剪力图不受影响，仍为一条与基线相平行的直线。而弯矩图在集中力偶作用处发生突变，突变的绝对值等于集中力偶的大小，即

$$\frac{m}{l}a+\frac{m}{l}b=\frac{m}{l}(a+b)=m$$

通过上述例题的计算，可将剪力图和弯矩图的绘制步骤归纳如下：

① 求支座反力；

② 梁上荷载不连续要分段，集中力、集中力偶和分布荷载的起止点作为分界点；

③ 确定坐标原点、列出各梁段的剪力方程和弯矩方程；

④ 绘出剪力图和弯矩图；

⑤ 确定 $|\boldsymbol{V}_{\max}|$ 和 $|M_{\max}|$ 的大小及其所在位置。

(2) 用简捷法绘制梁的剪力图和弯矩图

当梁上外力发生变化时，内力就不能用一个统一的函数式表达，必然分段列内力方程式。如果梁上荷载变化越复杂，分段就越多，内力图的绘制就会十分烦琐，而且很容易发生差错。

下面介绍绘制梁内力图的另一种方法——简捷法。

在介绍此法之前，先研究剪力、弯矩和梁上分布荷载间的关系。分布荷载的大小用单位长度上的力来度量，称为荷载集度，通常用符号 $\boldsymbol{q}$ 表示，并规定 $\boldsymbol{q}$ 的方向为：向上为正、向下为负。

如图 6.24 所示简支梁，受均布荷载 $\boldsymbol{q}$ 作用，此时梁的剪力和弯矩方程为：

$$\boldsymbol{V}_{(x)}=\frac{1}{2}\boldsymbol{q}l-\boldsymbol{q}x$$

$$M_{(x)}=\frac{1}{2}\boldsymbol{q}lx-\frac{1}{2}\boldsymbol{q}x^2$$

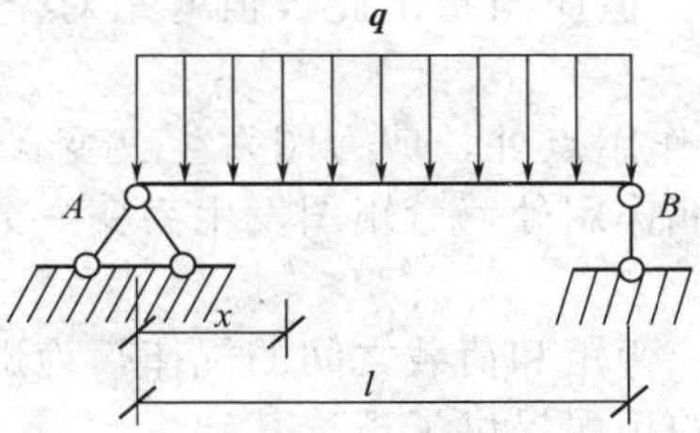

图 6.24

如果将方程 $M_{(x)}$ 对 x 求导得

$$\frac{\mathrm{d}M_{(x)}}{\mathrm{d}x}=\frac{1}{2}\boldsymbol{q}l-\boldsymbol{q}x=\boldsymbol{V}_{(x)} \tag{6.9a}$$

其结果正好是剪力方程 $\boldsymbol{V}_{(x)}$。如再将剪力方程 $\boldsymbol{V}_{(x)}$ 对 x 求导得

$$\frac{\mathrm{d}\boldsymbol{V}_{(x)}}{\mathrm{d}x}=-\boldsymbol{q}_{(x)} \tag{6.9b}$$

其结果又恰是梁上分布荷载集度 $\boldsymbol{q}_{(x)}$，式中的负号表示荷载方向向下。

同理可得到如下结果

$$\frac{\mathrm{d}^2M_{(x)}}{\mathrm{d}x^2}=-\boldsymbol{q}_{(x)} \tag{6.9c}$$

式(6.9a)、式(6.9b)、式(6.9c) 分别表示了剪力、弯矩和荷载集度间的微分关系，它们的几何意义如下。

由式(6.9a) 可知，弯矩在某点对 x 的一阶导数等于该点处剪力的大小。

由式(6.9b) 可知，剪力在某点对 x 的一阶导数等于该点处分布荷载集度的大小。

由式(6.9c) 可知，弯矩在某点对 x 的二阶导数等于该点处分布荷载集度的大小。

由上述微分关系的几何意义，可归纳出在常见情况下，梁上的荷载、剪力图和弯矩图三者间的一些规律，具体如下。

① 梁段上没有荷载作用，即 $\boldsymbol{q}_{(x)}=0$，由 $\frac{\mathrm{d}\boldsymbol{V}_{(x)}}{\mathrm{d}x}=-\boldsymbol{q}_{(x)}=0$ 可知，剪力 $\boldsymbol{V}_{(x)}$ 为常数，所以，此段梁的剪力图为一水平线。又由 $\frac{\mathrm{d}M}{\mathrm{d}x}=\boldsymbol{V}_{(x)}=$ 常数可知，弯矩图的斜率为一常数，故弯矩图为一斜直线，其方向取决于剪力的正负号。在规定弯矩图的纵坐标向下为正时：

$\boldsymbol{V}_{(x)}=$ 常数 >0 时　即弯矩图的斜率为正，所以，弯矩图为一从左向右下的斜直线（╲）。

$\boldsymbol{V}_{(x)}=$ 常数 <0 时　即弯矩图的斜率为负，所以，弯矩图为一从左向右上的斜直线（╱）。

$\boldsymbol{V}_{(x)}=0$ 时　即弯矩图的斜率为零，所以，弯矩图为一水平线（—）。

② 梁段上有均布荷载，即 $\boldsymbol{q}_{(x)}=$ 常数，由 $\frac{\mathrm{d}\boldsymbol{V}_{(x)}}{\mathrm{d}x}=-\boldsymbol{q}_{(x)}=$ 常数可知，剪力图的斜率为常数，所以，该梁段的剪力图为一斜直线。斜线方向由 $\boldsymbol{q}_{(x)}$ 正负决定，当 $\boldsymbol{q}_{(x)}>0$ 时，剪力图为从左向右上的斜直线（╱），当 $\boldsymbol{q}_{(x)}<0$ 时，剪力图为从左向右下的斜直线（╲）；由 $\frac{\mathrm{d}^2M_{(x)}}{\mathrm{d}x^2}=-\boldsymbol{q}_{(x)}$ 可知，该梁段的弯矩图必为二次抛物线，弯矩图的斜率随 x 变化。当 $\boldsymbol{q}_{(x)}<0$ 时，由 $\frac{\mathrm{d}^2M_{(x)}}{\mathrm{d}x^2}=-\boldsymbol{q}_{(x)}<0$ 可知，此时弯矩图曲线凹向上（︶）。当 $\boldsymbol{q}_{(x)}>0$ 时，由 $\frac{\mathrm{d}^2M_{(x)}}{\mathrm{d}x^2}=-\boldsymbol{q}_{(x)}>0$ 可知，此时弯矩图曲线凹向下（︵）。

③ 关于弯矩的极值，由数学知识分析可知，当 $\frac{\mathrm{d}M_{(x)}}{\mathrm{d}x}=\boldsymbol{V}_{(x)}=0$ 时，即在 $\boldsymbol{V}_{(x)}=0$ 处，

弯矩 $M_{(x)}$ 具有极大值或极小值。但应当指出此极值弯矩对全梁来讲，不一定是绝对值最大的弯矩。

④ 两点结论：即在集中力作用点处，剪力图发生突变，突变值等于集中力的大小，弯矩图在此处成拐点；在集中力偶作用处，弯矩图发生突变，突变值等于集中力偶的大小，而剪力图无影响。

通过上述研究，了解剪力、弯矩和荷载之间的规律，为迅速绘剪力图和弯矩图提供了方法，又为校核剪力图、弯矩图的正误提供了理论基础。

为了便于掌握和记忆这些规律，将其列成表供计算使用，见表 6.2。

表 6.2　梁上荷载、剪力图、弯矩图之间的关系

梁上外力情况	剪力图	弯矩图
无外力	水平直线	余直线 $\begin{cases} V>0(\searrow) \\ V<0(\nearrow) \end{cases}$
$q<0$ 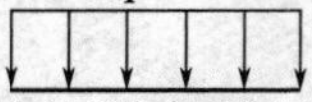 均布荷载向下作用	斜直线（从左向右下斜↘）	凹向上的二次曲线（⌣）
$q>0$ 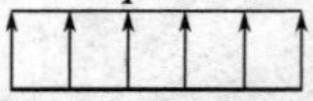 均布荷载向上作用	斜直线（从左向右上斜↗）	凹向下的二次曲线（⌢）
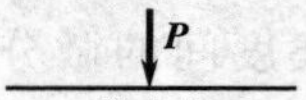 集中力	集中力作用点处发生突变突变值等于集中力	集中力作用处发生转折
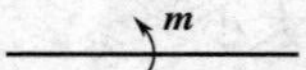 集中力偶	集中力偶处无变化	集中力偶作用点处发生突变突变值等于集中力偶
实例	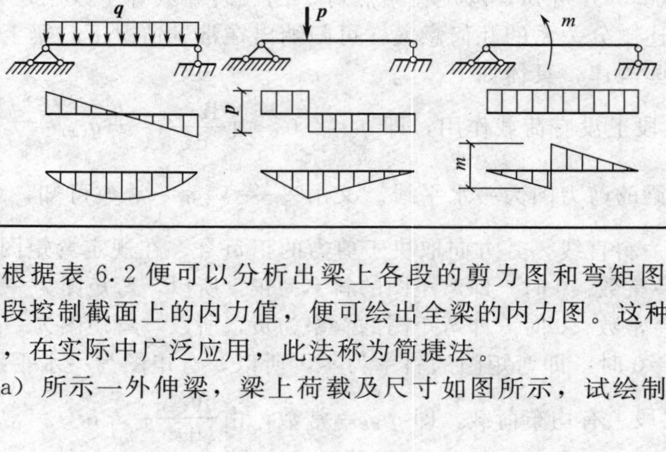	

如果已知梁上的外力，根据表 6.2 便可以分析出梁上各段的剪力图和弯矩图的大致形状。到时只需要求出梁上各段控制截面上的内力值，便可绘出全梁的内力图。这种方法不用列内力方程，使用非常简便，在实际中广泛应用，此法称为简捷法。

【例 6.11】 如图 6.25(a) 所示一外伸梁，梁上荷载及尺寸如图所示，试绘制该梁的剪力图和弯矩图。

解： a. 求支座反力

$$\boldsymbol{R}_A=4\text{kN}(\uparrow)；\boldsymbol{R}_B=10\text{kN}(\uparrow)$$

根据梁上荷载情况将梁分为 AC、CB、BD 三段。

b. 画剪力图

AC 段：梁上无荷载，剪力图为水平线。

$$\boldsymbol{V}_A=\boldsymbol{V}_{C左}=\boldsymbol{R}_A=4\text{kN}$$

画出此水平线。

BC 段：梁上无荷载，剪力图仍为水平线。

$$\boldsymbol{V}_{C右}=\boldsymbol{V}_{B左}=\boldsymbol{R}_A-\boldsymbol{F}=4-10=-6(\text{kN})$$

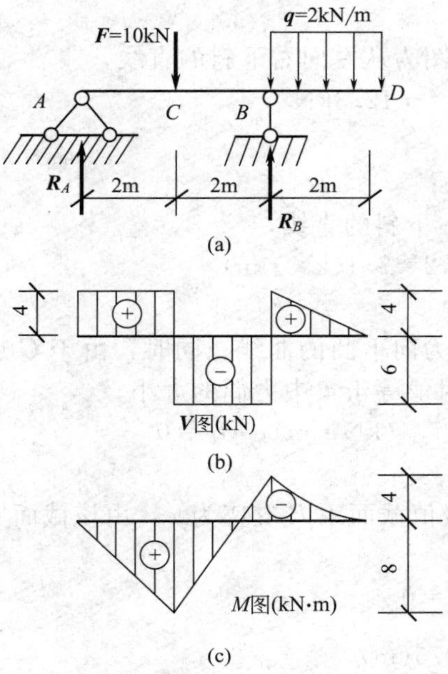

图 6.25

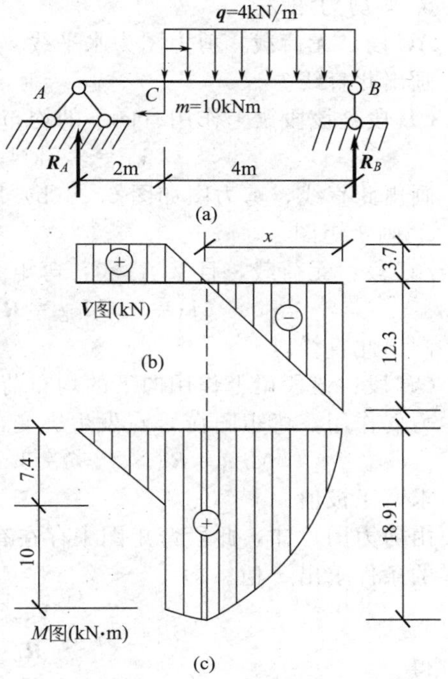

图 6.26

画出此水平线。由于 C 点有集中力 $\boldsymbol{F}$ 作用，所以剪力图在此发生突变，突变值为 $4+6=10\text{kN}$ 等于集中力 $\boldsymbol{F}$ 的大小。

BD 段：梁上有向下的均布荷载作用，所以，剪力图为从左向右下斜的直线（╲）。

$$\boldsymbol{V}_{B右}=q\times2=2\times2=4(\text{kN})\text{；}\boldsymbol{V}_D=0$$

画出此直线，得最终剪力图，如图 6.25(b)。在图中 B 点剪力图发生突变，这是因为在 B 点有支座反力 $\boldsymbol{R}_B$ 作用的缘故，而且突变值 $4+6=10\text{kN}$ 等于支座反力 $\boldsymbol{R}_B$。

c. 画弯矩图

AC 段：梁上无荷载，弯矩图为斜直线。

$$M_A=0\text{；}M_C=R_A\times2=4\times2=8(\text{kN}\cdot\text{m})$$

因为 $\boldsymbol{V}_{(x)}>0$，所以弯矩图为从左向右下斜的直线，画出此直线。

BC 段：同 AC 段。

$$M_C=8\text{kN}\cdot\text{m}\text{；}M_B=R_A\times4-F\times2=4\times4-10\times2=-4(\text{kN}\cdot\text{m})$$

因为 $\boldsymbol{V}_{(x)}<0$，所以弯矩图为从左向右上斜的直线，画出此直线，此外，弯矩图在 C 点出现拐点，如图 6.25(c)。

BD 段：该段梁上作用向下的均布荷载，故弯矩图为向下凸的曲线。

$$M_B=-\frac{1}{2}\boldsymbol{q}\times2^2=-\frac{1}{2}\times2\times4=-4(\text{kN}\cdot\text{m})\text{；}M_D=0$$

画出此段曲线，得最终弯矩图，如图 6.25(c)。

【例 6.12】 一简支梁，梁上荷载及尺寸如图 6.26(a) 所示，试绘制该梁的剪力图和弯矩图。

解： a. 求支座反力

$$\boldsymbol{R}_A=3.7\text{kN}(\uparrow)\text{；}\boldsymbol{R}_B=12.3\text{kN}(\uparrow)$$

根据梁上荷载情况，将梁分为 AC、CB 两段，逐段绘制内力图。

b. 画剪力图

AC 段：无荷载，剪力图为水平线，$\boldsymbol{V}_A=\boldsymbol{V}_C=\boldsymbol{R}_A=3.7\text{kN}$

画出此直线。

CB 段：该段梁上作用有向下的均布荷载，剪力图为从左向右下斜的直线，

$$\boldsymbol{V}_C=3.7\text{kN};\ \boldsymbol{V}_B=-\boldsymbol{R}_B=-12.3\text{kN}$$

画出此直线，剪力图如图 6.26(b) 所示。

c. 画弯矩图

AC 段：无荷载，且 $\boldsymbol{V}_{(x)}>0$，弯矩图为从左向右下斜的直线，

$$M_A=0;\ M_{C左}=\boldsymbol{R}_A\times2=3.7\times2=7.4(\text{kN}\cdot\text{m})$$

画出此直线。

CB 段：该段梁上作用向下的均布荷载，弯矩图为向下凸的曲线。同时，由于 C 点有一集中力偶作用，弯矩图在 C 点发生突变，且突变绝对值等于集中力偶的大小。

$$M_{C右}=\boldsymbol{R}_A\times2+m=3.7\times2+10=17.4(\text{kN}\cdot\text{m});\ M_B=0$$

求弯矩极值

由剪力图可知，此段弯矩图中存在有极值。设极值截面距 B 支座为 x，由该截面剪力等于零的条件求出 x 值。即

$$\boldsymbol{V}_{(x)}=-\boldsymbol{R}_B+\boldsymbol{q}_x=0$$

得
$$x=\frac{\boldsymbol{R}_B}{\boldsymbol{q}}=\frac{12.3}{4}=3.075(\text{m})$$

则极值的大小为

$$M_{\max}=\boldsymbol{R}_B\cdot x-\frac{1}{2}\boldsymbol{q}x^2=12.3\times3.075-\frac{1}{2}\times4\times3.075^2=18.91(\text{kN}\cdot\text{m})$$

最终弯矩图如图 6.26(c) 所示。

由上述两个例题可看出，用简捷法远比静力法简便、迅速，应熟练掌握。简捷法步骤归纳如下。

① 求支座反力；

② 定性分析：根据梁上外力情况进行分段，再根据各梁段上的荷载情况，初步确定各梁段内力图的大致形状；

③ 定量计算：根据各梁段内力图的大致形状，算出各控制截面的内力值，最终绘出梁的内力图。

(3) 用叠加法画剪力图和弯矩图

一般梁在荷载作用下变形微小，其跨长的改变量可忽略不计，因此在求梁的支座反力和内力时，均可按原始尺寸计算。当梁上有几种荷载作用时，梁的支座反力和内力可以这样计算：**先分别计算每种荷载单独作用时的支座反力和内力，然后再将这些分别计算的结果代数相加**。

例如，图 6.27 所示的简支梁在集中力 $\boldsymbol{P}$ 和均布荷载 $\boldsymbol{q}$ 两种荷载作用下，其支座反力为

$$\boldsymbol{R}_A=\frac{1}{2}\boldsymbol{q}\cdot l+\frac{\boldsymbol{F}}{2}(\uparrow),\ \boldsymbol{R}_B=\frac{1}{2}\boldsymbol{q}\cdot l+\frac{\boldsymbol{F}}{2}(\uparrow)$$

距 A 支座为 x_1 截面上的剪力和弯矩方程分别为：

$$\boldsymbol{V}_{(x_1)}=\boldsymbol{R}_A-\boldsymbol{q}\cdot x_1=\left(\frac{1}{2}\boldsymbol{q}l+\frac{\boldsymbol{F}}{2}\right)-\boldsymbol{q}\cdot x_1\quad\left(0\leqslant x_1\leqslant\frac{l}{2}\right)$$

$$M_{(x_1)}=\boldsymbol{R}_Ax_1-\frac{1}{2}\boldsymbol{q}\cdot x_1^2=\left(\frac{1}{2}\boldsymbol{q}l+\frac{\boldsymbol{F}}{2}\right)x_1-\frac{1}{2}\boldsymbol{q}\cdot x_1^2$$

同理可求出 CB 段的剪力和弯矩方程为：

$$\boldsymbol{V}_{(x_2)}=\boldsymbol{R}_A-\boldsymbol{F}-\boldsymbol{q}\cdot x_2=\frac{1}{2}\boldsymbol{q}l+\frac{\boldsymbol{F}}{2}-\boldsymbol{F}-\boldsymbol{q}\cdot x_2=\frac{1}{2}\boldsymbol{q}l-\frac{\boldsymbol{F}}{2}-\boldsymbol{q}x_2 \quad \left(\frac{l}{2}\leqslant x_2\leqslant l\right)$$

$$M_{(x_2)}=\boldsymbol{R}_A x_2-\boldsymbol{F}(x_2-\frac{l}{2})\frac{1}{2}\boldsymbol{q}\cdot x_2^2=\left(\frac{1}{2}\boldsymbol{q}l+\frac{\boldsymbol{F}}{2}\right)x_2-\boldsymbol{F}\left(x_2-\frac{l}{2}\right)-\frac{1}{2}\boldsymbol{q}\cdot x_2^2$$

由以上各式可看出，梁的支座反力、剪力和弯矩方程都是由两部分组成：第一部分相当于均布荷载 $\boldsymbol{q}$ 单独作用在梁上所引起的方程，第二部分相当于集中力 $\boldsymbol{F}$ 单独作用在梁上所引起的方程。

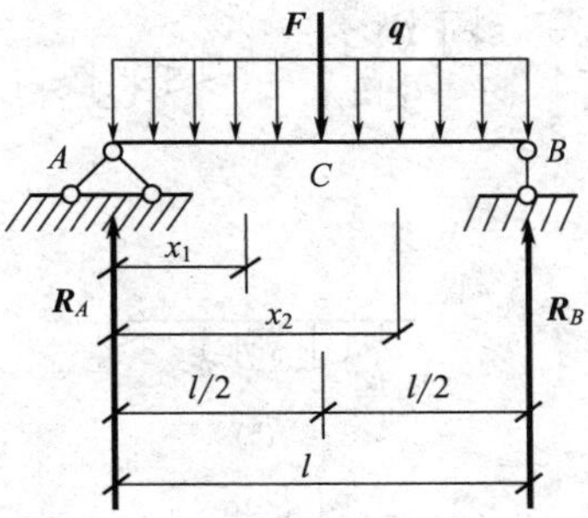

图 6.27

剪力图和弯矩图也可用叠加法绘制，如图 6.28。先分别作出各种荷载单独作用下梁的剪力图和弯矩图如图 6.28(b)、(c)，然后将其对应截面的内力纵坐标代数相加，即 A 截面加 A 截面、B 截面加 B 截面、跨中截面加跨中截面如图 6.28(a)。

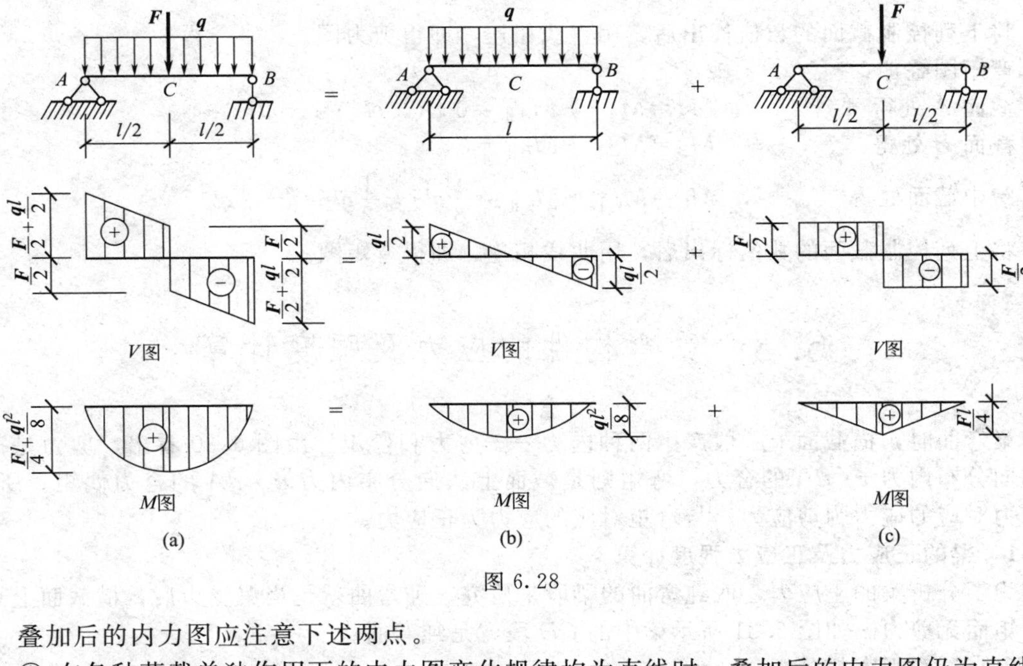

图 6.28

叠加后的内力图应注意下述两点。

① 在各种荷载单独作用下的内力图变化规律均为直线时，叠加后的内力图仍为直线。

② 在各种荷载单独作用下，其内力图变化规律有的是直线、有的是曲线或均为曲线时，叠加后的内力图为曲线。

【例 6.13】 用叠加法绘制图 6.29 所示简支梁的剪力图和弯矩图。

解： 先分别作出简支梁在均布荷载 $\boldsymbol{q}$ 单独作用下的剪力图 $\boldsymbol{V}_{\mathrm{I}}$ 和弯矩图 M_{I} 及力偶 m 单独作用下的剪力图 $\boldsymbol{V}_{\mathrm{II}}$ 和弯矩图 M_{II}，如图 6.29(b)、(c)。

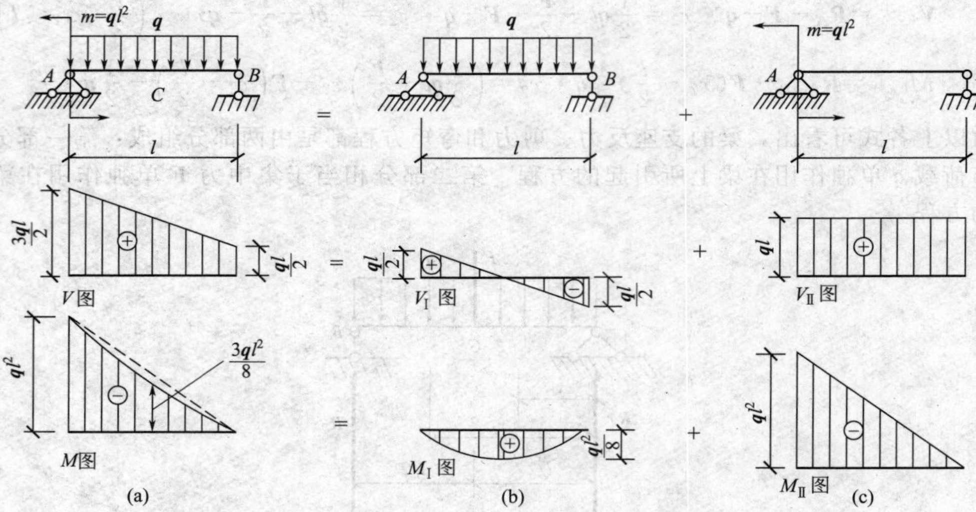

图 6.29

剪力图叠加：

截面 A 处得 $\boldsymbol{V}_A=\boldsymbol{V}_{A\text{Ⅰ}}+\boldsymbol{V}_{A\text{Ⅱ}}=\frac{1}{2}\boldsymbol{q}l+\boldsymbol{q}l=\frac{3}{2}\boldsymbol{q}l$

截面 B 处得 $\boldsymbol{V}_B=\boldsymbol{V}_{B\text{Ⅰ}}+\boldsymbol{V}_{B\text{Ⅱ}}=-\frac{1}{2}\boldsymbol{q}l+\boldsymbol{q}l=\frac{1}{2}\boldsymbol{q}l$

将上列控制截面的数值标出后，用直线相连，即得剪力图。

弯矩图叠加：

截面 A 处得 $M_A=M_{A\text{Ⅰ}}+M_{A\text{Ⅱ}}=0+(-\boldsymbol{q}l^2)=-\boldsymbol{q}l^2$

截面 B 处得 $M_B=M_{B\text{Ⅰ}}+M_{B\text{Ⅱ}}=0$

跨中截面处得 $M_C=M_{C\text{Ⅰ}}+M_{C\text{Ⅱ}}=\frac{1}{8}\boldsymbol{q}l^2-\frac{1}{2}\boldsymbol{q}l^2=-\frac{3}{8}\boldsymbol{q}l^2$

将上列控制截面的数值标出后，用曲线相连，即得弯矩图。

6.3 受弯构件的应力及强度计算

梁弯曲时，横截面上一般产生两种内力——剪力和弯矩。由图 6.30 看出，剪力是截面上切向分布内力 $\boldsymbol{\tau}\cdot dA$ 的合力，弯矩则是截面上法向分布内力 $\boldsymbol{\sigma}\cdot dA$ 的合力偶矩。所以，与剪力对应的应力为剪应力，与弯矩对应的应力为正应力。

6.3.1 梁的正应力及正应力强度计算

为了分析梁的正应力，取纯弯曲的梁段来研究。纯弯曲就是当梁受力后，横截面上只产生弯矩而无剪力。如图 6.31 所示梁中的 CD 段就是纯弯曲。

(1) 试验观察与分析

梁在发生纯弯曲变形时，横截面上正应力的分布规律不能直接观察到，因此，需要通过梁的变形来观察，并分析其变形规律，从而推导出正应力的分布规律。

现用一橡胶梁进行试验观察，先在梁的侧面画上与梁轴线平行的水平纵向线和与纵向线垂直的竖直线，再在对称于跨中点的位置上施加集中荷载，如图 6.32(a)。梁变形后，可看到下列现象。

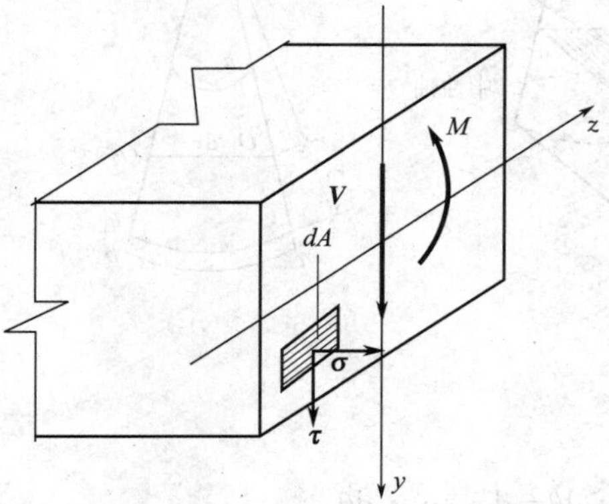

图 6.30

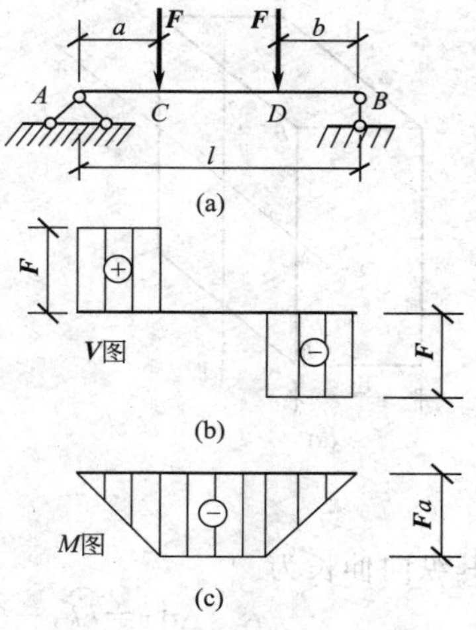

图 6.31

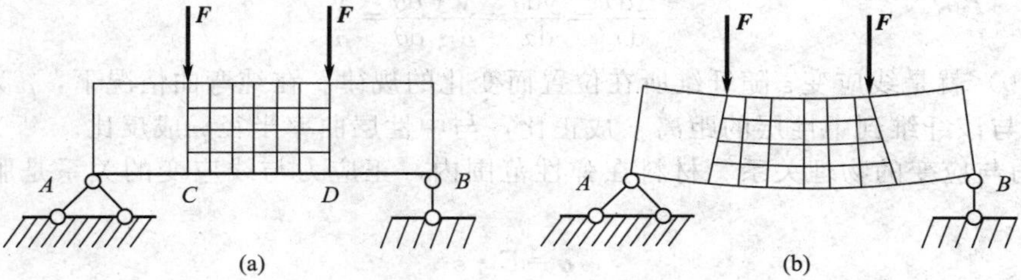

图 6.32

① 各竖直线仍为直线，不过相互间转了一个角度。

② 各纵向水平直线变为曲线，但仍与竖直线垂直。

③ 向下凸一边的纵向线伸长，逐步形成越靠近梁下边缘伸长越多；向里凹进的一边的纵向线缩短，且越靠近梁的上边缘的缩短越多。

根据上述试验现象，可作出如下分析和假设。

① 平面假设：梁的横截面在变形后仍为一个平面，逐步形成与变形后的梁轴线垂直，只是转了一个角度。

② 由于梁上部各层纵向纤维缩短，下部各层纵向纤维伸长，中间必有一层纵向纤维既不伸长也不缩短，这层纤维称为中性层。中性层与横截面的交线称为中性轴，如图 6.32(b)。

(2) 正应力公式的推导

纯弯曲变形的正应力公式，应从几何变形、应力与应变的物理关系和静力平衡条件三个方面去推导。

① 几何变形方面　用 a—a、b—b 截面从纯弯曲变形的梁中截取一微段 $\mathrm{d}x$ 来研究，如图 6.33(a) 所示。y 轴为横截面的对称轴，z 轴为中性轴（位置待定）。纯弯曲变形后，横截面 a—a、b—b 各绕中性轴相对转了一角度 $\mathrm{d}\theta$，如图 6.33(c) 所示。曲线$\overset{\frown}{O_1O_2}$ 在中性层上，其长度不变，仍为 $\mathrm{d}x$。现讨论距中性层为 y 的任一层纤维 kk_1 的线应变。

设梁弯曲后中性层$\overset{\frown}{O_1O_2}$ 的曲率半径为 ρ，因为中性层的长度不变，所以

$$\overset{\frown}{O_1O_2}=\rho\cdot\mathrm{d}\theta=\mathrm{d}x$$

而距中性层为 y 处的纤维$\overset{\frown}{kk_1}$ 的曲率半径为 $\rho+y$，kk_1 变形后的长度为：

$$\overset{\frown}{kk_1}=(\rho+y)\mathrm{d}\theta=\rho\cdot\mathrm{d}\theta+y\cdot\mathrm{d}\theta=\mathrm{d}x+y\cdot\mathrm{d}\theta$$

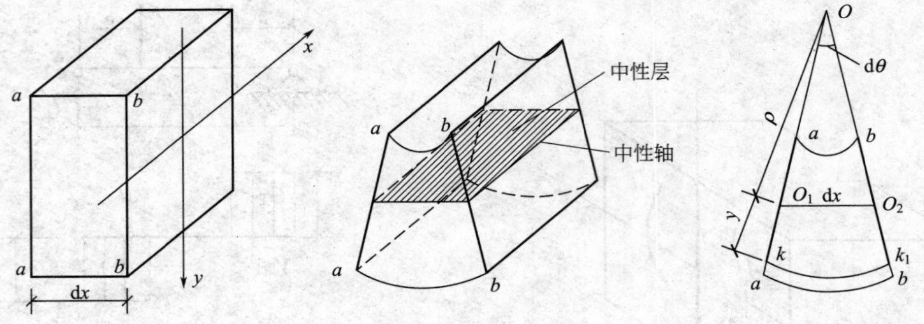

图 6.33

故其纵向伸长为

$$\Delta \mathrm{d}x=\widehat{kk_1}-\widehat{O_1O_2}=\mathrm{d}x+y\cdot\mathrm{d}\theta-\mathrm{d}x=y\cdot\mathrm{d}\theta$$

其纵向线应变为

$$\varepsilon=\frac{\Delta \mathrm{d}x}{\mathrm{d}x}=\frac{y\mathrm{d}\theta}{\mathrm{d}x}=\frac{y\cdot\mathrm{d}\theta}{\rho\cdot\mathrm{d}\theta}=\frac{y}{\rho} \tag{6.10}$$

式(6.10) 就是线应变 ε 随纤维所在位置而变化的规律。在纯弯曲情况下，ρ 为常量，所以线应变 ε 与该纤维到中性层的距离 y 成正比，与中性层曲率半径 ρ 成反比。

② 应力与应变的物理关系　材料在弹性范围内，正应力与线应变的关系是服从虎克定律的，即

$$\boldsymbol{\sigma}=E\cdot\varepsilon$$

将式(6.10) 代入上式，得

$$\boldsymbol{\sigma}=E\cdot\frac{y}{\rho} \tag{6.11}$$

式中，E、ρ 为常量，所以横截面上任意一点的正应力 $\boldsymbol{\sigma}$ 与该点离中性轴的距离 y 成正比。

③ 静力平衡条件　由于纯弯曲梁中任一横截面上的内力只有弯矩而不存在有轴力，所以，横截面上法向内力之和应等于零，如图 6.34。即

由　$$\sum F_x=0\quad \boldsymbol{N}=\int_A\boldsymbol{\sigma}\mathrm{d}A=0 \tag{6.12}$$

将式(6.11) 代入 (6.12) 得 $\int_A\frac{E}{\rho}y\cdot\mathrm{d}A=\frac{E}{\rho}\int_A y\cdot\mathrm{d}A=0$

由于$\frac{E}{\rho}$不可能为零，如要满足上式，必是

$$\int_A y\cdot\mathrm{d}A=0$$

由于 $\int_A y\cdot\mathrm{d}A=S_z$ 是横截面对中性轴（z 轴）的静矩，而截面对其形心轴的静矩等于零，所以中性轴必通过截面的形心。

又由平衡条件得 $\sum M_z=0$　$$M_z=\int_A y\cdot\boldsymbol{\sigma}\cdot\mathrm{d}A=M \tag{6.13}$$

将式(6.11) 代入式(6.13) 得　$$\int_A y\left(\frac{E}{\rho}\right)\mathrm{d}A=\frac{E}{\rho}\int_A y^2\mathrm{d}A=\frac{E}{\rho}I_z=M \tag{6.14}$$

式中，$\int_A y^2\mathrm{d}A=I_z$ 为截面对中性轴的惯性矩。

于是，式(6.14) 可写成

$$\frac{1}{\rho}=\frac{M}{EI_z} \tag{6.15}$$

式(6.15) 为研究梁弯曲问题的一个重要公式，是计算弯曲变形的基础。$\frac{1}{\rho}$是梁弯曲的曲率，其大小表明梁的弯曲程度。从式中可见，$\frac{1}{\rho}$与M成正比；$\frac{1}{\rho}$与EI_z成反比。EI_z表示梁抵抗弯曲变形的能力，成为梁的抗弯刚度。

将式(6.15) 代入式(6.11) 得

$$\boldsymbol{\sigma}=\frac{M}{I_z}\cdot y \tag{6.16}$$

式(6.16) 是梁弯曲时横截面上任意一点的正应力计算公式。此式表明：横截面上任意一点的正应力$\boldsymbol{\sigma}$与该截面上的弯矩M和该点到中性轴的距离y成正比，与横截面对中性轴的惯性矩I_z成反比。正应力沿截面高度成直线变化，离中性轴愈远正应力愈大，中性轴上的正应力等于零。梁的横截面由中性轴将其分为上下两部分，一部分受拉，另一部分受压。

在用式(6.16) 计算正应力时，可不考虑式中弯矩M和y的正负号，均以绝对值代入，最后根据梁的变形情况来确定正应力是拉应力还是压应力。

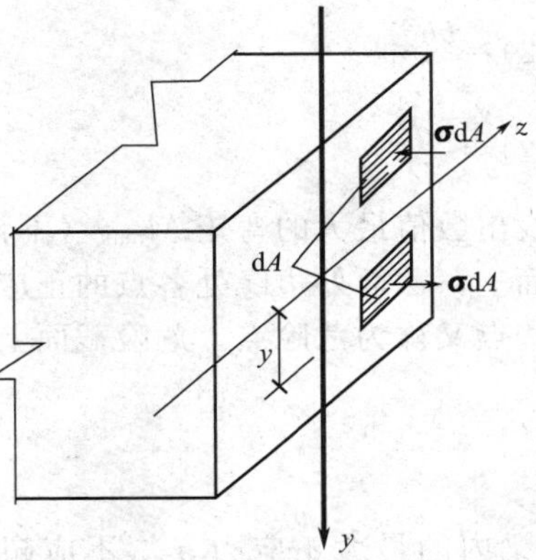

图 6.34

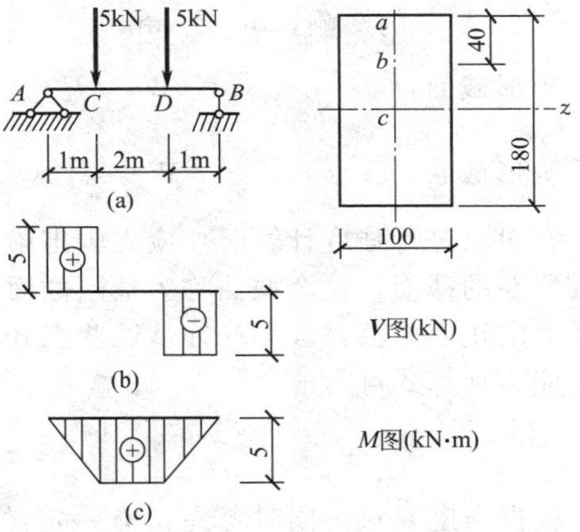

图 6.35

【例 6.14】 一矩形截面简支梁，荷载及截面尺寸如图 6.35(a) 所示，试计算跨中截面上a、b两点的正应力。

解：先作梁的剪力图和弯矩图，跨中截面位于纯弯段CD中。截面的惯性矩I_z为：

$$I_z=\frac{bh^3}{12}=\frac{0.1\times0.18^3}{12}=48.6\times10^{-6}(\mathrm{m}^4)$$

$$M=5\mathrm{kN}\cdot\mathrm{m}=5000\mathrm{N}\cdot\mathrm{m}$$

$$y_\mathrm{a}=ac=0.09(\mathrm{m})；\ y_\mathrm{b}=bc=0.05(\mathrm{m})$$

则a点应力为

$$\boldsymbol{\sigma}_\mathrm{a}=\frac{M}{I_z}y_\mathrm{a}=\frac{5000}{48.6\times10^{-6}}\times0.09=9.26\times10^6(\mathrm{N/m^2})=9.26(\mathrm{MPa})$$

b点的应力为

$$\boldsymbol{\sigma}_\mathrm{b}=\frac{M}{I_z}y_\mathrm{b}=\frac{5000}{48.6\times10^{-6}}\times0.05=5.14\times10^6(\mathrm{N/m^2})=5.14(\mathrm{MPa})$$

在用式(6.16) 计算梁弯曲正应力时，应注意以下几点。

① 在公式推导过程中运用了虎克定律，因此只有在材料处于弹性范围时该式才适用。

② 在非纯弯曲情况下，即横截面同时存在弯矩和剪力时，由于剪力对正应力的分布规律影响很小，因此，对非纯弯曲的情况该式仍可适用。

③ 公式虽按矩形截面梁推导出来的，但对具有对称轴的其他截面，如 T 形、工字形、圆形等，也都适用。

④ 公式是在平面弯曲情况下推导出来的，故不适用于非平面弯曲的情况。

(3) 梁的正应力强度条件

为了保证梁的安全正常工作，梁内的最大正应力不能超过材料的容许应力。

梁内任意横截面上的最大正应力发生在距中性轴最远的位置，其值为

$$\boldsymbol{\sigma}_{\max}=\frac{M}{I_z}y_{\max}$$

将上式改写为

$$\boldsymbol{\sigma}_{\max}=\frac{M}{I_z/y_{\max}}$$

令

$$W_z=I_z/y_{\max}$$

则

$$\boldsymbol{\sigma}_{\max}=\frac{M}{W_z} \tag{6.17}$$

式中 W_z——抗弯截面模量，它与截面形状及尺寸有关，反映截面形状和尺寸对弯曲强度的影响，m^3 或 mm^3。

矩形截面：

$$W_z=I_z/y_{\max}=\frac{bh^3}{12}/(h/2)=\frac{bh^2}{6} \tag{6.18}$$

圆形截面：

$$W_z=I_z/y_{\max}=\frac{\pi d^4}{64}/(d/2)=\frac{\pi d^3}{32} \tag{6.19}$$

在对梁进行强度计算时，应先画出梁的弯矩图，找出数值最大的弯矩 $M_{\max}$（不计符号）及其所在的截面，这个截面称为**危险截面**。在危险截面上，截面外边缘处各点的正应力为全梁最大的正应力值，破坏往往从这些点开始，所以这些点又称为**危险点**。危险截面上危险点的正应力计算式可写成

$$\boldsymbol{\sigma}_{\max}=\frac{M_{\max}}{W_z}$$

根据强度要求，同时考虑留有一定的安全储备，梁内的最大正应力 $\boldsymbol{\sigma}_{\max}$ 不应超过材料的弯曲容许正应力 $[\boldsymbol{\sigma}]$ 即

$$\boldsymbol{\sigma}_{\max}=M_{\max}/W_z\leqslant[\boldsymbol{\sigma}] \tag{6.20}$$

式中 $[\boldsymbol{\sigma}]$——弯曲时材料的容许正应力，可在有关规范中查到。

利用式(6.20) 的强度条件，可进行以下三个方面的计算。

① 强度校核

$$\frac{M_{\max}}{W_z}\leqslant[\boldsymbol{\sigma}]$$

② 选择截面尺寸

$$W_z\geqslant\frac{M_{\max}}{[\boldsymbol{\sigma}]}$$

③ 计算容许荷载

$$M_{\max}\leqslant W_z[\boldsymbol{\sigma}]$$

再由 $M_{\max}$ 与荷载间的关系，求出梁所能承受的最大荷载。

【例 6.15】 一简支梁，荷载及截面尺寸如图 6.36 所示，木材弯曲容许应力 $[\boldsymbol{\sigma}]$＝11MPa，试校核其强度。

解：最大正应力发生在跨中弯矩最大的截面上。

$$M_{\max}=\frac{1}{8}\boldsymbol{q}l^2=\frac{1}{8}\times5\times4^2=10(\text{kN}\cdot\text{m})=10\times10^3(\text{N}\cdot\text{m})$$

抗弯截面模量为：

$$W_z=\frac{1}{6}bh^2=\frac{1}{6}\times0.15\times0.2^2=1\times10^{-3}(\text{m}^3)$$

最大正应力为：

$$\boldsymbol{\sigma}_{\max}=\frac{M_{\max}}{W_z}=\frac{10\times10^3}{1\times10^{-3}}=10\times10^6(\text{N/m}^2)=10(\text{MPa})<[\boldsymbol{\sigma}]=11(\text{MPa})$$

强度满足要求。

【例 6.16】 图 6.37 所示一简支梁，梁采用工20a 工字钢，承受两个对称集中力 $\boldsymbol{F}$ 作用，材料的容许应力 $[\boldsymbol{\sigma}]=170\text{MPa}$，试求该梁容许荷载 F。

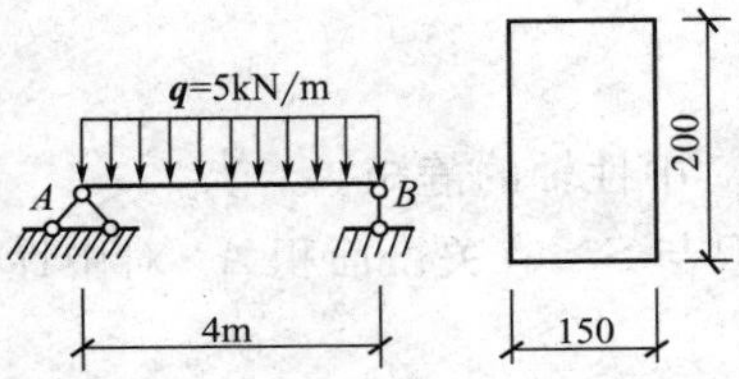

图 6.36

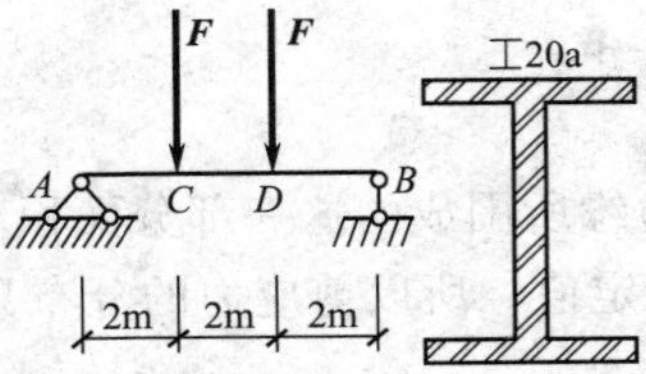

图 6.37

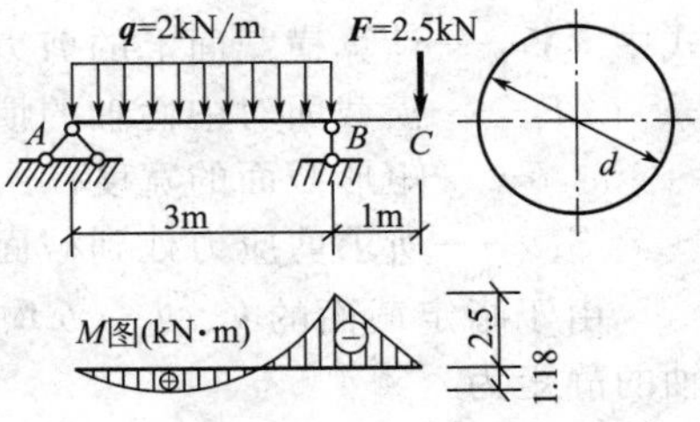

图 6.38

解：根据强度条件，梁所能承受的最大弯矩为：

$$M_{\max}=W_z[\boldsymbol{\sigma}]$$

跨中最大弯矩与荷载 $\boldsymbol{F}$ 的关系为 $M_{\max}=2\boldsymbol{F}(\text{N}\cdot\text{m})$

所以 $2\boldsymbol{F}=W_z[\boldsymbol{\sigma}]$

从而得 $\boldsymbol{F}=\dfrac{W_z[\boldsymbol{\sigma}]}{2}$

由附表查得工20a 工字钢的抗弯截面模量 $W_z=237\text{cm}^3=237\times10^{-6}\text{m}^3$，代入上式得

$$\boldsymbol{F}=\frac{237\times10^{-6}\times170\times10^6}{2}=20.145\times10^3(\text{N})=20.145\text{kN}$$

即梁上所能承受的最大荷载 $\boldsymbol{F}=20.145\text{kN}$。

【例 6.17】 一圆形截面木梁，梁上荷载及尺寸如图 6.38 所示，弯曲时木材的容许应力 $[\boldsymbol{\sigma}]=10\text{MPa}$，试选择该圆木梁的直径。

解：求支座反力绘制内力图

$$\sum M_A=0 \quad \boldsymbol{R}_B=6.33\text{kN}(\uparrow)$$
$$\sum M_B=0 \quad \boldsymbol{R}_A=2.17\text{kN}(\uparrow)$$

弯矩图如图 6.38 所示

$$M_{\max}=1.18\text{kN}\cdot\text{m}$$
$$M_{\text{B}}=-2.5\text{kN}\cdot\text{m}$$

危险截面是 B 截面

由 $W_z\geqslant M_{\max}/[\boldsymbol{\sigma}]$

圆木抗弯截面模量为

$$W_z=\frac{\pi d^3}{32}$$

则

$$d \geqslant \sqrt[3]{\frac{32M_{\max}}{\pi[\boldsymbol{\sigma}]}} = \sqrt[3]{\frac{32 \times 2.5 \times 10^3}{\pi \times 10 \times 10^6}} = 0.137(\mathrm{m}) \approx 14(\mathrm{cm})$$

该圆木梁的最小直径为 14cm。

6.3.2 梁的剪应力及其强度条件

梁在非纯弯曲时，横截面上存在着剪力和弯矩，弯矩由正应力组成，剪力则由剪应力组成。因此，横截面上不仅有正应力 $\boldsymbol{\sigma}$，同时还有剪应力。一般情况下，梁的弯曲正应力是梁强度计算的主要依据，但在某些特殊情况下，如梁的跨度较小或截面窄而高，其剪应力可能达到相当大的数值，就要求进行剪应力的强度计算。

(1) 矩形截面梁的剪应力

横截面上任一点的剪应力为（推导过程从略）

$$\boldsymbol{\tau} = \mathbf{V} \cdot S_z^* / I_z b \tag{6.21}$$

式中 $\mathbf{V}$——计算横截面上的剪力；

I_z——横截面对中性轴的惯性矩；

b——矩形截面的宽度；

S_z^*——所求剪应力处到截面边缘所围成的这一部分面积对中性轴的静矩。

由于指定截面的 $\mathbf{V}$、I_z、b 均为定值，所以剪应力的分布只与 S_z^* 有关。面积 A^* 对中性轴的静矩为

$$S_z^* = A^* y_o = b\left(\frac{h}{2} - y\right)\frac{1}{2}\left(\frac{h}{2} + y\right) = \frac{b}{2}\left(\frac{h^2}{4} - y^2\right)$$

将上式及 $I_z = \frac{bh^3}{12}$ 代入式(6.21)，得

$$\boldsymbol{\tau} = \frac{6\mathbf{V}}{bh^3}\left(\frac{h^2}{4} - y^2\right)$$

此式表明，剪应力 $\boldsymbol{\tau}$ 沿截面高度按二次抛物线规律变化，如图 6.39(b) 所示，距中性轴愈近，剪应力愈大，在中性轴上（$y=0$）的剪应力值最大。其值为

$$\boldsymbol{\tau}_{\max} = 1.5\,\frac{\mathbf{V}}{A} \tag{6.22}$$

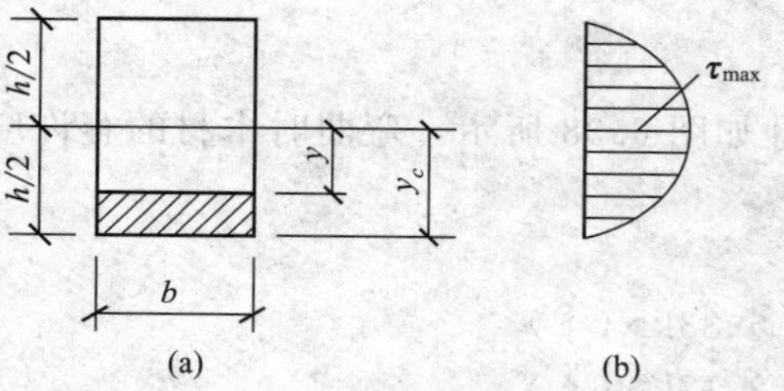

图 6.39

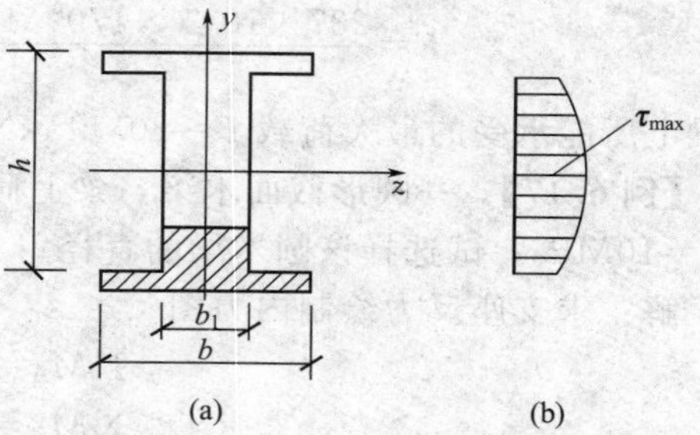

图 6.40

即矩形截面梁横截面上的最大剪应力为截面上平均剪应力的 1.5 倍。

(2) 工字形截面的剪应力

工字形截面由上下翼缘和腹板组成，剪应力主要分布在腹板上，由于腹板为窄长的矩形，其剪应力计算公式为

$$\boldsymbol{\tau} = \mathbf{V} \cdot S_z^* / I_z b_1$$

式中，b_1 为腹板的厚度，剪应力沿腹板高度按二次抛物线变化，如图 6.40(b) 所示。最大剪应力仍发生在中性轴上，其值为

$$\tau_{max}=\frac{V\cdot S_{zmax}^*}{I_z b_1}$$

式中，S_{zmax}^* 为中性轴以上或以下截面面积对中性轴的静矩。

(3) 剪应力强度条件

梁在荷载作用下所产生的最大剪应力，不能超过材料的容许剪应力。对全梁来说，最大剪应力发生在剪力最大的截面上，则梁的剪应力强度条件为：

$$\tau_{max}=V_{max}S_{zmax}^*/I_z b\leqslant[\tau] \tag{6.23}$$

在一般情况下，先按正应力强度条件选择梁的截面尺寸和形状，再用剪应力强度条件进行校核。

【例 6.18】 型号为工20a 的工字钢外伸梁，荷载及尺寸如图 6.41 所示，材料的容许应力 $[\sigma]=170$MPa、$[\tau]=100$MPa，试校核此梁是否安全。

解： a. 求支座反力

$\sum M_A=0$　$R_B=17$kN(↑)

$\sum M_B=0$　$R_A=9$kN(↑)

b. 绘制梁的剪力图和弯矩图，如图 6.41(b)、(c)。

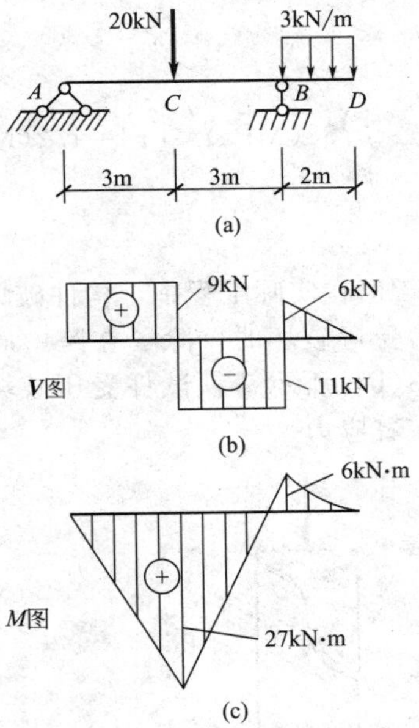

图 6.41

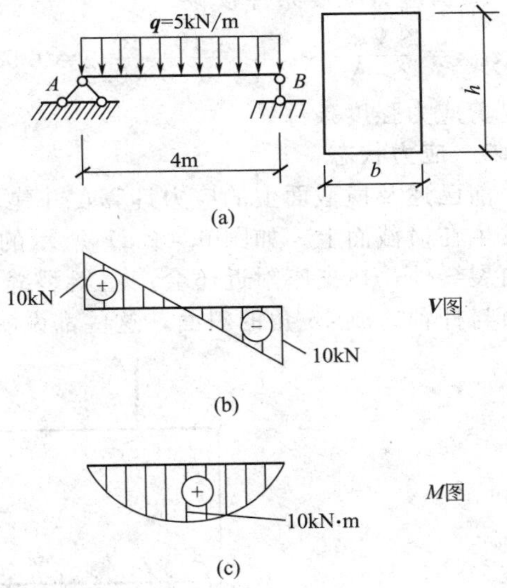

图 6.42

c. 正应力强度校核　最大正应力发生在弯矩最大的 C 截面 $M_{max}=27$kN · m

由型钢表（见附录Ⅰ）查得：

$$W_z=237\text{cm}^3=237\times10^{-6}\text{m}^3$$

最大正应力为：

$$\sigma_{max}=\frac{M_{max}}{W_z}=27\times10^3/237\times10^{-6}=113.9\times10^6(\text{N/m}^2)$$

$$=113.9(\text{MPa})<[\sigma]=170(\text{MPa})$$

正应力强度条件满足。

d. 剪应力强度校核　最大剪力发生在 CB 段，$V_{max}=11$kN$=11\times10^3$N。由型钢表查得：$I_z/S_{zmax}=17.2$cm$=0.172$m；$b_1=0.7$cm$=0.007$m。

最大剪力为：

$$\tau_{max}=\frac{V_{max}S_{zmax}}{I_z b_1}=\frac{11\times10^3}{0.172\times0.007}=9.14\times10^6(\text{N/m}^2)$$

$$=9.14(\text{MPa})<[\tau]=100(\text{MPa})$$

故该梁是安全的。

【例 6.19】 一矩形简支梁，荷载及尺寸如图 6.42(a) 所示，弯曲时材料的容许应力 $[\boldsymbol{\sigma}]=11\text{MPa}$，$[\boldsymbol{\tau}]=1.2\text{MPa}$，如取截面高宽比为 3∶2，试确定矩形截面的高和宽。

解： a. 由剪力图和弯矩图得 $M_{\max}=10\text{kN}\cdot\text{m}$；$\boldsymbol{V}_{\max}=10\text{kN}$

b. 先由正应力强度条件确定其截面尺寸，梁所需的抗弯截面模量为

$$W_z=\frac{M_{\max}}{[\boldsymbol{\sigma}]}=\frac{10\times10^3}{11\times10^6}=0.91\times10^{-3}(\text{m}^3)$$

因为

$$W_z=\frac{bh^2}{6}=\frac{b\left(\frac{3}{2}b\right)^2}{6}=\frac{3}{8}b^3$$

得

$$b=\sqrt[3]{\frac{8W_z}{3}}=\sqrt[3]{\frac{8\times0.91\times10^{-3}}{3}}=0.134(\text{m})=13.4(\text{cm})$$

$$h=\frac{3}{2}b=13.4\times1.5\approx20(\text{cm})$$

取 $b=13\text{cm}$，$h=20\text{cm}$

c. 剪应力强度条件校核

$$\boldsymbol{\tau}_{\max}=\frac{3}{2}\frac{\boldsymbol{V}_{\max}}{\text{A}}=1.5\times\frac{10\times10^3}{0.13\times0.2}=0.58\times10^6(\text{N/m}^2)=0.58(\text{MPa})<[\boldsymbol{\tau}]=1.2(\text{MPa})$$

满足剪应力强度条件。

6.3.3 应力状态

前已述及横截面上的应力计算，并建立其强度条件，但在实际工程中，构件破坏并非全是发生在横截面上。如图 6.43(a) 所示的钢筋混凝土梁受弯破坏时，除了在跨中底部产生竖向裂缝外，在支座附近还会产生斜裂缝。又如图 6.43(b) 所示铸铁试件受压破坏时，破坏面与杆轴约成 45°角的斜面，这些都说明斜截面上存在着应力。

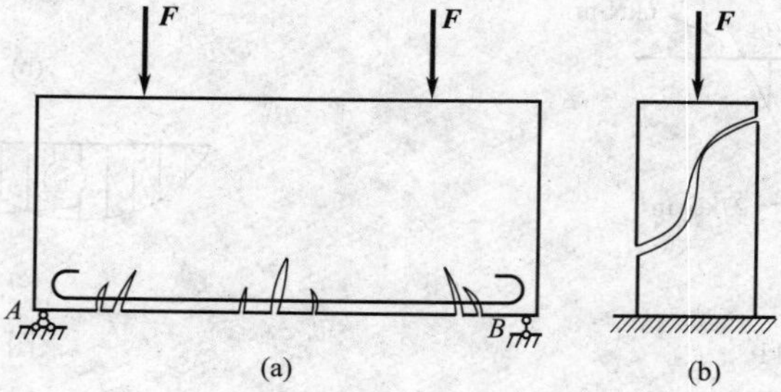

图 6.43

因此，研究杆件内某一点的应力情况时，不能仅限于研究某一方位的应力，还应当研究通过该点各个方向截面上该点的应力，称为**该点的应力状态**。

为了研究受力构件内任一点的应力状态，可以围绕该点截取一个边长无限小的正六面体，称为单元体。单元体每一个面上的应力可看作均匀分布，且每对平行平面上的应力相等。如图 6.44(a) 所示悬臂梁，点 A 的应力单元体如图 6.44(b) 所示，由于单元体前后两

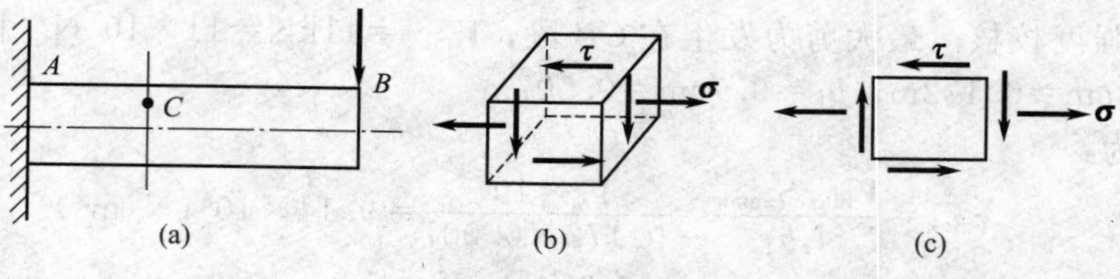

图 6.44

个面上无应力，故可以用其平面投影图表示，如图 6.44(c)。

单元体剪应力为零的平面称为主平面；主平面上的正应力称为主应力。一点的应力状态可由其主应力情况分为：三个主应力都不等于零，称为三向应力状态如图 6.45(a)；只有一个主应力等于零，称为二向应力状态或平面应力状态，如图 6.45(b)；二个主应力等于零，称为单向应力状态，如图 6.45(c)。

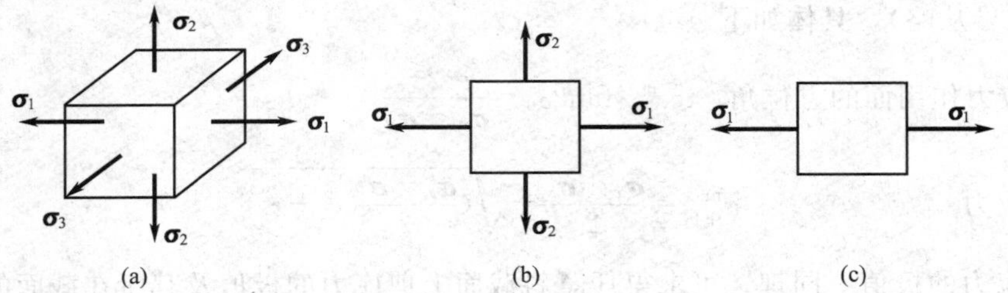

图 6.45

(1) 平面应力状态的应力分析

工程上采用的受力构件，常属于两个互相垂直方向的受力情况。从杆件中截取的单元体，它的两对平面上同时存在有正应力和剪应力，其单元体的应力状态为平面一般应力状态。

① 斜截面上的应力　图 6.46(a) 为从杆件中取出的一个平面应力状态的单元体，各面上的应力如图 6.46(b) 所示，且 $\boldsymbol{\sigma}_x > \boldsymbol{\sigma}_y > 0$。现研究与单元体平面成 α 角的斜截面Ⅰ—Ⅰ上的应力变化规律。

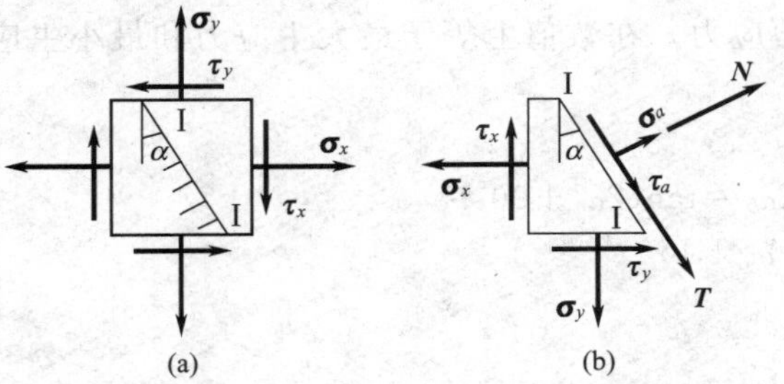

图 6.46

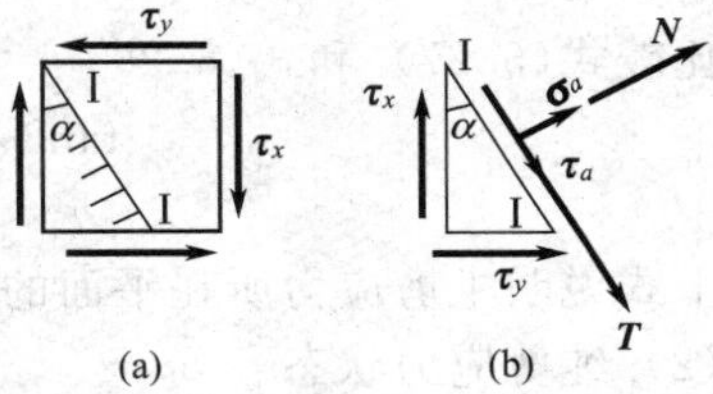

图 6.47

取Ⅰ—Ⅰ截面下部为脱离体，如图 6.46(b) 所示。设Ⅰ—Ⅰ斜面面积为 dA，则竖平面的面积为 $dA \cdot \cos\alpha$，水平面的面积为 $dA \cdot \sin\alpha$。取斜截面的外法线方向为 N 轴，切线方向为 T 轴，由脱离体的平衡条件得

$$\sum \boldsymbol{N}=0 \qquad \boldsymbol{\sigma}_\alpha \cdot dA-\boldsymbol{\sigma}_x \cdot dA \cdot \cos\alpha \cdot \cos\alpha+\boldsymbol{\tau}_x \cdot dA \cdot \cos\alpha \cdot \sin\alpha -\boldsymbol{\sigma}_y \cdot dA \cdot \sin\alpha \cdot \sin\alpha+\boldsymbol{\tau}_y \cdot dA \cdot \sin\alpha \cdot \cos\alpha=0$$

$$\sum \boldsymbol{T}=0 \qquad \boldsymbol{\tau}_\alpha \cdot dA-\boldsymbol{\sigma}_x \cdot dA \cdot \cos\alpha \cdot \sin\alpha-\boldsymbol{\tau}_x \cdot dA \cdot \cos\alpha \cdot \cos\alpha +\boldsymbol{\sigma}_y \cdot dA \cdot \sin\alpha \cdot \cos\alpha+\boldsymbol{\tau}_y \cdot dA \cdot \sin\alpha \cdot \sin\alpha=0$$

根据剪应力互等定律，$\boldsymbol{\tau}_x=\boldsymbol{\tau}_y=\boldsymbol{\tau}$，于是

$$\begin{aligned}\boldsymbol{\sigma}_\alpha &= \boldsymbol{\sigma}_x \cos^2\alpha+\boldsymbol{\sigma}_y \cdot \sin^2\alpha-2\boldsymbol{\tau}_x \cdot \sin\alpha \cdot \cos\alpha \\ &= \boldsymbol{\sigma}_x\left(\frac{1}{2}+\frac{\cos 2\alpha}{2}\right)+\boldsymbol{\sigma}_y\left(\frac{1}{2}-\frac{\cos 2\alpha}{2}\right)-\boldsymbol{\tau}_x \sin 2\alpha \\ &= \frac{\boldsymbol{\sigma}_x+\boldsymbol{\sigma}_y}{2}+\frac{\boldsymbol{\sigma}_x-\boldsymbol{\sigma}_y}{2}\cos 2\alpha-\boldsymbol{\tau}_x \sin 2\alpha \qquad (6.24)\end{aligned}$$

$$\begin{aligned}\boldsymbol{\tau}_\alpha &= \boldsymbol{\sigma}_x \cdot \cos\alpha \cdot \sin\alpha-\boldsymbol{\sigma}_x \cdot \sin\alpha \cdot \cos\alpha+\boldsymbol{\tau}_x(\cos^2\alpha-\sin^2\alpha) \\ &= \frac{\boldsymbol{\sigma}_x-\boldsymbol{\sigma}_y}{2}\sin 2\alpha+\boldsymbol{\tau}_x \cos 2\alpha \qquad (6.25)\end{aligned}$$

式(6.24）和式(6.25）表示了平面应力状态下任意斜截面上正应力和剪应力的变化规律，显示了斜截面上的应力 $\boldsymbol{\sigma}_a$、$\boldsymbol{\tau}_a$ 与已知应力 $\boldsymbol{\sigma}_x$、$\boldsymbol{\sigma}_y$ 和 $\boldsymbol{\tau}_x$ 之间的关系。当斜截面的倾斜角 α 变化时，斜截面上的应力 $\boldsymbol{\sigma}_a$ 和 $\boldsymbol{\tau}_a$ 也随之变化。

② 正应力的极值　如上所述，斜截面的倾斜角 α 不同，斜截面上的正应力必然有其极值，而正应力极值的截面恰为剪应力等于零的平面，正应力的极值也就是主应力。现将其结果列出（推导从略)，具体如下。

a. 主应力作用面的方位角

$$\tan 2\alpha_0=\frac{-2\boldsymbol{\tau}_x}{\boldsymbol{\sigma}_x-\boldsymbol{\sigma}_y} \tag{6.26}$$

b. 主应力

$$\boldsymbol{\sigma}_{\min}^{\max}=\frac{\boldsymbol{\sigma}_x+\boldsymbol{\sigma}_y}{2}\pm\sqrt{\left(\frac{\boldsymbol{\sigma}_x-\boldsymbol{\sigma}_y}{2}\right)^2+\boldsymbol{\tau}_x^2} \tag{6.27}$$

③ 剪应力的极值　同理，可求得任意斜截面上剪应力的极值及其所在截面的方位角 α_1。现将公式列出（推导从略），具体如下。

a. 主剪应力作用面的方位角

$$\tan 2\alpha_1=\frac{\boldsymbol{\sigma}_x-\boldsymbol{\sigma}_y}{2\boldsymbol{\tau}_x} \tag{6.28}$$

b. 主剪应力

$$\boldsymbol{\tau}_{\min}^{\max}=\pm\sqrt{\left(\frac{\boldsymbol{\sigma}_x-\boldsymbol{\sigma}_y}{2}\right)^2+\boldsymbol{\tau}_x^2} \tag{6.29}$$

或

$$\boldsymbol{\tau}_{\min}^{\max}=\pm\frac{\boldsymbol{\sigma}_{\max}-\boldsymbol{\sigma}_{\min}}{2} \tag{6.30}$$

式(6.30）表明最大剪应力（又称为主剪应力）在数值上等于最大主应力和最小主应力之差的一半。

比较式(6.27）和式(6.29)

$$\tan 2\alpha_1=-\cot 2\alpha_0=\tan(2\alpha_0+90°)$$

得

$$\alpha_1=\alpha_0+45°$$

上式说明主剪应力所在平面的夹角为45°。

(2）纯剪应力状态

平面应力状态单元体的四个侧面上只有剪应力而无正应力时，称为纯剪应力状态。

图6.47(a）所示一纯剪应力状态，现研究与单元体的竖平面成 α 角的Ⅰ—Ⅰ斜截面上的应力。以Ⅰ—Ⅰ截面下部为脱离体，取截面的外法线方向为 N 轴，切线方向为 T 轴，由平衡条件得

$$\sum N=0 \qquad \boldsymbol{\sigma}_a\cdot dA+\boldsymbol{\tau}_x\cdot dA\cdot\cos\alpha\cdot\sin\alpha+\boldsymbol{\tau}_y\cdot dA\cdot\sin\alpha\cdot\cos\alpha=0$$

$$\sum T=0 \qquad \boldsymbol{\tau}_a\cdot dA-\boldsymbol{\tau}_x\cdot dA\cdot\cos\alpha\cdot\cos\alpha+\boldsymbol{\tau}_y\cdot dA\cdot\sin\alpha\cdot\sin\alpha=0$$

由于 $\boldsymbol{\tau}_x=\boldsymbol{\tau}_y=\boldsymbol{\tau}$，则

$$\boldsymbol{\sigma}_a=-\boldsymbol{\tau}_x\cdot\sin 2\alpha \tag{6.31}$$

$$\boldsymbol{\tau}_a=\boldsymbol{\tau}_x\cdot\cos 2\alpha \tag{6.32}$$

式(6.31）和式(6.32）就是纯剪应力状态单元体任意斜截面上的正应力和剪应力的计算式。由此可知，$\boldsymbol{\sigma}_a$ 和 $\boldsymbol{\tau}_a$ 的值随倾角 α 而变化，且都是 α 的函数。

当 $\alpha=-\frac{\pi}{4}$ 时

当 $\alpha=\frac{\pi}{4}$ 时

$$\left.\begin{aligned}\boldsymbol{\sigma}_a=\boldsymbol{\sigma}_{\max}=\boldsymbol{\tau}_x\\ \boldsymbol{\sigma}_a=\boldsymbol{\sigma}_{\min}=-\boldsymbol{\tau}_x\end{aligned}\right\} \tag{6.33}$$

由式(6.33）可知，当 $\alpha=\mp\frac{\pi}{4}$ 时，斜截面上无剪应力，而正应力达到极值，其绝对值

等于 τ_x，其中一个是主拉应力 σ_{max}，另一个是主压应力 σ_{min}。剪应力的极值就是原来单元体上的剪应力。

（3）主应力迹线

图 6.48(a) 所示一简支梁承受均布荷载作用时的主应力迹线，图中实线表示主拉应力迹线，虚线表示主压应力迹线。

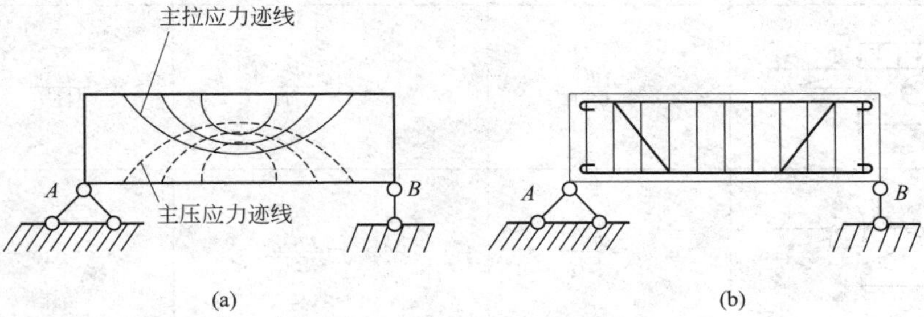

图 6.48

根据主应力迹线，可以理解为什么钢筋混凝土梁在竖向荷载作用下，在梁跨中范围内出现竖向裂缝，而在支座附近会出现与梁轴线大致成 45°角的斜裂缝问题。支座附近斜裂缝的产生，是由于主拉应力超过混凝土的抗拉强度而引起的。所以，对于钢筋混凝土结构中的受弯构件，必须进行正截面强度和斜截面强度计算，并配置一定数量的纵向受力钢筋和弯起钢筋或箍筋［图 6.48(b)］来承受主拉应力。

6.4 梁的变形

梁在荷载作用下会产生变形。为了保证梁安全正常地工作，除满足强度条件外，还要满足刚度条件，也就是把梁的变形控制在容许的范围内。

6.4.1 梁的变形

当外力作用在梁的纵向对称平面内时，如图 6.49(a) 所示，梁将产生平面弯曲，梁的轴线弯曲为一条连续的平面曲线，称为梁的**挠曲线或弹性曲线**，梁的变形一般用竖向位移和角位移来表示，如图 6.49(b) 所示。

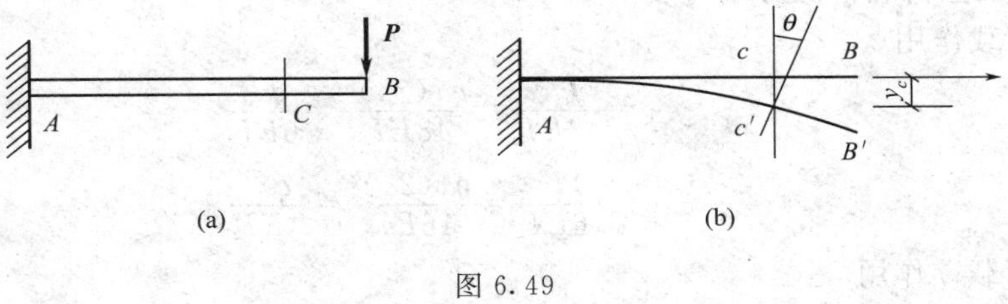

图 6.49

① 竖向位移　梁的任一横截面 C，在梁变形后向下移至 c'，cc'就是 C 截面的竖向位移，称为 C 截面的挠度，用符号 y 表示。

② 角位移　梁的任一横截面 C，在梁变形后绕中性轴转动了一个角度 θ，角 θ 称为截面 C 的转角。

当梁上作用几种荷载时，可用叠加原理来计算梁的挠度和转角。

表 6.3 列出几种简单荷载作用下梁的转角和挠度。

表 6.3　简单荷载作用下梁的转角和挠度

支承及荷载情况	梁端转角	最大挠度	挠曲线方程
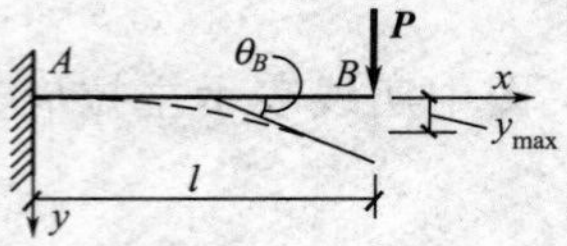	$\theta_B=\frac{Pl^2}{2EI_z}$	$y_{\max}=\frac{Pl^3}{3EI_z}$	$y=\frac{Px^2}{6EI_z}(31-x)$
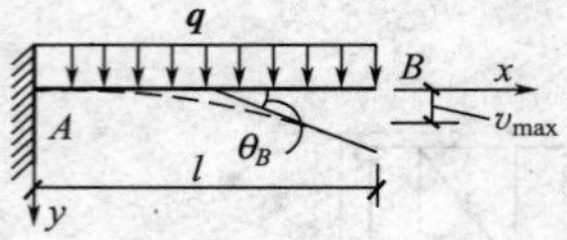	$\theta_B=\frac{ql^3}{6EI_z}$	$y_{\max}=\frac{ql^4}{8EI_z}$	$y=\frac{qx^2}{24EI_z}(x^2+6l^2-4lx)$
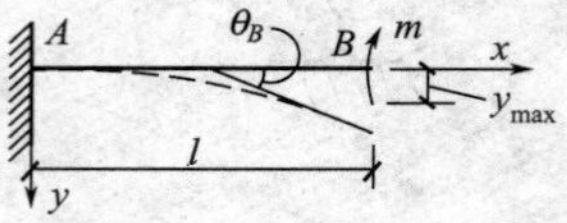	$\theta_B=\frac{ml^2}{EI_z}$	$y_{\max}=\frac{ml^2}{2EI_z}$	$y=\frac{mx^2}{2EI_z}$
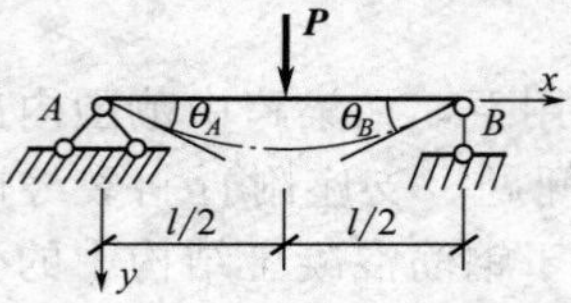	$\theta_A=-\theta_B=\frac{Pl^2}{16EI_z}$	$y_{\max}=\frac{Pl^3}{48EI_z}$	$y=\frac{Px}{48EI_z}(3l^2-4x^2)$ $(0\leqslant x\leqslant l/2)$
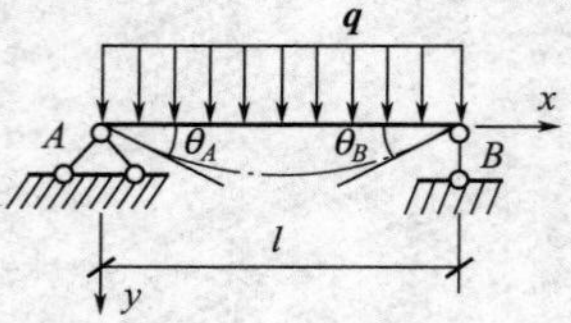	$\theta_A=-\theta_B=\frac{ql^3}{24EI_z}$	$y_{\max}=\frac{5ql^4}{384EI_z}$	$y=\frac{qx}{24EI_z}(l^3-2lx^2+x^3)$
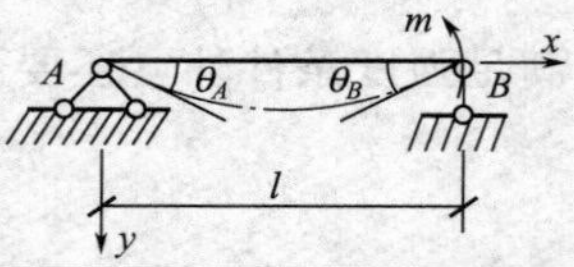	$\theta_A=\frac{ml}{6EI_z}$ $\theta_B=-\frac{ml}{3EI_z}$	在 $x=\frac{1}{\sqrt{3}}$ 处 $y_{\max}=\frac{ml^2}{9\sqrt{3}EI_z}$	$y=\frac{mx}{64EI_z}(l^2-x^2)$

【例 6.20】 试用叠加法计算图 6.50 所示简支梁 C 截面的挠度及支座 A 处的转角，设 EIz 为常数。

解： 根据梁上荷载情况分别查表 6.3。

a. 集中荷载作用

$$y_{C1}=\frac{Pl^3}{48EI_z}=\frac{qa(2a)^3}{48EI_z}=\frac{qa^4}{6EI_z}$$

$$\theta_{A1}=\frac{Pl^2}{16EI_z}=\frac{qa(2a)^2}{16EI_z}=\frac{qa^3}{4EI_z}$$

b. 均布荷载 q 作用

$$y_{C2}=\frac{5ql^4}{384EI_z}=\frac{5q(2a)^4}{384EI_z}=\frac{5qa^4}{24EI_z}$$

$$\theta_{A2}=\frac{ql^3}{24EI_z}=\frac{q(2a)^3}{24EI_z}=\frac{qa^3}{3EI_z}$$

c. 二种荷载共同作用时的 y_C、θ_A 为

$$y_C=y_{C1}+y_{C2}=\frac{qa^4}{6EI_z}+\frac{5qa^4}{24EI_z}=\frac{3qa^4}{8EI_z}\qquad(\downarrow)$$

$$\theta_A=\theta_{A1}+\theta_{A2}=\frac{\boldsymbol{q}a^3}{4EI_z}+\frac{\boldsymbol{q}a^3}{3EI_z}=\frac{7\boldsymbol{q}a^3}{12EI_z}\quad(\curvearrowleft)$$

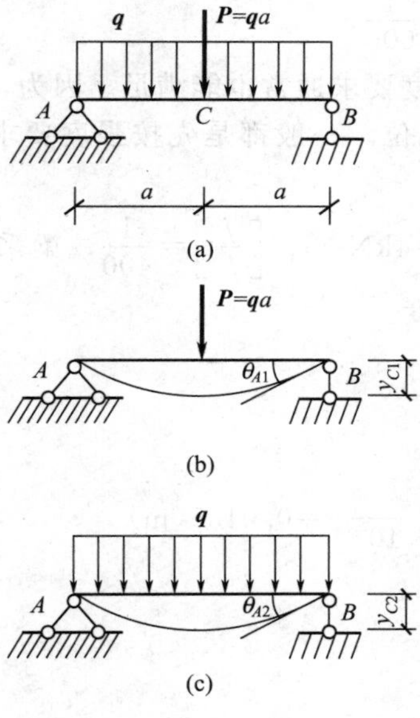

图 6.50

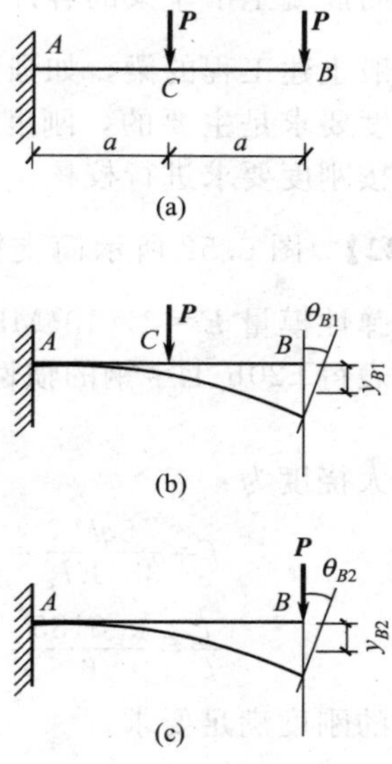

图 6.51

【例 6.21】 试用叠加法计算图 6.51 所示悬臂梁 B 点的挠度和转角，EI_z 为常数。

解： 根据梁上荷载情况分别查表 6.3。

a. 集中力 $\boldsymbol{P}$ 作用于 C 点时

$$y_{B1}=\frac{\boldsymbol{P}a^2}{6EI_z}(3l-a)=\frac{\boldsymbol{P}a^2}{6EI_z}(3\times 2a-a)=\frac{5\boldsymbol{P}a^3}{6EI_z}$$

$$\theta_{B1}=\frac{\boldsymbol{P}a^2}{2EI_z}$$

b. 集中力 $\boldsymbol{P}$ 作用于 B 点时

$$y_{B2}=\frac{\boldsymbol{P}l^3}{3EI_z}=\frac{\boldsymbol{P}(2a)^3}{3EI_z}=\frac{8\boldsymbol{P}a^3}{3EI_z}$$

$$\theta_{B2}=\frac{\boldsymbol{P}l^2}{2EI_z}=\frac{\boldsymbol{P}(2a)^2}{2EI_z}=\frac{2\boldsymbol{P}a^2}{EI_z}$$

c. 两种情况共同作用时

$$y_B=y_{B1}+y_{B2}=\frac{5\boldsymbol{P}a^3}{6EI_z}+\frac{8\boldsymbol{P}a^3}{3EI_z}=\frac{7\boldsymbol{P}a^3}{2EI_z}\quad(\downarrow)$$

$$\theta_B=\theta_{B1}+\theta_{B2}=\frac{\boldsymbol{P}a^2}{2EI_z}+\frac{2\boldsymbol{P}a^2}{EI_z}=\frac{5\boldsymbol{P}a^2}{2EI_z}\quad(\curvearrowleft)$$

6.4.2 梁的刚度校核

为了保证梁的正常工作，应控制梁的变形，使其最大值不超过容许值。因此，要求梁必须要有一定的刚度。

梁的刚度校核，通常是计算梁在荷载作用下的最大相对挠度$\frac{f}{l}$，不得大于容许的相对挠度$\left[\frac{f}{l}\right]$，即

$$\frac{f}{l}\leqslant\left[\frac{f}{l}\right]\tag{6.34}$$

式中，$\left[\frac{f}{l}\right]$为梁的容许相对挠度值，根据梁的不同用途可在有关规范中查得，如土建工程中的钢筋混凝土吊车梁的容许相对挠度$\left[\frac{f}{l}\right]=\frac{1}{500}\sim\frac{1}{600}$。

对于一般土建工程的梁，如强度要求能够满足，刚度要求通常也能满足。因为，在设计工作中，强度要求是主要的，刚度要求通常处于从属地位。一般都是先按强度要求选择截面，然后再按刚度要求进行校核。

【例 6.22】 图 6.52 所示简支梁，已知 $l=6\text{m}$、$\boldsymbol{q}=4\text{kN/m}$、$\left[\frac{f}{l}\right]=\frac{1}{400}$，梁采用工20b 工字钢，其弹性模量 $E=2\times10^5\text{MPa}$，试校核该梁的刚度。

解：查表得工20b 工字钢的惯性矩为

$$I_z=0.25\times10^{-4}\text{m}^4$$

梁跨中的最大挠度为：

$$f=\frac{5\boldsymbol{q}l^4}{384EI_z}=\frac{5\times4\times10^3\times6^4}{384\times2\times10^{11}\times0.25\times10^{-4}}=0.0135(\text{m})$$

$$\frac{f}{l}=\frac{0.0135}{6}=\frac{1}{444}<\left[\frac{f}{l}\right]=\frac{1}{400}$$

该工字钢梁的刚度满足要求。

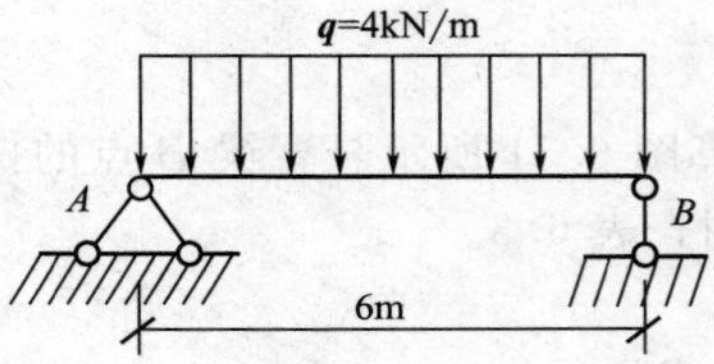

图 6.52

思　考　题

6.1　矩形截面上 $abcd$、$cdfe$ 两部分对截面形心轴 z 的静矩有何关系？

6.2　T 形截面的形心轴（z 轴）上下部分的形心 c_1、c_2 的坐标 y_1、y_2 存在什么关系？

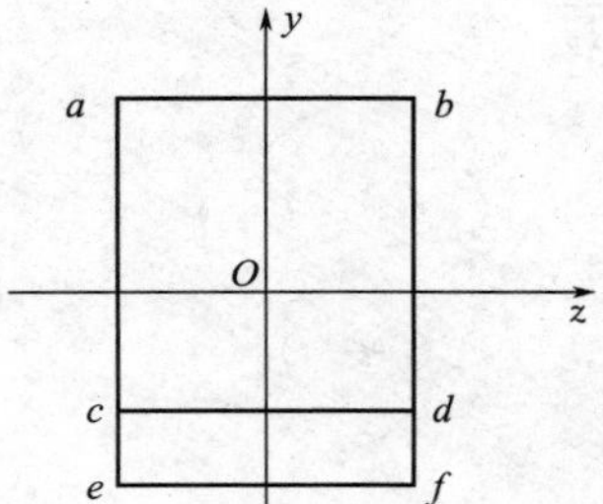

思考题 6.1 图

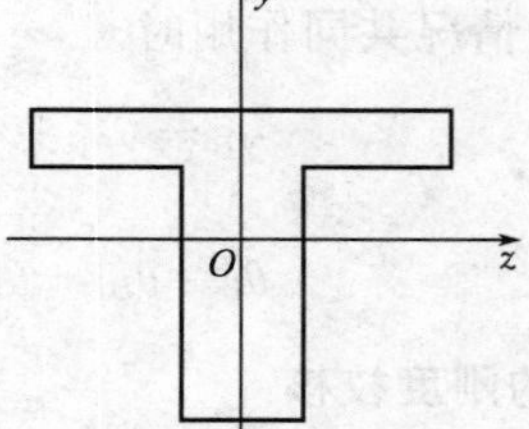

思考题 6.2 图

6.3　矩形截面高宽比为 $h:b=2:1$，试问在下列情况下，对截面形心轴 z 轴的惯性矩 I_z 有何变化？

(1) 截面高度增加一倍，即 $h=4b$；

(2) 截面宽度增加一倍，即 $h=b$；

(3) 截面高度与宽度互换，即 $b=2h$。

6.4　平面弯曲的受力和变形有什么特点？

6.5　什么是截面上的剪力和弯矩？剪力和弯矩的正负符号是如何规定的？

6.6 用静力平衡方程计算出内力的正负符号是否符合内力正负符号的规定？它们之间有无区别？

6.7 为什么在集中力作用的地方，左右两截面上的剪力不相等？

6.8 何谓中性轴？为什么中性轴一定通过截面的形心？

6.9 为什么要计算梁的变形？用叠加法求梁的变形时，应注意哪些问题？

习 题

6.1 习题 6.1 图示倒 T 形截面，已知：$b_1=30\text{cm}$、$b_2=60\text{cm}$、$h_1=50\text{cm}$、$h_2=14\text{cm}$，试求：

(1) 求截面的形心位置；

(2) 求阴影部分对形心轴的静距；

(3) 求截面对形心的惯性矩形 I_z。

6.2 试计算习题 6.2 图示各梁指定截面的剪力和弯矩。

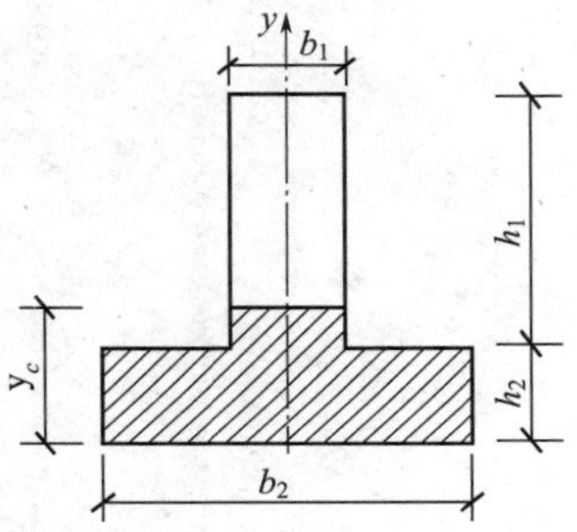

习题 6.1 图

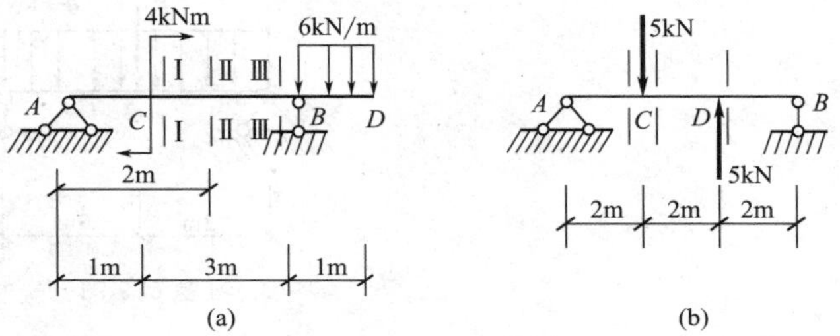

习题 6.2 图

6.3 试用静力法绘制习题 6.3 图示各梁的剪力图和弯矩图。

6.4 试用简捷法绘制习题 6.4 图示各梁的剪力图和弯矩图。

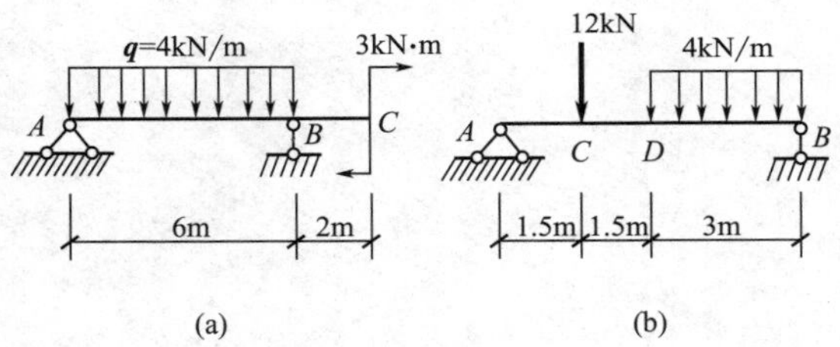

习题 6.3 图

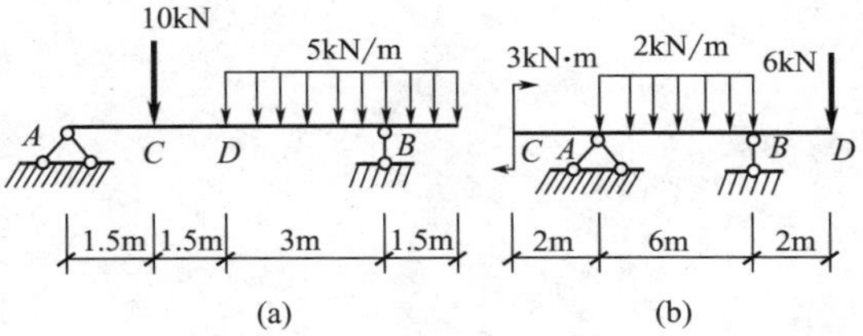

习题 6.4 图

6.5 试用叠加法绘制习题 6.5 图示各梁的剪力图和弯矩图。

6.6 圆木外伸梁，荷载及尺寸如习题 6.6 图所示，木材的容许应力 $[\boldsymbol{\sigma}]=10\text{MPa}$，试校核其强度。

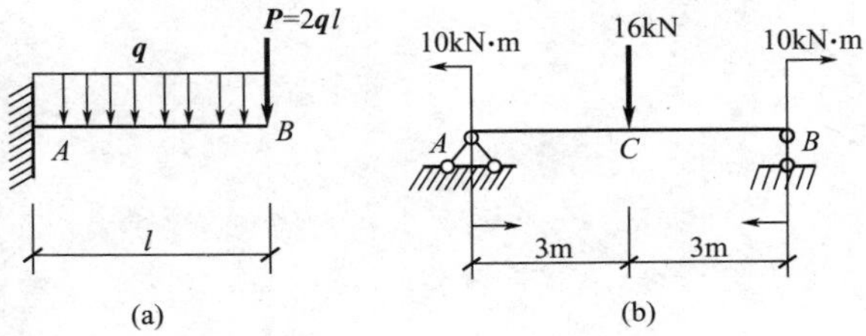

习题 6.5 图

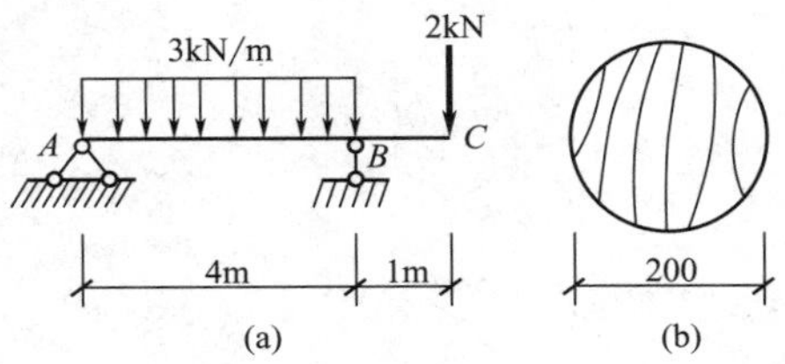

习题 6.6 图

6.7 一简支梁采用工22a 工字钢，受力图如习题 6.7 图所示，材料的容许应力 $[\boldsymbol{\sigma}]=170\text{MPa}$，试求梁上的容许荷载。

6.8 试求习题 6.8 图示梁的最大正应力、最大剪应力及剪应力最大处，截面腹板与翼缘交界处 D 点的剪应力。

6.9 习题6.9图示简支梁，已知：$l=6\text{m}$、$\boldsymbol{F}=20\text{kN}$、$\boldsymbol{q}=6\text{kN/m}$、材料容许应力 $[\boldsymbol{\sigma}]=160\text{MPa}$、$[\boldsymbol{\tau}]=100\text{MPa}$，试选择工字钢的型号。

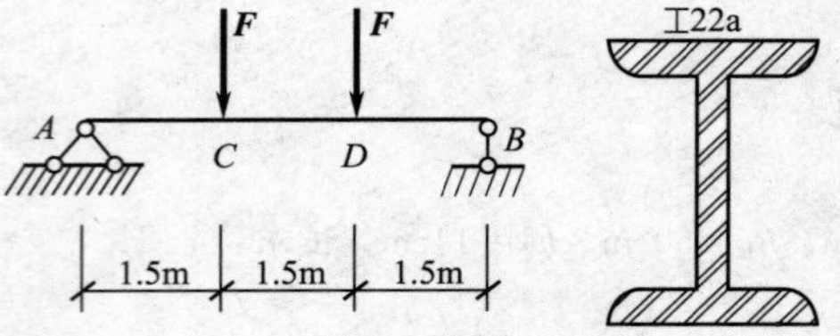

习题6.7图

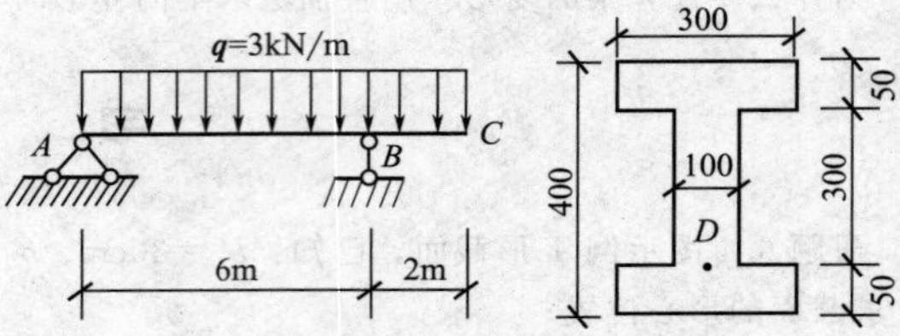

习题6.8图

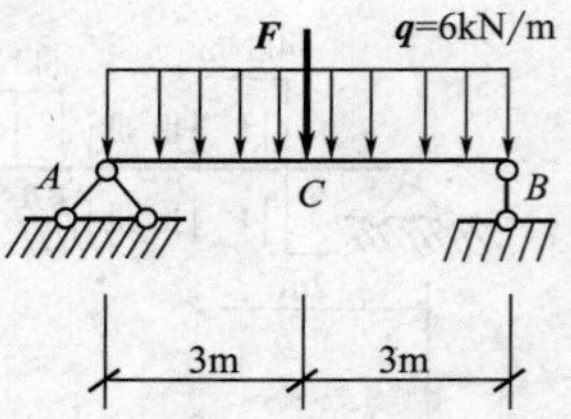

习题6.9图

7 压杆稳定

学习目标

1. 能正确陈述物体的平衡状态及失稳的概念。
2. 能正确计算临界力。
3. 能正确陈述压杆稳定的应用。

学习重点

1. 正确理解压杆稳定和失稳的基本概念。
2. 临界力的意义及计算方法。
3. 临界应力总图的物理意义，欧拉公式的适用范围。
4. 应用稳定条件进行稳定计算。

学习难点

1. 受压杆件稳定问题的理解。
2. 柔度的计算方法。
3. 压杆稳定计算中，截面设计试算法的计算。

7.1 压杆稳定的概念

7.1.1 物体的三种平衡状态

平衡状态的形式有以下三种。

① **稳定平衡** 如某物体由于某种原因使其偏离它原来的平衡位置，而当这种原因消除后，它能够回到其原来的位置，也就是说这种平衡状态是经得起干扰的，是稳定的平衡状态。

② **不稳定平衡状态** 如某物体由于某种原因使其稍微偏离它原来的平衡位置，而这种原因消除后，它不但不能回到其原来的平衡位置，而且继续增大偏离；显然，这种平衡状态是经不起干扰的，是不稳定的平衡状态。

③ **随遇平衡状态** 如某物体由于某种原因使其稍微偏离它原来的平衡位置，而在这种原因消除后，它就停在新的位置不动，这种平衡状态称为随遇平衡状态。由于它是稳定平衡状态和不稳定平衡状态之间的一种平衡状态，因此又称为**临界平衡状态**。

7.1.2 压杆失稳的概念

设一细长弹性的等直杆，受轴向压力 $\boldsymbol{P}$ 作用，其受力简图如图 7.1 所示，现要判断此杆所处的平衡状态。首先在杆上加一微小的横向干扰力 $\boldsymbol{Q}$，使杆件产生微弯曲，然后撤去干扰力，看杆轴线能否回到原直线位置，若杆轴最终能回到原直线位置，此时该杆处于稳定平衡

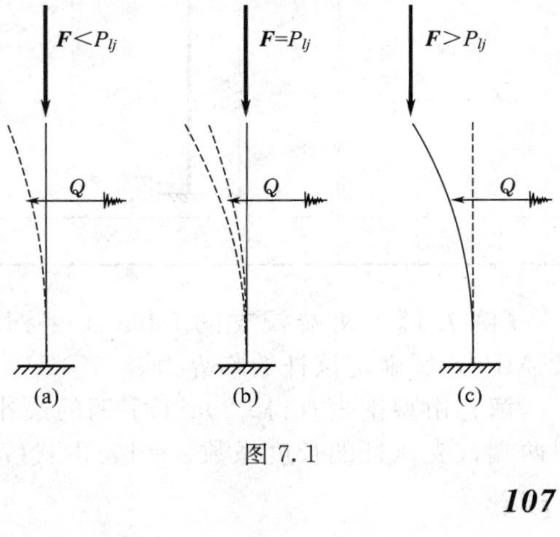

图 7.1

状态［图 7.1(a)］。

如果杆轴停留在干扰力给它的微弯曲位置而不动，此时该杆处于临界平衡状态［图 7.1(c)］。如果杆轴不能回到原直线位置，而继续弯曲到一个新的曲线位置去平衡，则该杆处于不稳定平衡状态［图 7.1(b)］。压杆稳定或不稳定与所受的轴向压力的大小有关，设压杆稳定与不稳定的临界状态时，所承受的轴向压力为临界压力或临界力，用符号 P_{lj} 表示。临界力 P_{lj} 是压杆稳定或不稳定的分界值。

当 $\boldsymbol{F}<P_{lj}$ 时，压杆处于稳定的平衡状态；

当 $\boldsymbol{F}=P_{lj}$ 时，压杆处于临界的平衡状态；

当 $\boldsymbol{F}>P_{lj}$ 时，压杆处于不稳定平衡状态。

在实际工程中所使用的压杆，如果处在不稳定的平衡状态，即使杆件的强度和刚度满足要求，也会因受到干扰而丧失稳定，最终导致破坏。

7.2 临界力的计算

通过实验和工程实践得知，影响压杆临界力的因素很多，主要有杆件的长度、截面形状及大小、杆件的材料以及杆件两端的支承情况等因素。

7.2.1 欧拉公式

当材料处于弹性阶段时，细长压杆的临界力可用科学家欧拉推导的公式计算。

$$P_{lj}=\frac{\pi^2 EI}{(\mu l)^2} \tag{7.1}$$

式中 E——材料的弹性模量；

I——截面的最小惯性矩；

l——杆件的长度；

μ——长度系数，其值按压杆两端的支撑形式而定。

表 7.1 给出不同支撑情况时的长度系数。在实际工程中，压杆的实际支撑情况不同于表中所列的理想情况，计算时可参阅有关规范，酌情确定压杆的长度系数。

表 7.1　不同支撑情况时的长度系数

支承情况	一端固定,一端自由	两端铰支	一端固定,一端铰支	两端固定
图例	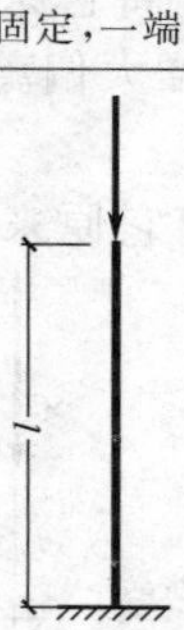	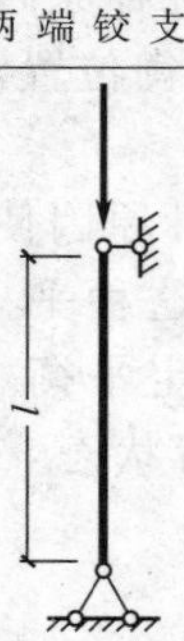		
长度系数	2	1	0.7	0.5

【例 7.1】 两端铰支的工20a 工字钢压杆，杆长 $l=4$m，钢材的弹性模量 $E=200\times10^3$MPa，试确定该杆的临界力。

解： 由型钢表查得工20a 工字钢的最小惯性矩 $I=158\text{cm}^4=158\times10^{-8}\text{m}^4$，由表 7.1 查得两端铰支压杆的长度系数 $\mu=1$，由式(7.1) 求得该压杆的临界力为

$$P_{lj}=\frac{\pi^2 EI}{(\mu l)^2}=\frac{3.14^2\times 200\times 10^6\times 158\times 10^{-8}}{(1\times 4)^2}=194.7(\text{kN})$$

7.2.2　临界应力和长细比

压杆在临界力作用下横截面上的应力称为**临界应力**，用符号 $\boldsymbol{\sigma}_{lj}$ 表示，计算公式为

$$\boldsymbol{\sigma}_{lj}=\frac{P_{lj}}{A}=\frac{\pi^2 EI}{(\mu l)^2}/A=\frac{\pi^2 E}{(\mu l)^2}\cdot\frac{I}{A}=\frac{\pi^2 E}{(\mu l)^2}\cdot i^2$$

式中，$i=\sqrt{I/A}$为压杆截面的最小惯性半径。

$$\boldsymbol{\sigma}_{lj}=\pi^2 E\bigg/\left(\frac{\mu l}{i}\right)^2=\frac{\pi^2 E}{\lambda^2} \tag{7.2}$$

式中 $\lambda=\mu l/i$，为压杆的长细比或柔度，无量纲。长细比 λ 与压杆两端的支撑情况、杆长、截面形状和尺寸等因素有关，它表示压杆的细长程度。长细比大，压杆细长，临界应力小，临界力也小，杆件容易丧失稳定；反之，长细比小，压杆粗而短，临界应力大，临界力也大，杆件就不容易丧失稳定。所以，长细比是影响压杆稳定的重要因素。

7.2.3　欧拉公式的适用范围

欧拉公式是在假定材料处于弹性范围内并服从虎克定律的前提下推导出来的，因此，压杆在失稳前的应力不得超过材料的比例极限 $\boldsymbol{\sigma}_P$，即

$$\boldsymbol{\sigma}_{lj}=\pi^2 E/\lambda^2\leqslant\boldsymbol{\sigma}_P$$

$$\lambda\geqslant\sqrt{\pi^2 E/\sigma_P}=\lambda_P \tag{7.3}$$

这样，就可以用 λ_P 来表示欧拉公式的适用范围，当 $\lambda\geqslant\lambda_P$ 时欧拉公式适用，当 $\lambda<\lambda_P$ 时欧拉公式不适用。这时压杆的临界应力采用经验公式来计算。我国根据试验得出经验公式为抛物线公式，即

$$\left.\begin{array}{ll}\text{Q235 钢} & \boldsymbol{\sigma}_{lj}=235-0.00668\lambda^2\\ \text{16Mn 钢} & \boldsymbol{\sigma}_{lj}=343-0.014\lambda^2\end{array}\right\} \tag{7.4}$$

根据欧拉公式和经验公式，可以画出临界应力和长细比的函数关系曲线，图 7.2 绘出的就是 Q235 钢的临界应力和长细比的关系曲线，此图称为临界应力总图。

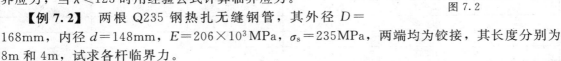

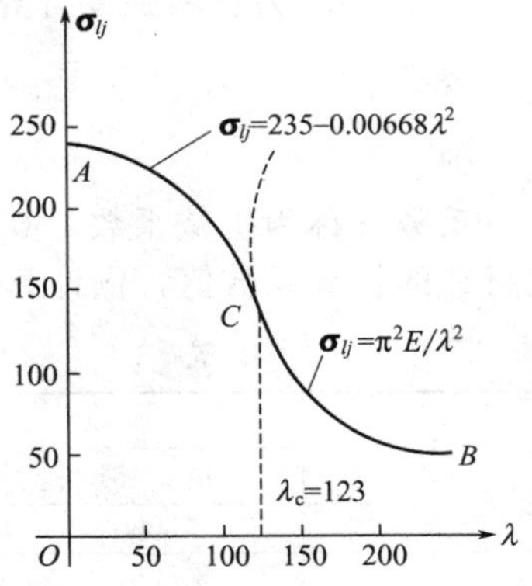

图 7.2

图中 AC 段是按经验公式绘制的抛物线，CB 段是按欧拉公式绘制的曲线，二曲线交于 C 点，C 点所对应的长细比为 λ_c。如 Q235 钢 $\lambda_c=123$，当 $\lambda\geqslant 123$ 时用欧拉公式计算临界应力，当 $\lambda<123$ 时用经验公式计算临界应力。

【例 7.2】　两根 Q235 钢热扎无缝钢管，其外径 $D=168$mm，内径 $d=148$mm，$E=206\times 10^3$MPa，$\sigma_s=235$MPa，两端均为铰接，其长度分别为 8m 和 4m，试求各杆临界力。

解：计算截面的几何特征值

$$A=\pi(D^2-d^2)/4=\pi(0.168^2-0.148^2)/4=4.96\times 10^{-3}(\text{m}^2)$$

$$I=\pi(D^4-d^4)/64=\pi(0.168^4-0.148^4)/64=1.555\times 10^{-5}(\text{m}^4)$$

$$i=\sqrt{I/A}=\sqrt{1.555\times 10^{-5}/4.96\times 10^{-3}}=0.056(\text{m})$$

$$\mu_1=1;\ \lambda=123。$$

第一根长度为 8m 的压杆。

$$\lambda_1=\mu_1 l_1/i=1\times 8/0.056=143>\lambda=123$$

用欧拉公式计算临界力：

$$P_{lj}=\pi^2 EI/(\mu_1 l)^2=\pi^2\times 206\times 10^9\times 1.555\times 10^{-5}/(1\times 8)^2=494\times 10^3(\text{N})=494(\text{kN})$$

第二根长度为 4m 的压杆

$$\lambda_2=\mu_1 l_2/i=1\times4/0.056=71<\lambda=123$$

用经验公式计算临界应力：

$$\boldsymbol{\sigma}_{lj}=235-0.00668\lambda^2=235-0.00668\times71^2=201(\text{MPa})$$

故临界力为：

$$P_{lj}=\boldsymbol{\sigma}_{lj}A=201\times10^3\times4.96\times10^{-3}=997(\text{kN})$$

7.3 压杆稳定的实用计算

为了保证结构的安全，应使实际作用在压杆上的压力适当地低于压杆的临界力，也就是应该考虑稳定的安全系数 K_W。

前述的强度计算公式中所采用的容许应力是基本容许应力，相应的安全系数是基本安全系数。现在考虑压杆稳定的安全系数 K_W 时，除应考虑基本安全系数 K 外，还应考虑到压杆可能存在初弯曲、材质欠均、荷载的初始偏心等不利因素对压杆承载力的影响，这些都用特殊安全系数 K_T 来加以考虑，特殊安全系数的值随杆的长细比不同而异。因此，压杆的稳定安全系数等于基本安全系数与特殊安全系数的乘积，即 $K_W=K\cdot K_T$。于是，压杆稳定的容许应力 $[\boldsymbol{\sigma}_{lj}]$ 为

$$[\boldsymbol{\sigma}_{lj}]=\frac{\boldsymbol{\sigma}_{lj}}{K_W}=\frac{\boldsymbol{\sigma}_{lj}}{K\cdot K_T}=\frac{\boldsymbol{\sigma}^0}{K}\cdot\frac{\boldsymbol{\sigma}_{lj}}{\boldsymbol{\sigma}^0\cdot K_T}=\frac{\boldsymbol{\sigma}_{lj}}{\boldsymbol{\sigma}^0 K_T}\cdot[\boldsymbol{\sigma}]$$

式中，$\boldsymbol{\sigma}^0$ 为材料强度计算的极限应力。

令
$$\varphi=\frac{\boldsymbol{\sigma}_{lj}}{\boldsymbol{\sigma}^0 K_T}$$

则
$$[\boldsymbol{\sigma}_{lj}]=\varphi\cdot[\boldsymbol{\sigma}]$$

系数 φ 称为折减系数，其值随长细比而变化，且是一个小于或等于1的数。表7.2为常用材料的折减系数值，供计算时查用。

表7.2 压杆的折减系数 φ

λ	φ 值				
	Q235钢	16Mn钢	铸 铁	木 材	混凝土
0	1.000	1.000	1.000	1.000	1.00
20	0.981	0.973	0.91	0.932	0.96
40	0.927	0.895	0.69	0.822	0.83
60	0.842	0.776	0.44	0.658	0.70
70	0.789	0.705	0.34	0.575	0.63
80	0.731	0.627	0.26	0.460	0.57
90	0.669	0.546	0.20	0.371	0.46
100	0.604	0.462	0.16	0.300	
110	0.536	0.384		0.248	
120	0.466	0.325		0.209	
130	0.401	0.279		0.178	
140	0.349	0.242		0.153	
150	0.306	0.213		0.134	
160	0.272	0.188		0.117	
170	0.243	0.168		0.102	
180	0.218	0.151		0.093	
190	0.197	0.136		0.083	
200	0.180	0.124		0.075	

压杆的稳定条件，就是压杆的实际压应力不得超过材料的许可临界应力 $[\boldsymbol{\sigma}_{lj}]$，即

$$\boldsymbol{\sigma}=\boldsymbol{N}/A\leqslant[\boldsymbol{\sigma}_{lj}]=\varphi\cdot[\boldsymbol{\sigma}]$$

式中 $\boldsymbol{N}$——轴向压力；

A——杆件的横截面面积。

上式常写成：

$$\boldsymbol{N}/\varphi A\leqslant[\boldsymbol{\sigma}] \tag{7.5}$$

稳定条件的应用，有如下三种情况。

① 稳定校核　对已知压杆的实际应力是否超过压杆稳定的容许应力进行验算，称为**稳定校核**。

【例 7.3】 一木柱高 5m，截面为边长 $a=150\text{mm}$ 的正方形，两端铰支，承受轴向荷载 $\boldsymbol{F}=40\text{kN}$，木材的容许应力 $[\boldsymbol{\sigma}]=10\text{MPa}$，试校核其稳定性。

解： a. 求惯性半径

$$I=a^4/12=0.15^4/12=4.22\times10^{-5}(\text{m}^4)$$

$$A=a^2=0.15^2=2.25\times10^{-2}(\text{m}^2)$$

$$i=\sqrt{I/A}=\sqrt{4.22\times10^{-5}/2.25\times10^{-2}}=0.043(\text{m})$$

b. 求长细比及折减系数　$\lambda=\mu l/i=1\times5/0.043=116$

由表 7.2 查得 $\varphi=0.2246$

c. 稳定校核

$$\frac{\boldsymbol{N}}{\varphi\cdot A}=\frac{40\times10^3}{0.2246\times0.15^2}=7.92\times10^6(\text{N/m}^2)=7.92(\text{MPa})<[\boldsymbol{\sigma}]=10(\text{MPa})$$

所以，该柱的稳定性满足要求。

② 确定容许荷载　将式(7.5) 变换成 $\boldsymbol{N}\leqslant A\varphi\cdot[\boldsymbol{\sigma}]$，计算压杆容许承受的压力。

【例 7.4】 同【例 7.3】，求该木柱的容许荷载。

解： 由 $N\leqslant A\varphi\cdot[\boldsymbol{\sigma}]$得

$$\boldsymbol{F}=A\varphi\cdot[\boldsymbol{\sigma}]=0.15^2\times0.2246\times10\times10^3=50.5(\text{kN})$$

③ 选择截面　将式(7.5) 变换成 $A\geqslant\boldsymbol{N}/\varphi\cdot[\boldsymbol{\sigma}]$用来选择压杆的截面尺寸；但是在截面尺寸尚未确定的情况下，长细比 λ 无法确定，因此无法从表中查出 φ 值。故可先假定一个折减系数 φ（可假定 $\varphi=0.5\sim0.6$），以便初步确定截面尺寸，再进行稳定校核。如不满足稳定条件，再参考第一次试算的结果重新假设 φ 值，再进行第二次试算，直到满足稳定条件为止。此外，在截面有削弱时，还应对净截面作强度校核。

【例 7.5】 一工字钢柱，一端固定，另一端铰支，受轴向压力 $N=240\text{kN}$ 作用，柱长 $l=3.0\text{m}$，材料的容许应力 $[\boldsymbol{\sigma}]=170\text{MPa}$，试选择工字钢的型号。

解： 先假定 $\varphi=0.5$ 得

$$A=\frac{\boldsymbol{N}}{\varphi[\boldsymbol{\sigma}]}=\frac{240}{0.5\times170\times10^3}=28.2\times10^{-4}(\text{m}^2)=28.2(\text{cm}^2)$$

由型钢表（见附录Ⅰ）查得工18 工字钢 $A=30.6\text{cm}^2$，最小惯性半径 $i_{\min}=2\text{cm}$。此时，柱的长细比为

$$\lambda=\mu l/i=0.7\times300/2=105$$

由表 7.2 查得折减系数 $\varphi=0.57$

稳定条件校核，得

$$\frac{\boldsymbol{N}}{\varphi A}=\frac{240000}{0.57\times30.6\times10^{-4}}=138\times10^6(\text{N/m}^2)=138\text{MPa}<[\boldsymbol{\sigma}]=170(\text{MPa})$$

满足稳定条件。

思考题

7.1 压杆的强度、刚度、稳定性各有何不同?

7.2 如何区分压杆的稳定平衡和不稳定平衡?

7.3 如已知杆件的材料、荷载、长度、截面尺寸及杆件两端约束情况，试分别写出其强度、刚度及稳定条件的计算公式。

7.4 什么叫做长细比?其大小由哪些因素确定?其表示压杆的什么特征?

7.5 对压杆进行稳定计算时，如何判别压杆在哪个平面内首先失稳?

7.6 为什么梁通常采用矩形截面，而压杆则采用方形截面?

7.7 圆形截面的压杆，材料为Q235钢，两端铰支，问柱长 l 是直径 d 的多少倍时，才能运用欧拉公式?如杆长不变，直径 d 增加一倍，临界应力将增加多少?如直径 d 不变，杆件长度增加一倍，临界应力将减少多少?

习题

7.1 设一木柱长 $l=3.0\text{m}$，柱上下两端铰接，截面为 $b\times h=100\text{mm}\times150\text{mm}$ 的矩形，材料弹性模量 $E=10\times10^3\text{MPa}$。试求该木柱的临界力。

7.2 有两根细长压杆，其长度、两端支承情况、弹性模量 E 都相同;其中一根杆为圆形截面，另一根杆为正方形截面。试问:(1) 如两根截面面积相同，试比较两根压杆的临界力及临界应力;(2) 如两杆的临界力和临界应力相等，试比较圆形截面的直径和正方形截面的边长。

7.3 一工25a工字钢柱，高4m，一端固定，另一端铰支，承受轴向压力 $F=180\text{kN}$，材料容许应力 $[\boldsymbol{\sigma}]=170\text{MPa}$，问此柱是否安全?

7.4 习题7.4图示托架，其斜撑 BC 为正方形木杆，两端铰接。荷载及尺寸如图所示，木材的容许应力 $[\boldsymbol{\sigma}]=10\text{MPa}$。

试选择斜撑截面的边长 a。

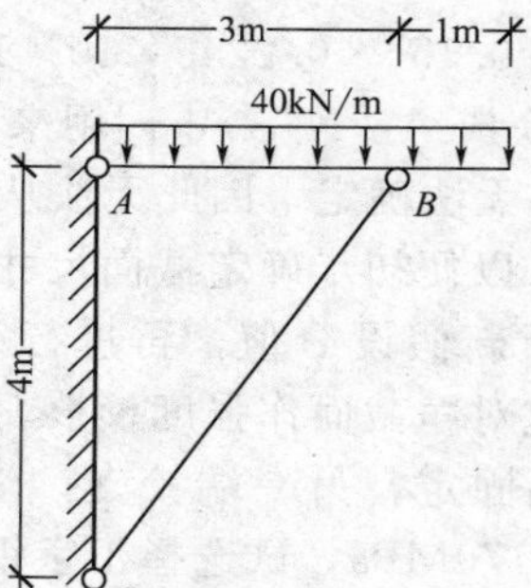

习题7.4图

第二篇

钢筋混凝土结构与砌体结构

8 钢筋混凝土结构的基本原理

学习目标

1. 能熟练陈述钢筋混凝土材料的力学性能。

2. 能正确陈述荷载代表值的概念及其确定方法、荷载分项系数、可变荷载组合值系数、结构重要性系数的取值。

3. 能熟练陈述荷载标准值与荷载设计值、材料强度标准值与材料强度设计值等基本概念。

4. 能正确陈述承载力极限状态和正常使用极限状态实用设计表达式。

学习重点

结构的功能要求，极限状态，结构上的作用，作用效应和结构抗力，荷载代表值，极限状态实用设计表达式。

学习难点

荷载代表值，极限状态方程，结构的可靠度、失效概率，极限状态实用设计表达式。

钢筋混凝土是由钢筋和混凝土两种力学性能完全不同的材料所组成。由于混凝土的抗压强度较高，但抗拉强度却很低，而钢筋的抗拉和抗压强度都很高；因此，将这两种材料合理地结合在一起共同工作，使混凝土承受压力而钢筋承受拉力，这样扬长避短，使其成为一种性能良好且用途广泛的材料——钢筋混凝土材料。

8.1 钢筋混凝土材料的主要力学性质

8.1.1 混凝土的力学性质

混凝土的力学性质主要有强度和变形。

(1) 混凝土的强度

混凝土是由胶凝材料（如水泥）、骨料（细集料、粗集料）、水和外加剂按一定比例拌和而成，混凝土强度的大小不仅与组成材料的质量和配合比有关，而且与混凝土的养护、龄期、受力情况、试验方法等有着密切关系。在实际工程中，常用的混凝土强度有立方体抗压强度标准值（$f_{cu,k}$）、轴心抗压强度标准值（f_{ck}）、轴心抗拉强度标准值（f_{tk}）等。

① 立方体抗压强度标准值 $f_{cu,k}$　混凝土强度等级应按立方体抗压强度标准值确定。《混凝土结构设计规范》（GB 50010—2010）规定：**立方体抗压强度**标准值系指按照标准方法制作、养护的边长为150mm的立方体试件，在28d或设计规定龄期以标准试验方法测得的具有95%保证率的抗压强度值，用符号 $f_{cu,k}$表示。

《混凝土结构设计规范》规定，混凝土强度等级分为14个强度等级：C15、C20、C25、C30、C35、C40、C45、C50、C55、C60、C65、C70、C75和C80。其中符号C表示混凝土，C后面的数值表示以N/mm^2（1N/mm^2=1MPa）为单位的立方体抗压强度。

在实际工程中，素混凝土强度等级不应低于C15；钢筋混凝土强度等级不应低于C20；

采用强度等级400MPa及以上的钢筋时，混凝土强度等级不应低于C25；预应力混凝土结构的混凝土强度等级不宜低于C40，且不应低于C30；承受重复荷载的钢筋混凝土构件，混凝土强度等级不应低于C30。

② 轴心抗压强度标准值f_{ck} 实际工程中的受压构件大多数不是立方体而是棱柱体，即构件长度比其截面尺寸大得多。对于这一类构件，混凝土的抗压强度标准值应采用棱柱体轴心抗压强度标准值，简称**轴心抗压强度标准值**，用符号f_{ck}表示。

测定混凝土的轴心抗压强度标准值，通常采用棱柱体试件，其高宽比h/b为3～4。如h/b过大，则在试块破坏时会出现附加偏心，从而降低轴心抗压强度标准值；如h/b太小，则难以消除试件两端的摩擦阻力对强度的影响。

试验结果表明，混凝土的轴心抗压强度比立方体抗压强度小，混凝土轴心抗压标准强度标准值和立方体抗压标准强度标准值之间的关系式为

$$f_{ck}=0.88\alpha_1\alpha_2 f_{cu,k} \tag{8.1}$$

式中 f_{ck}——混凝土轴心抗压标准强度标准值；

$f_{cu,k}$——混凝土立方体抗压标准强度标准值；

α_1——棱柱体抗压强度与立方体抗压强度的折算系数，按表8.1取值；

α_2——混凝土脆性影响折算系数，按表8.2取值。

表8.1 混凝土的折算系数α_1

混凝土强度等级	≤C50	C55	C60	C65	C70	C75	C80
折算系数α_1	0.76	0.77	0.78	0.79	0.80	0.81	0.82

表8.2 混凝土的折算系数α_2

混凝土强度等级	≤C40	C45	C50	C55	C60	C65	C70	C75	C80
折算系数α_2	1.00	0.984	0.968	0.951	0.935	0.919	0.903	0.887	0.87

③ 轴心抗拉强度f_{tk} 抗拉强度是混凝土的基本力学性能指标之一。混凝土试件在轴向拉伸情况下的极限强度称为**轴心抗拉强度**，用符号f_{tk}表示。它在结构设计中是确定混凝土抗裂度的重要指标。

混凝土的抗拉强度很低，一般只有抗压强度的1/17～1/8，在钢筋混凝土构件的强度计算中通常不考虑受拉混凝土的作用。

混凝土的各项标准强度和设计强度，分别列在表8.3和表8.4中。

表8.3 混凝土强度标准值 N/mm²

符号	混凝土强度等级													
	C15	C20	C25	C30	C35	C40	C45	C50	C55	C60	C65	C70	C75	C80
f_{ck}	10.0	13.4	16.7	20.1	23.4	26.8	29.6	32.4	35.5	38.5	41.5	44.5	47.4	50.2
f_{tk}	1.27	1.54	1.78	2.01	2.20	2.39	2.51	2.64	2.74	2.85	2.93	2.99	3.05	3.11

表8.4 混凝土强度设计值 N/mm²

符号	混凝土强度等级													
	C15	C20	C25	C30	C35	C40	C45	C50	C55	C60	C65	C70	C75	C80
f_c	7.2	9.6	11.9	14.3	16.7	19.1	21.1	23.1	25.3	27.5	29.7	31.8	33.8	35.9
f_t	0.91	1.10	1.27	1.43	1.57	1.71	1.80	1.89	1.96	2.04	2.09	2.14	2.18	2.22

注：f_c——混凝土轴心抗压强度设计值，N/mm²；

f_t——混凝土轴心抗拉强度设计值，N/mm²。

(2) 混凝土的变形

混凝土的变形有两类：一类是混凝土的受力变形，包括一次短期荷载下的变形、长期荷载和重复荷载作用下的变形；另一类是混凝土的体积变形，如收缩、膨胀产生的变形。

① 混凝土在一次短期荷载下的变形　混凝土在一次短期荷载下的应力-应变曲线，是研究钢筋混凝土结构构件的截面应力，建立强度计算和变形计算理论所必不可少的依据。混凝土受压时的应力-应变曲线一般是用均匀加载的棱柱体试件来测定的，如图 8.1。它具有以下几个特点。

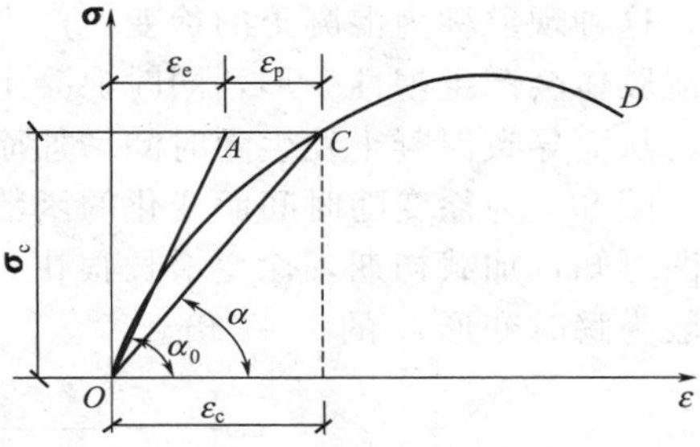

图 8.1　棱柱体一次加载的 $\boldsymbol{\sigma}$-ε 曲线

a. 当应力较小即 $\boldsymbol{\sigma}_c \leqslant (0.2 \sim 0.3) f_c$ 时，试件可近似的作为弹性体，混凝土的应力与应变成正比；卸载后，应变恢复到零。

b. 当荷载继续增大时，即 $\boldsymbol{\sigma}_c = (0.3 \sim 0.8) f_c$ 时，曲线呈上升曲线，且应变的增加较应力增长快，材料表现出塑性性质。在压应力作用下，既产生弹性变形 ε_e，又产生塑性变形 ε_p，混凝土的总应变 $\varepsilon = \varepsilon_e + \varepsilon_p$。此时混凝土是一种弹塑性体。

当应力达到曲线上的 C 点时，混凝土达到最大的承载能力。此时，相应的应力 $\boldsymbol{\sigma}_c$ 就是混凝土的轴心抗压强度 f_c，其相应的应变值为 $\varepsilon_0 = 0.002$。

c. 应力继续增大，即 $\boldsymbol{\sigma}_c > 0.8 f_c$ 时，混凝土试件上的微裂缝形成贯通的裂缝，而当应力接近于 f_c 时，试件的承载能力开始下降，但不立即破坏，而是随着缓慢的卸载，应力逐渐减小，应变则持续增加，此时曲线有“下降段”，直至 D 点破坏。此时，相应的压应变为最大压应变 ε_{cmax}，其值约为 0.002～0.006。混凝土的极限拉应变 ε_{tmax} 约为 0.0001～0.00015，此值比极限压应变小很多。所以，混凝土构件的受拉区很容易开裂，且一般都是带裂缝工作。《混凝土结构设计规范》对非均匀受压时，混凝土的极限压应变取值为 0.0033。

混凝土的极限压应变由弹性应变和塑性应变组成，并以塑性变形为主。塑性变形部分越长，表示其变形能力越大，延性越好。一般低强度等级混凝土受压时的延性要比高强度等级混凝土好些。在结构设计中，混凝土材料应满足一定的延性要求，以防止结构构件发生脆性破坏。

d. 混凝土的弹性模量 E_c。混凝土棱柱体受压时的应力-应变曲线原点的切线斜率，称为原点弹性模量，用符号 E_c 表示。由图 8.1 可知

$$E_c = \tan\alpha_0 = \boldsymbol{\sigma}_c / \varepsilon_e$$

由于应力-应变曲线中的直线段很短，要找出 α_0 很不容易。因此，《混凝土结构设计规范》规定混凝土的弹性模量 E_c 是在试件重复加、卸载的应力-应变曲线上求得的，即取 $\boldsymbol{\sigma}_c = (0.4 \sim 0.5) f_c$ 重复加、卸载 5～10 次后的应力-应变直线的斜率作为混凝土的弹性模量 E_c。不同强度等级混凝土的弹性模量 E_c 不同，可查表 8.5，也可用下式计算

$$E_c = 10^5 / (2.2 + 34.7 / f_{cu,k}) \tag{8.2}$$

混凝土的剪切变形模量 G_c 可按相应弹性模量值的 40%采用。

混凝土泊松比 υ_c 可按 0.2 采用。

表 8.5　混凝土弹性模量　　$\times 10^4\,\mathrm{N/mm^2}$

混凝土强度等级	C15	C20	C25	C30	C35	C40	C45	C50	C55	C60	C65	C70	C75	C80
E_c	2.20	2.55	2.80	3.00	3.15	3.25	3.35	3.45	3.55	3.60	3.65	3.70	3.75	3.80

注：1. 有可靠试验依据时，弹性模量可根据实测数据确定。

2. 当混凝土中掺有大量矿物掺合料时，弹性模量可按规定龄期根据实测数据确定。

② 混凝土的徐变　混凝土在长期不变荷载作用下，它的应变也会随着时间的增加而增

长，这种现象称为混凝土的**徐变**。产生徐变的原因是由于混凝土受力后，尚未转化为结晶的水泥胶体会产生塑性变形，同时混凝土内部的微裂缝在荷载长期作用下也会不断地发展和增加，从而导致混凝土发生随时间增加而增长的变形。

图 8.2 为徐变随时间而变化的函数曲线，其中 ε_{el} 为加载时的瞬时变形，ε_{cr} 为徐变变形。由图可知，加载初期，徐变增长很快，以后逐渐缓慢，约两年后基本稳定。徐变变形 ε_{ct} 值一般为瞬时变形 ε_{el} 的 1～4 倍。

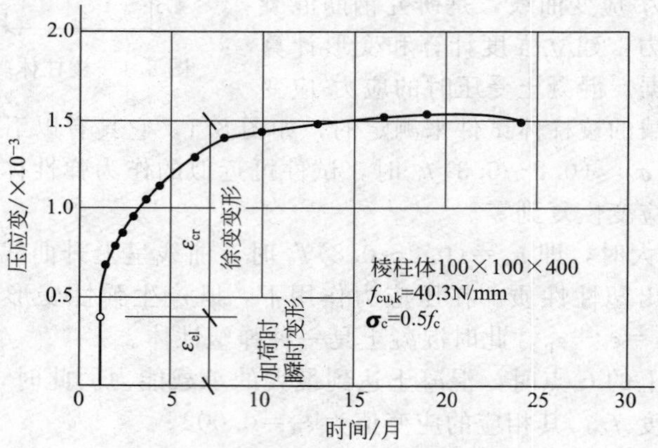

图 8.2　混凝土的徐变曲线

影响徐变的因素很多。试验表明，在水胶比不变的条件下，水泥用量越多，徐变越大；在水泥用量相同的条件下，水胶比越大，徐变越大；混凝土养护条件越好，徐变越小；加荷前混凝土龄期越长，徐变越小；在混凝土中增加骨料含量、提高骨料的质量，可以减少徐变；构件截面上压应力越大，徐变越大。

徐变对结构的影响有不利方面，也有有利方面。不利方面表现在：徐变会使结构（构件）的（挠度）变形增大，引起预应力损失，在长期高应力作用下，甚至会导致破坏。有利方面表现在：使结构构件产生内（应）力重分布，降低结构的受力（如支座不均匀沉降），减小大体积混凝土内的温度应力，受拉徐变可延缓收缩裂缝的出现。

③ 混凝土的收缩与膨胀　混凝土在空气中结硬时，体积会缩小；在水中结硬时，体积会膨胀，但收缩量比膨胀量大得多。因此，这里只研究混凝土的收缩。

混凝土的收缩变形也是随时间增加而增长的，开始增长很快，以后逐渐变慢，要持续很长时间才趋于稳定。普通混凝土的收缩值一般取 3×10^{-4}。

收缩对钢筋混凝土的危害很大。对于一般构件来说，收缩会引起初应力，使构件产生早期裂缝。如钢筋混凝土受弯构件，当混凝土收缩时，由于钢筋阻止其收缩，而导致钢筋受压，混凝土受拉；当拉应力超过混凝土的抗拉强度时，混凝土将产生裂缝。此外，混凝土的收缩对预应力结构还会导致预应力损失。

影响混凝土收缩的因素有以下几方面：

水泥的品种：水泥强度等级越高制成的混凝土收缩越大。

水泥的用量：水泥越多，收缩越大；水胶比越大，收缩也越大。

骨料的性质：骨料的弹性模量大，收缩小。

养护条件：在结硬过程中周围温度、湿度越大，收缩越小。

混凝土制作方法：混凝土越密实，收缩越小。

使用环境：使用环境温度、湿度大时，收缩小。

构件的体积与表面积比值：比值大时，收缩小。

减少混凝土收缩的措施有：减少水泥用量，尽可能采用低强度等级混凝土，降低水胶比。施工时加强捣固，加强养护；除此以外，在结构上采用预留伸缩缝，在构件内部配置一定数量的分布钢筋和构造钢筋。

8.1.2　钢筋的力学性质

(1) 钢筋的种类和级别

混凝土结构采用的钢筋分为普通钢筋和预应力钢筋

① 普通钢筋　《混凝土结构设计规范》规定，混凝土结构用的普通钢筋是热轧钢筋。热轧钢筋是低碳钢、低合金钢在高温状态下轧制而成的软钢，其单向拉伸下的力学试验，有明显的屈服点和屈服台阶，有较大的伸长率，断裂时有颈缩现象。

根据屈服强度标准值的高低，普通钢筋分为4个强度等级：300MPa、335MPa、400MPa、500MP。分为8个牌号，其牌号和对应符号为：HPB300，Φ；HRB335，Φ；HRBF335，Φ；HRB400，Φ，HRBF400，Φ；RRB400，Φ；HRB500，Φ；RRB500，Φ。牌号中HPB系列是热轧光圆钢筋；HRB系列是普通热轧带肋钢筋；HRBF系列是采用控温轧制生产的细晶粒带肋钢筋；RRB系列是余热处理钢筋，由轧制钢筋经高温淬水，余热处理后提高强度。其延性、可焊性、机械性能及施工适应性降低，一般可用于对变形性能及加工性能要求不高的构件中。牌号中的数值表示的是钢筋的屈服强度标准值。如HPB300表示的是屈服强度标准值为300MPa的热轧光圆钢筋。

② 预应力钢筋　我国目前用于预应力混凝土结构中的预应力钢筋，主要分为预应力钢丝、钢绞线、预应力螺纹钢3种。

a. 预应力钢丝　常用的预应力钢丝公称直径有5mm、7mm和9mm等规格。主要采用消除应力光面钢丝和螺旋肋钢丝。根据其强度级别可分为：中强度预应力钢丝，其极限强度标准值为800～1270MPa；高强度预应力钢丝为1470～1860MPa等。

b. 钢绞线　钢绞线是由冷拉光圆钢丝，按一定数量捻制而成钢绞线，再经过消除应力的稳定化处理，以盘卷状供应。常用三根钢丝捻制的钢绞线表示为1×3、公称直径8.6～12.9mm，常用7根钢丝捻制的标准型钢绞线表示为1×7，公称直径9.5～21.6mm。

预应力筋通常由多根钢绞线组成。例如有：12-7 9.5、9-7 9.5等型号规格的预应力钢绞线。现以12- 7 9.5为例，9.5表示公称直径为9.5mm的钢丝，7 9.5表示7条公称直径为9.5mm的钢丝组成一根钢绞线，而12表示12根这种钢绞线组成一束钢筋，总的含义为为：一束由12根7丝（每丝直径为9.5mm）钢绞线组成一束钢筋。

钢绞线的主要特点是强度高和抗松弛性能好，展开时较挺直。钢绞线要求内部不应有折断、横裂和相互交叉的钢丝，表面不得有油污等物质，以免降低钢绞线与混凝土之间的黏结力。

c. 预应力螺纹钢筋　预应力螺纹钢筋是采用热轧、轧后余热处理或热处理等工艺制作而成带有不连续无纵肋的外螺纹的直条钢筋，该钢筋在任意截面处可用带有匹配形状的内螺纹连接器或锚具进行连接或锚固。直径为18～50mm，具有高强度、高韧性等特点。要求钢筋端部平齐，不影响连接件通过。表面不得有横向裂缝、结疤，但允许有不影响钢筋力学性能和连接的其他缺陷。

(2) 钢筋与混凝土的共同工作

钢筋与混凝土是两种力学性质完全不同的材料，两者组合在一起能共同工作的原因，主要有以下几方面。

① 混凝土硬化后，在钢筋与混凝土之间产生良好的黏结力，将二者可靠地黏结在一起，从而保证构件受力时，钢筋与混凝土共同变形而不产生相对滑动。

② 在一定温度的范围内，钢筋与混凝土两种材料的温度线胀系数大致相等。钢筋的线

胀系数为 1.2×10^{-5}，混凝土为（1.0～1.4）$\times10^{-5}$。所以，当温度发生变化时，不致产生较大的温度应力而破坏二者间的整体性。

③ 钢筋被包裹在混凝土之中，混凝土能很好地保护钢筋免于锈蚀，从而增加了结构的耐久性，使结构始终处于整体工作状态。

（3）混凝土结构钢筋的选用

① 混凝土结构对钢筋性能的要求　《混凝土结构设计规范》根据“四节一环保（节能、节地、节水、节材和环境保护）”的要求，提倡应用高强、高性能钢筋。其中高性能包括延性好、可焊性好、机械连接性能好、施工适应性强以及与混凝土的黏结力强等性能。

a. 钢筋的强度　钢筋的强度是指钢筋的屈服强度和极限强度。混凝土构件的设计计算主要采用钢筋的屈服强度（对无明显流幅的钢筋，取用的是条件屈服点）。采用高强度的钢筋可以节约钢材，取得较好的经济效果。

b. 钢筋的延性　要求钢筋有一定的延性是为了确保钢筋在断裂前有足够的变形，以确保能给出混凝土构件在破坏前的预告信号，同时要保证钢筋冷弯的要求和钢筋的塑性性能。钢筋的伸长率和冷弯性能是施工单位验收钢筋是否合格的主要指标。

c. 钢筋的可焊性　可焊性是评定钢筋焊接后的接头性能的指标。可焊性好，要求钢筋在一定的工艺下焊接后不产生裂纹及过大的变形。

d. 机械连接性能　机械连接是钢筋连接的主要方式之一，目前我国工地上的机械接头大多采用直螺纹套筒连接，这就要求钢筋具有较好的机械连接性能，以便能方便地在工地上把钢筋端头轧制螺纹。

② 混凝土结构的钢筋的选用　混凝土结构的钢筋应按下列规定选用。

a. 纵向受力普通钢筋宜采用 HRB400、HRB500、HRBF400、HRBF500 钢筋，也可采用 HPB300、HRB335、HRBF335、RRB400 钢筋；

b. 梁、柱纵向受力普通钢筋应采用 HRB400、HRB500、HRBF400、HRBF500 钢筋；

c. 箍筋宜采用 HPB300、HRB400、HRBF400、HRB500、HRBF500 钢筋，也可采用 HRB335、HRBF335 钢筋；

d. 预应力钢筋宜采用预应力钢丝、钢绞线和预应力螺纹钢筋。

钢筋的强度标准值如表 8.6 和表 8.7 所示，应具有不小于 95%的保证率。

表 8.6　普通钢筋强度标准值　　N/mm^2

牌号	符号	级别	公称直径 d/mm	屈服强度标准值 f_{yk}	极限强度标准值 f_{stk}
HPB300	Φ	Ⅰ级	6～22	300	420
HRB335 HRBF335	Φ Φ^{F}	Ⅱ级	6～50	335	455
HRB400 HRBF400 RRB400	Φ Φ^{F} Φ^{R}	Ⅲ级	6～50	400	540
HRB500 HRBF500	Φ Φ^{F}	Ⅳ级	6～50	500	630

表 8.7　预应力钢筋强度标准值　　N/mm^2

种　类		符号	公称直径 d/mm	屈服强度标准值 $f_{Py,k}$	极限强度标准值 $f_{Pt,k}$
中强度预应力钢丝	光面	Φ^{PM}	5,7,9	620	800
				780	970
	螺旋肋	Φ^{HM}		980	1270

续表

种类		符号	公称直径 d/mm	屈服强度标准值 $f_{Py,k}$	极限强度标准值 $f_{Pt,k}$
预应力螺纹钢筋	螺纹	Φ^T	18,25,32,40,50	785	980
				930	1080
				1080	1230
消除应力钢丝	光面	Φ^P	5	—	1570
				—	1860
			7	—	1570
	螺旋肋	Φ^P	9	—	1470
				—	1570
钢绞线	1×3(三股)	Φ^S	8.6,10.8,12.9	—	1570
				—	1860
				—	1960
	1×7(七股)		9.5,12.7,15.2,17.8	—	1720
				—	1860
				—	1960
			21.6	—	1860

注：极限强度标准值为1960N/mm^{2}的钢绞线作后张预应力配筋时，应有可靠的工程经验。

表 8.8 普通钢筋强度设计值 N/mm^2

牌号	抗拉强度设计值 f_y	抗压强度设计值 f'_y
HPB300	270	270
HRB335,HRBF335	300	300
HRB400,HRBF400,RRB400	360	360
HRB500,HRBF500	435	410

普通钢筋的抗拉强度设计值 f_y、抗压强度设计值 f'_y应按表 8.8 采用；预应力筋的抗拉强度设计值 f_{py}、抗压强度设计值 f'_{py}应按表 8.9 采用。

当构件中配有不同种类的钢筋时，每种钢筋应采用各自的强度设计值。横向钢筋的抗拉强度设计值 f_{yv}应按表 8.8 中 f_y的数值采用；当用作受剪、受扭、受冲切承载力计算时，其数值大于 360N/mm^{2}时应取 360 N/mm^2。

表 8.9 预应力钢筋强度设计值 N/mm^2

种类	极限强度标准值 $f_{pt,k}$	抗拉强度设计值 f_{py}	抗压强度设计值 f'_{py}
中强度预应力钢丝	800	510	410
	970	650	
	1270	810	
消除应力钢丝	1470	1040	410
	1570	1110	
	1860	1320	
钢绞线	1570	1110	390
	1720	1220	
	1860	1320	
	1960	1390	
预应力螺纹钢筋	980	650	410
	1080	770	
	1230	900	

注：当预应力筋的强度标准值不符合表 8.12 的规定时，其强度设计值应进行相应的比例换算。

普通钢筋和预应力筋在最大力下的总伸长率 δ_{gt}不应小于表 8.10 规定的数值。

表 8.10 普通钢筋及预应力筋在最大力作用下的总伸长率限值

钢筋品种	普通钢筋			预应力筋
	HPB300	HRB335,HRBF335,HRB400,HRBF400,HRB500,HRBF500	RRB400	
δ_{gt}/%	10.0	7.5	5.0	3.5

普通钢筋和预应力筋的弹性模量应按表 8.11 采用。

表 8.11 钢筋弹性模量 ×10⁵N/mm²

项 次	牌号或种类	弹性模量 E_s
1	HPB300 钢筋	2.10
2	HRB335,HRB400,HRB500 钢筋	2.00
	HRBF335,HRBF400,HRBF500 钢筋	
	RRB400 钢筋	
	预应力螺纹钢筋	
3	消除应力钢丝、中强度预应力钢丝	2.05
4	钢绞线	1.95

注：必要时钢绞线可采用实测的弹性模量。

普通钢筋和预应力筋的疲劳应力幅限值参见《混凝土结构设计规范》的相关规定。

构件中的钢筋可采用并筋的配置形式。直径 28mm 及以下的钢筋并筋数量不应超过 3 根；直径 32mm 的钢筋并筋数量宜为 2 根；直径 36mm 及以上的钢筋不应采用并筋。并筋应按单根等效钢筋进行计算，等效钢筋的等效直径应按截面面积相等的原则换算确定。

当进行钢筋代换时，除应符合设计要求的构件承载力、最大力下的总伸长率、裂缝宽度验算以及抗震规定以外，尚应满足最小配筋率、钢筋间距、保护层厚度、钢筋锚固长度、接头面积百分率及搭接长度等构造要求。

当构件中采用预制的钢筋焊接网片或钢筋骨架配筋时，应符合国家现行有关标准的规定。

各种公称直径的普通钢筋、预应力筋的公称截面面积及理论重量应按规范附录 A 采用。

8.2 荷载分类及荷载代表值

8.2.1 荷载分类

结构上的荷载按其作用时间的长短和性质可分为以下三类。

(1) 永久荷载

永久荷载亦称恒荷载，是指在结构使用期间，其值不随时间变化，或者其变化与平均值相比可忽略不计的荷载。如结构自重、土压力、预应力等。

(2) 可变荷载

可变荷载也称为活荷载，是指在结构使用期间，其值随时间变化，且其变化值与平均值相比不可忽略的荷载。例如楼面活荷载、屋面活荷载、吊车荷载、积灰荷载、风荷载、雪荷载等。

(3) 偶然荷载

在结构使用期间不一定出现，而一旦出现，其值很大且持续时间很短的荷载称为偶然荷载。例如地震、爆炸、撞击力等。

8.2.2 荷载代表值

结构设计时，对于不同的荷载和不同的设计情况，应赋予荷载不同的量值，该量值即荷载代表值。《建筑结构荷载规范》(GB 50009—2012)给出了四种荷载的代表值，即标准值、组合值、频遇值、准永久值。

(1) 荷载标准值

荷载标准值就是结构在设计基准期内具有一定概率的最大荷载值，它是荷载的基本代表值。设计基准期为确定可变荷载代表值而选定的时间参数，一般取为50年。在使用期间内，最大荷载值是随机变量，可以采用荷载最大值的概率分布的某一分位值来确定(一般取95%保值率)，如办公楼的楼面活荷载标准值取$2kN/m^2$。但是有些荷载或因统计资料不充分，可以不采用分位值的方法，而采用经验确定。

对于永久荷载如结构自重及粉刷、装修，固定设备的重量。一般可按结构构件的设计尺寸和材料或结构构件单位体积(或面积)的自重标准值确定。例如取钢筋混凝土单位体积自重标准值为$25kN/m^3$，则截面尺寸为200mm×600mm的钢筋混凝土矩形截面梁的自重标准值为$0.2\times0.6\times25=3kN/m$。

对于自重变异性较大的材料，在设计中应根据其对结构有利或不利的情况，分别取其自重的下限值或上限值。

对于可变荷载标准值应按《建筑结构荷载规范》(GB 50009—2012)的规定确定。

(2) 可变荷载组合值

两种或两种以上可变荷载同时作用于结构上时，除主导荷载(产生最大效应的荷载)仍可以其标准值为代表值外，其他伴随荷载均应以小于标准值的荷载值为代表值，此即可变荷载组合值。可变荷载组合值可表示为$\psi_c Q_k$。其中ψ_c为可变荷载组合值系数，Q_k为可变荷载标准值。

(3) 可变荷载频遇值

对可变荷载，在设计基准期内被超越的总时间仅为设计基准期一小部分的荷载值，或在设计基准期内其超越频率为某一给定频率的作用值称为可变荷载频遇值。可变荷载频遇值可表示为$\psi_f Q_k$。其中ψ_f为可变荷载频遇值系数，Q_k为可变荷载标准值。

(4) 可变荷载准永久值

对于可变荷载而言，其标准值中的一部分是经常作用在结构上的，与永久荷载相似。把在设计基准期内被超越的总时间为设计基准期一半的作用值称为可变荷载准永久值。可变荷载准永久值可表示为$\psi_q Q_k$，其中Q_k为可变荷载标准值，ψ_q为可变荷载准永久值系数。

8.3　极限状态设计方法

8.3.1　极限状态

极限状态是指结构或结构的一部分超过某一特定状态就不能满足设计规定的某一功能要求，此特定状态就称为该功能的极限状态。

(1) 承载能力极限状态

结构或结构构件达到最大承载力、出现疲劳破坏、发生不适于继续承载的变形或因结构局部破坏而引发的连续倒塌，即可认为超过了承载能力极限状态。

① 整个结构或结构的一部分作为刚体失去平衡(如倾覆、滑移等)；

② 结构构件或连接因超过材料强度而破坏(包括疲劳破坏)，或因过度的塑性变形而不适于继续承载；

③ 结构转变为机动体系；

④ 结构或结构构件丧失稳定(如压曲等)。

承载能力极限状态主要考虑结构的安全性，而结构的安全又关系到人的生命和财产的安危；因此，应严格控制结构或结构构件不允许其超过承载能力极限状态。

(2) 正常使用极限状态

结构或结构构件达到正常使用的某项规定限值或耐久性能的某种规定状态。当结构或结构构件出现下列状态之一时，即可认为超过正常使用极限状态。

① 影响正常使用或外观产生过大的变形；

② 影响正常使用或耐久性的局部破坏（裂缝）；

③ 影响正常使用的振动；

④ 影响正常使用的其他特定状态。

正常使用极限状态主要考虑结构的适用性和耐久性，结构或结构构件超过这种极限状态时，就有可能产生过大的变形和裂缝，引起使用者心理上的不安。

在实际工程中，根据使用条件需控制变形的结构构件，应进行变形验算；对不容许混凝土开裂的构件，应进行抗裂度验算；对于限制裂缝宽度的构件，应进行裂缝宽度验算。

8.3.2　承载能力极限状态计算

① 在极限状态设计方法中，结构构件的承载能力计算应采用下列表达式。

$$\gamma_0 S_d \leqslant R_d \tag{8.3}$$

$$R_d = R(f_c, f_s, a_k, \cdots) \tag{8.4}$$

式中　γ_0——重要性系数，见表 8.12；

S_d——承载能力极限状态的荷载效应组合设计值；

R_d——结构构件的承载能力设计值；

$R(f)$——结构构件的承载力函数；

f_c，f_s——混凝土、钢筋的强度设计值；

a_k——几何参数的标准值；当几何参数的变异对结构性能有明显的不利影响时，可另增减一个附加值。

表 8.12　构件设计使用年限及重要性系数

设计使用年限或安全等级	示　例	γ_0
安全等级为三级	临时性建筑物	≥0.9
安全等级为二级	普通房屋或构筑物	≥1.0
安全等级为一级	纪念性建筑和特别重要的建筑物	≥1.1

② 由可变荷载效应控制的组合为

$$S_d = \sum_{j=1}^{m} \gamma_{Gj} S_{Gjk} + \gamma_{Q1}\gamma_{L1} S_{Q1k} + \sum_{i=2}^{n} \gamma_{Qi}\gamma_{Li}\psi_{ci} S_{Qik} \tag{8.5}$$

式中　γ_{Gj}——永久荷载的分项系数，应按表 8.13 采用；

γ_{Qi}——第 i 个可变荷载的分项系数，其中 γ_{Q1} 为主导可变荷载 Q_1 的分项系数，应按表 8.13 采用；

γ_{Li}——第 i 个可变荷载的考虑设计使用年限的调整系数，其中 γ_{L1} 为主导可变荷载 Q_1 考虑设计使用年限的调整系数，对于楼面和屋面活荷载，其调整系数按表 8.14 采用；

S_{Gjk}——按第 j 个永久荷载标准值 G_{jk} 计算的荷载效应值；

S_{Qik}——按第 i 个可变荷载标准值 Q_{ik} 计算的荷载效应值，其中 S_{Q1k} 为所有可变荷载效应中起控制作用者；

ψ_{ci}——第 i 个可变荷载 Q_i 的组合值系数，应分别按各建筑结构设计规范的规定采用；

n——参与组合的可变荷载数。

③ 由永久荷载效应控制的组合为

$$S_d = \sum_{j=1}^{m} \gamma_{Gj} S_{Gjk} + \sum_{i=1}^{n} \gamma_{Qi} \gamma_{Li} \psi c_i S_{Qik} \tag{8.6}$$

基本组合中的设计值仅适用于荷载与荷载效应为线性的情况。对当 S_{Q1k} 无法进行明确判断时，轮次以各可变荷载效应为 S_{Q1k}，选其中最为不利的荷载效应组合。

表 8.13 基本组合的荷载分项系数

项　目	内　容
永久荷载分项系数	(1)当荷载效应对结构不利时： 对由可变荷载效应控制的组合，取 1.2； 对由永久荷载效应控制的组合，取 1.35 (2)当效应对结构有利时： 一般情况下取 1.0； 对结构的倾覆、滑移或漂浮验算，取 0.9
可变荷载的分项系数	(1)一般情况下取 1.4 (2)对标准值大于 $4kN/m^2$ 的工业房屋楼面结构的活荷载取 1.3

表 8.14 楼面和屋面活荷载考虑设计使用年限的调整系数

结构设计使用年限(年)	5	50	100
γ_L	0.9	1.0	1.1

注：1. 当设计使用年限不为表中数值时，调整系数 γ_L 可按线性内插法确定；

2. 对于荷载标准值可控制的活荷载，设计使用年限调整系数 γ_L 取 1.0。

8.3.3 正常使用极限状态计算

在正常使用极限状态计算中，应根据不同的设计要求，采用荷载的标准组合、频遇组合或准永久组合，按下列设计表达式进行设计。

$$S_d \leqslant C \tag{8.7}$$

式中 S_d——正常使用极限状态的荷载效应组合设计值；

C——结构构件达到正常使用要求的规定限值，例如变形、裂缝、振幅、加速度、应力等的限制，应按各有关建筑结构设计规范的规定采用。

正常使用情况下荷载效应和结构抗力的变异性，已经在确定荷载标准值和结构抗力标准值时做出了一定程度的处理，并具有一定的安全储备。考虑到正常使用极限状态设计属于校核验算性质，所要求的安全储备可以略低一些，所以采用荷载效应及结构抗力标准值进行计算。

对于标准组合，荷载效应组合的设计值 S_d 按下式计算（仅适用于荷载与荷载效应为线性的情况）：

$$S_d = \sum_{j=1}^{m} S_{G_j k} + S_{Q_1 k} + \sum_{i=2}^{n} \psi_{ci} S_{Q_i k} \tag{8.8}$$

对于频遇组合，荷载效应组合的设计值可按下式计算：

$$S_d = \sum_{j=1}^{m} S_{G_j k} + \psi_{f1} S_{Q1k} + \sum_{i=2}^{n} \psi_{qi} S_{Q_i k} \tag{8.9}$$

式中 ψ_{f1}——可变荷载 Q_1 的频遇值系数；

ψ_{qi}——可变荷载 Q_i 的准永久值系数。

对于准永久组合，荷载效应组合的设计值可按下式计算。

$$S_d = \sum_{j=1}^{m} S_{Gjk} + \sum_{i=1}^{n} \psi_{qi} S_{Qik} \tag{8.10}$$

【例 8.1】 某办公楼钢筋混凝土矩形截面简支梁，安全等级为二级，设计使用年限为50年，截面尺寸 $b\times h=200\text{mm}\times450\text{mm}$，计算跨度 $l_0=5\text{m}$，净跨度 $l_n=4.86\text{m}$。承受均布线荷载：活荷载标准值7kN/m，恒荷载标准值12kN/m（不包括自重）。试计算按承载能力极限状态设计时的跨中弯矩设计值和支座边缘截面剪力设计值。（$\psi_c=0.7$，$\gamma_0=1.0$）

解： 钢筋混凝土的自重标准值为25kN/m^3，故梁自重标准值为 $25\times0.2\times0.45=2.25$kN/m。总恒荷载标准值 $g_k=12+2.25=14.25\text{kN/m}$。恒载产生的跨中弯矩标准值和支座边缘截面剪力标准值分别为：

$$M_{gk}=\frac{1}{8}g_k l_0{}^2=\frac{1}{8}\times14.25\times5^2=44.53(\text{kN}\cdot\text{m})$$

$$V_{gk}=\frac{1}{2}g_k l_n=\frac{1}{2}\times14.25\times4.86=34.63(\text{kN})$$

活荷载产生的跨中弯矩标准值和支座边缘截面剪力标准值分别为：

$$M_{qk}=\frac{1}{8}q_k l_0^2=\frac{1}{8}\times7\times5^2=21.875(\text{kN}\cdot\text{m})$$

$$V_{qk}=\frac{1}{2}q_k l_n=\frac{1}{2}\times7\times4.86=17.01(\text{kN})$$

本例只有一个活荷载，即为第一可变荷载。故计算由活载弯矩控制的跨中弯矩设计值时，$\gamma_G=1.2$，$\gamma_0=1.4$。由活荷载弯矩控制的跨中弯矩设计值和支座边缘截面剪力设计值分别为：

$$M=\gamma_0(\gamma_G M_{gk}+\gamma_Q M_{qk})=1\times(1.2\times44.53+1.4\times21.875)=84.06(\text{kN}\cdot\text{m})$$

$$V=\gamma_0(\gamma_G V_{gk}+\gamma_Q V_{qk})=1\times(1.2\times34.63+1.4\times17.01)=65.37(\text{kN})$$

计算由恒载弯矩控制的跨中弯矩设计值时，$\gamma_G=1.35$，$\gamma_Q=1.4$，$\psi_c=0.7$。由恒载弯矩控制的跨中弯矩设计值和支座边缘截面剪力标准值分别为：

$$M=\gamma_0(\gamma_G M_{gk}+\psi_c\gamma_Q M_{qk})=1\times(1.35\times44.53+0.7\times1.4\times21.875)=81.55(\text{kN}\cdot\text{m})$$

$$V=\gamma_0(\gamma_G V_{gk}+\gamma_Q V_{qk})=1\times(1.35\times34.63+0.7\times1.4\times17.01)=63.42(\text{kN})$$

取较大值得跨中弯矩设计值 $M=84.06\text{kN}\cdot\text{m}$，支座边缘截面剪力设计值 $V=65.37\text{ kN}$。

8.3.4 耐久性设计

（1）耐久性设计的内容

混凝土结构应根据设计使用年限和环境类别进行耐久性设计，耐久性设计包括下列内容。

① 确定结构所处的环境类别；

② 提出对混凝土材料的耐久性基本要求；

③ 确定构件中钢筋的混凝土保护层厚度；

④ 不同环境条件下的耐久性技术措施；

⑤ 提出结构使用阶段的检测与维护要求。

技术提示：对临时性的混凝土建筑物，可不考虑混凝土的耐久性要求。

（2）混凝土结构的环境类别

混凝土结构的环境类别应按表8.15的要求进行划分。

表 8.15 混凝土结构的环境类别

环境类别	环境条件
一	室内干燥环境： 无侵蚀性静水浸没环境
二 a	室内潮湿环境： 非严寒和非寒冷地区的露天环境 非严寒和非寒冷地区与无侵蚀性的水或土壤直接接触的环境 严寒和非寒冷地区的冰冻线以下与无侵蚀性的水或土壤直接接触的环境
二 b	干湿交替环境： 水位频繁变动环境 严寒和寒冷地区的露天环境 严寒和寒冷地区冰冻线以上与无侵蚀性的水或土壤直接接触的环境
三 a	严寒和寒冷地区的冬季水位变动区环境： 受除冰盐影响环境 海风环境
三 b	盐渍土环境： 受除冰盐作用环境 海岸环境
四	海水环境
五	受人为或自然的侵蚀性物质影响的环境

注：1. 室内潮湿环境是指构件表面经常处于结露或湿润状态的环境。

2. 严寒和寒冷地区的划分应符合国家现行标准《民用建筑热工设计规范》（GB 50176）的有关规定。

3. 海岸环境和海风环境宜根据当地情况，考虑主导风向及结构所处迎风、背风部位等因素的影响，由调查研究和工程经验确定。

4. 受除冰盐影响环境是指受到除冰盐盐雾影响的环境：受除冰盐作用环境是指被除冰盐溶液溅射的环境以及使用除冰盐地区的洗车房、停车楼等建筑。

5. 暴露的环境是指混凝土结构表面所处的环境。

(3) 混凝土结构对混凝土材料的要求

设计使用年限为 50 年的混凝土结构，其混凝土材料宜符合表 8.16 的规定。

表 8.16 结构混凝土材料的耐久性基本要求

环境类别	最大水胶比	最低强度等级	最大氯离子含量/%	最大碱含量/(kg/m^3)
一	0.60	C20	0.30	不限制
二 a	0.55	C25	0.20	3.0
二 b	0.50(0.55)	C30(C25)	0.15	
三 a	0.45(0.50)	C35(C30)	0.15	
三 b	0.40	C40	0.10	

注：1. 氯离子含量系指其占胶凝材料总量的百分比。

2. 预应力构件混凝土中的最大氯离子含量为 0.06%；最低混凝土强度等级应按表中的规定提高两个等级。

3. 素混凝土构件的水胶比及最低强度等级的要求可适当放松。

4. 有可靠工程经验时，二类环境中的最低混凝土强度等级可降低一个等级。

5. 处于严寒和寒冷地区二 b、三 a 类环境中的混凝土应使用引气剂，并可采用括号中的有关参数。

6. 当使用非碱活性骨料时，对混凝土中的碱含量可不作限制。

(4) 耐久性技术措施

混凝土结构及构件应采取的耐久性技术措施主要有：

① 预应力混凝土结构中的预应力筋应根据具体情况采取表面防护、孔道灌浆、加大混凝土保护层厚度等措施，外露的锚固端应采取封锚和混凝土表面处理等有效措施；

② 有抗渗要求的混凝土结构，混凝土的抗渗等级应符合有关标准的要求；

③ 严寒及寒冷地区的潮湿环境中，结构混凝土应满足抗冻要求，混凝土抗冻等级应符

合有关标准的要求；

④ 处于二、三类环境中的悬臂构件宜采用悬臂梁-板的结构形式，或在其上表面增设防护层；

⑤ 处于二、三类环境中的结构构件，其表面的预埋件、吊钩、连接件等金属部件应采取可靠的防锈措施，对于后张预应力混凝土外露金属锚具，其防护要求见《混凝土结构设计规范》相关要求；

⑥ 处在三类环境中的混凝土结构构件，可采用阻锈剂、环氧树脂涂层钢筋或其他具有耐腐蚀性能的钢筋，采取阴极保护措施或采用可更换的构件等措施。

思 考 题

8.1 什么是混凝土立方体抗压强度？怎样划分混凝土的强度等级？工程中如何选用混凝土的强度等级？

8.2 什么是混凝土的收缩和徐变？它们对工程结构有何危害？如何减少混凝土的收缩和徐变？

8.3 简述钢筋的分类。

8.4 钢筋与混凝土是两类力学性质完全不相同的材料，为什么它们能共同工作？

8.5 什么是结构承载能力的极限状态？什么是结构正常使用的极限状态？

9 钢筋混凝土受弯构件

学习目标

1. 能正确陈述梁、板的构造要求。
2. 能基本陈述受弯构件正截面、斜截面的破坏过程。
3. 能正确陈述单筋矩形截面受弯构件正截面承载力、斜截面承载力的计算目的及方法。
4. 能基本陈述受弯构件斜截面承载力的计算位置及构造要求。
5. 能基本陈述钢筋混凝土构件裂缝宽度和变形验算的目的及计算方法。
6. 能基本陈述预应力混凝土的基本知识。

学习重点

1. 受弯构件的一般构造要求。
2. 受弯构件正截面破坏、斜截面破坏形式、破坏特征及其防止措施。
3. 受弯构件正截面承载力、斜截面承载力的计算。
4. 钢筋混凝土受弯构件在短期荷载作用和长期荷载作用下的刚度、挠度计算、裂缝宽度计算。

学习难点

1. 受弯构件正截面、斜截面破坏形式及破坏特征。
2. 适筋梁各个工作阶段应力状态的特点。
3. 钢筋混凝土受弯构件在短期荷载作用和长期荷载作用下的刚度。

受弯构件是指以弯曲变形为主的构件，它是钢筋混凝土结构中用得最多的一种基本构件，如房屋建筑中的梁和板，工业厂房中的吊车梁就是典型的受弯构件。受弯构件在荷载作用下截面上将产生弯矩和剪力。在弯矩作用下，构件可能沿正截面破坏，如图 9.1(a)；在弯矩和剪力共同作用下，构件可能沿斜截面破坏，如图 9.1(b)。

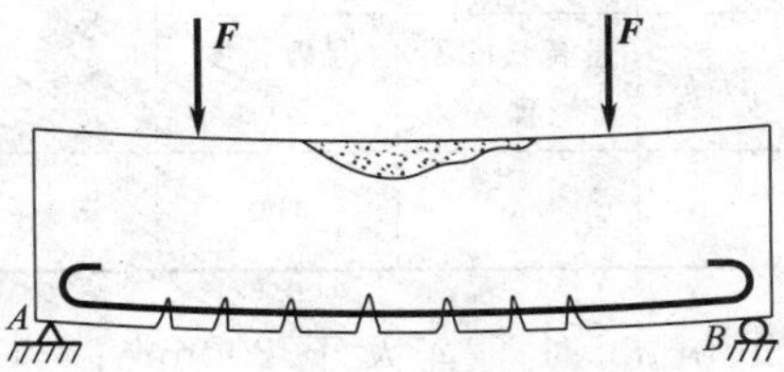

(a) 正截面破坏

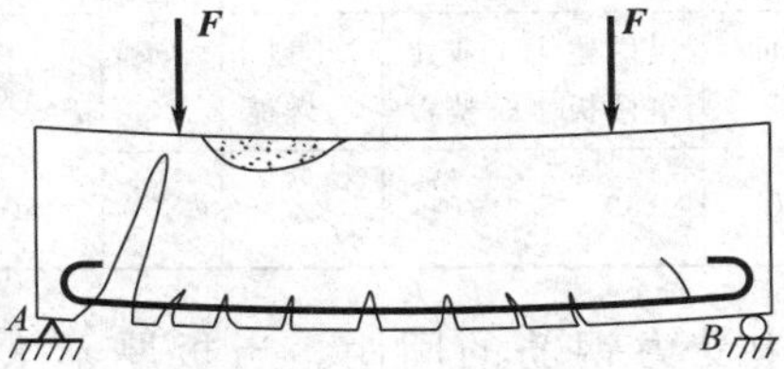

(b) 斜截面破坏

图 9.1 受弯构件破坏情况

9.1 梁、板的一般构造要求

混凝土结构设计的内容：结构方案设计，包括结构选型、构件布置及传力途径；作用及作用效应分析；结构的极限状态设计；结构及构件的构造、连接措施；耐久性及施工的要求；满足特殊要求结构的专门性能设计等 6 个方面。完整的结构设计，既要有可靠的计算依据，又要有合理的构造措施；二者相辅相成，缺一不可。

梁的截面形式，常见的有矩形、T 形及 I 形等（图 9.2）。板与梁的主要区别在于宽高比不同，板的宽度远大于高度。

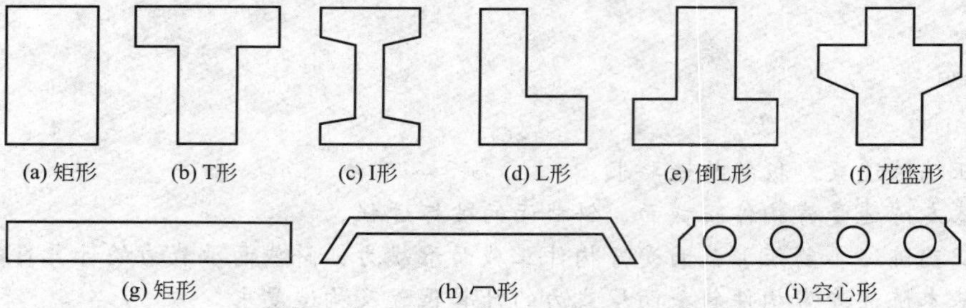

图 9.2　梁、板截面形式

9.1.1　板的基本规定

（1）混凝土板的计算原则

① 两对边支撑的板应按单向板计算。

② 四边支撑的板应按下列规定计算。

a. 当长边与短边长度之比不大于 2.0 时，应按双向板计算；

b. 当长边与短边长度之比大于 2.0，但小于 3.0 时，宜按双向板计算；

c. 当长边与短边长度之比不小于 3.0 时，宜按沿短边方向受力的单向板计算，并应沿长边方向布置构造钢筋。

（2）现浇混凝土板的尺寸规定

① 板的跨厚比　钢筋混凝土单向板不大于 30，双向板不大于 40；无梁支撑的有柱帽板不大于 35，无梁支撑的无柱帽板不大于 30。预应力板可适当增加；当板的荷载、跨度较大时宜适当减小。

② 板的厚度　板的厚度与板的跨度及所受荷载有关，板的厚度应满足承载能力、刚度和裂缝的要求，同时也不应小于表 9.1 的规定。板厚以 10mm 为模数。

表 9.1　现浇钢筋混凝土板的最小厚度　mm

板的类别	单向板				双向板	密肋楼板		悬臂板(根部)		无梁楼板	现浇空心楼盖
	屋面板	民用建筑楼板	工业建筑楼板	行车道下的楼板		面板	肋高	悬臂长度不大于 500	悬臂长度 1200		
最小厚度	60	60	70	80	80	50	250	60	100	150	200

③ 板中受力钢筋的间距，当板厚不大于 150mm 时不宜大于 200mm；当板厚大于 150mm 时不宜大于板厚的 1.5 倍，且不宜大于 250 mm。

④ 采用分离式配筋的多跨板，板底钢筋宜全部伸入支座；支座负弯矩钢筋向跨内延伸的长度应根据负弯矩图确定，并满足钢筋锚固的要求。

简支板或连续板下部纵向受力钢筋伸入支座的锚固长度不应小于钢筋直径的 5 倍，且宜伸过支座中心线。当连续板内温度、收缩应力较大时，伸入支座的长度宜适当增加。

⑤ 现浇混凝土空心楼板的体积空心率不宜大于 50%。

采用箱型内孔时，顶板厚度不应小于肋间净距的 1/15 且不应小于 50mm。当底板配置受力钢筋时，其厚度不应小于 50mm。内孔间肋宽与内孔高度比不宜小于 1/4，且肋宽不应小于 60mm，对预应力板不应小于 80mm。

采用管型内孔时，孔顶、孔底板厚均不应小于 40mm，肋宽与内孔径之比不宜小于 1/5，且肋宽不应小于 50mm，对预应力板不应小于 60mm。

（3）板的构造配筋

板中一般配置有两种钢筋——受拉钢筋和分布钢筋，如图 9.3 所示。受拉钢筋沿板跨方向配置于受拉区，承受由弯矩作用而产生的拉力，受拉钢筋的直径大小由计算确定。分布钢筋与受力钢筋垂直，一般设置在受力钢筋的内侧，分布钢筋的直径大小由构造决定，其作用：一是将荷载均匀地传给受力钢筋；二是抵抗因混凝土收缩及温度变化在垂直于受力钢筋方向的拉力；三是固定受力钢筋的位置。

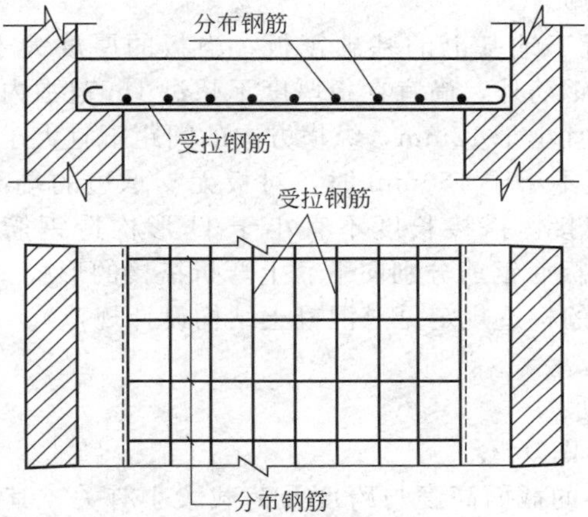

图 9.3　梁板式配筋

① 按简支边或非受力边设计的现浇混凝土板，当与混凝土梁、墙整体浇筑或嵌固在砌体墙内时，应设置板面构造钢筋，并符合以下要求。

a. 钢筋直径不宜小于 8mm，间距不宜大于 200mm，且单位宽度内的配筋面积不宜小于跨中相应方向板底钢筋截面面积的 1/3。与混凝土梁、混凝土墙整体浇筑单向板的非受力方向，钢筋截面面积尚不宜小于受力方向跨中板底钢筋截面面积的 1/3。

b. 钢筋从混凝土梁边、柱边、墙边伸入板内的长度不宜小于 $l_0/4$，如图 9.4 所示。砌体墙支座处钢筋伸入板边的长度不宜小于 $l_0/7$，其中计算跨度 l_0 对单向板按受力方向考虑，对双向板按短边方向考虑。

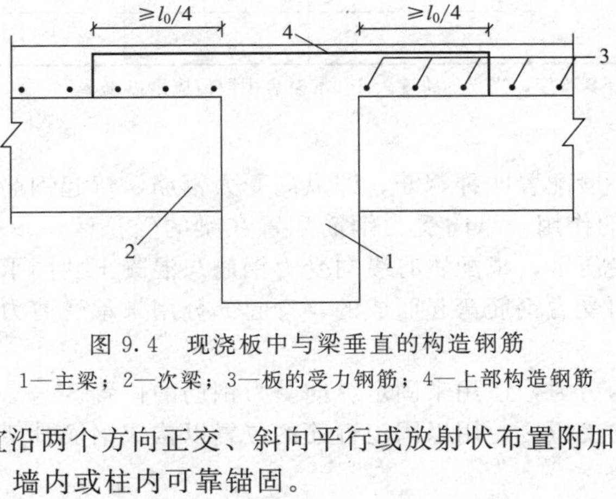

图 9.4　现浇板中与梁垂直的构造钢筋

1—主梁；2—次梁；3—板的受力钢筋；4—上部构造钢筋

c. 在楼板角部，宜沿两个方向正交、斜向平行或放射状布置附加钢筋。

d. 钢筋应在梁内、墙内或柱内可靠锚固。

② 当按单向板设计时，应在垂直于受力的方向布置分布钢筋，单位宽度上的配筋不宜小于单位宽度上受力钢筋的15%，且配筋率不宜小于0.15%；分布钢筋直径不宜小于6mm，间距不宜大于250mm；当集中荷载较大时，分布钢筋的配筋面积尚应增加，且间距不宜大于200mm。

当有实际经验或可靠措施时，预制单向板的分布钢筋可不受本条规定的限制。

③ 在温度、收缩应力较大的现浇板区域，应在板的表面双向配置防裂构造钢筋。配筋率均不宜小于0.10%，间距不宜大于200mm。防裂构造钢筋可利用原有钢筋贯通布置，也可另行设置钢筋并与原有钢筋按受拉钢筋的要求搭接或在周边构件中锚固。

楼板平面的瓶颈部位宜适当增加板厚和配筋，沿板的洞边、凹角部位宜加配防裂构造钢筋，并采用可靠的锚固措施。

④ 混凝土厚板及卧置于地基上的基础筏板，当板的厚度大于2m时，除应沿板的上、下表面布置的纵、横方向钢筋外，尚宜在板厚度不超过1m范围内设置与板面平行的构造钢筋网片，网片钢筋直径不宜小于12mm，纵横方向的间距不宜大于300mm。

⑤ 当混凝土板的厚度不小于150mm时，对板无支承边的端部，宜设置U形构造钢筋并与板顶、板底的钢筋搭接，搭接长度不宜小于U形构造钢筋直径的15倍且不宜小于200mm；也可采用板面、板底钢筋分别向下、上弯折搭接的形式。

有关混凝土板柱结构的构造规定见《混凝土结构设计规范》。

9.1.2 梁的构造

(1) 梁的截面形式及尺寸

① 梁的截面形式 见图9.2。

② 梁的截面尺寸 梁的截面高度与跨度及荷载大小有关。其截面尺寸的确定应满足强度、刚度、裂缝和施工方便等四方面的要求。一般先从刚度条件出发，由表9.2初步选定梁的截面最小高度，截面的宽度可由常用的高宽比来确定。即

矩形截面梁 $b=(1/2\sim1/2.5)h$

T形截面梁 $b=(1/2.5\sim1/3)h$

为了施工方便，梁的截面尺寸应统一规定模数。当梁高 $h>250$mm时，取50mm为模数，当梁高 $h>800$mm时，取100mm为模数；当梁宽 $b>250$mm时，则取50mm为模数。

表9.2 不需作挠度计算梁的截面最小高度

项次	构件种类		简支	两端连续	悬臂
1	整体肋形梁	次梁	$l_0/15$	$l_0/20$	$l_0/8$
		主梁	$l_0/12$	$l_0/15$	$l_0/6$
2	独立梁		$l_0/12$	$l_0/15$	$l_0/6$

注：表中 l_0 为梁的计算计算跨度，当梁的跨度大于9m时表中数值应乘以1.2。

(2) 梁的配筋

钢筋混凝土梁内一般配置四种钢筋，即纵向受力钢筋、弯起钢筋、箍筋和架立钢筋。

① 梁内各种钢筋的作用 纵向受力钢筋配置在梁的受拉区，承受由弯矩作用而产生的拉力；有时在构件的受压区，也配置有纵向受力钢筋与混凝土共同承受压力。

弯起钢筋是由纵向受力钢筋弯起而成的，弯起部分用来承受剪力，弯起后的水平段也可承受支座处的负弯矩。

箍筋承受斜截面的剪力，还用来固定纵向受力钢筋的位置。

架立钢筋设在梁的受压区，用以固定箍筋的位置以构成钢筋骨架，并承受梁内因收缩和温度变化所产生的拉力。

② 钢筋的选用

a. 纵向受力钢筋 伸入梁支座范围内纵向受力钢筋的根数不少于 2 根。当梁高 $h \geqslant$ 300mm 时，其直径不小于 10mm；当梁高 $h < 300$mm 时，其直径不小于 8mm。梁上部纵向钢筋水平方向的净间距（钢筋外边缘之间的最小距离）不应小于 30mm 和 1.5d（d 为钢筋的最大直径）；下部纵向钢筋水平方向的净间距不应小于 25mm 和 d。梁的下部纵向钢筋配置多于两层时，两层以上钢筋水平方向的中距增大一倍。各层钢筋之间的净间距不应小于 25mm 和 d。在梁的配肋密集区域宜采用并筋的配筋形式。

为便于混凝土的浇筑以保证施工质量，梁中纵向受力钢筋的间距应满足图 9.5 的要求。

对于在室内正常环境中的钢筋混凝土梁的保护层的最小厚度为 25mm。具体规定见附录表Ⅲ-4。

b. 弯起钢筋 弯起钢筋的弯起角度由设计确定，常用的有 30°、45°、60°三种。若没标注弯起角度，可根据梁板高度来确定。当梁高 $h \leqslant 800$mm 时为 45°，当梁高 $h > 800$mm 时为 60°

技术提示：板的弯起角度均为 30°。

c. 箍筋 箍筋数量由计算确定。如按计算不需设置箍筋时，当梁高 $h > 300$mm，应沿梁全长设置箍筋；当梁高 h 为 150～300mm 时，可仅在梁端部各 1/4 跨度范围内设置箍筋，但当在构件中部 1/2 跨度范围内有集中荷载作用时，则应沿梁全长设置箍筋；当梁高 $h <$ 150mm 时，可不设置箍筋。

梁中箍筋的最大间距宜符合表 9.3 的规定，当 $\boldsymbol{V} > 0.7 f_t b h_0$ 时，箍筋的配筋率 ρ_{sv} $[\rho_{sv} = A_{sv}/(bs)]$ 尚不小于 $0.24 f_t / f_{yv}$。

表 9.3 梁中箍筋和弯起钢筋的最大间距

梁高 h	$\boldsymbol{V} > 0.7 f_t b h_0$	$\boldsymbol{V} \leqslant 0.7 f_t b h_0$
$150 < h \leqslant 300$	150	200
$300 < h \leqslant 500$	200	300
$500 < h \leqslant 800$	250	350
$h > 800$	300	400

当梁中配有按计算需要的纵向受压钢筋时，箍筋应做成封闭式，如图 9.6(d)，箍筋间距不应大于 15d（d 为纵向受压钢筋中的最小直径），同时不应大于 400mm；当一层内的纵向受压钢筋多于 5 根且直径大于 18mm 时，箍筋间距不应大于 10d；当梁的宽度大于 400mm 且一层内的纵向受压钢筋多于 3 根时，或当梁的宽度不大于 400mm 但一层内的纵向受压钢筋多于 4 根时，应设置复合箍筋。

箍筋的最小直径：当截面高度 $h > 800$mm 时，箍筋直径 $d \geqslant 8$mm；当截面高度 $h \leqslant$ 800mm 时，箍筋直径 $d \geqslant 6$mm；梁中配有计算需要的纵向受压钢筋时，箍筋直径尚不应小于纵向受压钢筋最大直径的 0.25 倍。

箍筋的肢数按下列规定采用：当梁宽 $b \leqslant 150$mm 时，采用单肢箍，如图 9.6(a)；当梁宽 150mm$< b <$350mm 时，采用双肢箍，如图 9.6(b)；当梁宽 $b \geqslant 350$mm 时，或在一层内纵向受拉钢筋多于 5 根，或纵向受压钢筋多于 3 根，则采用四肢箍，如图 9.6(c)。

d. 架立钢筋 架立钢筋的直径与梁的跨度有关。当梁的跨度小于 4m 时，不宜小于 8mm；当梁的跨度为 4～6m 时，不宜小于 10mm；当梁的跨度大于 6m 时，不宜小于 12mm。

e. 梁侧构造钢筋　当梁的腹板高度 $h_w \geqslant 450$mm 时，在梁的两个侧面应沿高度配置纵向构造钢筋，每侧纵向构造钢筋（不包括梁上、下部受力钢筋及架立钢筋）的截面面积不应小于腹板截面面积 bh_w 的 0.1%，且其间距不宜大于 200mm。此处，腹板高度 h_w 按本书 9.4 的规定取用。

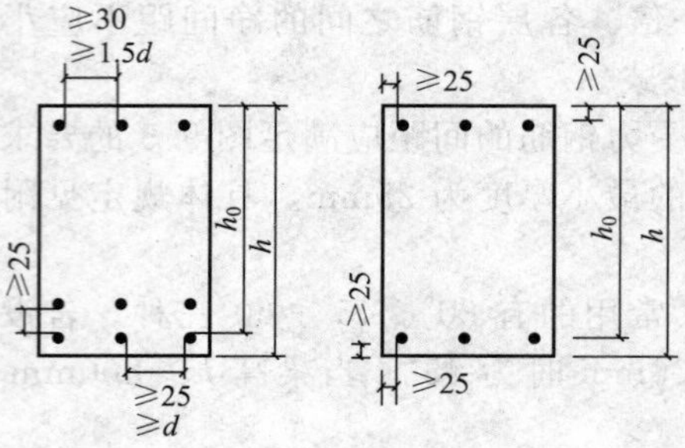

图 9.5　钢筋间距

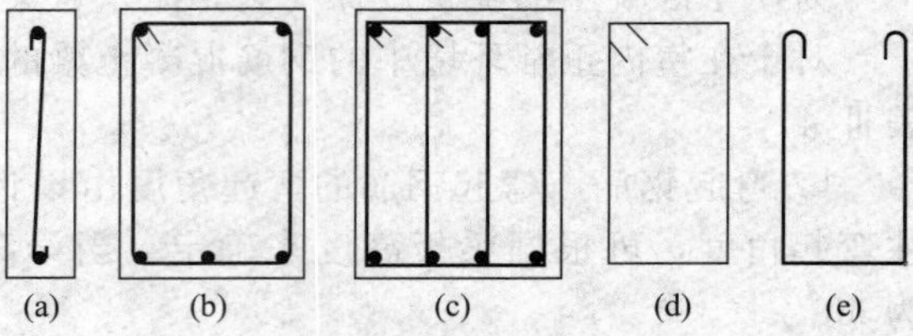

图 9.6　箍筋的肢数和形式

对钢筋混凝土薄腹梁或需作疲劳验算的钢筋混凝土梁，应在下部二分之一梁高的腹板内沿两侧配置直径为 8～14mm、间距为 100～150mm 的纵向构造钢筋，并应按下密上疏的方式布置。在上部二分之一梁高的腹板内，纵向构造钢筋的配置规定见《混凝土结构设计规范》。

9.1.3　混凝土保护层

纵向受力钢筋的外表面到截面边缘的垂直距离。作用有三：减少混凝土开裂后纵向钢筋的锈蚀、高温时使钢筋的温度上升减缓、使纵筋与混凝土有较好的黏结。

① 构件中普通钢筋及预应力筋的混凝土保护层厚度应满足的要求。

a. 构件中受力钢筋的保护层厚不应小于钢筋的公称直径 d；

b. 设计使用年限为 50 年的混凝土结构，最外层钢筋的保护层厚度应符合附表Ⅲ－6 的规定；设计使用年限为 100 年的混凝土结构，最外层钢筋的保护层厚度不应小于附表Ⅲ－6 中数值的 1.4 倍。

② 当有充分依据并采取下列措施时，可适当减小混凝土保护层厚度。

a. 构件表面有可靠的防护层；

b. 采用工业化生产的预制构件；

c. 在混凝土中掺加阻锈剂或采用阴极保护处理等防锈措施；

d. 当对地下室墙体采取可靠的建筑防水做法或防护措施时，与土层接触一侧钢筋的保护层厚度可适当减少，但不应小于 25mm。

③ 当梁、柱、墙中纵向受力钢筋的保护层厚度大于 50mm 时，宜对保护层采取有效的构造措施。当在保护层内配置防裂、防剥落的钢筋网片时，网片钢筋的保护层厚度不应小于 25mm。

9.2　受弯构件正截面破坏过程

由于钢筋混凝土材料的弹塑性特点，故按建筑力学的公式对其进行强度计算，不完全符合钢筋混凝土受弯构件破坏的实际情况。为了解钢筋混凝土受弯构件的破坏过程，应研究其截面应力与应变的变化规律，从而建立其相应的强度计算公式。

9.2.1 受弯构件正截面各阶段的应力状态

在研究钢筋混凝土梁正截面应力状态时，取简支梁上有两个对称的集中荷载之间的一段"纯弯曲"梁段进行试验，如图9.7所示。试验时，荷载从零开始分级增加，每加一级荷载后，观察梁的外形变化，用仪器测量梁的挠度，混凝土及钢筋的应变和裂缝，一直到梁破坏为止。

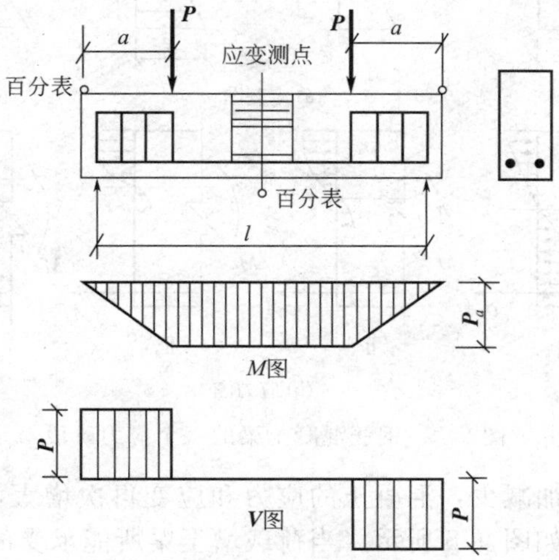

图9.7 梁的试验

由试验资料可知，适筋梁从加载到破坏的全过程可分为以下三个阶段。

① 第Ⅰ阶段（裂缝出现前阶段）：开始增加荷载时，弯矩很小，测得梁截面上各层应变也很小，变形规律符合平面假设。由于荷载小，应力也小，梁的工作情况与匀质弹性体相似，拉力由钢筋和混凝土共同承受，钢筋应力很小，受拉区和受压区混凝土均处于弹性工作阶段，应力分布为三角形。

荷载增加，弯矩逐渐增大，应变也随之增大。由于混凝土抗拉强度很低，所以受拉区混凝土首先表现出塑性，应力呈曲线分布。

当弯矩增大到开裂弯矩 M_{cr} 时，受拉边缘层的应变恰好达到混凝土受拉极限应变 ε_{tmax}（0.0001～0.00015），梁处于即将开裂的极限状态，即第Ⅰ阶段末，用 $Ⅰ_a$ 表示，如图9.8所示。此时受拉钢筋的应力 $\sigma_s = E_s\varepsilon_{tmax} = 20\sim30\text{N/mm}^2$。受拉边缘应力达到混凝土的抗拉强度 f_t，受压区混凝土的应变相应很小，基本上仍处在弹性工作阶段，应力图仍接近于直线变化。

第Ⅰ阶段末的应力图将作为构件抗裂度计算的依据。

② 第Ⅱ阶段（带裂缝工作阶段）：荷载继续增加，受拉区混凝土应力超过混凝土的抗拉强度而出现裂缝，有裂缝部分的混凝土退出工作，其所承受的拉力转移给钢筋承受，故钢筋应力突然增大。随着荷载增大，钢筋和混凝土的应变也随之增大，裂缝的宽度增加并向受压区延伸，中性轴也随之上移，混凝土受压区高度减小，导致受压区面积减小，受压区混凝土开始呈现出塑性性质，应力分布图由原来的直线转化为曲线。当荷载继续增大到使钢筋的应力恰好到达屈服强度 f_{yk} 时，称为第Ⅱ阶段末，用 $Ⅱ_a$ 表示如图9.8。此时，荷载所能承受的弯矩为 M_y。

正常工作的梁，一般都处于第Ⅱ阶段，故将第Ⅱ阶段的应力状态作为梁的正常使用阶段变形和裂缝宽度计算的依据。

③ 第Ⅲ阶段（破坏阶段）：钢筋屈服后，梁就进入第Ⅲ阶段，此时，即使荷载增加，钢筋的应力大小不变而变形增大。混凝土的裂缝宽度继续增大，且更加向受压区延伸，中性轴

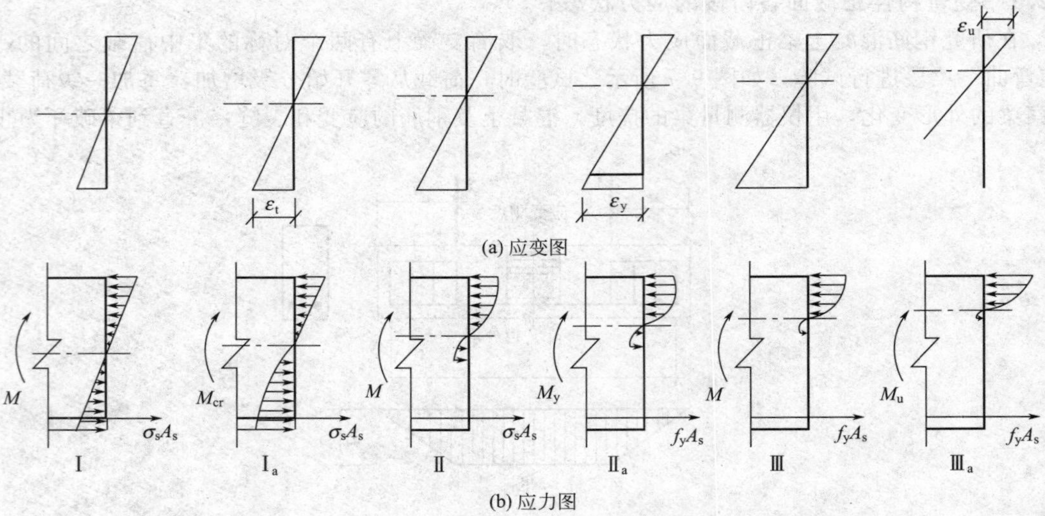

图 9.8　钢筋混凝土梁的三个应力阶段

再次上移，受压区高度更加减少，混凝土的应力和应变再次增大，塑性特征表现更为明显，压应力呈显著曲线分布，如图 9.8 所示。当荷载增至梁所能承受的极限承载能力时，混凝土的压应变达到极限压应变值 ε_{cmax}；此时，由于钢筋早已屈服，混凝土再也没有剩余能力，说明梁已破坏，称为第Ⅲ阶段末，用$Ⅲ_a$ 表示。最后，受压区混凝土被压碎并向上崩开，导致梁的最终破坏。

第Ⅲ阶段末的应力状态是受弯构件正截面强度计算的依据。

9.2.2　受弯构件配筋率对正截面破坏性质的影响

试验表明，受弯构件正截面破坏性质与其纵向受拉钢筋的配筋率有关。所谓**配筋率**是指纵向受力钢筋截面面积 A_s 与截面有效截面面积 bh_0 之比的百分率，即

$$\rho=A_s/bh_0\times100\% \tag{9.1}$$

式中　A_s——纵向受拉钢筋截面面积；

b——梁的截面宽度；

h_0——梁截面的有效高度，其值为受拉钢筋重心到混凝土受压边缘的距离，如图 9.9。

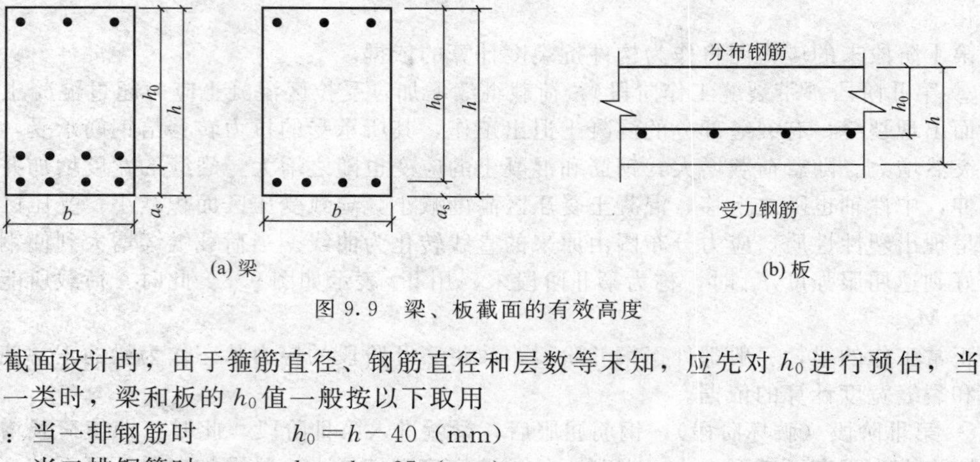

图 9.9　梁、板截面的有效高度

在截面设计时，由于箍筋直径、钢筋直径和层数等未知，应先对 h_0 进行预估，当环境类别为一类时，梁和板的 h_0 值一般按以下取用

梁：当一排钢筋时　　$h_0=h-40$（mm）

　　当二排钢筋时　　$h_0=h-65$（mm）

板：$h_0=h-20$ (mm)

当配筋率大小不同时，受弯构件正截面可能产生下列三种不同的破坏形式。如图 9.10 所示。

(1) 适筋梁

适筋梁的配筋率 ρ 范围为 $\rho_{\min}\cdot\frac{h}{h_0}\leqslant\rho\leqslant\rho_b$，这里 $\rho_{\min}$、ρ_b 分别为最小配筋率、界限配筋率。其破坏过程如前所述，即适筋梁正截面受弯经历三个受力阶段，其特点是先纵向受拉钢筋屈服，随后受压区边缘混凝土被压碎，在第Ⅲ阶段，钢筋屈服后要经历较大的塑形变形，其宏观变形为裂缝急剧开展和梁的挠度激增，给人以明显的破坏预兆，这种破坏前变形较大，有明显预兆的破坏称为延性破坏。适筋梁的钢筋和混凝土的强度均能充分发挥作用，且破坏前有明显的预兆，且具有较好的延性，故在正截面强度计算时，应控制钢筋的用量，将梁设计成适筋梁。

(2) 超筋梁

这种梁的纵向受拉钢筋配置过多，其配筋率 ρ 范围为 $\rho>\rho_b$，其特点是先受压区边缘混凝土被压碎，此时受拉钢筋不屈服，其表现为裂缝开展宽度不宽，延伸不高，挠度不大。破坏时没有明显的预兆。这种破坏前变形很小，没有明显预兆的突然破坏称为脆性破坏。超筋梁钢筋的强度未能充分利用，不经济且破坏前没有明显的预兆，故设计中一般不允许采用超筋梁。

(3) 少筋梁

梁内纵向受拉钢筋配置过少，其配筋率 ρ 范围为 $\rho\leqslant\rho_{\min}\cdot\frac{h}{h_0}$。加载初期，拉力由钢筋和混凝土共同承受。当受拉区出现第一条裂缝后，混凝土退出工作，拉力全部由钢筋承受。由于纵向受拉钢筋数量太少，使裂缝处纵向受拉钢筋应力很快达到钢筋的屈服强度，甚至被拉断，而受压区混凝土还未被压碎。破坏时，裂缝往往只有一条，但开展宽度很大，延伸较高。总之其破坏特点是受拉区混凝土一裂就坏，破坏无明显预兆，突然发生属于脆性破坏。从承载力角度来看，少筋梁的截面尺寸过大，其承载力取决于混凝土的抗拉强度，不经济；破坏属脆性破坏，不安全。在土木工程中一般不允许采用。

为了使受弯构件设计成适筋梁，则要求受弯构件中的配筋率 ρ 既不太大，又不太小，满足适筋梁 $\rho_{\max}\geqslant\rho\geqslant\rho_{\min}$ 的条件，式中 ρ 为配筋率，$\rho=A_s/bh_0$；$\rho_{\max}$ 为适筋梁的最大配筋率；$\rho_{\min}$ 为适筋梁的最小配筋率。

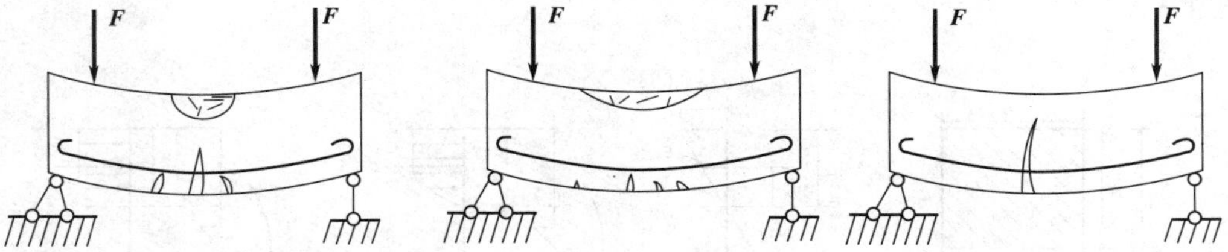

(a) 适筋梁　　(b) 超筋梁　　(c) 少筋梁

图 9.10　梁的三种破坏形态

9.3　单筋矩形截面受弯构件正截面承载力计算

只在矩形截面的受拉区配置纵向受力钢筋的受弯构件，称为单筋矩形截面受弯构件。

9.3.1 基本假设

受弯构件正截面承载力计算，是以适筋梁第Ⅲa阶段的应力状态作为依据，为了便于计算，《混凝土结构设计规范》(GB 50010—2010) 作了如下基本假设。

① 截面应变保持平面。

② 不考虑混凝土的抗拉强度。

③ 混凝土受压的应力与应变关系曲线按下列规定取用。

当 $\varepsilon_c \leqslant \varepsilon_0$ 时 $$\sigma_c = f_c\left[1-\left(1-\frac{\varepsilon_c}{\varepsilon_0}\right)^n\right]$$

当 $\varepsilon_0 < \varepsilon_c \leqslant \varepsilon_{cu}$ 时 $$\sigma_c = f_c$$

$$n = 2 - \frac{1}{60}(f_{cu,k} - 50)$$

$$\varepsilon_0 = 0.002 + 0.5(f_{cu,k} - 50) \times 10^{-5}$$

$$\varepsilon_{cu} = 0.0033 + (f_{cu,k} - 50) \times 10^{-5}$$

式中 σ_c——混凝土压应变为 ε_c 时的混凝土压应力；

f_c——混凝土轴心抗压强度设计值；

ε_0——混凝土压应力刚达到 f_c 时的混凝土压应变，当计算的 ε_0 值小于 0.002 时，取为 0.002；

ε_{cu}——正截面的混凝土极限压应变，当计算的 ε_{cu} 值大于 0.0033 时，取为 0.0033；

$f_{cu,k}$——混凝土立方体抗压强度标准值；

n——系数，当计算的 n 值大于 2.0 时，取为 2.0。

④ 纵向钢筋的应力取值等于钢筋应变与其弹性模量的乘积，但其绝对值不应大于其相应的强度设计值。纵向受拉钢筋的极限拉应变取为 0.01。

根据上述假设，受弯构件正截面受压区混凝土的应力图形可简化为等效的矩形应力图。见图 9.11(c) 和 (d)，两个图形等效条件为：①受压区混凝土的压应力合力 c 大小相等。②受压区压应力的合力 c 的作用点位置不变。矩形应力图的受压区高度 x 可取等于按截面应变保持平面的假定所确定的中和轴高度乘以系数 β_1。当混凝土强度等级不超过 C50 时，β_1 取为 0.8，当混凝土强度等级为 C80 时，β_1 取为 0.74，其间按线性内插法确定。

矩形应力图的应力值取为混凝土轴心抗压强度设计值 f_c 乘以系数 α_1。当混凝土强度等级不超过 C50 时，α_1 取为 1.0，当混凝土强度等级为 C80 时，α_1 取为 0.94，其间按线性内插法确定。

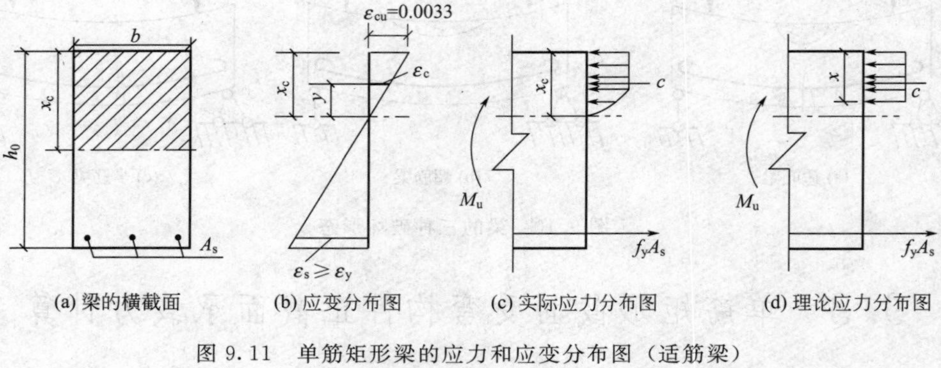

图 9.11　单筋矩形梁的应力和应变分布图（适筋梁）

9.3.2 基本计算公式及适用条件

(1) 基本计算公式

按照承载力极限状态计算目的，就是要求作用在结构上的荷载对结构产生的效应 S 不超过结构在到达承载能力极限状态时的抗力 R，即 $\gamma_0 S \leqslant R$。

对受弯构件正截面承载力的计算式表示为

$$M \leqslant M_u \tag{9.2}$$

式中 M——作用在截面上的弯矩设计值；

M_u——截面破坏时的极限弯矩。

如图 9.12 所示，根据计算应力图形的平衡条件，可得承载力基本公式为

$$\sum F_x = 0 \qquad A_s f_y = \alpha_1 f_c b x \tag{9.3}$$

$$\sum M = 0 \qquad M \leqslant M_u = \alpha_1 f_c b x\ (h_0 - x/2) \tag{9.4}$$

或

$$M \leqslant M_u = A_s f_y (h_0 - x/2) \tag{9.5}$$

式中 f_c——混凝土轴心抗压强度设计值；

A_s——纵向受拉钢筋的截面面积；

f_y——钢筋抗拉强度设计值；

b——截面宽度；

h_0——截面的有效高度；

x——截面受压区高度。

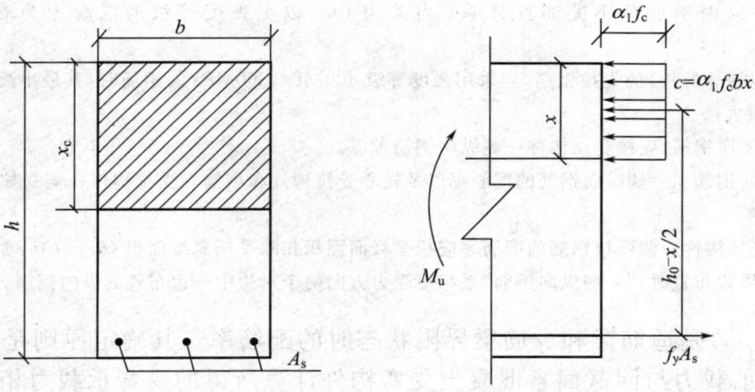

图 9.12 单筋矩形截面正截面计算应力图形

(2) 基本公式的适用条件

上述三个基本公式是在适筋的状态下得到的，《混凝土结构设计规范》规定基本公式必须满足下列适用条件。

① 为防止出现超筋破坏，必须满足

$$\left.\begin{array}{l} \xi \leqslant \xi_b \\ \text{或} \quad x \leqslant x_b = \xi_b \cdot h_0 \end{array}\right\} \tag{9.6}$$

式中 ξ——截面相对受压区高度，$\xi = x/h_0$；

ξ_b——界限相对受压区高度，$\xi_b = x_b/h_0$；

x_b——界限破坏时的受压区实际高度，$x_b = \beta x_{cb}$。

界限相对受压区高度 ξ_b 是适筋状态和超筋状态相对受压区高度的界限值，也就是截面上受拉钢筋达到抗拉强度，同时受压区混凝土达到极限应变 ε_{cu} 时的相对受压区高度，此时的破坏状态称为界限破坏，相应的配筋率称为适筋梁的最大配筋率 ρ_{max}。根据平截面假定可求出 ξ_b，如表 9.4。

表 9.4　界限相对受压区高度 ξ_b（≤C50）

钢筋强度等级	钢筋受拉强度设计值	ξ_b
300MPa	270	0.576
335MPa	300	0.550
400MPa	360	0.518
500MPa	435	0.482

② 为了防止少筋破坏，还应满足适用条件

$$A_s \geqslant \rho_{min} bh \tag{9.7}$$

式中　ρ_{min}——受弯构件最小配筋率，查表 9.5。

表 9.5　纵向受力钢筋的最小配筋率 ρ_{min}/%

受力类型			最小配筋百分率
受压构件	全部纵向钢筋	强度等级 500MPa	0.50
		强度等级 400 MPa	0.55
		强度等级 300 MPa、335 MPa	0.60
	一侧纵向钢筋		0.20
受弯构件、偏心受拉、轴心受拉构件一侧的受拉钢筋			0.20 和 $45f_t/f_y$ 中的较大者

注：1. 受压构件全部纵向钢筋最小配筋百分率，当采用 C60 以上强度等级的混凝土为时，应按表中规定增加 0.10。

2. 板类受弯构件（不包括悬臂板）的受拉钢筋，当采用强度等级 400MPa、500MPa 的钢筋时，其最小配筋百分率应允许采用 0.15 和 $45f_t/f_y$ 中的较大值。

3. 偏心受拉构件中的受压钢筋，应按受压构件一侧纵向钢筋考虑。

4. 受压构件的全部纵向钢筋和一侧纵向钢筋的配筋率以及轴心受拉构件和小偏心受拉构件一侧受拉钢筋的配筋率均应按构件的全截面面积计算。

5. 受弯构件、大偏心受拉构件一侧受拉钢筋的配筋率应按全截面面积扣除受压翼缘面积 $(b_f'-b)h_f'$ 后的截面面积计算。

6. 当钢筋沿构件截面周边布置时，"一侧纵向钢筋"系指沿受力方向两个对边中一边布置的纵向钢筋。

最小配筋率 ρ_{min} 是适筋梁和少筋梁界限状态时的配筋率，其确定原则是钢筋混凝土受弯构件正截面受弯承载力与同截面素混凝土受弯构件计算所得的受弯承载力相等，此时钢筋混凝土梁的配筋率即为最小配筋率。

最小配筋率 ρ_{min} 是适筋梁和少筋梁界限状态时的配筋率，其确定原则是钢筋混凝土受弯构件破坏时所能承受的弯矩 M_u 与素混凝土破坏时所能承受的弯矩相等，此时钢筋混凝土梁的配筋率即为最小配筋率。

满足以上两个适用条件，可保证所设计的梁为适筋梁。在适筋梁范围内，选用不同的截面尺寸和混凝土强度等级，钢筋的配筋率就不同。因此，合理选用截面尺寸应使总的造价最低。在 ρ_{min} 和 ρ_{max} 之间存在一个比较经济的配筋率。根据设计经验，板的经济配筋率为 0.4%～0.8%，梁的经济配筋率为 0.6%～1.5%。设计中应尽量使配筋率处于经济配筋率范围之内。

9.3.3　基本公式的应用

（1）截面设计

截面设计的内容包括：选择材料强度设计值，确定截面尺寸，收集荷载，求出内力，然后计算钢筋用量。

① 用基本公式求 A_s 的步骤

- 确定材料强度设计值；
- 选取截面尺寸及截面有效高度 h_0；
- 计算弯矩设计值 M；
- 计算受压区高度 x 及钢筋截面面积 A_s：此时可取 $M=M_v$ 计算；

由式 9.4 得

$$x = h_0 - \sqrt{h_0^2 - 2\gamma_0 M/\alpha_1 f_c b} \tag{9.8}$$

若 $x < \varepsilon_b h_0$ 时，由式 9.3 得

$$A_s = \frac{\alpha_1 f_c b x}{f_y} \tag{9.9}$$

若 $x \geqslant \varepsilon_b h_0$ 时，超筋梁，取 $x_b = \varepsilon_b h_0$，此时

$$A_s = \frac{\alpha_1 f_c b x_b}{f_y} = \frac{\alpha_1 f_c b \varepsilon_b h_0}{f_y} \tag{9.10}$$

- 验算最小配筋率：$A_s \geqslant \rho_{min} bh$　　(9.11)
- 选择钢筋。

【例 9.1】 如图 9.13 所示钢筋混凝土简支梁，结构安全等级Ⅱ级，承受恒荷载标准值 $\boldsymbol{g}_k = 5\ kN/m$，活荷载标准值 $\boldsymbol{q}_k = 10\ kN/m$，采用混凝土强度等级 C30 及 HRB400 级钢筋，试确定梁的截面尺寸及纵向受拉钢筋的数量。

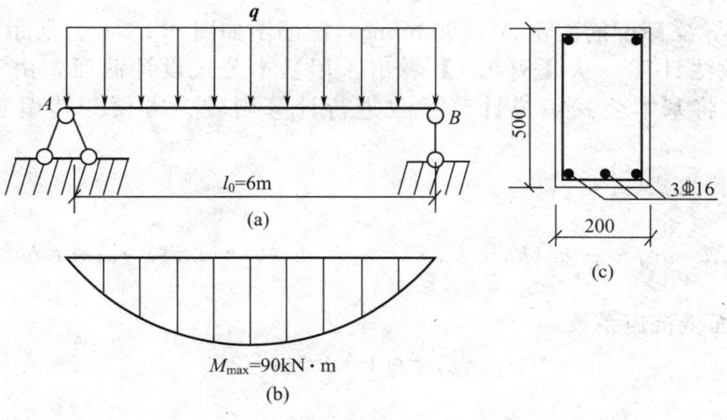

图 9.13

解　a. 查表得有关设计计算数据

$f_c=14.3N/mm^2$、$f_t=1.43N/mm^2$、$f_y=360N/mm^2$、$\alpha_1=1.0$、结构重要性系数 $\gamma_0=1.0$、$\xi_b=0.518$、$\rho_{min}=0.20\%$（取 0.2 与 $45\times f_t/f_y=45\times1.43/360=0.179$ 中的较大值，单位为%）

荷载由可变荷载效应控制，荷载分项系数：恒载 $\gamma_G=1.2$，活载 $\gamma_Q=1.4$。

b. 查表 9.2 选定截面尺寸

$$h=\frac{l_0}{12}=\frac{6000}{12}=500(\text{mm})；\ b=\frac{h}{2.5}=\frac{500}{2.5}=200(\text{mm})$$

c. 内力计算

由荷载效应设计值 $S=\gamma_0(\gamma_G S_{GK}+\gamma_Q S_Q)$ 得

$$M=1.0\left[1.2\times\frac{1}{8}\times5\times6^2+1.4\times\frac{1}{8}\times10\times6^2\right]$$
$$=90(\text{kN}\cdot\text{m})$$

弯矩图如图 9.13(b) 所示。

d. 设纵向受拉钢筋按一排布置，则 $h_0=h-a_s=500-40=460(\text{mm})$

e. 由式(9.8) 得

$$x=h_0-\sqrt{h_0^2-2\gamma_0 M/\alpha_1 f_c b}$$
$$=460-\sqrt{460^2-2\times1.0\times90\times10^6/(1.0\times14.3\times200)}$$
$$=74.43\text{mm}<\xi_b h_0$$
$$=0.518\times460=238.3(\text{mm})$$

满足适用条件。

$$A_s=\frac{\alpha_1 f_c bx}{f_y}$$
$$=\frac{14.3\times200\times74.43}{360}=591.3\ (\text{mm}^2)$$
$$A_s=591.3\text{mm}^2>\rho_{\min}bh$$
$$=0.20\%\times200\times500=200\ (\text{mm}^2)$$

满足适用条件。

f. 选配 3Φ16，实际配筋面积 $A_s=603\text{mm}^2$，配筋图如图 9.13 (c) 所示。

② 采用系数法计算　从【例 9.1】看出，用基本公式设计截面，由于数字较大，运算不便。因此可将基本公式编成计算系数进行计算则较为方便。其编制过程及公式说明如下。

将 $\xi=x/h_0$ 代入式(9.4) 得

$$M=\alpha_1 f_c b\frac{x}{h_0}h_0(h_0-0.5x)=\alpha_1 f_c bh_0^2\xi(1-0.5\xi)=\alpha_1\alpha_s f_c bh_0^2 \tag{9.12}$$

式中　α_s——截面抵抗矩系数。

$$\alpha_s=\xi(1-0.5\xi) \tag{9.13}$$

令 $\gamma_s=\frac{z}{h_0}$ 即 $\gamma_s=1-0.5\xi$，γ_s 称为内力臂系数

由式(9.12) 得　$$\alpha_s=\frac{M}{\alpha_1 f_c bh_0^2} \tag{9.14}$$

由式(9.13) 得　$$\xi=1-\sqrt{1-2\alpha_s} \tag{9.15}$$

若 $\xi\leqslant\xi_b$ 则 $A_s=\frac{\alpha_1 f_c b\xi h_0}{f_y}$　(9.16)

若 $\xi>\xi_b$，超筋，取 $\xi=\xi_b$，则 $A_s=\frac{\alpha_1 f_c b\xi_b h_0}{f_y}$　(9.17)

故用系数法设计截面的步骤如下：

a. 由式（9.14）求出 α_s ；
b. 由式（9.15）求出 ξ，并判别；
c. 由式（9.16）或式（9.17）求出 A_S；
d. 验算适用条件；
e. 选择钢筋。

α_s、γ_s 均仅与受压区相对高度 ξ 有关，由其可制成表格供查阅，详见表 9.6

表 9.6　钢筋混凝土矩形和 T 形截面受弯构件强度计算表

ξ	γ_s	α_s	ξ	γ_s	α_s
0.01	0.995	0.010	0.32	0.840	0.269
0.02	0.990	0.020	0.33	0.835	0.273
0.03	0.985	0.030	0.34	0.830	0.282
0.04	0.980	0.039	0.35	0.825	0.289
0.05	0.975	0.048	0.36	0.820	0.295
0.06	0.970	0.058	0.37	0.815	0.301
0.07	0.965	0.068	0.38	0.810	0.309
0.08	0.960	0.077	0.39	0.805	0.314
0.09	0.955	0.085	0.40	0.800	0.320
0.10	0.950	0.095	0.41	0.795	0.326
0.11	0.945	0.104	0.42	0.790	0.332
0.12	0.940	0.113	0.43	0.785	0.337
0.13	0.935	0.121	0.44	0.780	0.343
0.14	0.930	0.130	0.45	0.775	0.349
0.15	0.925	0.139	0.46	0.770	0.354
0.16	0.920	0.147	0.47	0.765	0.359
0.17	0.915	0.155	0.48	0.760	0.365
0.18	0.910	0.164	0.49	0.755	0.370
0.19	0.905	0.172	0.50	0.750	0.375
0.20	0.900	0.180	0.51	0.745	0.380
0.21	0.895	0.188	0.518	0.741	0.384
0.22	0.890	0.196	0.52	0.740	0.385
0.23	0.885	0.203	0.53	0.735	0.390
0.24	0.880	0.211	0.54	0.730	0.394
0.25	0.875	0.219	0.55	0.725	0.400
0.26	0.870	0.226	0.56	0.720	0.403
0.27	0.865	0.234	0.57	0.715	0.408
0.28	0.860	0.241	0.58	0.710	0.412
0.29	0.855	0.248	0.59	0.705	0.416
0.30	0.850	0.255	0.60	0.700	0.420
0.31	0.845	0.262	0.614	0.693	0.426

注：$M=\alpha_s\alpha_1 f_c bh_0^2$，$\zeta=\frac{x}{h_0}=\frac{A_s f_y}{\alpha_1 f_c bh_0}$，$A_s=\frac{M}{\gamma_s f_y h_0}$ 或 $A_s=\zeta bh_0\ \frac{\alpha_1 f_c}{f_y}$。

【例 9.2】 用系数法计算【例 9.1】的纵向钢筋数量。

解　a. 由式(9.14) 求 α_s

$$\alpha_s=M/\alpha_1 f_c bh_0^2=90\times10^6/(1.0\times14.3\times200\times460^2)=0.149$$

b. 由式(9.15) 求 ξ

$$\xi=1-\sqrt{1-2\alpha_s}=1-\sqrt{1-2\times0.149}=0.162$$

c. 将 ξ 代入式(9.16) 中

$$A_s=\alpha_1\xi bh_0 f_c/f_y=1.0\times0.162\times200\times460\times14.3/360=592(\text{mm}^2)$$

d. 验算最小配筋率

$$\xi=0.172<\xi_b=0.550$$

$$A_s=592(mm^2)>\rho_{min}bh=0.20\%\times200\times500=200(mm^2);$$

满足最小配筋率条件。

e. 选筋：选配 3ф16，实际配筋面积 $A_s=603mm^2$。

从【例 9.1】和【例 9.2】看出，用系数法求钢筋截面比较简单。并且两种方法计算结果是一致的。因此实际应用时多采用系数法设计计算。

需要注意的是：截面设计时，若求得 $\xi>\xi_b$，则应增大截面尺寸或提高混凝土强度等级，若求得 $A_s<\rho_{min}bh$，则应按 $A_s=\rho_{min}bh$ 配筋。

（2）承载力复核

已知：梁截面尺寸 $b\times h$，材料设计强度 f_c、f_y，钢筋截面面积 A_s，求截面所能承受的最大弯矩 M_u；或已知设计弯矩 M，复核截面是否安全。

复核承载力步骤如下。

- 求梁的有效截面高度 h_0；
- 根据实有配筋求出截面的相对受压区高度 ξ；
- 验算适用条件：$A_s>\rho_{min}bh$；
- 若 $\xi\leqslant\xi_b$，计算出相应的 α_s 代入式(9.14) 求出 M_u；若 $\xi>\xi_b$，表明配筋过多，成为超筋梁，取 $M=\alpha_1 f_c bh_0^2\xi_b(1-0.5\xi_b)$，将求出的 M_u 与设计弯矩 M 比较，确定正截面承载力是否安全。

【例 9.3】 已知梁截面尺寸 $b\times h=250\times500mm$，混凝土强度等级 C30、钢筋采用 HRB400 级，受拉钢筋为 4ф18（$A_s=1017mm^2$），构件安全等级Ⅱ级，弯矩设计值 $M=106kN\cdot m$，试验算梁的正截面承载力是否安全。

解 a. 查表得：$f_c=14.3N/mm^2$、$f_y=360N/mm^2$、$\alpha_1=1.0$、结构重要性系数 $\gamma_0=1.0$、$\xi_b=0.518$、$\rho_{min}=0.20\%$（取 0.2 与 $45\times f_t/f_y=45\times1.43/360=0.179$ 中的较大值，单位为%）

梁截面有效高度 $h_0=h-a_s=500-40=460(mm)$

b. 求相对受压区高度

$$\xi=\frac{A_s f_y}{\alpha_1 f_c bh_0}=\frac{1017\times360}{1.0\times14.3\times250\times460}=0.223$$

c. 验算适用条件

$$\xi=0.223<\xi_b=0.518$$

$$A_s=1017(mm^2)>\rho_{min}bh=0.20\%\times250\times500=250(mm^2);$$

d. 求 α_s

$$\alpha_s=\xi(1-0.5\xi)=0.223(1-0.5\times0.223)=0.198$$

则

$$M_u=\alpha_s\alpha_1 f_c bh_0^2=0.198\times1.0\times14.3\times250\times460^2=149.8\times10^6(N\cdot mm)$$

$$=149.8(kN\cdot m)>M=106(kN\cdot m)$$

故该梁正截面承载力满足要求。

【例 9.4】 某钢筋混凝土雨篷，雨篷剖面如图 9.14(a) 所示，混凝土采用 C30，钢筋采用 HPB300 级，雨篷板外端承受集中施工或检修活荷载标准值 $Q_k=1kN/m$，构件安全等级为Ⅱ级，试确定雨篷的配筋。

解 a. 查表得：$f_c=14.3N/mm^2$、$f_y=270N/mm^2$、$\alpha_1=1.0$、结构重要性系数 $\gamma_0=1.0$、$\xi_b=0.576$、$\rho_{min}=0.238\%$（取 0.2 与 $45\times f_t/f_y=45\times1.27/270=0.238$ 中的较大值，单位为%）

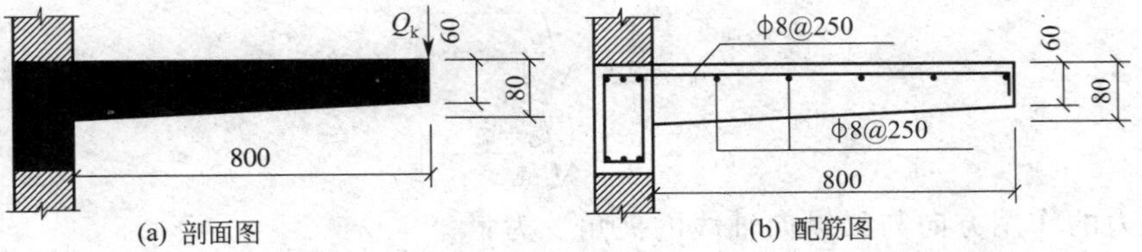

图 9.14　雨篷

荷载分项系数：恒载 $\gamma_G=1.2$、活载 $\gamma_Q=1.4$。

截面有效高度 $h_0=h-20=80-20=60(\text{mm})$

b. 内力计算　取板宽 $b=1000\text{mm}$ 为计算单元，按平均板厚计算荷载如下。

	厚度	×材料密度	×板宽	=线荷载
水泥砂浆抹灰：	0.02m	$\times 20\text{kN/m}^3$	×1m	=0.4kN/m
混凝土板自重：	(0.08+0.06)/2m	$\times 24\text{kN/m}^3$	×1m	=1.68kN/m
石灰砂浆抹板底：	0.02m	$\times 17\text{kN/m}^3$	×1m	=0.34kN/m

恒荷载标准值：　$g_k=0.4+1.68+0.34=2.42(\text{kN/m})$

活荷载标准值：$Q_k=1\text{kN/m}$

弯矩设计值：

$$M=\gamma_0\left(\frac{1}{2}\times\gamma_G g_k l_0^2+\gamma_Q Q_k l_0\right)$$

$$=1.0\left(\frac{1}{2}\times 1.2\times 2.42\times 0.8^2+1.4\times 1\times 0.8\right)=2.05(\text{kN}\cdot\text{m})$$

c. 计算 α_s

$$\alpha_s=M/\alpha_1 f_c bh_0^2=2.05\times 10^6/(1.0\times 14.3\times 1000\times 60^2)=0.040$$

d. 由式(9.15) 求 ξ

$$\xi=1-\sqrt{1-2\alpha_s}=1-\sqrt{1-2\times 0.040}=0.041$$

e. 将 ξ 代入式(9.16) 中

$$A_s=\alpha_1\xi bh_0 f_c/f_y=1.0\times 0.041\times 1000\times 60\times 14.3/270=130(\text{mm}^2)$$

f. 验算适用条件

$$\xi=0.041<\xi_b=0.576$$

$A_s=167\text{mm}^2<\rho_{min}bh=0.238\%\times 1000\times 80=190(\text{mm}^2)$；

取 $A_s=\rho_{min}bh=190(\text{mm}^2)$；

g. 选筋　选用φ8@250，实际配筋面积 $A_s=201\text{mm}^2$。其配筋如图 9.14(b) 所示。

9.4　受弯构件斜截面承载力计算及构造要求

受弯构件除了可能沿正截面发生破坏以外，在弯矩和剪力的共同作用下，也可能沿斜截面破坏。为了防止梁沿斜截面破坏，应使构件具有足够的截面尺寸，并配置一定数量的箍筋和弯起钢筋（通称梁的腹筋）。箍筋同纵向钢筋和架立钢筋绑扎（或焊接）在一起，形成刚劲的钢筋骨架，使各种钢筋在施工时，保证正确位置。下面将讨论斜裂缝产生的原因及梁内箍筋和弯起钢筋的计算和构造问题。

9.4.1　斜截面的破坏形态

在第 6.3 节中已经介绍了主应力的概念。受弯构件在弯矩和剪力的共同作用下，横截面有正应力和剪应力，是二向应力状态，其主拉应力 σ_{pt} 和主压应力 σ_{pc} 为：

$$\left.\begin{aligned}\sigma_{pt}=\frac{\sigma}{2}+\sqrt{\frac{\sigma^2}{4}+\tau^2}\\ \sigma_{pc}=\frac{\sigma}{2}-\sqrt{\frac{\sigma^2}{4}+\tau^2}\end{aligned}\right\} \tag{9.18}$$

而主应力的作用方向与梁纵向轴线的夹角 α 为：

$$\tan 2\alpha=-\frac{2\tau}{\sigma} \tag{9.19}$$

试验表明，当荷载较小时，主拉应力主要由混凝土承受；随着荷载增大，主拉应力也将增大，当主拉应力超过混凝土的抗拉强度时，即 $\sigma_{pt}>f_t$，混凝土便沿着垂直于主拉应力方向出现斜裂缝，最终发生斜截面破坏。因此，需要进行斜截面承载力的计算。

影响斜截面承载力的主要因素有：剪跨比（所谓剪跨比，就是集中荷载至支座距离与梁的有效高度之比，即 $\lambda=a/h_0$）、混凝土的强度等级、箍筋的配箍率、纵筋的配筋率、截面的尺寸和形状等。其中剪跨比对无腹筋梁的斜截面受剪破坏形态有决定性的影响，对斜截面受剪承载力也有着极为重要的影响。

试验结果还表明，梁斜截面破坏有下列三种形式。

（1）斜压破坏

当梁的箍筋配置过多、过密或梁的剪跨比小（$\lambda\leqslant 1$），斜截面破坏极有可能是斜压破坏，破坏面在支座附近。由于受到支座反力和荷载引起的直接压应力的影响，破坏时形成许多斜向的平行裂缝，由于弯矩小、剪力大，最初的裂缝多从梁高的中部出现，破坏形状类似于倾斜短柱，故称为斜压破坏。斜压破坏时，梁腹部的混凝土被压碎，但箍筋往往尚未屈服，箍筋的作用未能充分发挥，属脆性破坏。如图 9.15(a)。

（2）剪压破坏

当构件内箍筋配置适当且处于中等剪跨比（$3\geqslant\lambda\geqslant 1$）时的破坏形态。在加载过程中，梁的下部将会出现垂直裂缝与斜裂缝。而斜裂缝是从先出现的垂直裂缝延伸开来的，并随着荷载的增加而伸向集中荷载的作用点；斜裂缝不止一条，当荷载增加到一定值时，在几条斜裂缝中形成一条主要的斜裂缝，称为临界斜裂缝。临界斜裂缝出现后，梁还能继续加载，直到与临界斜裂缝相交的箍筋达到屈服强度为止。同时，斜裂缝最上端剪压区的混凝土在剪应力和压应力的共同作用下，达到复合受力时的极限强度，梁的斜截面将因此而失去承载力。剪压破坏没有预先征兆属于脆性破坏。如图 9.15(b)。

（3）斜拉破坏

斜拉破坏一般发生在箍筋配置过少或剪跨比较大（$\lambda>3$）时，一旦斜裂缝出现，与斜裂缝相交的箍筋应力立即达到屈服强度，斜裂缝迅速延展到梁的受压区边缘，使构件被拉断成两部分而破坏。斜拉破坏时的荷载一般仅稍高于斜裂缝出现时的荷载，它是一种没有预兆的突然断裂，属于脆性破坏。如图 9.15(c)。

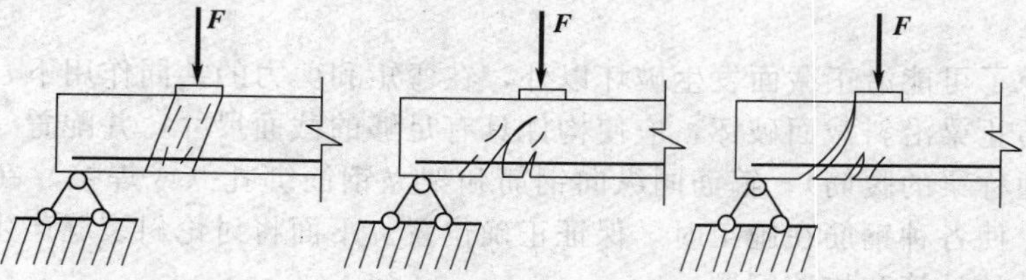

图 9.15　梁斜截面的三种破坏形式图

对于梁的三种斜截面受剪破坏形态，在工程设计中都应设法避免。对剪压破坏，因其承载力变化幅度较大，必须通过计算来防止。对斜压破坏，通常用控制截面最小尺寸来防止；对于斜拉破坏，则用满足箍筋的最小配箍率条件及构造来防止。

9.4.2 斜截面受剪承载力计算公式

（1）基本公式的建立

《混凝土结构设计规范》中斜截面的承载力计算公式是根据剪压破坏形态建立的。发生这种破坏时，剪压区混凝土达到强度极限，并假定与斜裂缝相交的箍筋应力达到屈服强度。图 9.16 为斜截面抗剪承载力计算图形。

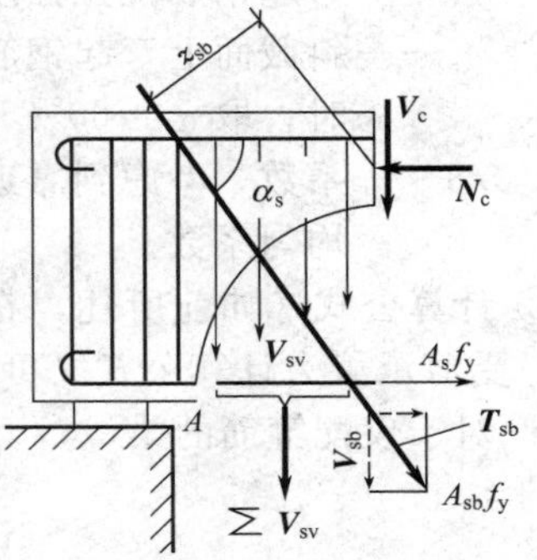

图 9.16 斜截面受力示意图

由平衡条件，斜截面抗剪承载力计算公式为：

$$\sum y=0 \qquad \boldsymbol{V}\leqslant \boldsymbol{V}_{cs}+\boldsymbol{V}_{sb} \tag{9.20}$$

式中 $\boldsymbol{V}$——斜截面剪力设计值；

$\boldsymbol{V}_{cs}$——斜截面上混凝土和箍筋的受剪承载力；

$\boldsymbol{V}_{sb}$——与斜裂缝相交弯起钢筋承受的剪力。

所有的力对剪压区混凝土受压合力点取矩，可建立斜截面抗弯承载力计算公式，即

$$\sum M=0 \qquad M\leqslant M_s+M_{sv}+M_{sb} \tag{9.21}$$

式中 M——构件斜截面的弯矩设计值；

M_s——与斜截面相交的纵向受拉钢筋的抗弯承载力；

M_{sv}——与斜截面相交的箍筋的抗弯承载力；

M_{sb}——斜截面上弯起钢筋的抗弯承载力。

斜截面受弯承载力计算很难用公式精确表达，可通过构造措施来保证。因此，斜截面承载力计算就归结为受剪承载力的计算。

（2）斜截面抗剪承载力的计算

由式(9.20）可见，斜截面的抗剪承载力由两部分组成，其中$\boldsymbol{V}_{cs}$是剪压区混凝土与箍筋承受的剪力，$\boldsymbol{V}_{sb}$是与斜裂缝相交的弯起钢筋所承受的剪力，现分述如下。

① 混凝土与箍筋的受剪承载力$\boldsymbol{V}_{cs}$

• 矩形、T形和I形截面的一般受弯构件 箍筋与混凝土受剪承载力为

$$\boldsymbol{V}_{cs}=0.7f_tbh_0+f_{yv}\frac{A_{sv}}{s}h_0 \tag{9.22}$$

• 以集中荷载为主的独立梁 集中荷载作用下（包括作用有多种荷载，其中集中荷载对支座截面或节点边缘所产生的剪力值占总剪力值75%以上的情况）的独立梁，箍筋与混凝土的受剪承载力为：

$$\boldsymbol{V}_{cs}=\frac{1.75}{\lambda+1}f_tbh_0+f_{yv}\frac{A_{sv}}{s}h_0 \tag{9.23}$$

式中 $\boldsymbol{V}_{cs}$——斜截面上混凝土和箍筋的受剪承载力；

f_t——混凝土抗拉强度设计值；

f_{yv}——箍筋抗拉强度设计值；

A_{sv}——配置在同一截面内箍筋各肢的全部截面面积；

λ——计算截面的剪跨比，$\lambda=a/h_0$，a为集中荷载作用点至支座或节点边缘的距离；当$\lambda<1.5$时，取$\lambda=1.5$；当$\lambda>3$时，取$\lambda=3$；集中荷载作用点至支座之间的箍筋，应均匀配置。

② 弯起钢筋抵抗的剪力$\boldsymbol{V}_{sb}$ 弯起钢筋抵抗的剪力等于弯起钢筋承受的拉力在垂直于梁轴方向的分力，其值按下式计算。

$$V_{sb}=0.8A_{sb}f_y\sin\alpha_s \tag{9.24}$$

式中 A_{sb}——同一弯起平面内弯起钢筋的截面面积；

f_y——弯起钢筋抗拉强度设计值；

α_s——斜截面上弯起钢筋的切线与构件纵向轴线的夹角，一般取 $\alpha_s=45°$；当梁较高时，取 $\alpha_s=60°$；

0.8——系数，考虑到靠近剪压区的弯起钢筋在斜截面破坏时，其应力达不到的 f_y 不均匀系数。

③ 计算公式 如前所述，在设计中一般总是先配置箍筋，必要时再选配适当的弯筋，因此，受剪承载力计算公式又可分为两种情况。

• 对于仅配箍筋的梁

$$V\leqslant V_{cs}=0.7f_tbh_0+f_{yv}\frac{A_{sv}}{s}h_0 \tag{9.25a}$$

或

$$V\leqslant V_{cs}=\frac{1.75}{\lambda+1}f_tbh_0+f_{yv}\frac{A_{sv}}{s}h_0 \tag{9.25b}$$

• 对于同时配箍筋和弯起钢筋的梁

$$V\leqslant V_{cs}+V_{sb}=0.7f_tbh_0+1.25f_{yv}\frac{A_{sv}}{s}h_0+0.8A_{sb}f_y\sin\alpha_s \tag{9.26a}$$

或

$$V\leqslant V_{cs}+V_{sb}=\frac{1.75}{\lambda+1}f_tbh_0+f_{yv}\frac{A_{sv}}{s}h_0+0.8A_{sb}f_y\sin\alpha_s \tag{9.26b}$$

④ 计算截面 斜截面受剪承载力的计算截面主要有：

• 支座边缘处的截面［图 9.17(a)、(b) 中的 1—1 截面］；
• 受拉区弯起钢筋弯起点处的截面［图 9.17(a) 中的 2—2、3—3 截面］；
• 箍筋截面面积或间距改变处的截面［图 9.17(b) 中的 4—4 截面］；
• 截面尺寸改变处截面。

上述截面均为斜截面受剪承载力较薄弱的位置，在计算时应取其相应区段内的最大剪力作为剪力设计值。

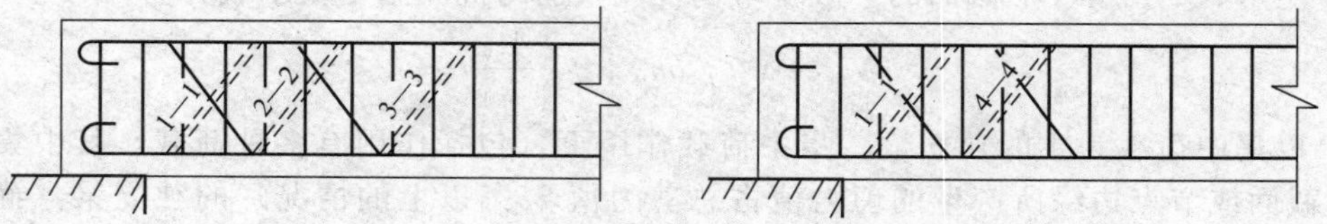

(a) 弯起钢筋　　(b) 箍筋

图 9.17 斜截面受剪承载力剪力设计值的计算截面

9.4.3 基本计算公式的适用条件

式(9.22)～式(9.26) 是根据斜截面剪压破坏形式求得的。为了防止斜压和斜拉破坏，上述计算公式还必须满足两个限制条件。

(1) 上限值——最小截面尺寸及最大配筋率

为了防止因梁截面过小，箍筋配置过多而引起斜压破坏，造成箍筋强度未能充分发挥而浪费钢材。因此，《混凝土结构设计规范》规定：对于矩形、T 形和工字形受弯构件，其截面尺寸应符合下列条件。

当 $h_w/b\leqslant4$ 时
$$V\leqslant0.25\beta_cf_cbh_0 \tag{9.27}$$

当 $h_w/b\geqslant6$ 时
$$V\leqslant0.2\beta_cf_cbh_0 \tag{9.28}$$

当 $4<h_w/b<6$ 时，按线性内插法取用。

式中 $\mathbf{V}$——剪力设计值；

h_w——截面的腹板高度；矩形截面取有效高度 h_0，T形截面取有效高度减去翼缘高度，工字形截面取腹板净高；

h_0——矩形截面取有效高度，T形截面取有效高度减去翼缘高度，工字形截面取腹板净高；

b——矩形截面的宽度，T形截面或工字形截面的腹板宽度；

f_c——混凝土轴心抗压强度设计值；

β_c——混凝土强度影响系数；当混凝土强度不超过C50时，取 $\beta_c=1.0$；当混凝土强度等级为C80时，取 $\beta_c=0.8$；其间按线性内插法确定。

在工程设计中，如不能满足上限值的要求，应加大截面尺寸或提高混凝土强度等级。

(2) 下限值——最小配箍率 $\rho_{sv,min}$

当箍筋配置过少时，斜裂缝一经出现，箍筋的拉应力很快达到屈服强度，而发生斜拉破坏。因此，对构件箍筋的配置就要规定一个下限值，即最小配箍率。同一截面中箍筋截面面积 A_{sv} 与截面宽度 b 同箍筋间距 s 乘积之比的百分率，称为**配箍率**，用符号 ρ_{sv} 表示。即

$$\rho_{sv}=A_{sv}/bs=n\cdot A_{sv1}/bs\times100\% \tag{9.29}$$

最小配箍率的限制条件为

$$\rho_{sv}=A_{sv}/bs\geqslant\rho_{sv,min}=0.24f_t/f_{yv} \tag{9.30}$$

此外，为了控制斜裂缝的宽度以及保证有必要数量的箍筋穿越每一条斜裂缝，箍筋间距除按计算确定外，箍筋的最大间距应满足表9.4。同时，为了便于施工时制作安装，确保钢筋骨架具有一定的刚性，规范也规定了箍筋的最小直径。

9.4.4 斜截面抗剪承载力计算步骤

斜截面抗剪承载力的计算，是在正截面设计完成之后进行的，因此构件的截面尺寸、材料强度及纵向钢筋的用量均为已知，斜截面抗剪承载力计算可按下列步骤进行。

(1) 复核梁的截面尺寸

按式(9.27) 或式(9.28) 进行截面尺寸复核。若不满足要求时，则应加大截面尺寸或提高混凝土的强度等级，并重新进行正截面承载力计算。

(2) 验算是否需要按计算配置腹筋

如计算截面上的剪力满足下列条件时：

矩形、T形及工字形截面梁

$$\mathbf{V}\leqslant0.7f_tbh_0 \tag{9.31}$$

承受集中荷载为主的矩形截面独立梁

$$\mathbf{V}\leqslant\frac{1.75}{\lambda+1}f_tbh_0 \tag{9.32}$$

则可按构造要求配置腹筋，即满足箍筋直径 $d\geqslant d_{min}$，箍筋间距 $s\leqslant s_{max}$ 即可。

(3) 腹筋的计算

① 仅配置箍筋的梁　当计算剪力不满足式(9.29) 和式(9.30) 的要求时，应按计算结果配置腹筋。

对于矩形、T形及工字形截面梁

$$\frac{A_{sv}}{s}=\frac{nA_{sv1}}{s}\geqslant(\mathbf{V}-0.7f_tbh_0)/f_{yv}h_0 \tag{9.33}$$

承受集中荷载为主的矩形截面独立梁

$$\frac{A_{sv}}{s}=\frac{nA_{sv1}}{s}\geqslant\left(\mathbf{V}-\frac{1.75}{\lambda+1}f_tbh_0\right)/f_{yv}h_0 \tag{9.34}$$

求出 A_{sv}/s 后，再选定箍筋的肢数和单肢横截面面积 A_{sv1}，并算出 $A_{sv}=nA_{sv1}$，最后求出箍筋的间距 s；或先按构造要求确定箍筋的间距 s，再求出 A_{sv}，并由此确定箍筋的直径。并且要验算最小配箍率。

② 同时配置有箍筋和弯起钢筋的梁　当剪力很大时，如果仅用箍筋和混凝土抵抗剪力，会使箍筋直径很大或间距很小，造成施工不便、且不经济。为此，可利用弯起钢筋来承受一部分剪力，其横截面面积 A_{sb} 可由下式确定。

$$A_{sb}=(\boldsymbol{V}-\boldsymbol{V}_{cs})/0.8f_y\sin\alpha_s \qquad (9.35)$$

在计算弯起钢筋时，剪力设计值 V 按下列规定采用。

- 计算第一排（对支座而言）弯起钢筋时，取支座边缘处的剪力为设计值。
- 计算以后各排弯起钢筋时，均取前一排弯起钢筋弯起点处的剪力为设计值。

弯起钢筋除满足计算要求外，前一排（对支座而言）弯起钢筋弯起点到后一排弯起钢筋弯终点之间的距离不得大于箍筋最大间距 s_{max}。

【例 9.5】 图 9.18 所示简支梁，承受均布荷载，设计值为 $\boldsymbol{q}=50$kN/m（含梁自重），截面尺寸为 $b\times h=250$mm$\times 500$mm，混凝土强度等级 C30，配有纵筋 6 ф 20，箍筋采用 HPB300 级，构件安全等级Ⅱ级，试根据斜截面抗剪承载力计算确定箍筋数量。

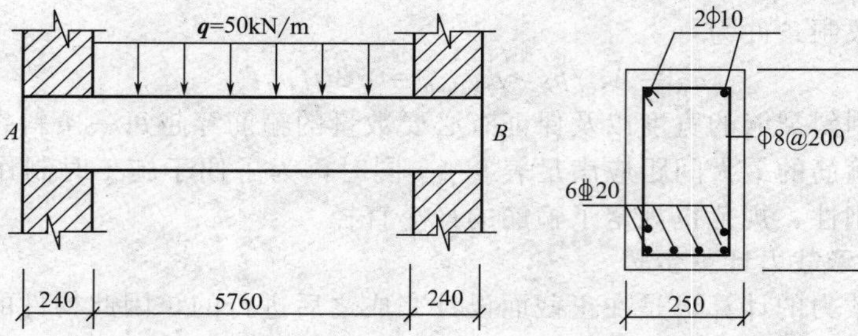

图 9.18

解　a. 求支座边缘处截面的剪力

梁的跨度：$l=5760+120+120=6000$(mm)

计算剪力时，取梁的净跨 $l_n=5.76$m

$$\boldsymbol{V}_A=\boldsymbol{V}_B=\frac{1}{2}\boldsymbol{q}l_n=\frac{1}{2}\times 50\times 5.76=144(\text{kN})$$

b. 验算截面尺寸

两排钢筋　　$h_w=h_0=h-a_s=500-65=435$(mm)

$$h_w/b=h_0/b=435/250=1.74<4$$

$0.25f_cbh_0=0.25\times 14.3\times 250\times 435=388.8\times 10^3(\text{N})=388.8(\text{kN})>\boldsymbol{V}_A=144(\text{kN})$

截面尺寸满足要求。

c. 验算是否需要通过计算配置箍筋

$0.7f_tbh_0=0.7\times 1.43\times 250\times 435=108.9\times 10^3(\text{N})=108.9(\text{kN})<\boldsymbol{V}_A=144(\text{kN})$

所以箍筋应按计算配置。

d. 计算箍筋用量　由式(9.33) 得

$$\frac{A_{sv}}{s}\geqslant(\boldsymbol{V}-0.7f_tbh_0)/f_{yv}h_0$$

$$=(144\times 10^3-0.7\times 1.43\times 250\times 435)/(270\times 435)$$

$$=0.299\ (\text{mm}^2/\text{mm})$$

选用双肢筋ф6($A_{sv1}=28.3\text{mm}^2$)，箍筋间距为

$$s \leqslant A_{sv1}/0.299 = 2\times28.3/0.299 = 189(\mathrm{mm})$$

构造要求规定：$s_{max}=200\mathrm{mm}$，取 $s=200\mathrm{mm}$。实际配箍筋为双肢Φ 6 @200。

e. 验算最小配箍率

$$\rho_{sv}=\frac{A_{sv}}{sb}=\frac{2\times28.3}{250\times200}\times100\%=0.113\%$$

$$\rho_{sv}<\rho_{svmin}=0.24\frac{f_t}{f_{yv}}=0.24\times\frac{1.43}{270}\times100\%=0.127\%$$

不符合要求，改用双肢Φ8 @200（$A_{sv1}=50.3\mathrm{mm}^2$）

$$\rho_{sv}=\frac{A_{sv}}{sb}=\frac{2\times50.3}{250\times200}\times100\%=0.201\%>\rho_{sv\ min}=0.127\%$$

符合要求。

【例 9.6】 某钢筋混凝土简支梁，支座截面处剪力设计值 $V=90\mathrm{kN}$，截面尺寸为 $b\times h=200\mathrm{mm}\times450\mathrm{mm}$，采用 C25 混凝土，箍筋采用 HPB300 级，已配双肢箍筋Φ 6 @150，试验算斜截面承载力是否满足要求？

解　假设采用单排钢筋 $h_0=h-a_s=450-40=410(\mathrm{mm})$

a. 验算配箍率

$$\rho_{sv}=\frac{A_{sv}}{sb}=\frac{2\times28.3}{200\times150}\times100\%=0.189\%$$

$$\rho_{sv}>\rho_{svmin}=0.24\frac{f_t}{f_{yv}}=0.24\times\frac{1.27}{270}\times100\%=0.113\%$$

符合要求。

b. 计算斜截面的受剪承载力 $\mathbf{V}_u$，由式(9.25a) 得

$$\begin{aligned}\mathbf{V}_u &= 0.7f_tbh_0+f_{yv}\frac{A_{sv}}{s}h_0\\ &=0.7\times1.27\times200\times410+270\times\frac{2\times28.3}{150}\times410\\ &=114.7\times10^3(\mathrm{N})=114.7(\mathrm{kN})\end{aligned}$$

c. 验算截面尺寸

$$h_w/b=h_0/b=410/200=2.05<4$$

$$0.25f_cbh_0=0.25\times11.9\times200\times410=244.0\times10^3(\mathrm{N})=244.0(\mathrm{kN})>\mathbf{V}_u=114.7(\mathrm{kN})$$

截面尺寸满足要求。

d. 验算截面承载力

$$\mathbf{V}=90\mathrm{kN}<\mathbf{V}_u=114.7\mathrm{kN}$$

满足要求。

9.5　钢筋混凝土受弯构件的变形和裂缝计算要点

钢筋混凝土构件即使满足了强度要求，还可能因变形过大或裂缝开展过宽，使得构件不能正常使用。因此，《混凝土结构设计规范》规定，根据使用要求，构件在进行强度计算后，还需要进行变形和裂缝宽度验算，即控制构件的变形和裂缝宽度在允许值范围内，其设计表达式分别为：

$$f\leqslant[f] \tag{9.36}$$

或

$$\omega\leqslant[\omega_{lim}] \tag{9.37}$$

式中 f——在荷载短期效应组合下，并考虑荷载长期效应组合影响受弯构件的最大挠度；

$[f]$——受弯构件的挠度限值，见附表Ⅲ-7；

ω——在荷载短期效应组合下，并考虑荷载长期效应组合影响受弯构件的最大裂缝宽度；

$[\omega_{\lim}]$——构件裂缝宽度限值，见附表Ⅲ-10。

9.5.1 受弯构件变形的计算

由材料力学可知，弹性匀质材料受弯构件跨中挠度的一般表达式为

$$f=S\frac{Ml_0^2}{EI}$$

式中 f——梁跨中最大挠度值；

S——与荷载形式、支承条件有关的荷载效应系数，如均布荷载简支梁时，$S=5/48$；

M——跨中最大弯矩，如均布荷载简支梁时，$M=ql_0^2/8$；

l_0——受弯构件的计算跨度；

EI——受弯构件的截面抗弯刚度。

钢筋混凝土和预应力混凝土受弯构件在正常使用极限状态下的挠度，可根据构件的刚度用结构力学方法计算。

在等截面构件中，可假定各同号弯矩区段内的刚度相等，并取用该区段内最大弯矩处的刚度。当计算跨度内的支座截面刚度不大于跨中截面刚度的两倍，或不小于跨中截面刚度的二分之一时，该跨也可按等刚度构件进行计算，其构件刚度可取跨中最大弯矩截面的刚度。

为了区别于弹性匀质材料受弯构件的抗弯刚度 EI，用字母 B 表示钢筋混凝土受弯构件的抗弯刚度，用 B_s 表示在荷载短期效应组合作用下受弯构件的刚度，称为**短期刚度**。

(1) 钢筋混凝土梁出现裂缝后，在荷载短期效应组合作用下的短期刚度

在荷载效应的标准组合作用下，受弯构件的短期刚度可按下式计算：

$$B_s=\frac{E_sA_sh_0^2}{1.15\psi+0.2+\dfrac{6\alpha_E\rho}{1+3.5\gamma_f'}} \tag{9.38}$$

式中 E_s——受拉钢筋的弹性模量；

A_s——受拉钢筋的截面面积；

h_0——截面有效高度；

ρ——纵向受拉钢筋的配筋率；

α_E——钢筋弹性模量与混凝土弹性模量的比值，即 $\alpha_E=E_s/E_c$；

γ_f'——受压区翼缘面积与腹板有效面积的比值，即

$$\gamma_f'=\frac{(b_f'-b)h_f'}{bh_0} \tag{9.39}$$

b_f'，h_f'——受压区翼缘的宽度、高度，当 $h_f'>0.2h_0$ 时，取 $h_f'=0.2h_0$；

ψ——裂缝间纵向受拉钢筋应变不均匀系数，当 $\psi<0.2$ 时，取 $\psi=0.2$；$\psi>1.0$ 时，取 $\psi=1.0$；对直接承受直接重复荷载的构件，取 $\psi=1.0$；即

$$\psi=1.1-\frac{0.65f_{tk}}{\rho_{te}\sigma_{sk}} \tag{9.40}$$

f_{tk}——混凝土轴心抗拉强度标准值；

ρ_{te}——按有效受拉混凝土截面面积 A_{te} 计算的纵向受拉钢筋配筋率，对矩形截面可按下式计算（当算出 $\rho_{te}<0.01$ 时，取 $\rho_{te}=0.01$）

$$\rho_{te}=A_s/0.5bh \tag{9.41}$$

σ_{sk}——按荷载效应的标准组合计算的构件纵向受拉钢筋的应力，即

$$\sigma_{sk}=M_k/0.87h_0A_s \tag{9.42}$$

M_k——按荷载效应的标准组合计算的弯矩，取计算区段内的最大弯矩值。

（2）钢筋混凝土梁出现裂缝后（使用阶段），考虑部分荷载长期作用的长期刚度 B

钢筋混凝土受弯构件在长期荷载作用下，由于受压区混凝土在压应力持续作用下产生徐变、混凝土收缩，以及受拉钢筋与混凝土的滑移徐变等，将使构件的变形随时间增长而逐渐增大，同时截面的抗弯刚度也将逐渐降低。

在长期荷载作用下梁的挠度随时间增长而增大。在一般情况下，受弯构件挠度的增长，要经过 3～4 年时间后才能基本稳定。

《混凝土结构设计规范》规定，长期刚度 B 可按下式计算：

$$B=\frac{M_k}{M_k+(\theta-1)M_q}B_s \tag{9.43}$$

式中 M_q——按荷载效应准永久组合计算的弯矩，取计算区段内的最大弯矩值；

θ——考虑荷载长期作用对挠度增大的影响系数。对钢筋混凝土受弯构件，当 $\rho'=0$ 时，取 $\theta=2.0$；当 $\rho'=\rho$ 时，取 $\theta=1.6$；当 ρ' 为中间数值时，θ 按线性内插法取用。对翼缘位于受拉区的倒 T 形截面，θ 应增加 20%。对预应力混凝土受弯构件，取 $\theta=2.0$。其中 ρ、ρ' 分别为纵向受拉和纵向受压钢筋的配筋率。

从式(9.38) 中可以看出，影响钢筋混凝土受弯构件刚度的主要因素是截面的有效高度 h_0，当构件的挠度不满足要求时，可适当增大截面高度 h。

（3）受弯构件的挠度计算

由于受弯构件截面的刚度不仅随荷载的增大而减少，而且在某一荷载作用下，由于受弯构件各截面的弯矩不同，各截面的刚度也不同，即构件的刚度沿梁长分布是不均匀的，为了简化计算，《混凝土结构设计规范》规定，可取同号弯矩区段内弯矩最大截面的刚度，作为该区段的抗弯刚度。显然，这种处理方法所算出的抗弯刚度值最小，通常把这种处理原则称为“最小刚度”原则。求得受弯构件的截面抗弯刚度以后，挠度值即可按材料力学中的相应公式计算。

经过验算，当不满足式(9.36) 要求时，表示受弯构件的刚度不足，应设法予以提高，如增加截面高度 h、提高混凝土强度等级、增加配筋数量、选用合理的截面（如 T 形或工字形）等。而其中以增大截面高度效果最为显著，应优先采用。

【例 9.7】 某矩形截面简支梁，截面尺寸如图 9.19 所示，梁的计算跨度 $l_0=6\text{m}$，承受均布荷载，永久荷载标准值 $g_k=13\text{kN/m}$（含梁自重），可变荷载的标准值 $q_k=7\text{kN/m}$，准永久值系数 $\psi_q=0.4$，由正截面受弯承载力计算已配置 4Φ18 纵向钢筋（$A_s=1017\text{mm}^2$），混凝土强度等级为 C25（$E_c=2.8\times10^4\text{N/mm}^2$，$f_{tk}=1.78\text{N/mm}^2$），钢筋为 HRB400 级（$E_s=2\times10^5\text{N/mm}^2$），梁的容许挠度 $[f]=l_0/200$。试验算该梁的挠度。

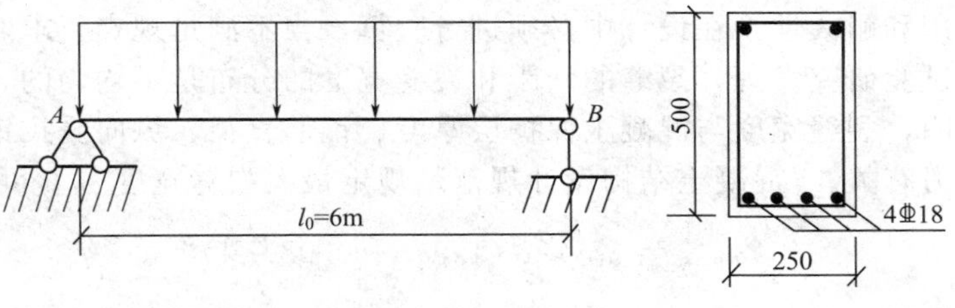

图 9.19

解 a. 计算梁内最大弯矩 按荷载效应标准组合作用下的跨中最大弯矩为

$$M_k=\frac{1}{8}(g_k+q_k)l_0^2=\frac{1}{8}(13+7)\times6^2=90(\text{kN}\cdot\text{m})$$

按荷载效应准永久值组合作用下的跨中最大弯矩为

$$M_q=\frac{1}{8}(g_k+\psi_q q_k)l_0^2=\frac{1}{8}(13+0.4\times7)\times6^2=71.1(\text{kN}\cdot\text{m})$$

b. 计算系数 ψ

$$\sigma_{sq}=\frac{M_q}{0.87h_0A_s}=\frac{71.1\times10^6}{0.87\times460\times1017}=174.7\ (\text{N/mm}^2)$$

$$\rho_{te}=\frac{A_s}{A_{te}}=\frac{1017}{0.5\times200\times500}=0.0203\geqslant0.01$$

取 $\rho_{te}=0.0203$

$$\psi=1.1-\frac{0.65f_{tk}}{\rho_{te}\sigma_{sq}}=1.1-\frac{0.65\times1.78}{0.0203\times174.7}=0.774$$

c. 计算短期刚度 B_s

$$\alpha_E=\frac{E_s}{E_c}=\frac{2\times10^5}{2.8\times10^4}=7.14$$

$$\rho=\frac{A_s}{bh_0}=\frac{1017}{200\times465}=0.0109$$

因该梁为矩形截面，所以 $\gamma_f'=0$

$$B_s=\frac{E_sA_sh_0^2}{1.15\psi+0.2+\dfrac{6\alpha_E\rho}{1+0.35\gamma_f'}}$$

$$=\frac{2\times10^5\times1017\times460^2}{1.15\times0.774+0.2+6\times7.14\times0.0109/(1+0.35\times0)}=2.749\times10^{13}(\text{N}\cdot\text{mm}^2)$$

d. 计算长期刚度 B

$$\rho'=0,\ \theta=2$$

$$B=\frac{M_k}{M_k+(\theta-1)M_q}B_s=\frac{90}{90+(2-1)\times71.1}\times2.749\times10^{13}=1.536\times10^{13}(\text{N}\cdot\text{mm}^2)$$

e. 验算挠度 f

$$f=\frac{5}{48}\times\frac{M_kl_0^2}{B}=\frac{5}{48}\times\frac{90\times10^6\times6000^2}{1.536\times10^{13}}=21.97(\text{mm})$$

$$f<[f]=\frac{l_0}{200}=\frac{6000}{200}=30(\text{mm})$$

满足要求。

9.5.2 钢筋混凝土受弯构件裂缝宽度验算

钢筋混凝土受弯构件在正常使用阶段是处于开裂状态的，如果裂缝宽度过大，将会影响到构件的正常使用和耐久性，在设计中必须进行验算，当不满足规定要求时，应采用合理措施加以控制。经试验研究发现，裂缝的间距和裂缝宽度的分布是不均匀的，但变化是有规律的。大量试验表明，裂缝宽度与混凝土保护层厚度、钢筋直径、纵向受拉钢筋以及钢筋与混凝土之间的黏结力有关。《混凝土结构设计规范》规定最大裂缝宽度 ω_{max} 可按下列公式计算

$$\omega_{max}=\alpha_{cr}\psi\frac{\sigma_{sq}}{E_s}(1.9c_s+0.08\frac{d_{eq}}{\rho_{te}})\tag{9.44}$$

式中 α_{cr}——构件受力特征系数，对钢筋混凝土构件有：轴心受拉构件，取 2.7；偏心受拉构件，取 2.4；受弯和偏心受压构件，取 1.9；

c_s——最外层纵向受拉钢筋外边缘至受拉区底边的距离（mm）；当 $c_s \leqslant 20$ 时，取 $c_s = 20$；当 $c_s \geqslant 65$ 时，取 $c_s = 65$；

d_{eq}——受拉区纵向钢筋的等效直径，mm，$d_{eq} = \dfrac{\sum n_i d_i^{\ 2}}{\sum n_i v_i d_i}$，$n_i$、$d_i$ 分别为受拉区第 i 种纵向钢筋的根数和直径，v_i 为第 i 种纵向钢筋相对粘结特性系数，光面钢筋 $v_i = 0.7$，带肋钢筋 $v_i = 1.0$。

其余符号意义同前。

【例 9.8】按【例 9.7】所示条件，箍筋直径为 6mm，验算梁的裂缝宽度，容许裂缝宽度 $[\omega_{lim}] = 0.3$mm。

解　已知 $\psi = 0.774$，$\sigma_{sk} = 174.7\text{N/mm}^2$，$c = 25$mm，$\rho_{te} = 0.0203$，将上述数据代入式 (9.44) 得

$$
\begin{aligned}
\omega_{max} &= \alpha_{cr}\psi\frac{\sigma_{sq}}{E_s}(1.9c_s + 0.08\frac{d_{eq}}{\rho_{te}}) \\
&= 1.9\times 0.774\times\frac{174.7}{2\times 10^5}\times\left[1.9\times(25+6)+0.08\times\frac{18}{0.0203}\right] \\
&= 0.167(\text{mm}) < 0.3\text{mm}
\end{aligned}
$$

满足要求。

9.6　预应力混凝土结构的基本知识

9.6.1　预应力混凝土的概念

普通钢筋混凝土的主要缺点是自重大和容易开裂，因此在一定程度上限制了它的应用范围。普通钢筋混凝土易开裂的原因是混凝土的极限拉应变很低，约为 $(0.1\sim0.15)\times10^{-3}$，此时钢筋的应力仅为 20～30N/mm²，当钢筋应力超过此值时，混凝土即出现裂缝。在使用荷载作用下，钢筋的工作应力约为设计强度的 60%～70%，其相应的拉应变为 $(0.8\sim1.0)\times10^{-3}$，大大超过了混凝土的极限拉应变。若采用高强钢筋，其拉应变将更大，裂缝宽度会超过极限 (0.2～0.3mm)。另一方面，当裂缝达最大容许宽度 $[\omega_{max}] = 0.2\sim0.3$mm 时，钢筋的应力也只达到 150～250N/mm²。由此可见，在普通钢筋混凝土中采用高强钢筋是不能充分发挥其作用的，也是不经济的。

为了充分发挥高强钢筋的作用，可以在构件承受荷载以前，预先对受拉区混凝土施加压力，使其产生预压应力，见图 9.20。当构件承受荷载而产生的拉应力，首先要抵消混凝土的预压应力，然后随着荷载的增加，受拉区混凝土才产生拉应力，这样可推迟混凝土裂缝的出现和开展，以满足使用要求。这种在构件受荷载以前预先对受拉区混凝土施加压应力的构件，称为**预应力混凝土构件**。施加预应力时，所需的混凝土立方体抗压强度应经计算确定，但不宜低于设计混凝土强度等级值的 75%。

预应力混凝土结构与普通混凝土结构对比的主要优缺点具体如下。

① 在使用荷载作用下，使构件不出现裂缝或延迟裂缝的出现，可减少构件的裂缝宽度；

② 合理采用高强钢筋和高强度等级混凝土，可节省材料和减轻结构自重，扩大了钢筋混凝土结构的应用范围；

③ 预应力混凝土提高了构件的抗裂度，提高了构件的刚度和耐久性；

④ 预应力混凝土结构的施工比普通钢筋混凝土结构麻烦，需要台座、张拉设备和锚具。

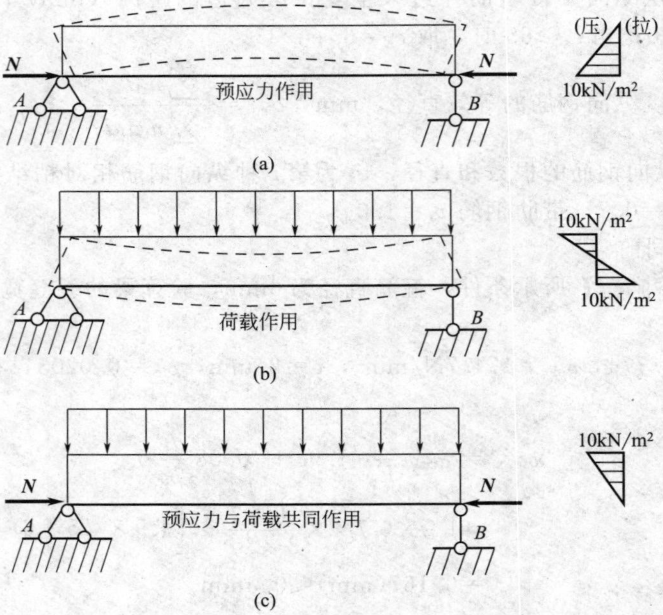

图 9.20 预应力对受弯构件的作用

9.6.2 预加应力的方法

根据张拉钢筋与浇筑混凝土的先后顺序，预加应力有先张法和后张法两种。

（1）先张法

先张法的工艺流程见图 9.21，其主要工序是：在台座或钢模上布置钢筋，锚固钢筋；张拉钢筋，再锚固钢筋；支模、浇筑混凝土，养护混凝土；待混凝土达到强度设计值的75%以上时，剪断钢筋，钢筋在回缩时将对混凝土施加预压应力。在先张法中，预应力是靠钢筋与混凝土之间的黏结力来传递的。

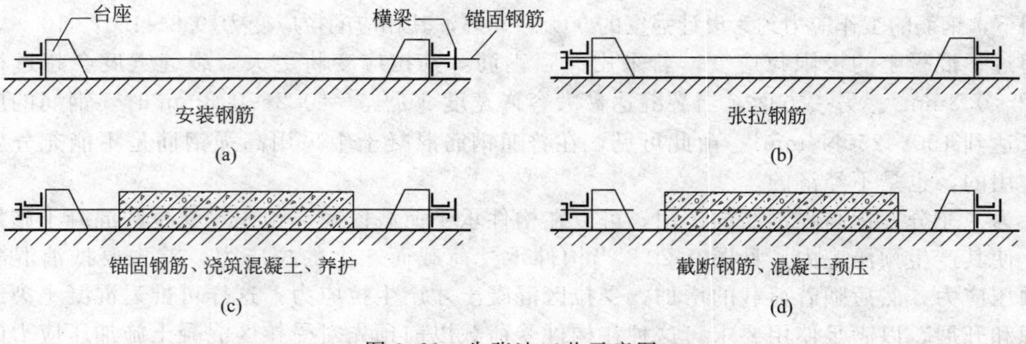

图 9.21 先张法工艺示意图

（2）后张法

后张法的工艺流程见图 9.22，其主要工序是：先浇筑混凝土构件，在构件内预留孔道；待混凝土达到强度设计值的 75%以上时，在预留孔道内穿钢筋；然后张拉钢筋，同时钢筋对构件施加预压应力，张拉完毕，锚固钢筋；最后从灌浆孔向孔道内压力灌浆。后张法是靠锚具来保持预应力的，锚具将永远附在构件上。

先张法与后张法各有以下特点。

先张法：生产工序少、工艺简单、施工质量易保证；锚具可重复使用，生产成本低；先

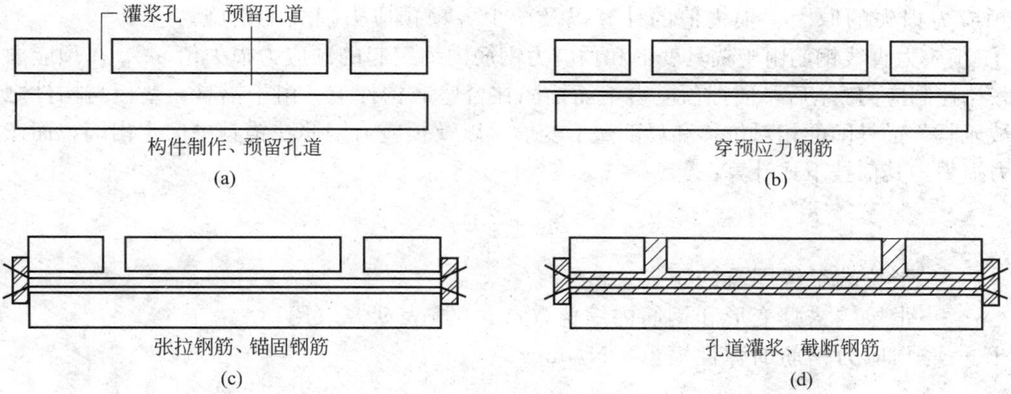

图 9.22 后张法工艺示意图

张法适于工厂化生产中小型的预应力构件。

后张法：不需要台座，一般在现场施工，施工质量不易保证，操作麻烦；因锚具将永久附着在构件上，耗钢量增大，所以成本较高；后张法适用于运输不方便的大型预应力混凝土构件。

9.6.3 预应力混凝土的材料

（1）预应力钢筋

预应力混凝土结构所用的钢材主要有钢丝、热处理钢筋、钢绞线等，预应力钢筋的发展趋势是高强度、大直径、低松弛和耐腐蚀。第 8 章对此有详细的介绍。

（2）混凝土

与普通混凝土结构相比，预应力混凝土结构要求采用强度更高的混凝土。因此，《混凝土结构设计规范》规定：预应力混凝土结构的混凝土强度等级不宜低于 C40 且不应低于 C30。

（3）孔道灌浆材料

后张法在黏结预应力混凝土结构中，目前普遍采用波纹管留孔。孔道灌浆材料为纯水泥浆，有时也加入细砂，宜采用不低于 42.5 级的普通水泥或矿渣水泥。

9.6.4 张拉控制应力

张拉控制应力值，是指张拉钢筋时，必须达到的应力值，用符号 σ_{con} 表示，其值等于总张拉力除以钢筋截面面积。

《混凝土结构设计规范》（GB 50010—2010）规定：预应力钢筋的张拉控制应力值 σ_{con} 不宜超过表 9.7 规定的张拉控制应力限值，且不应小于 $0.4f_{ptk}$。

表 9.7 张拉控制应力限值

钢筋种类	张拉方法	
	先张法	后张法
消除预应力钢丝、钢绞线	$0.75f_{ptk}$	$0.75f_{ptk}$
热处理钢筋	$0.70f_{ptk}$	$0.65f_{ptk}$

当符合下列情况之一时，表 9.7 中的张拉控制应力限值可提高 $0.05f_{ptk}$。

① 要求提高构件在施工阶段的抗裂性能而在使用阶段受压区内设置的预应力钢筋；

② 要求部分抵消由于应力松弛、摩擦、钢筋分批张拉以及预应力钢筋与张拉台座之间的温差等因素产生的预应力损失。

9.6.5 预应力损失及其组合

（1）预应力损失

钢筋的张拉控制应力，从张拉开始到构件使用，由于张拉工艺和材料的特性等原因，将不断地降低，这部分降低值称为预应力损失。引起预应力损失的原因很多，下面将分项讨论引起预应力损失的原因、损失值的计算以及减少各项预应力损失的措施。

① 预应力直线钢筋由于锚具变形和预应力钢筋内缩引起的预应力损失值 σ_{l1}　在预应力钢筋达到张拉控制应力 σ_{con} 后，便把预应力钢筋锚固在台座或构件上。由于锚具、垫板与构件之间的缝隙被压紧、锚具间的相对位移和局部塑形变形，以及预应力钢筋在锚具中产生内缩，而产生的预应力损失，其值按下式计算：

$$\sigma_{l1}=\frac{\alpha}{l}E_s \tag{9.45}$$

式中　l——张拉端至锚固端的距离，mm；

α——张拉端锚具变形和钢筋内缩值，mm，按表 9.8 取用；

E_s——预应力钢筋的弹性模量，N/mm^2。

表 9.8　锚具变形和钢筋内缩值 α　　mm

锚具类别		α
支承式锚具(钢丝束镦头锚具等)	螺帽缝隙	1
	每块后加垫板的缝隙	1
锥塞式锚具(钢丝束的钢质锥形锚具等)		5
夹片式锚具	有顶压时	5
	无顶压时	6～8

注：1. 表中的锚具变形和钢筋内缩值也可根据实测数据确定。

2. 其他类型的锚具变形和钢筋内缩值应根据实测数据确定。

采取下列措施，可减少此项损失。

- 选择变形小或预应力钢筋滑动小的锚具，减少垫板的块数；
- 采用先张法时，宜选择长台座。

块体拼成的结构，其预应力损失尚应计及块体间填缝的预压变形。当采用混凝土或砂浆为填缝材料时，每条填缝的预压变形值可取为 1mm。

② 预应力钢筋与孔道壁之间摩擦引起的预应力损失值 $\boldsymbol{\sigma}_{l2}$　后张法张拉钢筋时，由于孔道施工偏差、孔壁粗糙、钢筋不直、钢筋表面粗糙等原因，使钢筋在张拉时与孔道壁接触而产生摩擦阻力，使预应力钢筋的应力，随张拉端距离的增加而减小，如图 9.23，摩擦损失 $\boldsymbol{\sigma}_{l2}$ 按下式计算：

$$\boldsymbol{\sigma}_{l2}=\boldsymbol{\sigma}_{con}\left(1-\frac{1}{e^{kx+\mu\theta}}\right) \tag{9.46}$$

当 $kx+\mu\theta\leqslant 0.2$ 时，σ_{l2} 可按下列近似公式计算：

$$\boldsymbol{\sigma}_{l2}=\boldsymbol{\sigma}_{con}(kx+\mu\theta) \tag{9.47}$$

式中　x——张拉端至计算截面的孔道长度，可近似取该段孔道在纵轴上的投影长度，m；

k——考虑孔道每米长度局部偏差的摩擦系数，按表 9.9 取用；

μ——预应力钢筋与孔道壁之间的摩擦系数，按表 9.9 取用；

θ——张拉端至计算截面曲线孔道部分切线的夹角，如图 9.23，rad；

表 9.9　摩擦系数 κ 及 μ 值

孔道成型方式	κ	μ	
		钢丝线、钢丝束	预应力螺纹钢筋
预埋金属波纹管	0.0015	0.25	0.50
预埋塑料波纹管	0.0015	0.15	—
预埋钢管	0.0010	0.30	—
抽芯成型	0.0014	0.55	0.60

注：1. 表中系数也可根据实测数据确定；

2. 当采用钢丝束的钢质锥形锚具及类似形式锚具时，尚应考虑锚环口处的附加摩擦损失，其值可根据实测数据确定。

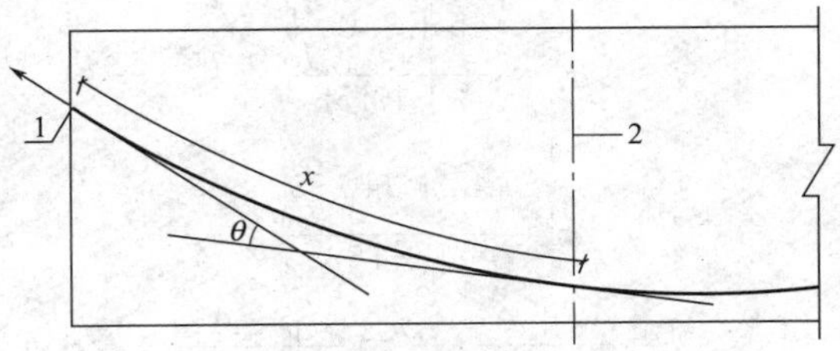

图 9.23 预应力摩擦损失计算

1—张拉端；2—计算截面

采取以下措施可减少摩擦损失。

• 对较长构件可采用两端张拉，则计算孔道长度可减少一半，但将引起 $\boldsymbol{\sigma}_{l1}$ 的增加；

• 采用“超张拉”工艺，其工艺程序为：

$$0 \rightarrow 1.1\boldsymbol{\sigma}_{con} \xrightarrow{\text{停 2 分钟}} 0.85\boldsymbol{\sigma}_{con} \xrightarrow{\text{停 2 分钟}} \boldsymbol{\sigma}_{con}$$

③ 混凝土加热养护时，预应力钢筋与台座间温差引起的预应力损失 $\boldsymbol{\sigma}_{l3}$　对于蒸汽养护的先张法构件，当新浇筑的混凝土尚未结硬时，由于钢筋温度高于台座的温度，钢筋将产生伸长变形，预应力钢筋的应力就会下降而造成预应力损失。

如钢筋与台座间的温差为 Δt℃，钢筋的线膨胀系数为 $\alpha=1\times10^{-5}$/℃，则温差引起预应力钢筋的应变为 $\varepsilon_s=\alpha\cdot\Delta t$，于是预应力损失为：

$$\boldsymbol{\sigma}_{l3}=E_s\cdot\varepsilon_s=2\times10^5\times1\times10^{-5}\cdot\Delta t$$

即
$$\boldsymbol{\sigma}_{l3}=2\Delta t \tag{9.48}$$

采取下列措施可减少温差损失。

• 在构件蒸养时采用“两次升温养护”。先在常温下养护至混凝土强度等级达到一定强度，再逐渐升温，此时可认为钢筋和混凝土已结为整体，能一起伸缩而无应力损失；

• 在钢模上张拉，钢筋锚固在钢模上，升温时两者温度相同，可以不考虑此项损失。

④ 预应力钢筋松弛引起的预应力损失 $\boldsymbol{\sigma}_{l4}$　钢筋在高应力作用下，在保持长度不变的条件下，钢筋的应力随时间增长而降低的现象，称为钢筋应力松弛损失。另一方面，在钢筋应力保持不变的条件下，其应变会随时间的增长而逐渐增大，这种现象称为钢筋的徐变。预应力筋的松弛和徐变均将引起预应力筋中的应力损失，这种损失统称为预应力筋应力松弛损失 σ_{l4} 。

应力松弛损失在开始阶段发展较快，第一小时松弛损失大约完成 50%，24 小时约完成 80%，以后发展缓慢，松弛的大小与钢筋种类和张拉控制应力有关。

《混凝土结构设计规范》规定：预应力钢筋的应力松弛损失，按表 9.11 的公式计算。

减少钢筋应力松弛损失的措施是超张拉，其张拉程序为：

$$0 \longrightarrow (1.05\sim1.1)\boldsymbol{\sigma}_{con} \xrightarrow{\text{持荷 2～5min、卸荷}} \boldsymbol{\sigma}_{con}$$

⑤ 混凝土收缩、徐变引起的受拉区和受压区纵向预应力筋的损失值 σ_{l5} 、σ_{l5}'　混凝土在空气中结硬时体积收缩，在预应力作用下，混凝土将沿压力方向产生徐变。收缩与徐变使杆件缩短、预应力钢筋也随之回缩，而造成预应力损失。

《混凝土结构设计规范》规定：混凝土受拉区和受压区预应力钢筋的预应力损失与非预应力筋的压应力 $\boldsymbol{\sigma}_{l5}$ 和 $\boldsymbol{\sigma}_{l5}'$ 在一般情况下按下列公式计算。

• 先张法构件

$$\boldsymbol{\sigma}_{l5}=\frac{45+340\dfrac{\boldsymbol{\sigma}_{pc}}{f'_{cu}}}{1+15\rho} \tag{9.49}$$

$$\boldsymbol{\sigma}'_{l5}=\frac{45+340\dfrac{\boldsymbol{\sigma}'_{pc}}{f'_{cu}}}{1+15\rho'} \tag{9.50}$$

$$\rho=\frac{A_p+A_s}{A_0},\ \rho'=\frac{A'_p+A'_s}{A_0}$$

• 后张法构件

$$\boldsymbol{\sigma}_{l5}=\frac{55+300\dfrac{\boldsymbol{\sigma}_{pc}}{f'_{cu}}}{1+15\rho} \tag{9.51}$$

$$\boldsymbol{\sigma}'_{l5}=\frac{55+300\dfrac{\boldsymbol{\sigma}'_{pc}}{f'_{cu}}}{1+15\rho'} \tag{9.52}$$

$$\rho=\frac{A_p+A_s}{A_n},\ \rho'=\frac{A'_p+A'_s}{A_n}$$

式中 $\boldsymbol{\sigma}_{pc}$，$\boldsymbol{\sigma}'_{pc}$——受拉区、受压区预应力钢筋在各自合力点处混凝土法向压应力；

f'_{cu}——施加预应力时的混凝土立方体抗压强度；

ρ，ρ'——受拉区、受压区预应力钢筋和非预应力钢筋的配筋率。

此处，A_0 为混凝土换算截面面积；A_n 为混凝土净截面面积。

对于对称配置预应力钢筋和非预应力钢筋的构件，配筋率 ρ、ρ' 应按钢筋总截面面积的一半计算。

当结构处于年平均相对湿度低于 40%的环境下，$\boldsymbol{\sigma}_{l5}$ 及 $\boldsymbol{\sigma}'_{l5}$ 值应增加 30%。

由混凝土收缩和徐变所引起的预应力损失，是上述各项损失中最大的一项，在直线预应力配筋构件中约占总损失的 50%，而在曲线预应力配筋构件中也要占总损失的 30%左右。因此，在设计和施工中采取措施降低此项损失是很重要的，具体措施如下。

• 采用高标号水泥，减少水泥用量，减少水灰比，采用干硬性混凝土；
• 采用级配良好的骨料，加强振捣，提高混凝土的密实度；
• 加强养护工作，最好采用蒸汽养护。以防止水分过多散失，使水泥水化作用充分。

⑥ 环形构件采用螺旋预应力钢筋时局部挤压引起的预应力损失 $\boldsymbol{\sigma}_{l6}$　电杆、水池、油罐、压力管道等环形构件，可配置环状或螺旋式预应力钢筋，采用后张法直接在混凝土中进行张拉。如图 9.24 所示的预应力管，由于预应力钢筋对混凝土的局部压陷，使构件直径减小，引起预应力损失。

预应力损失 $\boldsymbol{\sigma}_{l6}$ 与环形构件的直径 d 成反比。《混凝土结构设计规范》规定：直径 $d>$ 3m 时，$\boldsymbol{\sigma}_{l6}=0$；直径 $d\leqslant$3m 时，$\boldsymbol{\sigma}_{l6}=30\text{N/mm}^2$。

减少 $\boldsymbol{\sigma}_{l6}$ 的措施有：搞好骨料级配、加强振捣，加强养护以提高混凝土的密实性。

除上述六项预应力损失外，后张法构件的预应力钢筋采用分批张拉时，应考虑后批张拉钢筋所产生的混凝土弹性压缩（或伸长）对先批张拉钢筋的影响，将先批张拉钢筋的张拉控制应力值 $\boldsymbol{\sigma}_{con}$ 增加（或减小）$\alpha_E\boldsymbol{\sigma}_{pci}$。此处，为后批张拉钢筋在先批张拉钢筋重心处产生的混凝土法向应力。

现将各项应力损失值汇总于表 9.10 中，以便查用。

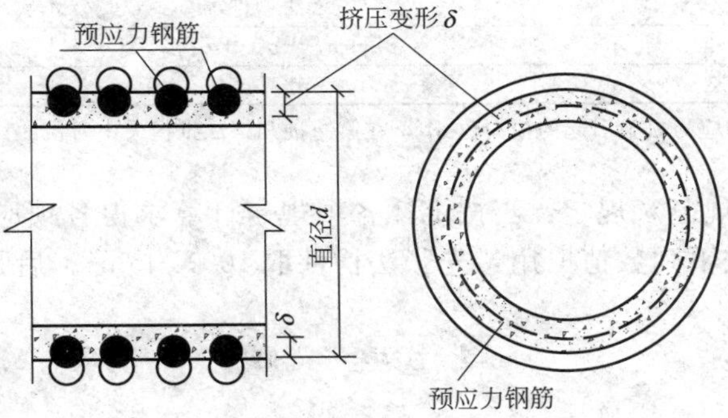

图 9.24 环形配筋预应力构件

表 9.10 预应力损失值 N/mm^2

引起损失的因素		符号	先张法构件	后张法构件
张拉端锚具变形和钢筋内缩		σ_{l1}	$\sigma_{l1}=\frac{a}{l}E_s$	
预应力钢筋的摩擦	与孔道壁之间的摩擦	σ_{l2}	—	按式(9.46)、式(9.47)计算
	在转向装置处的摩擦		按实际情况确定	
混凝土加热养护时,受张拉的钢筋与承受拉力的设备之间的温差		σ_{l3}	$2\Delta t$	—
钢筋的应力松弛		σ_{l4}	预应力钢丝、钢绞线 普通松弛: $0.4\psi\left(\frac{\sigma_{con}}{f_{ptk}}-0.5\right)\sigma_{con}$ 此处,一次张拉 $\psi=1.0$;超张拉 $\psi=0.9$ 低松弛: 当 $\sigma_{con}\leqslant 0.7f_{ptk}$ 时 $0.125\left(\frac{\sigma_{con}}{f_{ptk}}-0.5\right)\sigma_{con}$ 当 $0.7f_{ptk}<\sigma_{con}\leqslant 0.8f_{ptk}$ 时 $0.2\left(\frac{\sigma_{con}}{f_{ptk}}-0.575\right)\sigma_{con}$	
			热处理钢筋 一次张拉 $0.05\sigma_{con}$ 超张拉 $0.035\sigma_{con}$	
混凝土的收缩和徐变		σ_{l5}	按式(9.51)~式(9.52)计算	
用螺旋式预应力筋作配筋的环形构件,当直径 $d\leqslant 3m$ 时,由于混凝土的局部挤压		σ_{l6}	—	30

注:1. 表中 Δt 为混凝土加热养护时,受张拉的预应力钢筋与承受拉力的设备之间的温差(℃)。

2. 当 $\sigma_{con}/f_{ptk}\leqslant 0.5$ 时,预应力钢筋的应力松弛损失值可取为零。

(2) 各阶段预应力损失的组合

上述六项预应力损失,有的发生在先张法构件中,有的发生在后张法构件中,有的两种构件都有;即使在同一构件中,这些预应力损失出现的时间和持续的时间也各不相同,为了分析和计算方便,《混凝土结构设计规范》将这些损失按先张法和后张法分开,发生在混凝土预压前的损失称为第一批预应力损失,用 $\sigma_{l\text{I}}$ 表示;发生在混凝土预压后的损失称为第二批预应力损失,用 $\sigma_{l\text{II}}$ 表示,见表 9.11。

表 9.11　各阶段预应力损失值的组合

预应力损失值的组合	先张法构件	后张法构件
混凝土预压前(第一批)的损失	$\sigma_{l1}+\sigma_{l2}+\sigma_{l3}+\sigma_{l4}$	$\sigma_{l1}+\sigma_{l2}$
混凝土预压后(第二批)的损失	σ_{l5}	$\sigma_{l4}+\sigma_{l5}+\sigma_{l6}$

注：先张法构件由于钢筋应力松弛引起的损失值 σ_{l4}，在第一批和第二批损失中所占的比例，如需区分，可根据实际情况确定。

《混凝土结构设计规范》规定：当按上述各项规定计算求得各项应力损失的总损失值 σ_l 小于下列数值时，应按下列数值取用：先张法构件取 100N/mm²；后张法构件取 80N/mm²。

思　考　题

9.1　试叙述适筋梁、超筋梁和少筋梁的破坏特征。在设计中如何防止发生超筋梁和少筋梁的破坏？

9.2　在适筋梁的正截面设计中，如何将受压区的实际曲线应力分布图简化为等效矩形应力分布图？

9.3　什么是单筋矩形截面梁？其正截面承载力计算方法有哪两种？简述其步骤。

9.4　钢筋混凝土受弯构件斜截面有哪几种破坏形式？各有何特点？斜截面抗剪承载力是以哪种破坏形式作为计算依据的？如何防止斜压和斜拉破坏？

9.5　钢筋混凝土梁、板的截面应满足哪些要求？

9.6　梁中一般配有哪几种钢筋？各有何作用？

9.7　对梁板中受力钢筋的间距有何要求？

9.8　板中分布钢筋的作用是什么？数量和间距应满足哪些要求？

9.9　为何要限制混凝土保护层厚度？一般构件的保护层厚度为多少？

9.10　箍筋应满足哪些构造要求？

习　　题

9.1　钢筋混凝土简支梁，承受楼板传来的设计荷载 40kN/m（未考虑梁的自重），截面尺寸为 $b\times h=$ 200mm×650mm，计算跨度 $l_0=6$m，混凝土强度等级 C30，钢筋 HRB400 级，构件安全等级Ⅱ级，试用公式法和系数法计算梁的纵向受拉钢筋 A_s，并配置钢筋。

9.2　一单筋矩形截面梁，截面尺寸为 $b\times h=$200mm×550mm，混凝土强度等级 C30，钢筋 HRB400 级，构件安全等级Ⅱ级，试问：

(1) 当 $x=x_b$ 时，纵向受拉钢筋截面积为多少？

(2) 当 $x=x_b$ 时，截面能承受多大的设计弯矩？

9.3　如图所示雨篷板，在板的根部每米宽度内承受的设计弯矩 $M=2.1$kN·m，混凝土强度等级 C25，钢筋 HPB300 级，构件安全等级Ⅱ级，试用公式法验算其承载力是否满足要求。

9.4　一矩形截面梁，截面尺寸为 $b\times h=$200mm×600mm，混凝土强度等级 C35，梁受拉区配有 4Φ20＋2Φ22纵向受拉钢筋如图所示，构件安全等级Ⅱ级。试用系数法计算此梁所能承受的最大设计弯矩。

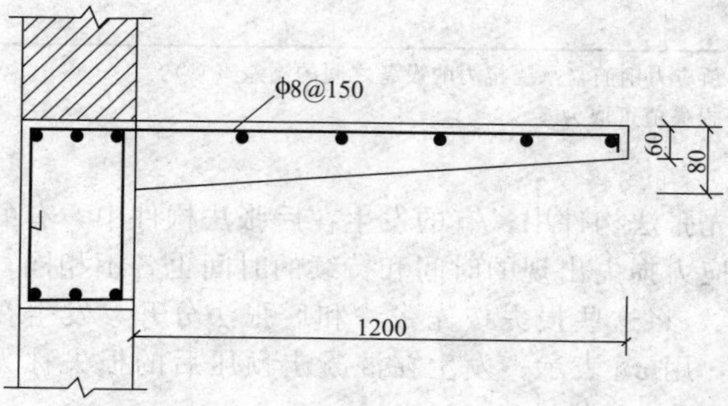

习题 9.3 图

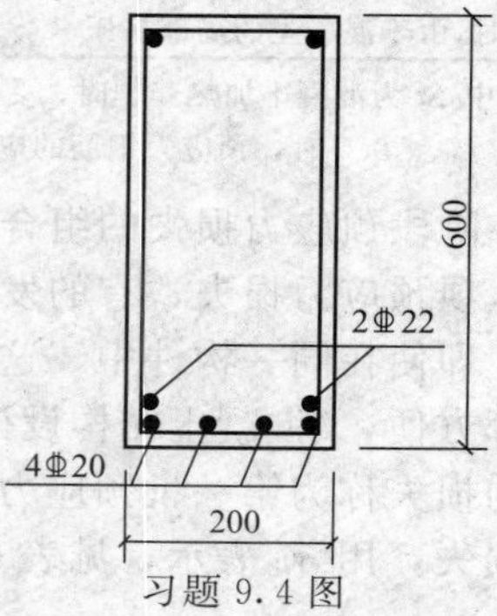

习题 9.4 图

9.5　已知梁的截面尺寸为 $b \times h = 200\text{mm} \times 500\text{mm}$，混凝土强度等级 C20，钢筋 HRB400 级，构件安全等级Ⅱ级，梁承受设计弯矩 $M = 98\text{kN} \cdot \text{m}$，试计算梁所需的纵向受力钢筋，并画出配筋施工图。

9.6　矩形截面简支梁，截面尺寸为 $b \times h = 250\text{mm} \times 600\text{mm}$，梁净跨 $l_n = 6120\text{mm}$，承受均布设计荷载 $\boldsymbol{q} = 45\text{kN/m}$（包括梁自重），混凝土强度等级 C30，梁受拉区配有4Φ22纵向受拉钢筋，箍筋采用 HPB300 级钢筋，试确定箍筋数量。

9.7　矩形截面简支梁，截面尺寸 $b \times h = 200\text{mm} \times 600\text{mm}$，梁净跨 $l_n = 6120\text{mm}$，承受均布设计荷载 $\boldsymbol{q} = 50\text{kN/m}$（包括梁自重），混凝土强度等级 C30，梁受拉区配有 4Φ22＋2Φ25 纵向受力钢筋，箍筋采用 HPB300 级钢筋，试确定箍筋数量。

10 钢筋混凝土受压构件

学习目标

1. 能熟练陈述钢筋混凝土受压构件的分类及构造要求。
2. 能正确陈述钢筋混凝土轴心受压构件承载力的种类及计算方法。
3. 能基本陈述偏心受压构件的破坏形态。

学习重点

1. 轴心受压构件承载力的计算。
2. 轴心受压构件构造要求。

学习难点

了解偏心受压构件的两种破坏形态。

10.1 受压构件的分类

钢筋混凝土受压构件是钢筋混凝土结构的主要受力构件之一。在房屋结构中，最常见的钢筋混凝土受压构件是柱子［图 10.1(a)、(b)］；此外，还有一些其他形式的受压构件，如桁架中的受压构件［图 10.1(c)］等。

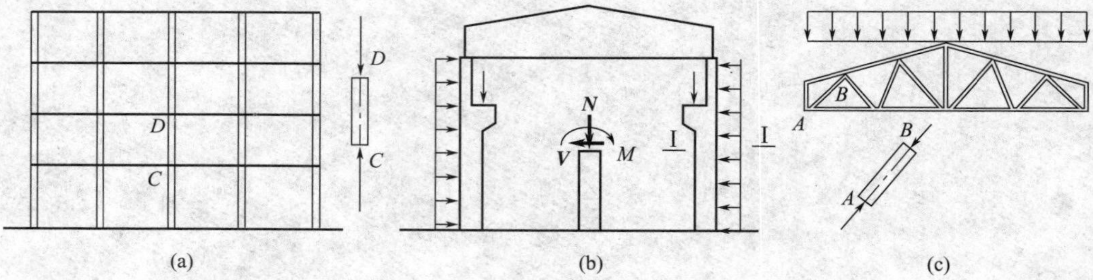

图 10.1 受压构件实例

钢筋混凝土受压构件依据轴向力作用线与构件截面形心轴线之间相互位置关系的不同，可分为轴心受压构件和偏心受压构件两大类。当轴向力作用线与构件截面形心轴线重合时，该受压构件称为**轴心受压构件**，如图 10.2(a) 所示；当轴向力作用线偏离构件截面形心轴线时，该受压构件称为**偏心受压构件**，如图 10.2(b) 所示。

在实际工程中，经常遇到构件截面上同时存在着轴心力 $\boldsymbol{N}$ 和弯矩 M 的受压构件，例如图 10.1(b) 中的单层工业厂房柱。对这类受压构件，可以应用力的平移定理将其等效地化为具有偏心距 $e_0=M/\boldsymbol{N}$、轴向力 $\boldsymbol{N}$ 的偏心受压构件（压弯构件），如图 10.3 所示。

实际上，理想的钢筋混凝土轴心受压构件是没有的。由于钢筋混凝土构件中混凝土的非均质性、配筋的不对称性以及施工中安装偏差等因素的影响，受压构件截面上的轴向力总是或多或少地具有一定的偏心距，只是由这类因素引起的偏心距很小，计算中可以忽略不计，而将其简化为轴心受压构件来计算。

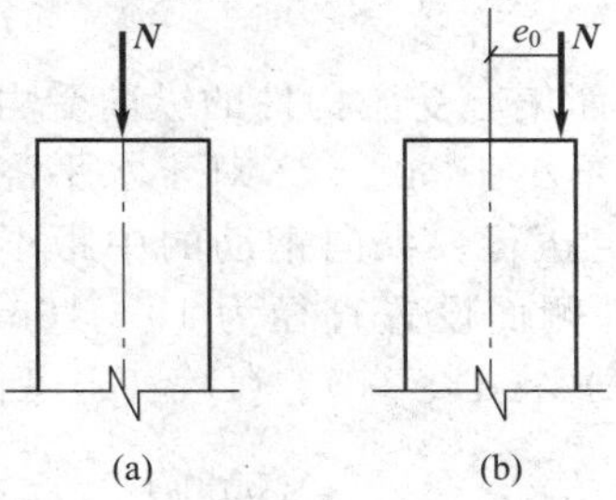

图 10.2　受压构件

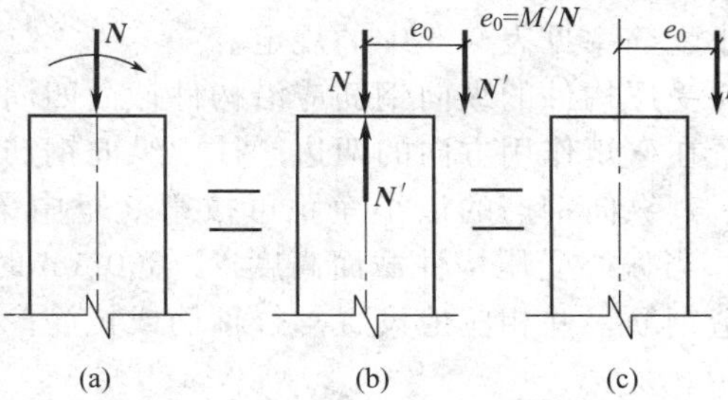

图 10.3　压弯构件

10.2　受压构件的构造

10.2.1　材料

在钢筋混凝土受压构件中，混凝土强度对构件的承载力影响较大，为了充分利用混凝土的抗压性能、减小受压构件的截面尺寸、节约钢筋，在受压构件中宜采用强度等级较高的混凝土，工程中一般采用 C30～C50。纵向钢筋一般采用 HRB400、HRB500 级钢筋，箍筋一般采用 HPB300 级钢筋。

10.2.2　截面形式和尺寸

为便于制造模板、方便施工，轴心受压构件一般采用正方形或矩形截面；在有特殊要求时，可采用圆形或多边形截面。对于偏心受压构件，一般采用矩形截面；但对于截面尺寸较大的预制装配式柱，为了减轻自重、节约混凝土，常采用工字形截面柱。

偏心受压构件截面尺寸的大小，主要取决于构件截面上内力的大小及构件的长短。如柱子过于细长，其承载力受稳定性控制，材料强度将得不到充分发挥。因此，柱子尺寸不宜太小，一般不小于 250mm×250mm，常取 $l_0/b\leqslant 30$，$l_0/h\leqslant 25$（l_0 为柱子计算长度，b 为柱截面宽度，h 为柱截面高度）。对于工字形截面，翼缘厚度不小于 120mm，腹板宽度不小于 100mm。

柱截面尺寸还应符合模数要求，边长在 800mm 以上时，以 100mm 为模数；在 800mm 以下时，以 50mm 为模数。

10.2.3　钢筋

钢筋混凝土受压构件中配有纵向钢筋和箍筋（或焊接环）。纵向钢筋沿构件纵向设置。箍筋置于纵向钢筋的外侧，沿构件纵轴方向一般等距离放置，并与纵向钢筋绑扎或焊接在一起，形成钢筋骨架，如图 10.4 所示。

在受压构件中配置纵向钢筋能有效地提高构件的延性，减少构件在长期荷载作用下的变形，防止构件发生脆性破坏；并能承受一定的轴向力，以减小构件的截面尺寸。箍筋能与纵向钢筋组成骨架，防止纵向钢筋向外鼓出，保证了混凝土与钢筋共同受力；并对混凝土有一定约束作用，从而改善了混凝土的受力性能，提高了构件的延性。

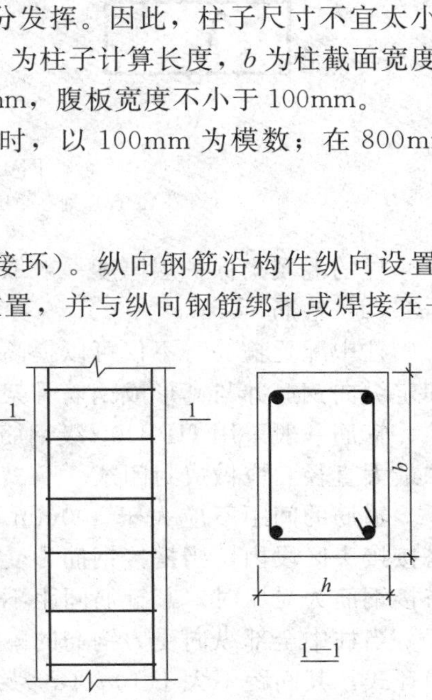

图 10.4　柱的钢筋骨架

（1）纵向钢筋

纵向钢筋直径不宜小于 12mm，通常在 12～40mm

范围内选用，宜采用较粗钢筋。纵向钢筋的根数至少应保证在每个阳角处设置一根；圆柱中纵向钢筋根数不宜少于 8 根，且不应少于 6 根。轴心受压时，应沿截面四周均匀、对称布置。最小配筋率见表 9.5 中的规定。

轴心受压构件的纵向钢筋应沿构件截面四周均匀放置；而偏心受压构件的纵向受力钢筋则应放置在弯矩作用方向的两边。柱中纵向钢筋的最小净距不小于 50mm。对于水平浇筑的预制柱，其纵向钢筋的最小净距可按第 9 章中梁的有关规定执行。纵向钢筋的中距不大于 350mm。当偏心受压构件截面高度 $h \geqslant 600$mm 时，应在构件侧面设置直径为 10～16mm 的纵向构造钢筋，并相应地设置复合箍筋或拉筋。如图 10.5(c)、(d)、(e)、(f)、(g) 所示。

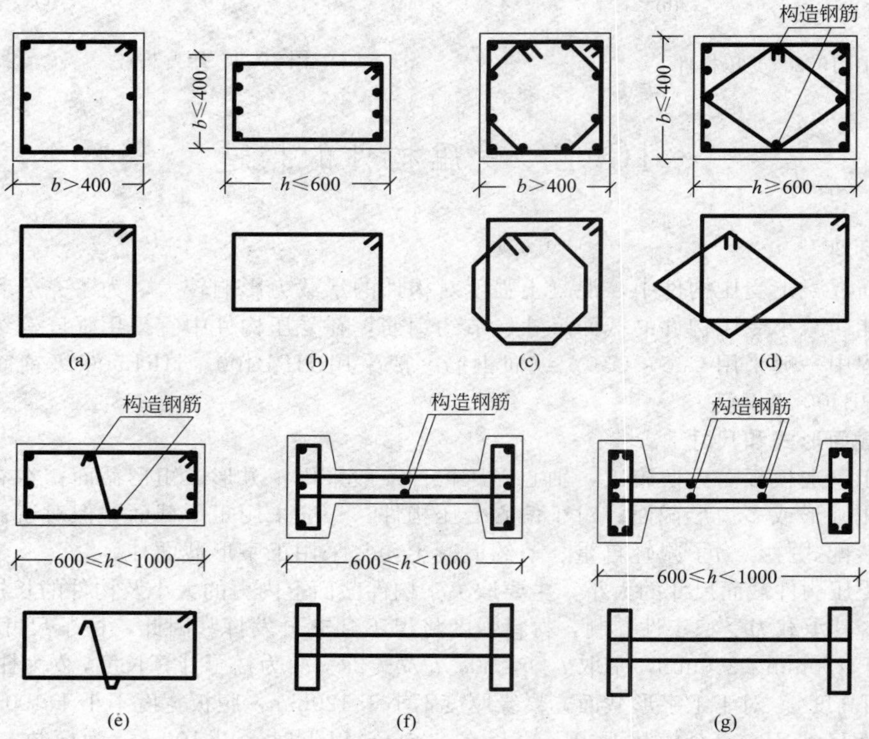

图 10.5 受压构件的截面配筋形式

(a)、(c) 轴心受压构件；(b)、(d)、(e)、(f)、(g) 偏心受压构件

柱的混凝土保护层厚度一般取 20mm，具体规定见附表Ⅲ-6。

(2) 箍筋

柱中配置箍筋，不仅可以提高柱的受剪承载力，还可以防止纵向钢筋弯曲，同时还能够固定纵向钢筋并与其形成钢筋骨架，因此，柱中箍筋应做成封闭式。

箍筋一般采用 HPB300 级钢筋，直径不小于 $d/4$，且不小于 6mm；其中 d 为纵向钢筋的最大直径。应做成封闭式。

箍筋的间距不应大于 400mm，且不大于构件截面的短边尺寸；同时，不应大于 $15d$，搭接接头区段内，当搭接钢筋为受拉时，其箍筋间距不应大于 $5d$，且不应大于 100mm；当搭接钢筋为受压时，其箍筋间距不应大于 $10d$，且不应大于 200mm。

当柱中全部纵向受力钢筋的配筋率超过 3%时；则箍筋的直径不小于 8mm，且应焊成封闭环式，其间距不大于 $10d$（d 为纵向钢筋的最小直径），且不大于 200mm；箍筋末端应做成 135°弯钩且弯钩末端平直段长度不应小于箍筋直径的 10 倍。

当柱子各边纵向钢筋多于三根时，应设置复合箍筋［图 10.5(c)、(d)、(e)、(f)、(g)］；但当柱子短边不大于 400mm，且纵向钢筋不多于四根时，可不设置复合箍筋［图 10.5(b)］。

对于截面形状复杂的构件，不能采用具有内折角的箍筋，以免箍筋受拉后，致使折角处的混凝土破损，如图 10.6 所示。

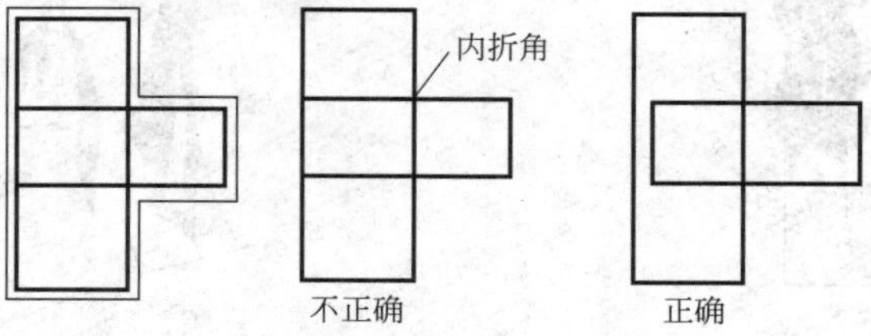

图 10.6　丁字形柱配筋形式

10.3　轴心受压构件承载力计算

根据箍筋形式的不同，钢筋混凝土轴心受压构件有两种形式：第一种是常用的配有纵向钢筋及箍筋的受压构件，如图 10.7(a) 所示；第二种是应用较少的配有纵向钢筋及螺旋箍筋（或焊接环）的受压构件，如图 10.7(b) 所示。本章主要介绍第一种轴心受压构件的计算。

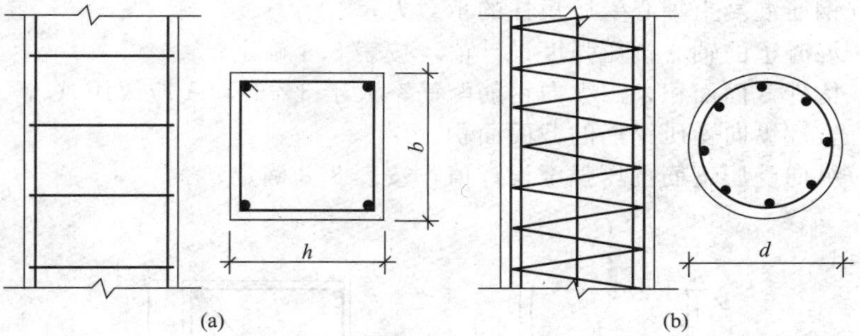

图 10.7　轴心受压构件的形式

10.3.1　破坏特征

对于钢筋混凝土轴心受压的短柱，大量试验结果表明：在轴心荷载作用下，构件整个截面的应变基本上是均匀分布的。当荷载作用下产生的轴心力较小时，构件压缩应变的增加基本上与轴心力的增长成正比，构件处于弹性工作阶段。随着轴心力的增大，压缩变形的增长速度明显加快，构件进入弹塑性工作阶段，构件中开始出现纵向微细裂缝。当轴心力增加至构件临近破坏时，构件四周出现明显的纵向裂缝，箍筋间的纵向钢筋发生压屈而向外鼓出，混凝土被压碎，致使整个构件破坏，见图 10.8。此时，混凝土达到轴心抗压强度，构件极限压应变为 0.002 左右，相应的纵向钢筋应力 $\boldsymbol{\sigma}_s = 0.002E_s = 0.002 \times 2.0 \times 10^5 = 400(\mathrm{N/mm^2})$。由此可见，对于 HRB335、HRB400、RRB400 级热轧带肋钢筋，此值已大于其抗压强度设计值，故计算时可按其对应的 f'_y 取值，对于 500MPa 级钢筋，取 $f'_y = 435\mathrm{N/mm^2}$。

对于钢筋混凝土轴心受压的细长杆件，试验表明，由于各种偶然因素造成的初始偏心的影响，构件在破坏前往往发生纵向弯曲。随着纵向弯曲变形的增加，构件侧向挠度增大，破坏时，构件一侧产生纵向裂缝，混凝土被压碎；而另一侧因受拉而出现水平裂缝，见图 10.9。因此，细长构件的受压承载力较同等条件下的粗短构件为低。

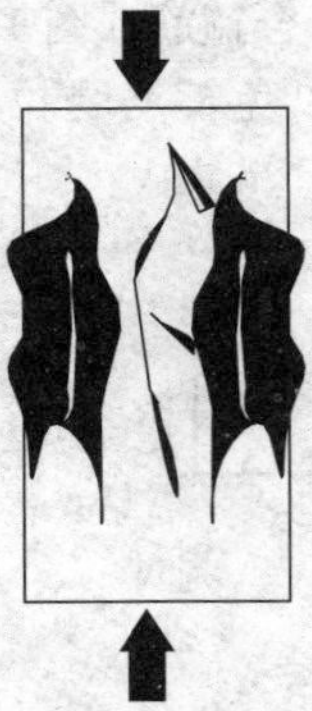
图 10.8　粗短轴心受压构件的破坏图

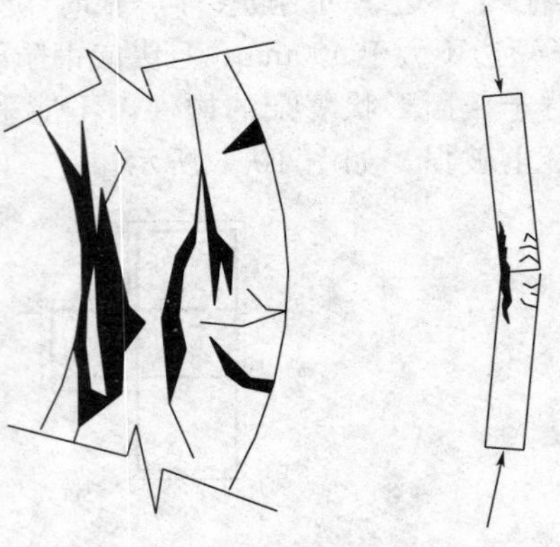
图 10.9　细长轴心受压构件的失稳破坏

10.3.2　基本计算公式

（1）轴心受压短柱的计算

通过以上分析可知，钢筋混凝土轴心受压短柱达到承载力极限状态时，构件截面上混凝土的应力为轴心抗压强度设计值 f_c；钢筋应力为其抗压强度设计值 f'_y，如图 10.10 所示；构件的承载力由混凝土承受的压力和钢筋承受的压力两部分组成，即：

$$\boldsymbol{N}_{us}=f_cA+f'_yA'_s \tag{10.1}$$

式中　$\boldsymbol{N}_{us}$——钢筋混凝土轴心受压短柱的承载力；

f_c——混凝土的轴心抗压强度设计值，按表 8.4 确定；

A——构件截面面积，当纵向钢筋配筋率大于 3%时，A 应改用 A_n，$A_n=A-A'_s$；

A'_s——全部纵向受压钢筋的截面面积；

f'_y——纵向受压钢筋抗压强度设计值，按表 8.8 确定。

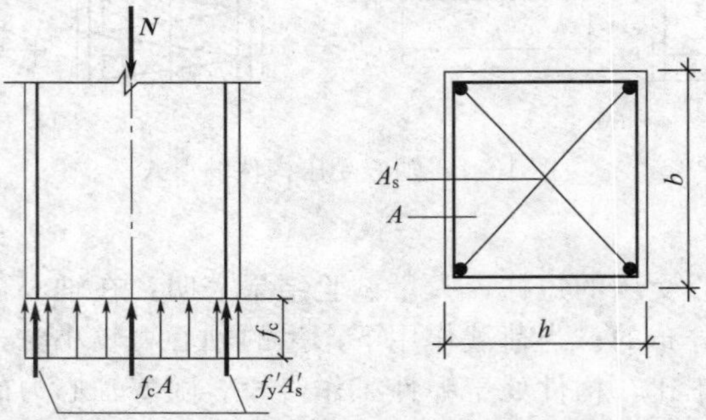

图 10.10　轴心受压短柱截面计算图

（2）轴心受压长柱的计算

试验中发现，对于长柱（长细比较大的柱），由于各种偶然因素（制作，安装偏差以及混凝土的非匀质性等原因）造成的附加偏心距对构件承载力的影响是不可忽略的。构件受荷后，由于存在附加偏心距，构件截面上将会产生附加弯矩，使构件发生纵向弯曲，即产生侧向挠度，而侧向挠度又导致附加弯矩进一步增大。这样相互影响的结果，最终使轴心受压长柱在轴心压力及弯矩的共同作用下发生破坏。破坏时能够承受的轴向压力比相同截面（截面尺寸、材料强度等级及配筋均相同的截面）的短柱更小。试验表明，构件越细长，其承载力比相同截面的短柱降低越多。试验研究分析表明，钢筋混凝土轴心受压长柱的承载力与钢筋混凝土轴心受压短柱的承载力的比值 φ（称为稳定系数）为

$$\varphi = N_u / N_{us} \tag{10.2}$$

试验表明，稳定系数 φ 的大小，主要与构件的长细比有关。对于矩形截面，当长细比 $l_0/b \leqslant 8$ 时，纵向弯曲对构件承载力的影响可忽略不计，即取稳定系数 $\varphi = 1.0$。所以通常把长细比 $l_0/b \leqslant 8$ 的柱称为短柱。对 $l_0/b > 8$ 的长柱，《混凝土结构设计规范》根据试验结果给出的稳定系数可按表 10.1 采用。

表 10.1 钢筋混凝土轴心受压构件的稳定系数 φ

l_0/b	≤8	10	12	14	16	18	20	22	24	26	28
l_0/d	≤7	8.5	10.5	12	14	15.5	17	19	21	22.5	24
l_0/i	≤28	35	42	48	55	62	69	76	83	90	97
φ	1.0	0.98	0.95	0.92	0.87	0.81	0.75	0.70	0.65	0.60	0.56
l_0/b	30	32	34	36	38	40	42	44	46	48	50
l_0/d	26	28	29.5	31	33	34.5	36.5	38	40	41.5	43
l_0/i	104	111	118	125	132	139	146	153	160	167	174
φ	0.52	0.48	0.44	0.40	0.36	0.32	0.29	0.26	0.23	0.21	0.19

注：表中 l_0 为构件计算长度；b 为矩形截面的短边尺寸；d 为圆形截面的直径；i 为截面最小回转半径。

(3) 基本计算公式

通过上述分析，考虑纵向弯曲对承载力的影响后，钢筋混凝土轴心受压构件承载力的设计表达式可统一表示为

$$N \leqslant N_{uo} = 0.9\varphi(f_c A + f'_y A'_s) \tag{10.3}$$

式中 N——轴向压力设计值；

N_{uo}——轴心受压构件的受压承载力；

0.9——为了保持与偏心受压构件正截面承载力具有相近的可靠度而引入的系数；

φ——钢筋混凝土轴心受压构件的稳定系数，按表 10.1 取用。

其余符号意义同前。

查表 10.1 时，柱的计算长度 l_0 与柱两端的支撑情况有关。一般多层房屋中梁柱为刚性的钢筋混凝土框架结构，各层柱的计算长度 l_0 可按表 10.2 采用。

表 10.2 框架结构各层柱的计算长度 l_0

楼盖类型	柱的类别	计算长度 l_0
现浇楼盖	底层柱	$1.0H$
	其余各层柱	$1.25H$
预制楼盖	底层柱	$1.25H$
	其余各层柱	$1.5H$

注：H 为柱的高度，对底层柱，H 取为基础顶面到一层楼盖顶面之间的距离；对其余各层柱，H 取为上、下两层楼盖顶面之间的距离。

(4) 计算方法与步骤

① 截面设计 已知轴向力设计值 N，计算长度 l_0，材料强度等级。要求确定构件截面尺寸及配筋。

解法一：经验法。根据设计经验直接选定截面尺寸 $b \times h$，再由式(10.3) 求 A'_s。

解法二：试算法。初步假设稳定系数 $\varphi = 1.0$，配筋率 $\rho = A'_s/A = 1.0\%$，以此代入式(10.3)，初步估算出 A，计算 b、h 并取整数，再按选定后的 b、h 值重新计算 φ 值，然后

由式(10.3) 求 A_s'。

无论采用哪种计算方法，最后都要验算配筋率 ρ'，《混凝土结构设计规范》规定：$0.6\% \leqslant \rho' \leqslant 5\%$，经济配筋率在 0.6%～3.0%之间。当相差过大时，应适当调整截面尺寸。

② 截面承载力复核　已知构件截面尺寸 $b \times h$，纵向受力钢筋面积 A_s'，钢筋的抗压强度设计值 f_y'，混凝土的轴心抗压强度设计值 f_c，构件计算长度 l_0。求构件的受压承载力 $\boldsymbol{N}_u$ 或验算构件在轴向力设计值 $\boldsymbol{N}$ 的作用下承载力是否满足要求。

这种情况可直接由 l_0/b 查表 10.1 求得 φ，代入式(10.3) 求出 N_u。

【例 10.1】 某多层钢筋混凝土框架房屋，底层中柱承受的轴心压力设计值 $N=780\text{kN}$，底层层高为 3.3m，基础顶面标高为－0.3m，采用 C30 混凝土，HRB400 级钢筋。试设计该柱截面。

解　已知：$\boldsymbol{N}=780\text{kN}$，$l_0=1.0H=1.0\times(3.3+0.3)=3.6(\text{m})$，$f_c=14.3\text{N/mm}^2$，$f_y'=360\text{N/mm}^2$。

a. 确定截面尺寸　设 $\varphi=1.0$，$\rho=0.01$，则 $A_s'=\rho A=0.01A$，由式(10.3) 得

$$A=\frac{\boldsymbol{N}}{0.9\varphi(f_c+\rho f_y')}=\frac{780\times10^3}{0.9\times1.0(14.3+0.01\times360)}=48417(\text{mm}^2)$$

采用正方形截面，$b=h=\sqrt{A}=\sqrt{48417}=220(\text{mm})$

取 $b=h=250\text{mm}$

b. 确定稳定系数 φ　$l_0/b=3600/250=14.4$，查表 10.1 得 $\varphi=0.91$。

c. 求纵向钢筋截面面积　由式(10.3) 计算于 300mm，故 f_c 应乘以系数 0.8。则

$$A_s'=\frac{\frac{\boldsymbol{N}}{0.9\varphi}-f_cA}{f_y'}=\frac{\frac{780\times10^3}{0.9\times0.91}-14.3\times0.8\times250\times250}{360}=659(\text{mm}^2)$$

$A_s'=659\text{mm}^2>\rho_{\min}bh=0.6\%\times250\times250=375\ (\text{mm})^2$，且《混凝土结构设计规范》规定柱中纵向受力钢筋的直径不小于 12mm，故选用 4 ⌀ 16（$A_s'=804\text{mm}^2$），根据构造要求，箍筋选用ϕ 6@200。

【例 10.2】 某钢筋混凝土轴心受压柱，截面尺寸 $b\times h=300\text{mm}\times300\text{mm}$，纵向钢筋采用 4 ⌀ 20($A_s'=1256\text{mm}^2$)，混凝土强度等级为 C35，柱的计算长度 $l_0=3.0\text{m}$，求该柱的受压承载力（$f_c=16.7\text{N/mm}^2$，$f_y{}'=360\text{N/mm}^2$）。

解　a. 验算配筋率　$\rho'=A_s/A=1256/(300\times300)=1.4\%$

$$\rho_{\max}=5.0\%>\rho'=1.4\%>\rho_{\min}=0.6\%$$

b. 确定稳定系数 φ　由 $l_0/b=3000/300=10$，查表 10.1 得 $\varphi=0.98$

c. 求柱的抗压承载力 $\boldsymbol{N}_u$　由式(10.3) 得

$$\begin{aligned}\boldsymbol{N}_u&=0.9\varphi(f_cA+f_y'A_s')=0.9\times0.98\times(16.7\times300\times300+360\times1256)\\&=1724451(\text{N})=1724.45(\text{kN})\end{aligned}$$

思 考 题

10.1　在受压构件中配置纵向受力钢筋和箍筋的意义是什么？为什么宜采用较高强度的混凝土，而不宜采用高强度钢筋？

10.2　钢筋混凝土受压构件对截面形式、尺寸，纵向钢筋和箍筋有哪些构造要求？

10.3　在受压构件中为何要规定最小配筋率？

习　题

10.1　已知轴心受压柱的截面尺寸为400mm×400mm，计算长度 $l_0=5.6$m，混凝土强度等级C25，纵向受力钢筋采用HRB400级钢筋，柱底截面轴向力设计值 $N=1280$kN，试确定该柱截面的配筋。

10.2　钢筋混凝土框架柱，截面尺寸为450mm×450mm，计算高度 $l_0=5.2$m，混凝土采用C30，截面已配有4Φ20的纵向受力钢筋，试确定该柱所能承受的轴向力设计值 N。

10.3　正方形截面轴心受压柱，承受轴向力设计值 $N=1810$kN，柱计算长度 $l_0=5.8$m，混凝土强度等级为C30，钢筋为HRB400级钢筋，试设计该柱截面。

10.4　某多层现浇钢筋混凝土框架房屋的底层中柱，截面尺寸 $b\times h=500$mm×500mm，纵向钢筋采用4Φ22+4Φ25，混凝土强度等级为C25，底层房屋层高3.9m，基础顶面标高−0.3m，柱底截面承受的轴向压力设计值 $N=3160$kN，试验算此柱是否安全。

11 钢筋混凝土楼盖

学习目标

1. 能熟练陈述装配式钢筋混凝土楼盖的构造要求。
2. 能正确陈述现浇钢筋混凝土楼盖的结构型式及构造要求。
3. 能基本陈述单向板和双向板的受力及结构特点。
4. 能正确计算梁板式配筋。

学习重点

1. 装配式钢筋混凝土楼盖的构造要求。
2. 现浇整体式单向板肋梁楼盖的受力特点，传力途径及计算方法。
3. 梁板式配筋的计算方法及结构特点。

学习难点

1. 双向板的受力特点。
2. 双向板的弹性理论计算方法和塑性理论计算方法的区别。

楼盖是房屋结构中的重要组成部分，而钢筋混凝土楼盖则是最常用的楼盖形式之一。

在低层钢筋混凝土框架结构房屋中，楼盖的用钢量占房屋总用钢量的30%～50%；在混合结构房屋中，楼盖的造价一般占房屋总造价的20%～30%，钢材大部分也用在楼盖结构中；因此，楼盖结构设计是否合理，在很大程度上影响了整个建筑物的经济效果。

钢筋混凝土楼盖，按施工方法的不同，可分为现浇、预制装配和装配整体式三种形式。预制装配式楼盖具有节约材料及劳动力、施工速度快、机械化程度高及构件质量好等优点。因而在楼盖结构中应用广泛；现浇楼盖具有整体性好、刚度大、抗震性能好、结构布置灵活等优点，但施工工期长、质量不够稳定、造价较高，一般用于楼盖平面形状复杂或对房屋空间刚度有较高要求的房屋结构中。

11.1 装配式钢筋混凝土楼盖

11.1.1 结构选型

装配式钢筋混凝土楼盖的形式主要有铺板式楼盖、密肋式楼盖及无梁式楼盖三种，其中以铺板式楼盖的应用最为广泛。

钢筋混凝土铺板式楼盖是由单跨预制板两端支撑在楼面梁或墙上而构成。目前常用的预制铺板有实心板、空心板、槽形板等，其中尤以预应力空心板应用最多。常见预制铺板的特点及适用范围详见表11.1。

在装配式楼盖中，有时需要设置楼面梁，用以支撑楼板。楼面梁的截面形式有矩形、T形、倒T形、花篮形等，如图11.1所示。根据截面尺寸的大小及施工机械的起吊能力不同，楼面梁可预制，也可现浇。一般混合结构房屋中的楼面梁多为简支梁或带悬臂的外伸梁，有时也采用连续梁。

表 11.1 预制铺板的形式、特点和适用范围

构件名称	形　式	特点及适用范围
实心板	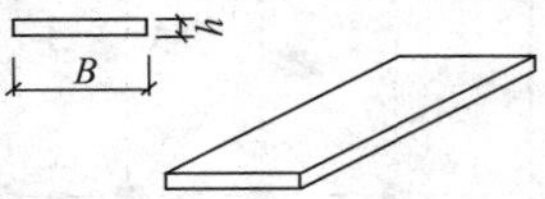	表面平整、制作简单、材料用量多 常用跨度 l 为 1.2～2.4m，板厚 $h \geqslant l/30$，常用板厚 $h=$ 50～100mm，常用板宽 $B=500$～1000mm 适用于地沟盖板、走廊楼板和楼梯平台等
双 T 板	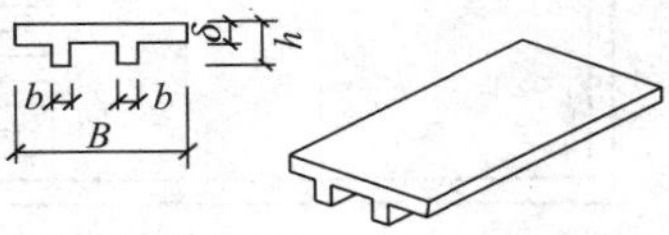	受力性能好、刚度大、制作简便、布置灵活、能适应较大跨度的楼面需要、开洞灵活 适用于单层与多层厂房的屋面与楼面及多、高层民用房屋的屋面、楼面 常用板跨 l 为 6～12m，槽宽 B 为 1500～2100mm，高度 h 为 300～500mm
空心板	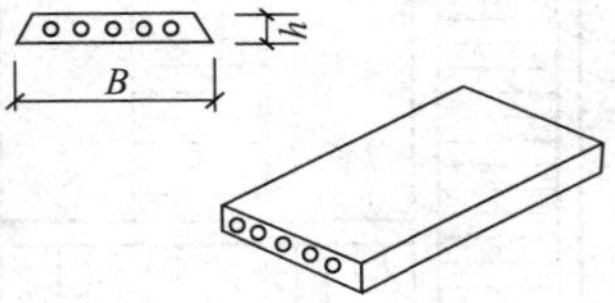	上下表面平整、模板用量少、较实心板材用量省、自重轻、刚度大、隔音效果好，但板面不能任意开洞 普通钢筋混凝土板：l 为 1.8～3.3m，$B=600$mm、900mm、1200mm，$h=102$mm 预应力混凝土板：l 为 3.3～4.8m，$h=180$mm l 为 2.4～4.2m，$h=120$mm l 为 4.2～6.0m，$h=180$mm l 为 6.0～7.5m，$h=240$mm 适用于各种房屋的装配式楼面、但不宜用于厕所等开洞较多的房间
槽板	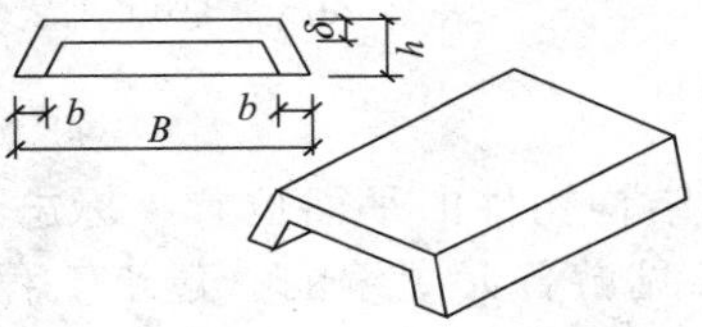	自重轻、材料省、受力合理、开洞方便，但天花不平整隔音效果差。 常用跨厚 l 为 1.5～5.6m，常用板宽 $B=600$mm、900mm、1200mm 肋高 $h=120$mm、180mm、240mm，板面厚度 δ 为 25～30mm，肋宽 b 为 50～80mm 适用于无较重设备的工业房屋屋面、楼面及天花要求不高的民用房屋屋面、楼面
倒槽板	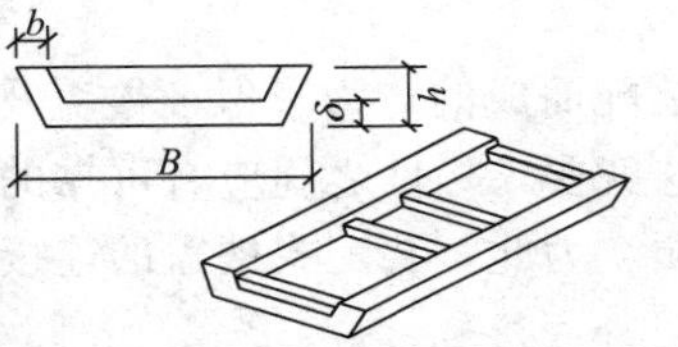	与正槽板相比可获得平花板，但受力没有正槽板合理。适用于无需保温、防水的屋面，如厂房内部房屋的屋盖，或与正槽板一起组成双层屋面(中间铺保温材料)

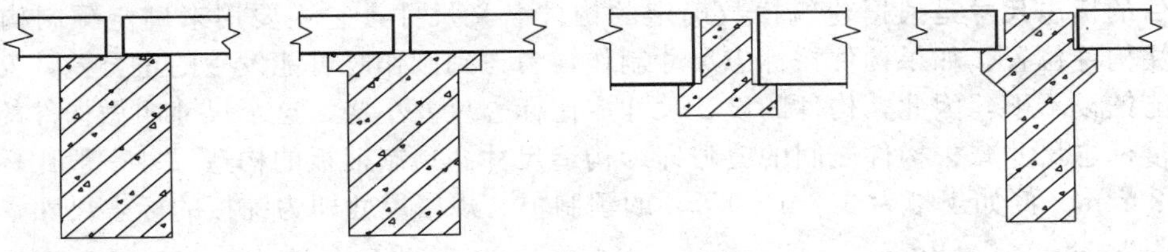

(a) 矩形　(b) T形　(c) 倒T形　(d) 花蓝形

图 11.1 楼面梁的截面形式

11.1.2 结构平面布置

结构平面布置就是按照技术先进、经济合理的原则，确定楼盖结构构件的平面位置及平面尺寸。结构平面布置是楼盖设计的一个非常重要的环节。

铺板式楼盖的结构布置与建筑平面和墙体（或柱网）的布置密切相关。就铺板方向的不同，有沿房屋纵向布置、横向布置和纵横向布置三种方案，如图 11.2 所示。在工程设计中，结构设计人员根据工程的具体情况，综合分析影响平面布置的诸多因素，最后确定楼盖结构的布置方案，并以施工图的形式表现出来，这就是**楼盖结构平面布置图**。它是建筑施工和预算的重要依据之一。

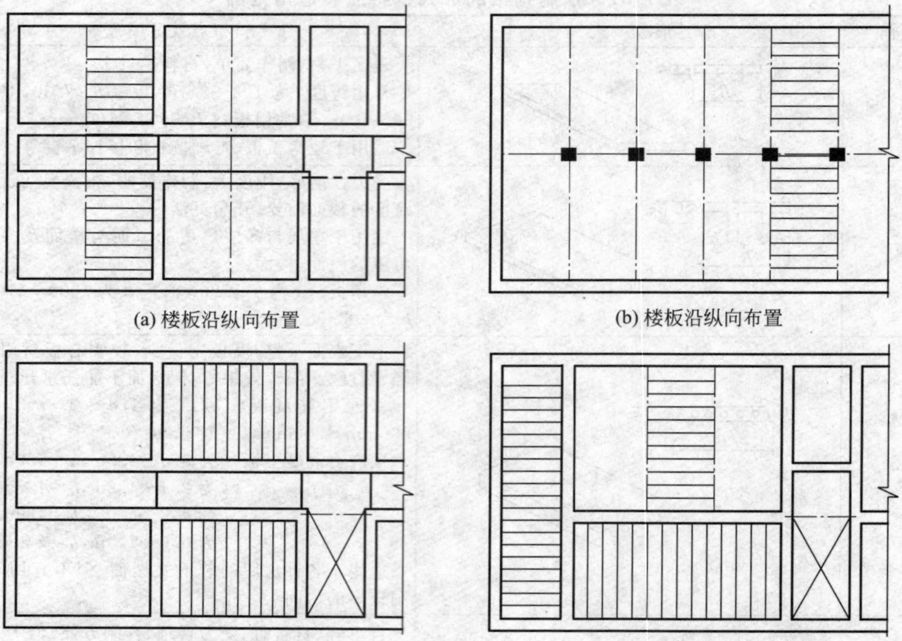

(a) 楼板沿纵向布置　(b) 楼板沿纵向布置

(c) 楼板沿横向布置　(d) 楼板沿纵向布置

图 11.2

楼盖结构平面布置图的识读，应重点了解结构构件的平面位置、标志尺寸、构件形式、规格以及构件间的相互关系等（其读图方法参见游普元主编的《建筑工程图识读与绘制》，天津大学出版社）。

11.1.3　装配式楼盖的连接构造

如前所述，装配式楼盖是由单个楼盖构件装配而成的，为了保证楼盖及房屋其他承重构件的共同工作性能，增加房屋的整体空间刚度，这就要求构件之间应有可靠的连接，同时还要求构件之间的连接传力可靠，构造合理，施工方便。为此，装配式楼盖的连接应注意以下几点。

（1）铺板的标志尺寸与构造尺寸

构件的**标志尺寸**是根据建筑模数确定的构件名义尺寸，它主要用来确定预制构件的规格、标注构件位置。如果构件按标志尺寸制作，考虑到制作时可能发生的正公差，安装铺板时有可能铺设不下，因此，构件的设计尺寸应比标志尺寸小些，这个尺寸叫做构件的构造尺寸。通常标志尺寸减去构件之间的缝隙即为**构造尺寸**。预制铺板的构造尺寸一般比标志尺寸小 10～20mm。例如规格为 3.3m×0.9m 的预制板，规格尺寸即为铺板的标志尺寸，它的构造尺寸为 3.28m×0.89m。

（2）板缝处理

在预制铺板楼盖中，一般不允许出现三边支承板，但是墙体的净距往往不是板宽的整数倍。因此，在布置铺板时，可能留下较大的缝隙。这时，除了采用不同宽度的预制板搭配布置外，根据所剩空隙的大小，还可采用下列措施加以处理。

① 选用调缝板　这种板是专门为调节板缝而设计的特型板，通常它和相应的预制板都编入标准图集中供选用（调缝板的标志宽度一般为 300mm）。

② 增大板缝　一般预制板之间的板缝宽度为 10mm，必要时可将板缝加大至 20mm，超过 20mm 的板缝内应配钢筋（用于排板后＜60mm 的空隙）。

③ 采用挑砖　由平行于板边的墙挑砖，挑出的砖与板的上下表面平齐。挑出的尺寸不

得大于半砖（120mm）。但这种做法的坚固性和耐久性都较差，采用不多。

④ 交替采用不同宽度的板 例如在采用 600mm 宽的板时，换用一块宽度为 900mm 的板，总宽度增加 300mm，相当于半块 600mm 的宽，可以用以填充≥300mm 的空隙。

⑤ 现浇板带 当排板下来所剩空隙较大或楼盖板缝内需设置管道时，可采用现浇钢筋混凝土板填缝，钢筋配置在空隙之内，混凝土的强度等级应不低于预制板混凝土的强度等级。采用这种做法时，一般要用 8 号铁丝悬吊模板，施工较为复杂。

调整板缝时，应视具体情况优先采用前四种措施中的一种，或数种措施合用。只有在上述措施仍不能满足要求时，才采用现浇板带的作法。

(3) 铺板式楼盖的连接

① 板与板的连接 一般情况下，板与板的连接可采用灌缝的办法，即用强度等级不低于 M15 的水泥砂浆或 C15 的细石混凝土灌注密实。当楼面有振动荷载或对楼盖整体性有较高的要求时，还应在板缝中设置拉结筋。

② 板与支承墙、梁的连接 板与支撑构件之间用强度等级不低于 M5、厚度为 10～20mm 的水泥砂浆，坐浆连接。板在墙上的支撑长度≥100mm，在预制梁上的支承长度≥80mm。板的端缝亦应灌浆填实，当采用空心板时，空心板两端的孔洞须用混凝土块或砖填实。

当楼面板跨度较大或对楼盖整体性有较高要求时，还应在板的支座上部板缝中设置拉结筋以加强楼盖的整体性。

• 板与非承重墙的连接 板与非承重墙之间的缝隙，一般应采用强度等级不低于 C15 的细石混凝土灌注密实。当楼面板跨度较大或对楼盖整体性要求较高时，应在平行于纵墙边缘与墙体之间配置适当数量的拉结筋。

• 梁与墙的连接 预制钢筋混凝土梁搁置在墙体上时，应在梁下支撑面上坐以强度等级不低于 M5、厚度为 10～20mm 的水泥砂浆。预制梁在墙上的支承长度≥170mm；当梁高＜400mm 时，其支撑长度应≥110mm。当梁下支撑处墙体的局部受压承载力不足或梁的跨度较大时，应在梁支撑处设置钢筋混凝土梁垫（具体要求见第 12 章中的有关规定）。

11.2 现浇钢筋混凝土楼盖的结构型式

梁板构件整体浇筑在一起而形成的楼盖叫做现浇钢筋混凝土楼盖。现浇楼盖中的构件大多是多跨连续的超静定结构。

按楼面板支承受力条件的不同，现浇钢筋混凝土楼盖有如下三种形式。

11.2.1 单向板肋梁楼盖

单向板肋梁楼盖一般由板、次梁和主梁组成，如图 11.3 所示。当房屋的进深不大时，也可直接将次梁支撑于砌体上而不需设置主梁。

肋梁楼盖中，主梁与次梁一般相互垂直交叉，板一般四边都有支承，板上的荷载通过双向受弯传到支座上，但当板的长边 l_2 比短边 l_1 长得多时（按弹性理论，$l_2/l_1>2$ 时；按塑性理论，$l_2/l_1>3$ 时。），板上的荷载主要是沿短边方向传递到支承构件上，而沿长边方向传递的荷载则很少，可以略去不计。对于这样的板，受力钢筋将沿短边方向布置，在垂直于短边方向按构造要求设置构造钢筋，所以称为单向板，也叫梁式板。

单向板肋梁楼盖的荷载传递路线为：板→次梁→主梁→柱（或墙）→基础→地基。次梁的间距即为板的跨度，主梁的间距又为次梁的跨度。

在单向板肋梁楼盖中主梁跨度一般为 5～8m，次梁跨度一般为 4～6m，板常用跨度 1.7～2.7m，板厚不小于 60mm，且不小于板跨的 $l/40$。

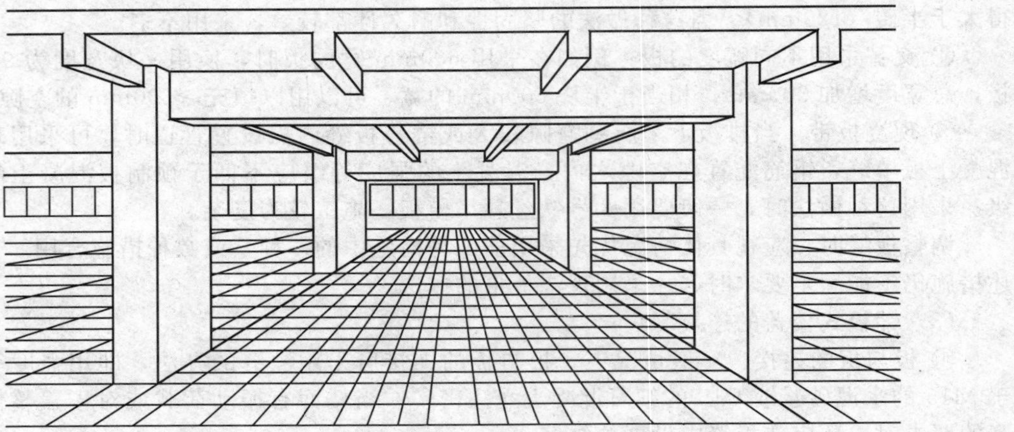

图 11.3　现浇单向板肋梁楼盖

单向板肋梁楼盖受力合理，构造简单，施工方便，也较经济，故在现浇楼盖中应用最为广泛。由于板、次梁和主梁为整体浇筑，所以一般是多跨连续的超静定结构，这是整体式单向板肋梁楼盖的主要特点。

11.2.2　双向板肋梁楼盖

当 $l_2/l_1 \leqslant 2$ 时，板在两个方向同时发生弯曲变形，板双向受弯，板上的荷载沿两个方向传到梁上，这种板叫双向板，也叫四边支承板。其传力途径为板上荷载传至次梁（墙）和主梁（墙），次梁和主梁上荷载传至墙、柱最后传至基础和地基。楼板为双向板的现浇楼盖叫做双向板肋梁楼盖，也可称为双向板交梁楼盖。

双向板肋梁楼盖的跨度可达 12m 或更大，适用于较大跨度的公共建筑和工业建筑，相同跨度时双向板厚度比单向板薄。

当在双向板肋梁楼盖的范围内不设柱则组成井字梁楼盖，如网格呈正方形可将各方向的梁截面尺寸设计相同。一般梁高 h 可取 $(1/18 \sim 1/16)l$，梁宽 b 可取 $(1/4 \sim 1/3)h$，l 为房间平面的短边长度。

井字梁楼盖的梁网格可以正交正放，也可正交斜放。如图 11.4 和图 11.5 所示。

图 11.4　井字梁楼盖梁格布置图

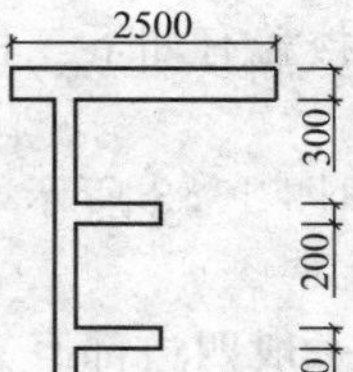

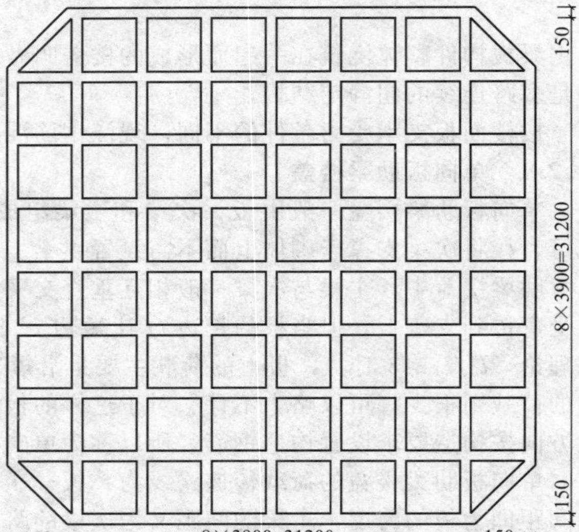

图 11.5　南京金陵饭店接待大厅

与单向板肋梁楼盖相比，双向板肋梁楼盖的梁较少，天棚较美观，但造价略贵，且结构计算及构造都较复杂，施工不够方便，一般多用于建筑物的门厅部分或公共建筑中的楼盖等。

11.2.3　无梁楼盖

无梁楼盖与肋梁楼盖的不同之处在于楼盖中不设置梁，而将楼面板直接支撑于柱的上端。为了改善板的受力条件，加强柱对板的支撑作用，一般在柱上端设置柱帽，如图 11.6 所示。

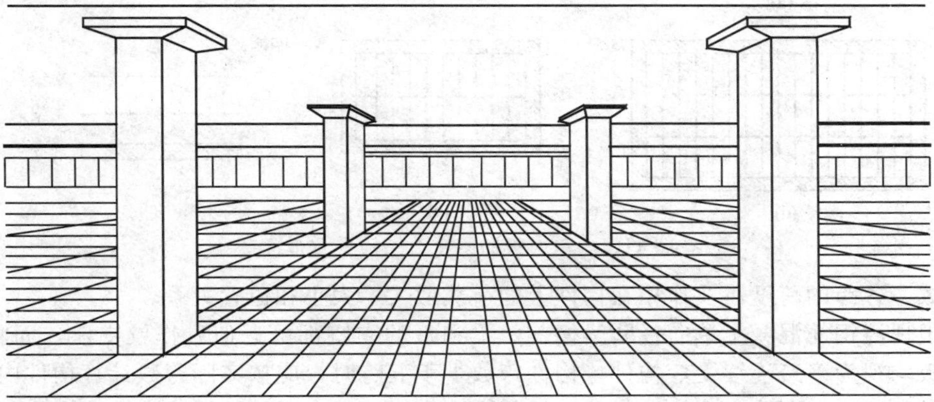

图 11.6　无梁楼盖

无梁楼盖的主要优点是，在同样净高的条件下，其层高较一般型式楼盖为低，从而降低了房屋的总高度，且天棚平整，采光通风好，在柱距较小、楼层荷载大时比较经济；但结构计算及配筋复杂。一般多用于荷载较大的仓库、多层厂房、商店等。

11.3　单向板肋梁楼盖

11.3.1　单向板肋梁楼盖的设计要点

单向板肋梁楼盖的设计步骤一般可归纳为：结构平面布置→确定静力计算简图→构件内力计算→截面配筋计算→绘制施工图。

(1) 结构平面布置

柱网和梁格的合理布置对楼盖的适用、经济以及设计和施工都有重要的意义。梁、板截面尺寸要尽量统一，以简化设计，方便施工。因此，结构平面布置是肋梁楼盖设计的主要步骤，布置时，一般应注意以下几方面。

① 柱网尺寸的确定首先应满足使用要求，同时应考虑到梁、板构件受力的合理性。对于单向板肋梁楼盖，柱网尺寸决定了主梁与次梁的跨度，次梁的间距又决定了板的跨度。通常情况下，主梁的跨度取 5～8m，次梁的跨度取 4～6m，板的跨度取 1.7～2.7m。

② 梁的布置方向应考虑生产工艺、使用要求及支撑结构的合理性，一般以主梁沿房屋的横向布置居多，这样可以提高房屋的侧向刚度，增加房屋抵抗水平荷载的能力，对采光也有利。

③ 梁格的布置应尽量规整和统一，减少梁、板跨度的变化，从而获得最佳的建筑效果和经济效果。

图 11.7 为几种单向板肋梁楼盖的结构平面布置示例。

(2) 计算简图

计算简图就是把实际的工程结构构件简化为既能反映构件实际受力情况又便于计算的图形，它是构件内力计算时用来代替实际构件的力学模型。计算简图应表示出构件的支座情

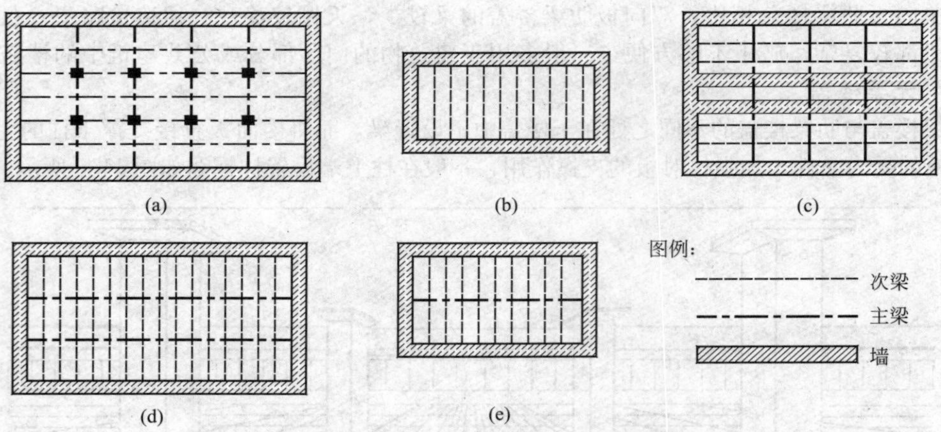

图 11.7 单向板肋梁楼盖结构平面布置

况、跨数、各跨的跨度以及作用在构件上的荷载形式、大小和位置关系。

对于现浇钢筋混凝土单向板肋梁楼盖，梁和板的支座都可近似看作铰支座，而将主梁、次梁及板均视为多跨连续受弯构件。构件跨数少于五跨时，应按实际跨数计算构件内力；当跨数超过五跨时，可按五跨连续构件计算其内力。连续梁和板的计算跨度 l_0，中间各跨取支承中心线之间的距离，边跨由于端支座的情况而有所差别。如果边跨搁置在支承构件上，对于梁来说，边跨计算长度在（$1.025l_n+\frac{b}{2}$）与（$l_n+\frac{a+b}{2}$）两者中取小值，对于板边跨计算长度在（$1.025l_n+\frac{b}{2}$）与（$l_n+\frac{h+b}{2}$）两者中取小值。其中 a 为边跨支承长度，b 为第一内支座的支撑宽度，h 为报厚。

作用于楼盖上的荷载有永久荷载和可变荷载，计算时，通常取 1m 宽的板带作为板的计算单元，次梁承受左右两边板传来的均布线荷载及自重，主梁承受次梁传来的集中荷载和自重。主梁自重为均布荷载，为便于计算，一般将其折算为几个集中荷载，分别加在次梁传来的集中荷载中。

单向板肋梁楼盖中，梁和板的荷载范围及计算简图如图 11.8 所示。

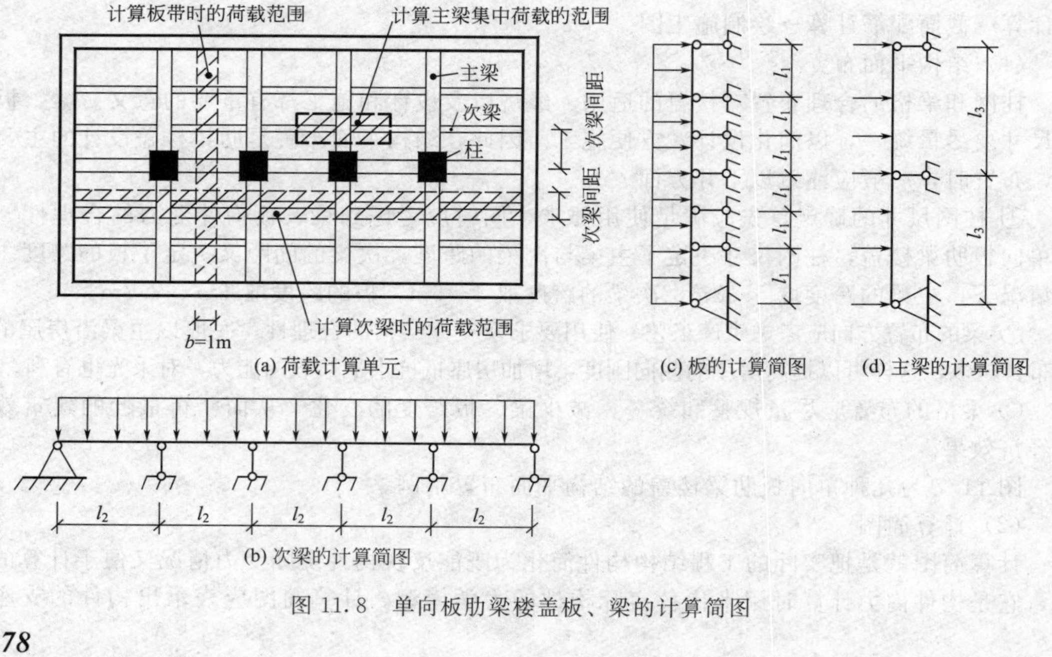

图 11.8 单向板肋梁楼盖板、梁的计算简图

(3) 内力计算方法

钢筋混凝土连续梁、板的内力计算方法有按弹性理论和按塑性理论的两种计算方法。通常情况下，主梁的内力按弹性理论的方法计算，次梁和板按塑性理论的方法计算。

① 按弹性理论的方法计算　按弹性理论计算钢筋混凝土多跨连续梁的内力，就是假定钢筋混凝土梁为理想的均质弹性体，按结构力学中所阐述的方法进行计算。为计算简便起见，当连续梁各跨跨度不等时，如各跨计算跨度之差不超过10%，可按等跨连续梁计算。等截面等跨连续梁在常见荷载作用下的内力系数已编制成表格，列于附录Ⅳ中，设计时可直接查表进行计算。

由于作用在楼盖上可变荷载的作用位置是可变的，因此，在计算连续梁内力时，应按荷载最不利位置来计算构件各截面上可能出现的最不利内力，并以此作为梁截面承载力计算的依据。

如果将计算所得连续梁各截面上可能出现的同类最不利内力（弯矩或剪力）在同一图中按一定的比例表示出来，所得的图形称为**内力包络图**。梁的内力包络图有弯矩包络图和剪力包络图，它们表明在永久荷载和可变荷载共同作用下，连续梁各截面可能产生的最不利内力的范围，不论可变荷载处于何种位置，截面上的内力都不会超出这个范围。内力包络图是确定连续梁纵向受力钢筋弯起和截断的重要依据。

② 按塑性理论的计算方法　前已述及，钢筋混凝土并非理想弹性体，钢筋混凝土多跨连续梁（板）在荷载作用下，将产生很大的塑性变化，甚至产生较宽的裂缝，而塑性及裂缝的产生和发展，将导致连续梁（板）各截面的内力重分布，从而使多跨连续梁（板）的实际受弯承载力有一定提高。由此可见，按弹性理论的计算方法并不能充分反映多跨连续梁（板）的实际受力性能。塑性理论计算方法就是在对连续梁（板）内力重分布规律进行充分研究的基础上提出的一种内力计算方法。

按照塑性理论的计算原则，对于均布荷载作用下的等跨（或跨度差小于或等于20%）的连续梁（板），其内力可按下列公式计算：

$$M=\alpha(\boldsymbol{g}+\boldsymbol{q})l_0^2 \tag{11.1}$$

$$\boldsymbol{Q}=\beta(\boldsymbol{g}+\boldsymbol{q})l_{\mathrm{n}} \tag{11.2}$$

式中　α——弯矩系数，按图11.9(a)采用；

β——剪力系数，按图11.9(b)采用；

$\boldsymbol{g}$——作用于梁、板上的均布永久荷载；

$\boldsymbol{q}$——作用于梁、板上的均布可变荷载；

l_0——计算跨度；

l_{n}——净跨度。

(4) 截面计算要点

梁、板内力确定后，即按《混凝土结构设计规范》所述方法，进行构件截面的承载力计算，并注意下述各点。

① 对于四周与梁整体相连的多跨连续板，中间各跨的跨中截面和中间支座（从边支座算起的第二支座除外）截面，设计弯矩值可按计算所得弯矩降低20%采用。

② 板的斜截面受剪承载力一般均能满足要求，设计时可不进行计算。

③ 在进行梁的正截面受弯承载力计算时，一般跨中截面承受正弯矩，按T形截面计算；支座截面则按矩形截面计算。

④ 在主梁的支座位置，板、次梁、主梁的负筋相互交叉通过，通常情况下，板的负筋放置在次梁负筋的上面，次梁的负筋放置在主梁负筋的上面，如图11.10所示，因此，支座截面次梁与主梁受拉钢筋合力点至梁顶面的距离 a_{s} 应按图中所示采用。

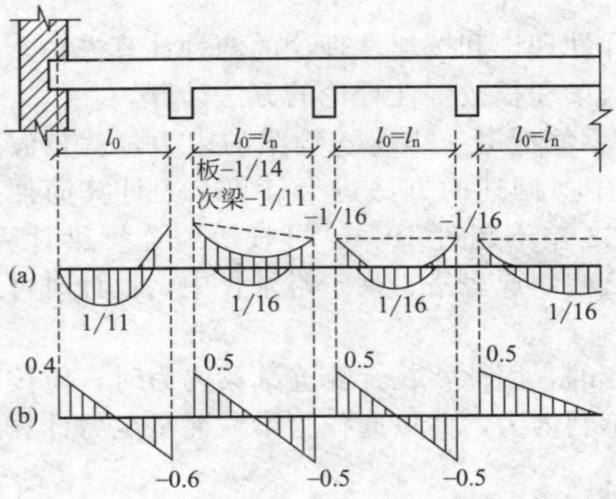

图 11.9　板、次梁的弯矩系数和剪力系数

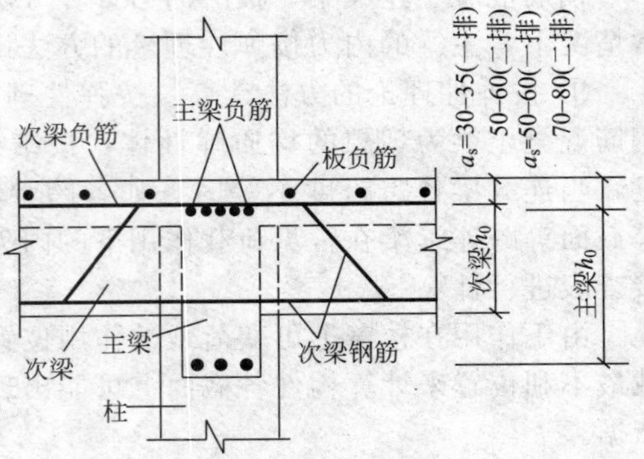

图 11.10　主梁支座处受力钢筋的布置

⑤ 在次梁与主梁交接处，应设置附加横向钢筋（吊筋或附加箍筋），以承受次梁传给主梁的集中荷载，防止主梁局部破坏。附加横向钢筋应布置在图 11.11 所示长度为 S 的范围内，并宜优先采用附加箍筋。

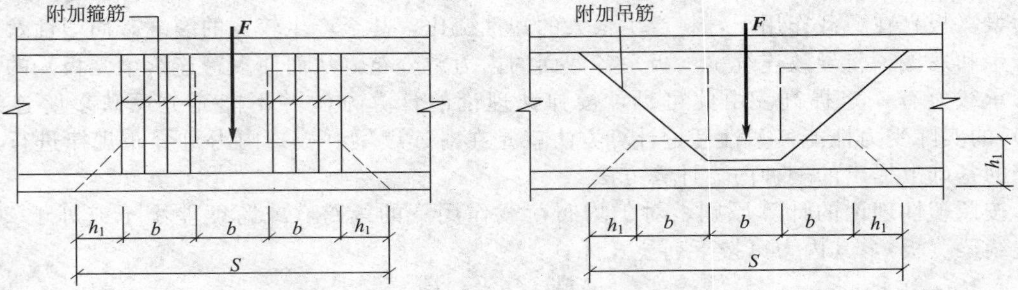

图 11.11　梁的附加横向钢筋的布置

附加横向钢筋的总截面面积应按下列公式计算：

$$A_{sv} \geqslant \frac{\boldsymbol{F}}{f_{yv}\sin\alpha} \tag{11.3}$$

式中　A_{sv}——承受集中荷载所需的附加横向钢筋总截面面积；

$\boldsymbol{F}$——作用在梁的下部或梁截面高度范围内的集中荷载设计值；

α——附加横向钢筋与梁轴线间的夹角。

11.3.2　构造要求

单向板肋梁楼盖构件除应满足第 10 章所述梁、板的一般构造要求外，还应满足下列构造要求。

① 单向板肋梁楼盖中，板的厚度一般不应小于 $l_0/40$，次梁的截面高度不应小于 $l_0/20$，主梁的截面高度不应小于 $l_0/15$（l_0 为构件计算长度）。通常情况下，板在砖墙上的支撑长度为 120mm，次梁在墙上的支撑长度为 240mm，主梁在墙上的支撑长度为 370mm。

② 多跨连续板的配筋可采用弯起式和分离式两种方式，如图 11.12 所示。当采用弯起式配筋时，弯起钢筋的弯起角通常为 30°。由板中伸入支座的下部受力钢筋，其截面面积不应小于跨中受力钢筋截面面积的 1/3，间距不应大于 400mm。

③ 简支板的下部纵向受力钢筋应伸入支座，其锚固长度 l_{as} 不应小于 $5d$。当采用焊接网配筋时，其末端至少应有一根横钢筋配置在支座边缘内［图 11.13(a)］；如不满足图 11.13(a) 的

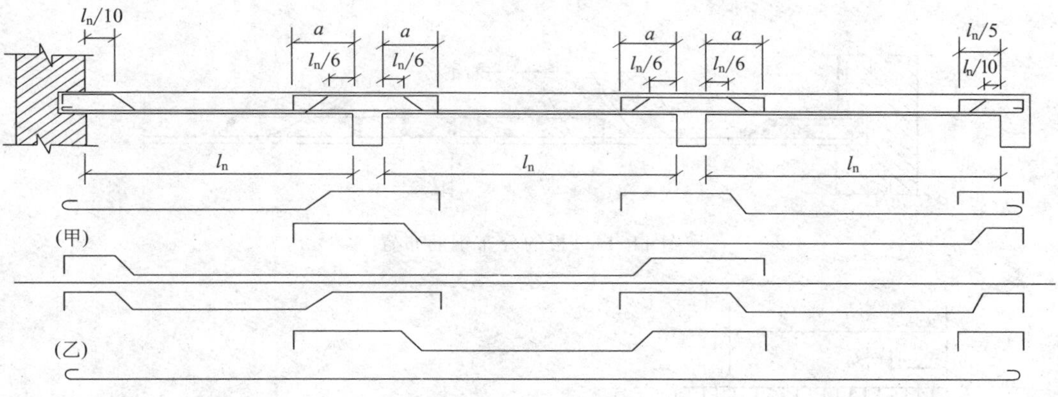

(a) 弯起式配筋

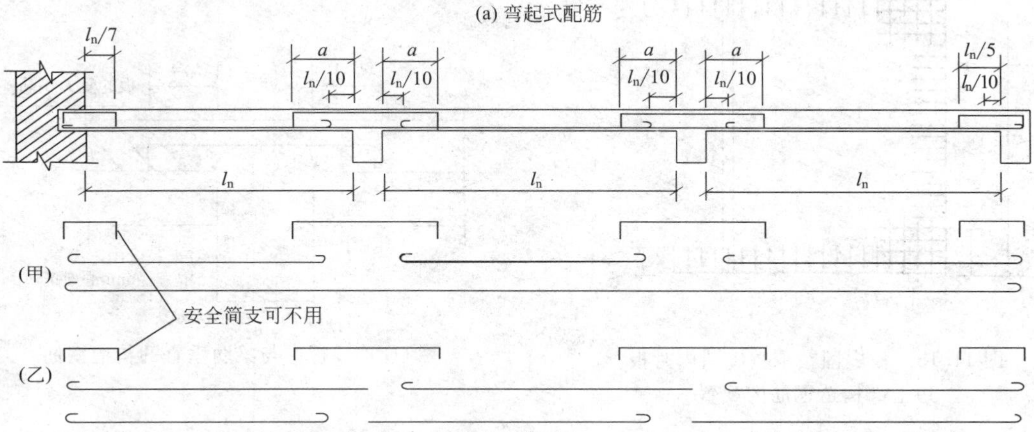

a值：当P/g小于3时，$a=l_n/4$；当P/g大于3时，$a=l_n/3$；
其中P为均布可变荷载，g为均布永久荷载。

(b) 分离式配筋

图 11.12　连续单向板的配筋

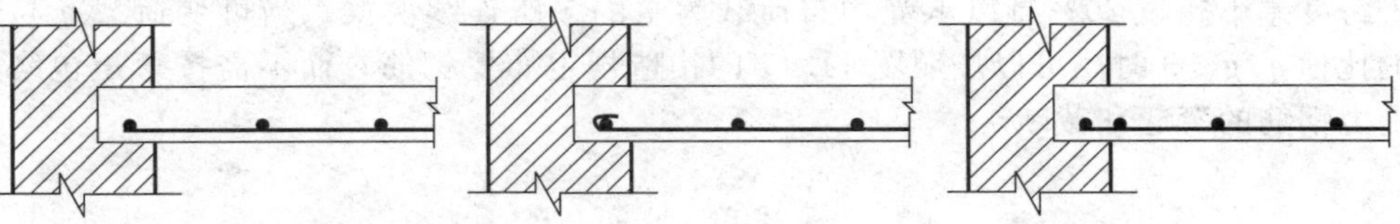

(a)　(b)　(c)

图 11.13　焊接网在板的自由支座上的锚固

要求时，应在受力钢筋末端制成弯钩［图 11.13(b)］或加焊附加的横向锚固钢筋［图 11.13(c)］。

④ 单向板中单位长度上的分布钢筋，其截面面积不应小于单位长度上受力钢筋截面面积 10%，其间距不应大于 300mm。板的分布钢筋应配置在受力钢筋的内侧，并沿受力钢筋直线段均匀分布；受力钢筋的所有弯折处均应配置分布钢筋，但在梁的范围内不必配置。如图 11.14 所示。

⑤ 对嵌固在承重墙内的现浇板，在板的上部应配置直径不小于 6mm、间距不大于 200mm 的构造钢筋（包括弯起钢筋在内），其伸出墙边的长度不小于 $l_1/7$（l_1 为单向板的跨度）；同时，沿受力方向配置的上部构造钢筋（包括弯起筋）的截面面积还不宜小于跨中受力钢筋截面面积的 1/3～1/2。对于两边均嵌固在墙内的板角部分，应在其上部双向配置 ϕ6@200 的构造钢筋，其伸出墙边的长度不小于 $l_1/4$，如图 11.15 所示。

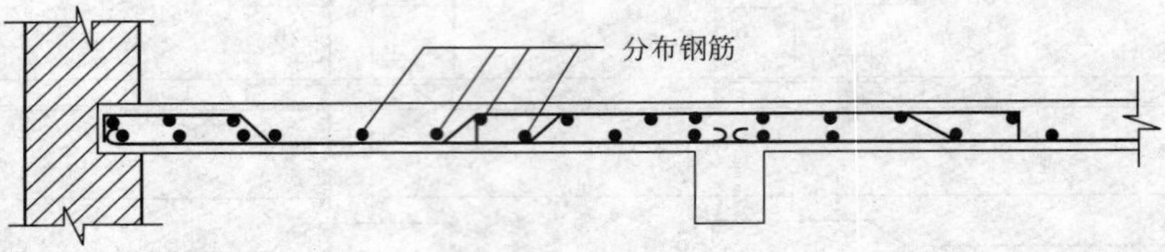

图 11.14　板的分布钢筋布置

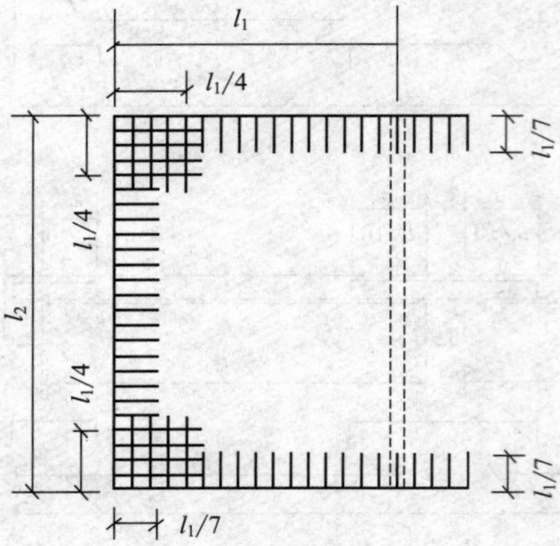

图 11.15　板嵌固在承重砖墙内时板边上部构造钢筋的配置

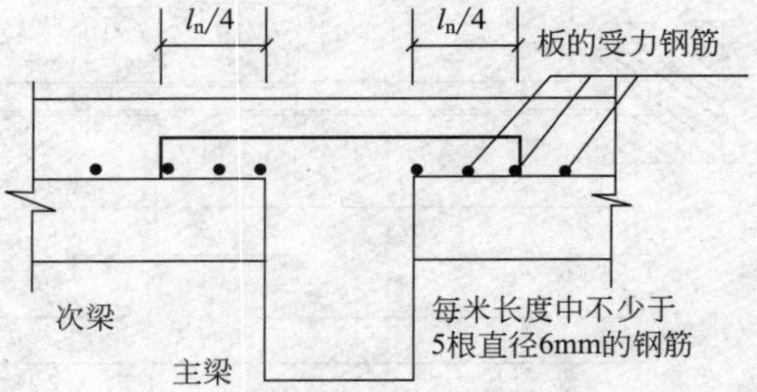

图 11.16　板中与梁肋垂直的构造钢筋

⑥ 主梁上部应沿主梁纵向配置不少于φ6@200、且与梁肋垂直的构造钢筋；其单位长度内的总截面面积不应小于板中单位长度内受力钢筋截面面积的 1/3，伸入板中的长度从肋边算起每边不应少于 $l_0/4$（l_0 为板的计算跨度），如图 11.16 所示。

⑦ 梁中受力钢筋的弯起和截断，原则上应通过在弯矩包络图上作抵抗弯矩图来确定。但对于跨度差不超过 20%且以承受均布荷载为主的多跨连续次梁，当可变荷载 $\boldsymbol{q}$ 与永久荷载 $\boldsymbol{g}$ 的比值 $\boldsymbol{q}/\boldsymbol{g}\leqslant 3$ 时，可以按照图 11.17 的构造规定布置钢筋，而不需按弯矩包络图确定纵向受力钢筋的弯起和截断。

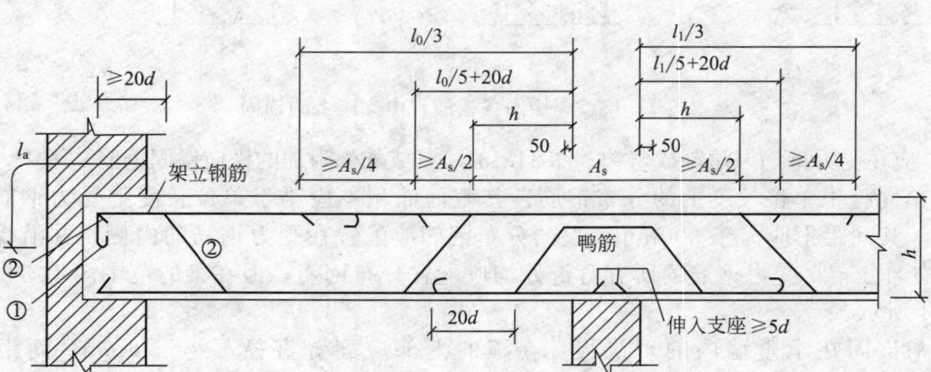

图 11.17　次梁的钢筋布置

11.3.3　单向板肋梁楼盖施工图

在实际工程设计中，结构设计人员根据房屋的平面形状及尺寸、使用要求等，就可对楼盖进行结构设计，并将设计成果用图纸的形式表示出来，这就是**楼盖结构施工图**。

通常情况下，一套完整的楼盖结构施工图由结构平面布置图、结构构件配筋图、钢筋表及图纸说明等四个部分组成。

楼盖结构平面布置图，主要表示楼盖梁、板构件的平面位置、尺寸及相互之间的关系。

构件配筋图包括板、次梁及主梁的配筋图。一般应详细表示出构件尺寸、钢筋级别、直径、形式、尺寸、数量及钢筋编号等。通常板的配筋比较简单，一般是将板内不同形式的钢筋直接画在板的平面图上来表示其配筋。次梁的配筋应画出配筋立面及配筋断面图，两者之间相互对应。主梁的配筋较复杂，梁中纵向受力钢筋的弯起和截断应在弯矩包络图上作材料图来确定，并在此基础上画出钢筋立面图和配筋断面图。为避免识读时各钢号的钢筋相互混淆，当配筋复杂时，还需画出钢筋分离图。

材料图是按实际配筋画出的梁各正截面所能承受的弯矩图。画材料图的目的，是为了更加合理、准确地确定梁中纵向受力钢筋的弯起和截断位置，使梁在保证各正截面都具有足够受弯承载力的前提下，获得最佳的经济效果。事实上，绘制材料图形的过程，也就是对梁各正截面受力钢筋的配置进行图解设计的过程。施工图中一般不给出材料图形。

编制钢筋图表的目的，主要是为了统计钢筋用量、编制施工图预算、进行钢筋加工等。钢筋表一般应包括：构件名称、数量、钢筋编号、钢筋简图以及钢筋级别、根数、直径、长度等。

图纸说明主要是对材料等级、结构对施工的要求以及用图无法表示的内容等的说明。

建筑结构施工图的读图方法及内容详见游普元主编、天津大学出版社出版的《建筑工程图识读与绘制》。

11.4　双向板的受力与构造特点

试验研究结果表明，双向板受力有以下几个特点。

① 双向板在荷载作用下，荷载将沿板的长短两个方向传递给周边支撑构件，板双向受弯，板在短跨方向上传递的荷载及在荷载作用下产生的弯矩都大于长跨方向。

② 双向板受力后，板的四角有向上翘起的趋势，板传递给支座的压力，并不沿周边均匀分布，而是中间较大，两端较小。

③ 在同等配筋率条件下，采用钢筋直径较细、间距较小的配筋方式对板的受力较为有利；而在受力钢筋数量相同的条件下，板中间部分钢筋排列较密者比均匀排列有利。

双向板的配筋原则与单向板相同。但由于双向板在两个方向都受弯，且短边跨度方向的弯矩较大，因此，双向板的长边及短边跨度方向均应设置受力钢筋，并宜将短边方向的跨中受力钢筋布置在长边方向跨中钢筋的下面。

多跨连续双向板的配筋如图 11.18 所示。图中，板的支座负筋应沿整个支座均匀布置；跨中钢筋因是按板跨中最大弯矩的计算结果设置的，靠近板的周边，弯矩减少，配筋也相应减少。为了节约钢筋，方便施工，跨中受力钢筋可按图 11.19 中的规定布置。

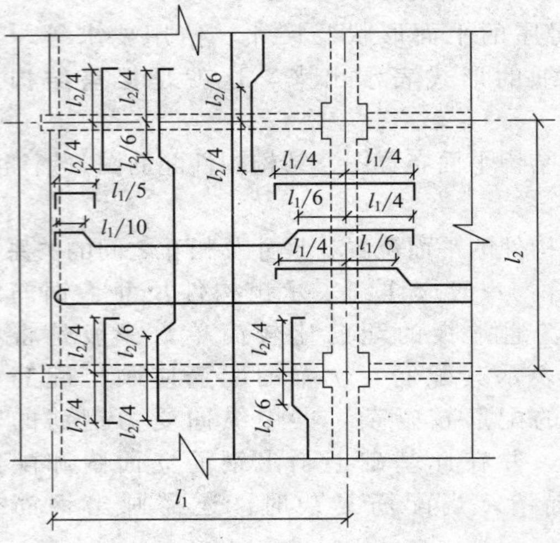

(a) 弯起式

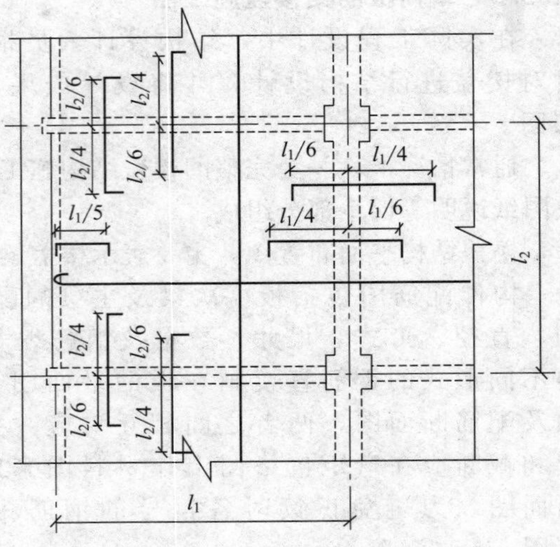

(b) 分离式

图 11.18 多跨连续双向板的配筋

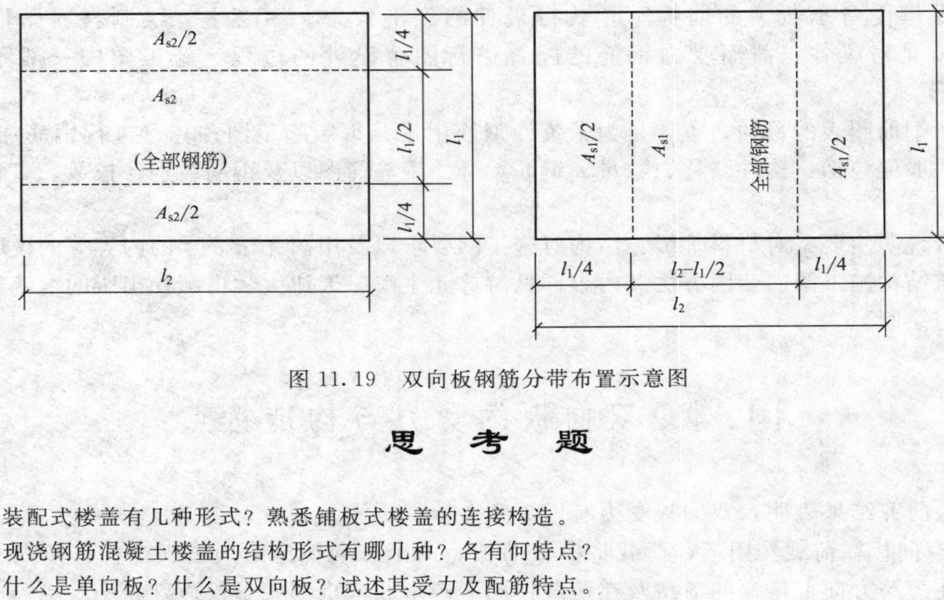

图 11.19 双向板钢筋分带布置示意图

思 考 题

11.1 装配式楼盖有几种形式？熟悉铺板式楼盖的连接构造。

11.2 现浇钢筋混凝土楼盖的结构形式有哪几种？各有何特点？

11.3 什么是单向板？什么是双向板？试述其受力及配筋特点。

11.4 试述单向板肋梁楼盖的设计要点。

11.5 板、次梁、主梁的受力钢筋在弯起、截断和伸入支座时有何要求？

12 砌体结构

学习目标

1. 能熟练陈述砌体材料的种类。
2. 能熟练陈述砌体的种类及其力学性能。
3. 能正确陈述砌体结构的承重体系与静力计算方案。
4. 能熟练陈述墙、柱的高厚比验算和构造要求。
5. 能熟练陈述过梁和圈梁的形式、位置及设置要求。

学习重点

1. 砌体材料的性能和强度等级。
2. 墙、柱的高厚比验算和构造要求。
3. 过梁和圈梁的形式、位置及设置要求。

学习难点

1. 砌体受压破坏特点，砌体材料的选择。
2. 砌体局部受压三种情况下的受力性能。
3. 刚性方案房屋墙、柱计算。

砌体结构是指由块体和砂浆砌筑而成的墙、柱作为建筑物主要受力构件的结构，是砖砌体、砌块砌体、石砌体结构的统称。砌体结构受力的共同特点是抗压能力较强，抗拉能力很差，因此，在一般房屋结构中，砌体多是以承受竖向荷载为主的墙体结构等。通常把这种由砌体和其他材料组成的结构称为**混合结构。**

混合结构房屋的墙、柱设计一般应解决如下几个问题：合理地选择墙体材料，进行墙体承重体系的布置，确定房屋静力计算方案，满足墙、柱的构造要求，保证砌体结构构件的承载力。

12.1 砌体材料与砌体的力学性能

12.1.1 砌体材料

（1）块材

目前，我国常用的块材可分为如下几种。

① 烧结普通砖　由黏土、页岩、煤矸石或粉煤灰为主要原料，经过焙烧而成的实心或孔洞率不大于规定值且外形符合规定的砖。分烧结黏土砖、烧结页岩砖、烧结煤矸石砖、烧结粉煤灰砖等。

② 烧结多孔砖　以黏土、页岩、煤矸石或粉煤灰为主要原料，经焙烧而成、孔洞率不小于25%，孔的尺寸小而数量多，主要用于承重部位的砖，简称多孔砖。目前多孔砖分为P型砖和M型砖。

采用烧结多孔砖可减轻建筑物自重、减少砂浆用量、提高砌筑效率、节省能源、改善隔音隔热效能及降低造价等。

③ 蒸压灰砂砖　以石灰和砂为主要原料，经坯料制备、压制成型、蒸压养护而成的实心砖。

④ 蒸压粉煤灰砖　以粉煤灰、石灰为主要原料，掺加适量石膏和集料，经坯料制备、压制成型、高压蒸汽养护而成的实心砖。

⑤ 混凝土小型空心砌块　由普通混凝土或轻骨料混凝土制成，主要规格为390mm×190mm×190mm、空心率在25%～50%的空心砌块。简称混凝土砌块或砌块。

⑥ 石材　石材是指用天然石材经过加工后所形成的砌筑块材，按其加工后外形规则程度的不同，石材可分为料石和毛石，其中料石又包括细料石、半细料料石、粗料石和毛料石。

石材的抗压强度高，耐久性好，但自重大，砌筑麻烦，多用于房屋的基础和勒脚部位。砌体中的石材应选用无明显风化的天然石材。

(2) 砂浆

砌体中砂浆的作用是将块材连成整体并使应力均匀分布。同时，因砂浆填满块材间的缝隙而减少了砌体的透气性，增强了砌体的隔热性能和抗冻性。

砌筑砂浆按其组成的不同可分为以下三种类型。

① 水泥砂浆　即由水泥与砂子加水搅拌而成的不加入任何塑化掺合料的纯水泥砂浆。水泥砂浆可以配制成较高强度的砂浆，耐久性好，但和易性差，砌筑不便，一般用于砌块砌体或对强度有较高要求以及位于潮湿环境中的砌体等。

② 混合砂浆　在水泥砂浆中掺入适量塑性掺合料（石灰膏、黏土膏等）而制成的砂浆叫混合砂浆。这种砂浆具有一定的强度和耐久性，且和易性好，便于施工操作，质量容易保证，是一般砌体中常用的砌筑砂浆。

③ 非水泥砂浆　指不含水泥的砂浆，如石灰砂浆、石膏砂浆、黏土砂浆等。这类砂浆强度不高，耐久性较差，一般用于受力不大或简易建筑、临时性建筑的砌体中。

《砌体结构设计规范》(GB 50003—2011)（以下简称《砌体规范》）规定，砂浆的强度等级按龄期为28天的立方体试块（70.7mm×70.7mm×70.7mm）所测得的抗压极限强度来划分，如砂浆强度在两个等级之间，则采用相邻较低值。对于多层房屋墙体，砂浆常用的强度等级为M2.5和M5。

当验算施工阶段尚未硬化的新砌体时，可按砂浆强度为零确定其砌体强度。

(3) 混凝土砌块灌孔混凝土

由水泥、集料、水以及根据需要掺入的掺合料和外加剂等组分，按一定比例，采用机械搅拌后，用于浇筑混凝土砌块砌体芯柱或其他需要填实部位孔洞的混凝土，简称砌块灌孔混凝土。

按《砌体规范》的规定，块体和砂浆的强度等级，应按表12.1和表12.2的规定采用。

表12.1　砌体材料强度等级表

结构类型	材料名称	强度等级符号	强度等级(N/mm^2)
承重结构	烧结普通砖、烧结多孔砖	MU	30、25、20、15、10
	蒸压灰砂普通砖、蒸压粉煤灰普通砖	MU	25、20、15
	混凝土普通砖、混凝土多孔砖	MU	30、25、20、15
	混凝土砌块、轻集料混凝土砌块	MU	20、15、10、7.5、5
	石材	MU	100、80、60、50、40、30、20
自承重墙	空心砖	MU	10、7.5、5、3.5
	轻集料混凝土砌块	MU	10、7.5、5、3.5

注：1. 用于承重的双排孔或多排孔轻集料混凝土砌块砌体的孔洞率不应大于35%。

2. 对用于承重的多孔砖及蒸压硅酸盐砖的折压比限值和用于承重的非烧结材料多孔砖的孔洞率、壁及肋尺寸限值及碳化、软化性能要求应符合现行国家标准《墙体材料应用统一技术规范》GB 50574的有关规定。

3. 石材的规格、尺寸及其强度等级可按《砌体结构设计规范》附录A的方法确定。

表 12.2 砂浆强度等级

砂浆种类	材料类别	强度等级符号	强度等级(N/mm^2)
普通砂浆	烧结普通砖、烧结多孔砖、蒸压灰砂普通砖、蒸压粉煤灰普通砖砌体	M	15、10、7.5、5.0、2.5
专用砌筑砂浆	蒸压灰砂普通砖、蒸压粉煤灰普通砖砌体	Ms	15、10、7.5、5.0
普通砂浆	混凝土普通砖、混凝土多孔砖、单排孔混凝土砌块、煤矸石混凝土砌块砌体	Mb	20、15、10、7.5、5
普通砂浆	双排孔或多排孔轻集料混凝土砌块砌体	Mb	10、7.5、5
普通砂浆	毛石、毛料石砌体	M	7.5、5、2.5

注：确定砂浆强度等级时应采用同类块体为砂浆强度试块底模。

12.1.2 砌体的种类

（1）砖砌体

砖砌体是由普通砖和空心砖用砂浆砌筑而成。当用标准砖砌筑时，可形成实心砌体和空斗墙砌体。

实心砖砌体的厚度有 120mm、240mm、370mm、490mm、620mm 及 740mm 等，也可把砌体一侧的砖侧砌而形成厚度为 180mm、300mm、420mm 等厚度的实心物体。

空斗墙砌体是指把砌体中部分或全部砖立砌，并留有空斗而形成的墙体，其厚度通常为 240mm。空斗墙砌体有一眠一斗、一眠二斗、一眠多斗和无眠斗墙等多种形式，如图 12.1 所示。这种砌体具有自重轻、节约块材和砂浆以及造价较低等优点，但抗剪性能较差，一般可用于非地震区一至四层的小开间民用房屋的墙体。

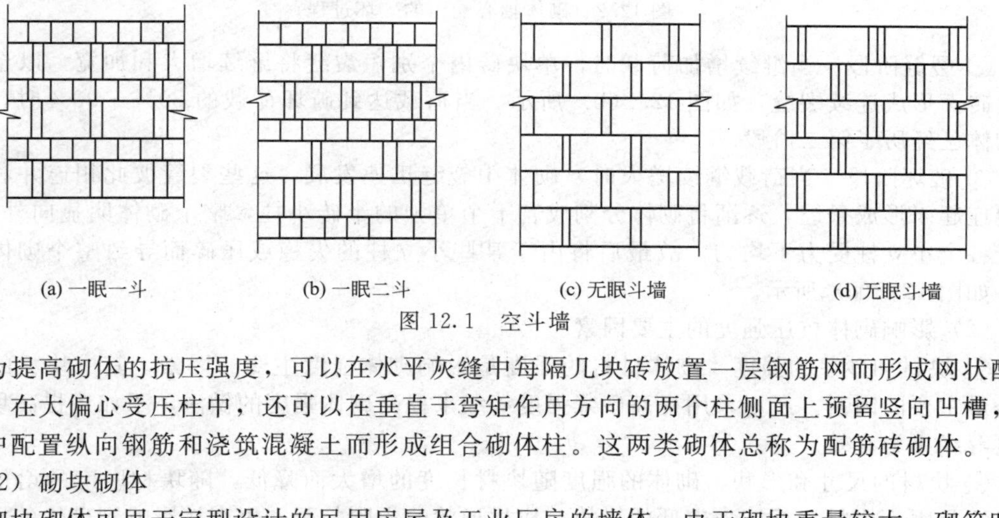

(a) 一眠一斗　(b) 一眠二斗　(c) 无眠斗墙　(d) 无眠斗墙

图 12.1 空斗墙

为提高砌体的抗压强度，可以在水平灰缝中每隔几块砖放置一层钢筋网而形成网状配筋砌体。在大偏心受压柱中，还可以在垂直于弯矩作用方向的两个柱侧面上预留竖向凹槽，并在其中配置纵向钢筋和浇筑混凝土而形成组合砌体柱。这两类砌体总称为配筋砖砌体。

（2）砌块砌体

砌块砌体可用于定型设计的民用房屋及工业厂房的墙体。由于砌块重量较大，砌筑时必须采用吊装机具，因此在确定砌块规格尺寸时，应考虑起吊能力，并应尽量减少砌块类型。目前国内使用的砌块高度一般在 180～600mm 之间。

（3）石砌体

石砌体有料石砌体和毛石砌体两种类型。料石是经过加工，外形规则的石材，按其加工面平整的程度可分为细料石、半细料石、粗料石和毛料石四种。各种砌筑用料石的宽度不小于 200mm，长度不大于厚度的四倍。由于料石外形规整程度不同，灰缝的厚度也不同：细料石砌体，不大于 5mm；半细料石砌体，不大于 10mm；粗料石和毛料石砌体，不大于 20mm。毛石又分为乱毛石和平毛石，平毛石系指形状虽不规则，但有两个平面大致平行的石块。在砌墙时所用毛石的尺寸，长边不小于墙厚的 2/3，短边不小于墙厚的 1/3。毛石砌体的灰缝一般为 20～30mm。

12.1.3 砌体强度

（1）砌体的抗压强度

砌体是由单块块材通过砂浆铺缝黏结而成的，它的抗压强度一般都低于单块块材的抗压强度，其受力性能与均质的整体构件有很大差别。试验分析表明，砌体的轴心受力及破坏过程大体上分为以下三个阶段。

① 未裂阶段　砌体从开始加载到砌体出现第一条（批）裂缝为第一阶段，如图 12.2(a) 所示，此时，荷载为破坏荷载的 50%～70%。

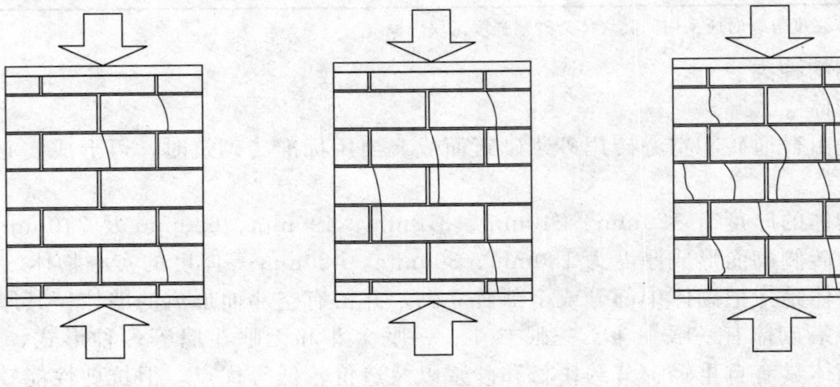

(a) 未裂阶段　(b) 裂缝阶段　(c) 破坏阶段

图 12.2　砌体轴心受压的破坏过程

② 裂缝阶段　当继续增加荷载时，单块砖内个别短裂缝将继续增大和加宽，以至贯穿几块砖而形成连续裂缝，如图 12.2(b) 所示。当荷载达到破坏荷载的 80%～90%时，可认为砌体已经历了第二阶段。

③ 破坏阶段　当荷载继续增大时，砌体中裂缝迅速发展，这些裂缝彼此相连并和垂直灰缝连起来形成条缝，逐渐将砌体分割成若干个单独的半砖小柱，整个砌体明显向外鼓出，由于各个小立柱受力不均匀，故最后将由于某些小立柱的失稳或压碎而导致整个砌体的破坏，如图 12.2(c) 所示。

（2）影响砌体抗压强度的主要因素

① 块材和砂浆的强度　砌体材料的强度是影响砌体强度主要的因素，其中块材的强度又是最主要的因素。所以采用提高砂浆强度等级来提高砌体强度的做法，不如用提高块材的强度等级更为有效。

② 块材的尺寸和形状　砌体的强度随块材长度的增大而降低，随块材厚度的增加而提高，这是因为块材抗折能力较低的缘故。块材形状的规则与否，也直接影响到砌体的抗压强度，块材表面不平；形状不规整会使砌体中灰缝厚度不均匀而导致砌体抗压强度的降低。

③ 砂浆的和易性　砂浆的和易性好，砌筑时灰缝易铺砌均匀和饱满，单块砖在砌体中的受力也就均匀，因而抗压强度就相对较高。混合砂浆的和易性比水泥砂浆要好，因此，同一强度等级的混合砂浆砌筑的砌体强度要比水泥砂浆砌筑的砌体强度高。

④ 砌筑质量　砌筑质量也是影响砌体抗压强度的重要因素。砂浆铺砌均匀、饱满，可以改善砖块在砌体中的受力性能，使之比较均匀地受压，从而提高砌体的抗压强度；反之，铺砌得不饱满、不均匀，则将降低砌体的抗压强度。一般要求砌体水平灰缝砂浆的饱满程度不得低于 80%，砖柱和宽度小于 1m 的窗间墙竖向灰缝的饱满程度不得低于 60%。

（3）砌体的轴心抗拉、弯曲抗拉及抗剪强度

砖石砌体的抗压性能好，大多数用来承受压力，但实际工程中也会遇到承受轴向拉力、弯

矩和剪力的情况。如砖砌圆形水池（图 12.3），由于液体对池壁的压力，将在环形池壁内引起轴心拉力。在挡土墙中，由于土压力的作用，使墙体和护壁产生水平和竖直两个方向的弯曲受拉［图 12.4(a)］；在挡土墙的根部，也会发生沿截面Ⅲ-Ⅲ的受剪破坏［图 12.4(b)］。

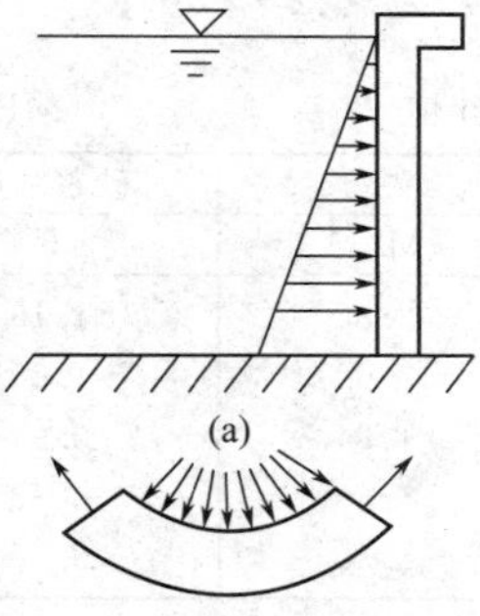

(b)

图 12.3 轴心受拉

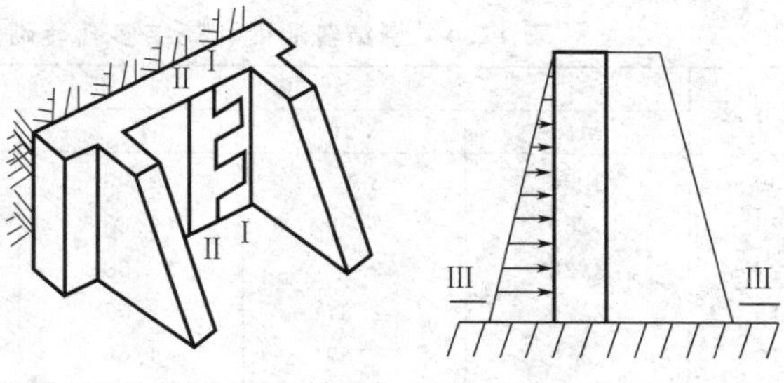

(a) (b)

图 12.4 挡土墙受剪

试验资料表明：砌体的轴心受拉、受弯及受剪的破坏，大多发生在砂浆与砌体的连接面上，其强度值主要取决于灰缝的黏结强度，即取决于砂浆的强度。破坏形式有三种：沿齿缝破坏，如图 12.4(a) 的截面Ⅰ—Ⅰ；沿直缝破坏，如图 12.4(a) 的截面Ⅱ—Ⅱ；沿通缝破坏，如图 12.4(b) 中的截面Ⅲ—Ⅲ。其值见表 12.3。

表 12.3 沿砌体灰缝截面破坏时砌体的轴心抗拉强度设计值、弯曲抗拉强度设计值和抗剪强度设计值 MPa

序号	强度类别	砌体种类及破坏特征		砂浆强度等级			
				≥M10	M7.5	M5	M2.5
1	轴心抗拉	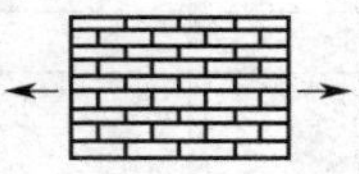 沿齿缝	烧结普通砖、烧结多孔砖	0.19	0.16	0.13	0.09
			混凝土普通砖、混凝土多孔砖	0.19	0.16	0.13	—
			蒸压灰砂普通砖、蒸压粉煤灰普通砖	0.12	0.10	0.08	—
			混凝土和轻集料混凝土砌块	0.09	0.08	0.07	—
			毛石	—	0.07	0.06	0.04
2	弯曲抗拉	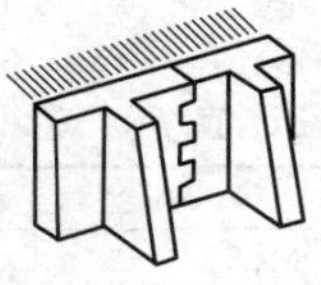 沿齿缝	烧结普通砖、烧结多孔砖	0.33	0.29	0.23	0.17
			混凝土普通砖、混凝土多孔砖	0.33	0.29	0.23	—
			蒸压灰砂普通砖、蒸压粉煤灰普通砖	0.24	0.20	0.16	—
			混凝土和轻集料混凝土砌块	0.11	0.09	0.08	—
			毛石	—	0.11	0.09	0.07
		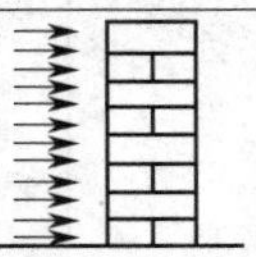 沿通缝	烧结普通砖、烧结多孔砖	0.17	0.14	0.11	0.08
			混凝土普通砖、混凝土多孔砖	0.17	0.14	0.11	—
			蒸压灰砂普通砖、蒸压粉煤灰普通砖	0.12	0.10	0.08	—
			混凝土和轻集料混凝土砌块	0.08	0.06	0.05	—
3	抗剪	烧结普通砖、烧结多孔砖		0.17	0.14	0.11	0.08
		混凝土普通砖、混凝土多孔砖		0.17	0.14	0.11	—
		蒸压灰砂普通砖、蒸压粉煤灰普通砖		0.12	0.10	0.08	—
		混凝土和轻骨料混凝土砌块		0.09	0.08	0.06	—
		毛石		—	0.19	0.16	0.11

注：1. 对于用形状规则的块体砌筑的砌体，当搭接长度与块体高度的比值小于 1 时，其轴心抗拉强度设计值 f_t 和弯曲抗拉强度设计值 f_{tm} 应按表中数值乘以搭接长度与块体高度比值后采用。

2. 表中数值是依据普通砂浆砌筑的砌体确定，采用经研究性试验且通过技术鉴定的专用砂浆砌筑的蒸压灰砂普通砖、蒸压粉煤灰普通砖砌体，其抗剪强度设计值按相应普通砂浆强度等级砌筑的烧结普通砖砌体采用。

3. 对混凝土普通砖、混凝土多孔砖、混凝土和轻集料混凝土砌块砌体，表中的砂浆强度等级分别为：≥Mb10、Mb7.5 及 Mb5。

(4) 各类砌体的抗压强度

龄期为28天的各类砌体以毛截面计算的抗压强度设计值用 f 表示，当施工质量控制等级为B级时，可按表12.4～表12.10采用。当进行施工阶段承载力的验算时，设计强度可按表中砂浆强度为零的情况确定。

表 12.4 烧结普通砖和烧结多孔砖砌体的抗压强度设计值 f MPa

砖强度等级	砂浆强度等级					砂浆强度
	M15	M10	M7.5	M5	M2.5	0
MU30	3.94	3.27	2.93	2.59	2.26	1.15
MU25	3.60	2.98	2.68	2.37	2.06	1.05
MU20	3.22	2.67	2.39	2.12	1.84	0.94
MU15	2.79	2.31	2.07	1.83	1.60	0.82
MU10	—	1.89	1.69	1.50	1.30	0.67

注：当烧结多孔砖的孔洞率大于30%时，表中数值应乘以0.9。

表 12.5 混凝土普通砖和混凝土多孔砖砌体的抗压强度设计值 f MPa

砌块强度等级	砂浆强度等级					砂浆强度
	Mb20	Mb15	Mb10	Mb7.5	Mb5	0
MU30	4.61	3.94	3.27	2.93	2.59	1.15
MU25	4.21	3.60	2.98	2.68	2.37	1.05
MU20	3.77	3.22	2.67	2.39	2.12	0.94
MU15	—	2.79	2.31	2.07	1.83	0.82

表 12.6 蒸压灰砂砖和蒸压粉煤灰砖砌体的抗压强度设计值 f MPa

砖强度等级	砂浆强度等级				砂浆强度
	M15	M10	M7.5	M5	0
MU25	3.60	2.98	2.68	2.37	1.05
MU20	3.22	2.67	2.39	2.12	0.94
MU15	2.79	2.31	2.07	1.83	0.82

注：当采用专用砂浆砌筑时，其抗压强度设计值按表中数值采用。

表 12.7 单排孔混凝土和轻骨料混凝土砌块砌体的抗压强度设计值 f MPa

砌块强度等级	砂浆强度等级					砂浆强度
	Mb20	Mb15	Mb10	Mb7.5	Mb5	0
MU20	6.30	5.68	4.95	4.44	3.94	2.33
MU15	—	4.61	4.02	3.61	3.20	1.89
MU10	—	—	2.79	2.50	2.22	1.31
MU7.5	—	—	—	1.93	1.71	1.01
MU5	—	—	—	—	1.19	0.70

注：1. 对独立柱或厚度为双排组砌的砌块砌体，应按表中数值乘以0.7。
2. 对T形截墙体、柱子，应按表中数值乘以0.85。

表 12.8 双排孔或多排孔轻集料混凝土砌块砌体的抗压强度设计值 f MPa

砌块强度等级	砂浆强度等级			砂浆强度
	Mb10	Mb7.5	Mb5	0
MU10	3.08	2.76	2.45	1.44
MU7.5	—	2.13	1.88	1.12
MU5	—	—	1.31	0.78
MU3.5	—	—	0.95	0.56

注：1. 表内砌体为火山渣、浮石和陶粒轻集料混凝土砌块。
2. 对厚度方向为双排组砌的轻集料混凝土砌块砌体的抗压强度设计值，应按表中数值乘以0.8。

表 12.9 毛料石（块体高度 180～350mm）砌体的抗压强度设计值 f MPa

毛料石强度等级	砂浆强度等级			砂浆强度
	M7.5	M5	M2.5	0
MU100	5.42	4.80	4.18	2.13
MU80	4.85	4.29	3.73	1.91
MU60	4.20	3.71	3.23	1.65
MU50	3.83	3.39	2.95	1.51
MU40	3.43	3.04	2.64	1.35
MU30	2.97	2.63	2.29	1.17
MU20	2.42	2.15	1.87	0.95

注：对细料石砌体、粗料石砌体和干砌勾缝石砌体，表中数值分别乘以调整系数 1.4、1.2 和 0.8。

表 12.10 毛石砌体的抗压强度设计值 f MPa

毛石强度等级	砂浆强度等级			砂浆强度
	M7.5	M5	M2.5	0
MU100	1.27	1.12	0.98	0.34
MU80	1.13	1.00	0.87	0.30
MU60	0.98	0.87	0.76	0.26
MU50	0.90	0.80	0.69	0.23
MU40	0.80	0.71	0.62	0.21
MU30	0.69	0.61	0.53	0.18
MU20	0.56	0.51	0.44	0.15

在设计过程中，砌体强度设计值尚应按表 12.11 所列使用情况，乘以调整系数 γ_a。

表 12.11 砌体强度设计值调整系数 γ_a

使用情况		γ_a
无筋砌体构件截面面积小于 $0.3m^2$		0.7+A
配筋砌体构件，砌体截面面积小于 $0.2m^2$		0.8+A
砌体用强度等级小于 M5.0 的水泥砂浆砌筑时	抗压强度	0.9
	一般砌体的抗拉、弯、剪强度	0.8
施工质量控制等级为 C 级		0.89
验算施工中房屋的构件		1.1

12.1.4 砌体的弹性模量

砌体的弹性模量随砌体的抗压强度而变化。各类砌体的弹性模量 E 按表 12.12 采用。

表 12.12 砌体弹性模量 E MPa

砌体种类	砂浆强度等级			
	≥M10	M7.5	M5	M2.5
烧结普通砖、烧结多孔砖砌体	$1600f$	$1600f$	$1600f$	$1390f$
混凝土普通砖、混凝土多孔砖砌体	$1600f$	$1600f$	$1600f$	—
蒸压灰砂普通砖、蒸压粉煤灰普通砖砌体	$1060f$	$1060f$	$1060f$	—
非灌孔混凝土砌块砌体	$1700f$	$1600f$	$1500f$	—
粗料石、毛料石、毛石砌体	—	5650	4000	2250
细料石砌体	—	17000	12000	6750

注：1. 轻集料混凝土砌块砌体的弹性模量，可按表中混凝土砌块砌体的弹性模量采用。

2. 单排孔对孔砌筑的混凝土砌块，灌孔砌体的弹性模量，应按下列公式计算：

$E=2000f_g$，式中 f_g 为灌孔砌体的抗压强度设计值。

3. 表中 f 为砌体的轴心抗压设计强度，不按表 12.10 进行调整。

4. 表中砂浆为普通砂浆，采用专用砂浆砌筑的砌体弹性模量也按此表取值。

5. 对混凝土普通砖、混凝土多孔砖、混凝土和轻集料混凝土砌块砌体，表中的砂浆强度等级分别为≥Mb10、Mb7.5 及 Mb5。

6. 对蒸压灰砂普通砖和蒸压粉煤灰普通砖砌体，当采用专用砂浆砌筑时，其强度设计值按表中数值采用。

12.2 砌体结构的承重体系与静力计算方案

12.2.1 砌体结构的承重体系

按荷载传递路线的不同，砌体结构的承重体系可概括为纵墙承重体系、横墙承重体系及内框架承重体系。

(1) 纵墙承重体系

砌体结构房屋中以纵墙作为主要承重墙的承重体系，称为**纵墙承重体系**。其荷载的主要传递路线是：板→梁(或纵墙)→纵墙→基础→地基，如图 12.5 所示。纵墙承重体系一般用于要求房屋内部具有较大的空间，横墙间距较大的建筑物。如教学楼、办公楼、实验楼、食堂等。

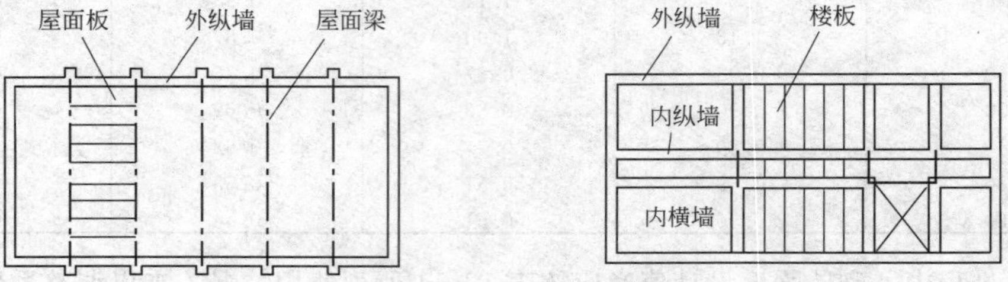

图 12.5 纵墙承重体系

(2) 横墙承重体系

砌体结构中以横墙作为主要承重墙的承重体系，称为**横墙承重体系**。其荷载的主要传递路线是：板→横墙→基础→地基，如图 12.6 所示。一般住宅或集体宿舍类的建筑，因其开间不大，横墙间距小，楼板可直接支撑在横墙上，形成横墙承重体系。

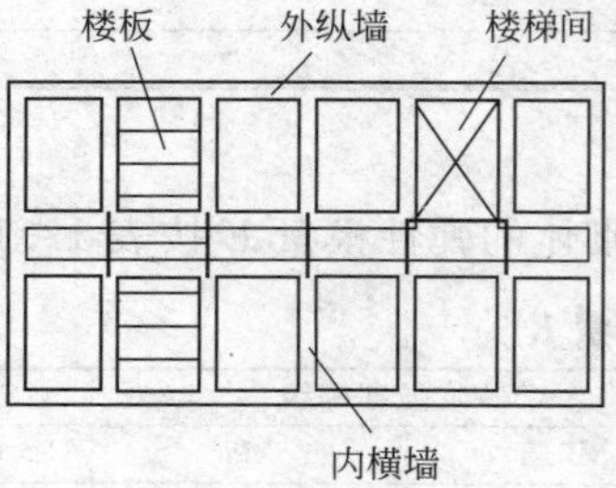

图 12.6 横墙承重体系

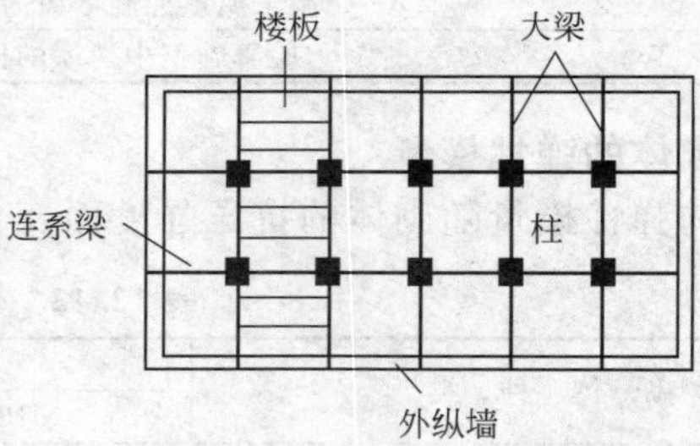

图 12.7 内框架承重体系

(3) 内框架承重体系

墙体和柱子共同承受楼（屋）面荷载的承重体系，称为**内框架承重体系**。其荷载的传递路线是：板→梁→墙和柱→基础→地基，如图 12.7 所示。一般多层厂房、商店等常用内框架承重体系。

12.2.2 砌体结构房屋静力计算方案

砌体结构房屋静力计算方案，实际上就是通过对房屋空间工作情况的分析，根据房屋空间刚度的大小，确定墙柱设计时的计算简图。房屋静力计算方案是确定墙、柱构造和进行强度计算的主要依据。

(1) 房屋的空间工作情况

混合房屋结构中的墙、柱承受着屋盖和楼盖传来的垂直荷载，以及由墙面或屋面传来的水平荷载（如风荷载）。在水平荷载及竖向偏心荷载作用下，墙或柱的顶端将产生水平位移；而混合结构的纵、横墙以及楼（屋）盖是既互相关联又互相制约的整体，在荷载作用下整个结构处于空间工作状态。因此，在静力分析中必须考虑房屋的空间工作性能。

根据试验分析，影响房屋空间工作性能的主要因素是楼（屋）盖的水平刚度和横墙间距的大小。楼（屋）盖的水平刚度大，横墙间距小，房屋的空间刚度就大，荷载作用下墙、柱顶端的水平位移就小；反之，如房屋的空间刚度小，墙柱顶部的水平位移就大。

（2）房屋的静力计算方案

① 刚性方案　当房屋的横墙间距较小、楼（屋）盖刚度较大时，在荷载作用下，房屋的水平位移很小，在确定计算简图时，可以忽略不计，将楼（屋）盖视为墙体的不动铰支座，而墙、柱内力按不动铰支座的竖向构件计算，这种房屋称为刚性方案房屋。一般混合结构的多层住宅、办公楼、教学楼、宿舍、医院等均属刚性方案房屋。单层刚性方案房屋的静力计算可按墙、柱上端为不动铰支撑于房盖，下端嵌固于基础的竖向构件计算，其计算简图如图 12.8(a) 所示。

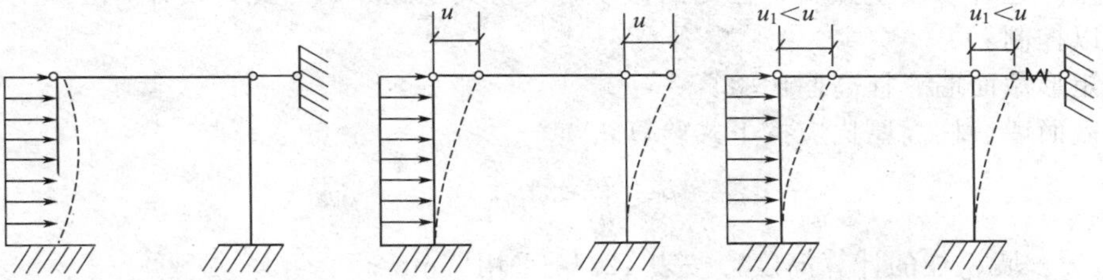

(a) 刚性方案　(b) 弹性方案　(c) 刚弹性方案

图 12.8　混合结构房屋的计算简图

② 弹性方案　当房屋的横墙间距较大，楼（屋）盖刚度较小时，在荷载作用下，房屋的水平位移较大，在确定计算简图时，必须考虑水平位移（u）对结构的影响，这种房屋称为弹性方案房屋。对于单层弹性方案房屋，其静力计算可按屋架或屋面梁与墙（柱）为铰接，不考虑空间工作的平面排架计算。计算简图如图 12.8(b) 所示。

③ 刚弹性方案　在外荷载作用下，房屋的水平位移介于“刚性”与“弹性”两种方案之间的房屋称为刚弹性方案房屋。这种方案的房屋，在水平荷载作用下，其水平位移（u_1）较弹性方案的水平位移小，但又不能忽略，在确定计算简图时，按在墙、柱顶具有弹性支座的平面排架或框架计算。单层刚弹性方案的静力计算简图如图 12.8(c) 所示。

根据上述原则，计算时可按表 12.13 确定房屋的静力计算方案。

表 12.13　房屋的静力计算方案

屋盖或楼盖类别		刚性方案	刚弹性方案	弹性方案
1	整体式、装配整体和装配式无檩体系钢筋混凝土屋盖或钢筋混凝土楼盖	$s<32$	$32\leqslant s\leqslant 72$	$s>72$
2	装配式有檩体系钢筋混凝土屋盖、轻钢屋盖和有密铺望板的木屋盖或木楼盖	$s<20$	$20\leqslant s\leqslant 48$	$s>48$
3	瓦材屋面的木屋盖和轻钢屋盖	$s<16$	$16\leqslant s\leqslant 36$	$s>36$

注：1. 表中 s 为房屋的横墙间距，其长度单位为 m。

2. 对无山墙或伸缩缝处无横墙的房屋，应按弹性方案考虑。

3. 当屋盖、楼盖类别不同或横墙间距不同时，可按砌体结构设计规范 4.2.7 条规定确定房屋的静力计算方案。

（3）刚性和刚弹性方案房屋的横墙　指有足够刚度的承重墙，轻质墙体或后砌的隔墙不起这种作用。《砌体规范》规定刚性方案和刚弹性方案房屋的横墙，应符合下列要求。

• 横墙中开有洞口时，洞口的水平截面面积不应超过横墙截面面积的 50%；

• 横墙的厚度不宜小于 180mm；

• 单层房屋的横墙长度不小于高度；多层房屋的横墙长度不小于横墙总高度的 1/2。

当横墙不能同时符合上述三条要求时，应对横墙的刚度进行验算。如果最大水平位移值 $u_{\max}\leqslant\frac{H}{4000}$时（$H$ 为横墙总高度），仍可视作刚性或刚弹性方案房屋的横墙。凡符合前述要求的一段横墙或其他结构构件（如框架等），也可视作刚性或刚弹性方案房屋的横墙。

12.3 墙、柱的高厚比验算和构造要求

12.3.1 墙、柱的高度比验算

墙、柱的计算高度与墙厚（或柱边长）的比值，称为**高厚比**。墙、柱的高厚比越大，其稳定性越差，越容易发生倾斜，在受到振动时，易失稳破坏。因此，设计时必须对墙、柱的高厚比加以控制。

（1）矩形截面墙、柱高厚比验算

矩形截面墙、柱高厚比应按下式验算：

$$\beta=\frac{H_0}{h}\leqslant\mu_1\mu_2[\beta] \tag{12.1}$$

式中 H_0——墙、柱的计算高度，按表 12.14 采用，mm；

h——矩形截面轴向力偏心方向的边长，当轴心受压时为截面较小边长，mm；

$[\beta]$——墙、柱的允许高厚比，按表 12.15 采用，上端为自由端的 $[\beta]$ 值，除按 μ_1 修正外，尚可提高 30%；

μ_1——非承重墙允许高厚比的修正系数；

μ_2——有门窗洞口墙允许高厚比的修正系数，按式(12.2) 确定。

对于厚度 $h\leqslant 240$mm 的非承重墙：$h=240$mm 时，$\mu_1=1.2$；$h=90$mm 时，$\mu_1=1.5$；240mm$>h>$90mm 时，μ_1 按插入法取值。

受压构件的计算高度 H_0 应按表 12.14 中的规定采用。

表 12.14 受压构件的计算高度 H_0

<table>
<tr><td rowspan="2">房屋类别</td><td colspan="2">柱</td><td colspan="5">带壁柱墙或周边拉结的墙</td></tr>
<tr><td>排架方向</td><td>垂直排架方向</td><td>$s>2H$</td><td>$2H\geqslant s>H$</td><td colspan="3">$s\leqslant H$</td></tr>
<tr><td rowspan="3">有吊车的单层房屋</td><td rowspan="2">变截面柱上端</td><td>弹性方案</td><td>$2.5H_u$</td><td>$1.25H_u$</td><td colspan="3">$2.5H_u$</td></tr>
<tr><td>刚性、刚弹性方案</td><td>$2.0H_u$</td><td>$1.25H_u$</td><td colspan="3">$2.0H_u$</td></tr>
<tr><td colspan="2">变截面柱下段</td><td>$1.0H_1$</td><td>$0.8H_1$</td><td colspan="3">$1.0H_1$</td></tr>
<tr><td rowspan="5">无吊车的单层和多层房屋</td><td rowspan="2">单跨</td><td>弹性方案</td><td>$1.5H$</td><td>$1.0H$</td><td colspan="3">$1.5H$</td></tr>
<tr><td>刚弹性方案</td><td>$1.2H$</td><td>$1.0H$</td><td colspan="3">$1.2H$</td></tr>
<tr><td rowspan="2">两跨或多跨</td><td>弹性方案</td><td>$1.25H$</td><td>$1.0H$</td><td colspan="3">$1.25H$</td></tr>
<tr><td>刚弹性方案</td><td>$1.10H$</td><td>$1.0H$</td><td colspan="3">$1.1H$</td></tr>
<tr><td colspan="2">刚性方案</td><td>$1.0H$</td><td>$1.0H$</td><td>$1.0H$</td><td>$0.4s+0.2H$</td><td>$0.6s$</td></tr>
</table>

注：1. 表中 H_u 为变截面柱的上段高度；H_1 为变截面柱的下端高度。

2. 对于上端为自由端的物件，$H_0=2H$。

3. 独立砖柱，当无柱间支撑时，柱在垂直排架方向的 H_0 应按表中数值乘以 1.25 后采用。

4. s 为房屋横墙间距。

5. 非承重墙的主牌高度应根据周边支撑或拉接条件确定。

① 在房屋底层，为楼板顶面到构件下端支点的距离。下端支点的位置，可取在基础顶面。当埋置较深且有刚性地坪时，可取室外地面下 500mm 处。

② 在房屋其他层次，为楼板或其他水平支点间的距离。

③ 对于无壁柱的山墙，可取层高加山墙尖高度的 1/2；对于带壁柱的山墙可取壁柱处的山墙高度。

表 12.15 墙、柱的允许高厚比［β］值

砌体类型	砂浆强度等级	墙	柱
无筋砌体	M2.5	22	15
	M5 或 Mb5、Ms5	24	16
	≥M7.5 或 Mb7.5、Ms7.5	26	17
配筋砌块砌体	—	30	21

注：1. 毛石墙、柱允许高厚比应按表中数值降低 20%。
2. 带用混凝土或砂浆面层的组合砖砌体构件的允许高厚比，可按表中数值提高 20%，但不得大于 28。
3. 验算施工阶段砂浆尚未硬化的新砌砌体高厚比时，允许高厚比对墙取 14，对柱取 11。

有门窗洞口墙允许高厚比的修正系数 μ_2 按下式确定：

$$\mu_2 = 1 - 0.4\frac{b_s}{s} \tag{12.2}$$

式中 s——相邻窗间墙或壁柱之间的距离，mm；

b_s——在宽度 s 范围内的门窗洞口总宽度，mm。

当按式(12.2) 算得的 μ_2 值小于 0.7 时，应采用 0.7。当洞口高度等于或小于墙高的 1/5时，取 $\mu_2=1.0$。

(2) 带壁柱墙体的高厚比验算

带壁柱墙如图 12.9 所示，其高厚比的验算应分两部分进行。首先验算带壁柱墙的高厚比（即整片墙的高厚比），即把壁柱看成 T 形（或十字形）截面柱，验算其高厚比；其次验算壁柱间墙的高厚比，即把壁柱看作是壁柱间墙体的侧向支点，验算两壁柱间墙的高厚比。

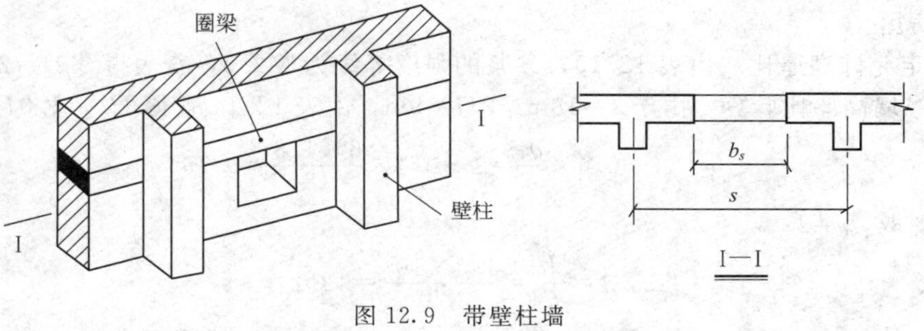

图 12.9 带壁柱墙

① 整片墙的高厚比验算 验算公式如下：

$$\beta = \frac{H_0}{h_T} \leqslant \mu_1\mu_2[\beta] \tag{12.3}$$

式中 h_T——带壁柱墙截面的折算厚度，当为 T 形截面时，可近似取 $h_T=3.5i$ 计算，mm；

i——带壁柱墙截面的惯性半径，$i=\sqrt{I/A}$，mm；

I——带壁柱墙截面的惯性矩，mm^4；

A——带壁柱墙截面面积，mm^2。

在确定截面面积 A 时，墙截面翼缘宽度 b_f 可按下列规定采用。

a. 多层房屋，当有门窗洞口时，可取窗间墙宽度；当无门窗洞口时，每侧翼、墙宽度可取壁柱高度（层高）的 1/3，但不应大于相邻壁柱间距离。

b. 单层房屋，可取壁柱宽加 2/3 墙高，但不大于窗间墙宽度和相邻壁柱间距离。

c. 计算带壁柱墙体的条形基础时，可取相邻壁柱间的距离。

在确定带壁柱墙的计算高度 H_0 时，s 应取相邻横墙间的距离。

② 壁柱间墙体的高厚比验算　壁柱间墙体的高厚比按厚度为 h 的矩形截面由式(12.1)进行验算，此时 s 应取相邻壁柱间的距离，且计算高度 H_0 一律按刚性方案考虑。

设有钢筋混凝土圈梁的带壁柱墙，当 $b/s \geqslant 1/30$ 时（b 为圈梁宽度），圈梁可视作壁柱间墙的不动铰支点。如具体条件不允许增加圈梁宽度，可按等刚度原则（墙体平面外刚度相等）增加圈梁刚度，以满足壁柱间墙不动铰支点的要求。

【例 12.1】　某教学楼底层平面如图 12.10 所示，外承重墙厚 370mm，内承重墙厚 240mm，底层墙高 4.5m（下端支点取基础顶面），120mm 厚隔墙高 3.5m，所有墙体均采用 M2.5 混合砂浆砌筑，烧结普通砖为 MU10，钢筋混凝土楼盖。试验算各墙的高厚比。

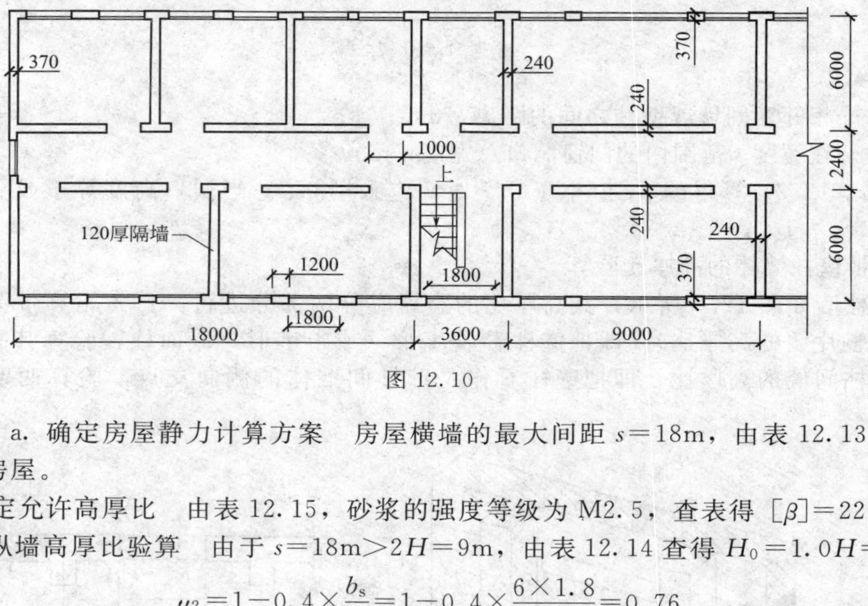

图 12.10

【解】　a. 确定房屋静力计算方案　房屋横墙的最大间距 $s=18$m，由表 12.13 可确定为刚性方案房屋。

b. 确定允许高厚比　由表 12.15，砂浆的强度等级为 M2.5，查表得 $[\beta]=22$。

c. 外纵墙高厚比验算　由于 $s=18\text{m}>2H=9\text{m}$，由表 12.14 查得 $H_0=1.0H=4.5(\text{m})$

$$\mu_2=1-0.4\times\frac{b_s}{s}=1-0.4\times\frac{6\times1.8}{18}=0.76$$

承重墙取 $\mu_1=1$

$$\beta=\frac{H_0}{h}=\frac{4.5\times10^3}{370}=12.2$$

$$\mu_1\mu_2[\beta]=1\times0.76\times22=16.7>\beta=12.2 \quad \text{（满足要求）}$$

d. 内纵墙的高厚比验算　$\mu_2=1-0.4\times\frac{b_s}{s}=1-0.4\times\frac{4\times1}{18}=0.91$

$$\beta=\frac{H_0}{h}=\frac{4.5\times10^3}{240}=18.7$$

$$\mu_1\mu_2[\beta]=1\times0.91\times22=20>\beta=18.7 \quad \text{（满足要求）}$$

e. 横墙高厚比验算　$s=6\text{m}<2H=9\text{m}$，$s=6\text{m}>H=4.5\text{m}$

由表 12.14 查得　$H_0=0.4s+0.2H=0.4\times6+0.2\times4.5=3.3(\text{m})$

又 $\mu_1=1$，$\mu_2=1$

$$\beta=\frac{H_0}{h}=\frac{3.3\times10^3}{240}=13.75<[\beta] \qquad \text{（满足要求）}$$

f. 隔墙的高厚比验算　$s=6\text{m}<2H=7\text{m}$，$s=6\text{m}>H=3.5\text{m}$

由表 12.14 查得　$H_0=0.4s+0.2H=0.4\times6+0.2\times3.5=3.1(\text{m})$

非承重墙修正系数用内插法确定为：$\mu_1=1.44$，$\mu_2=1$

$$\beta=\frac{H_0}{h}=\frac{3.1\times10^3}{120}=25.83$$

$$\mu_1\mu_2[\beta]=1.44\times1\times22=31.68>\beta=25.83 \qquad \text{（满足要求）}$$

12.3.2　墙、柱的一般构造要求

混合结构房屋设计时，除应满足高厚比要求外，还应满足砌体结构的一般构造要求，使房屋中的墙、柱与楼（屋）盖之间具有可靠的拉接，以保证房屋的整体性与空间刚度。

墙、柱的一般构造要求如下。

① 地面以下或防潮层以下的砌体，潮湿房间的墙，所用材料的最低强度等级应符合表 12.16 的规定。

表 12.16　地面以下或防潮层以下的砌体、潮湿房间墙所用材料的最低强度等级

潮湿程度	烧结普通砖	混凝土普通砖、蒸压普通砖	混凝土砌块	石材	水泥砂浆
稍潮湿的	MU15	MU20	MU7.5	MU30	M5
很潮湿的	MU20	MU20	MU10	MU30	M7.5
含水饱和的	MU20	MU25	MU15	MU40	M10

注：1. 在冻胀地区，地面以下或防潮层以下的砌体，不宜采用多孔砖，如采用时，其孔洞应用不低于 M10 的水泥砂浆先灌实。当采用混凝土砌块砌体时，其孔洞应采用强度等级不低于 C20 的混凝土预先灌实。

2. 对安全等级为一级或设计使用年限大于 50 年的房屋，表中材料强度等级应至少提高一级。

② 承重的独立砖柱截面尺寸不小于 240mm×370mm 。毛石墙的厚度不小于 350mm。毛石柱截面较小边长不小于 400mm。

当有振动荷载时，墙、柱不宜采用毛石砌体。

③ 跨度>6m 的屋架，以及跨度>4.8m（砖砌体）、4.2m（砌块和料石砌体）、3.9m（毛石砌体）的梁，应在支撑处砌体上设置混凝土或钢筋混凝土垫块。当墙中设有圈梁时，垫块与圈梁宜浇成整体。

④ 当梁跨度大于或等于（对 240mm 的砖墙为 6m；对 180mm 的砖墙为 4.8m；对砌块、料石墙为 4.8m）括号内数值时，其支撑处宜加设壁柱，或采取其他加强措施。

⑤ 预制钢筋混凝土板在墙上的支撑长度不小于 100mm；在钢筋混凝土圈梁上不小于 80mm，板端伸出钢筋应与圈梁可靠连接，并同时浇筑。当板支撑于内（外）墙时，板端钢筋伸出长度不小于 70mm（不小于 100mm），且与支座处沿墙配置的纵筋绑扎，并用强度等级不应低于 C25 的混凝土浇筑成板带。

⑥ 支撑在墙、柱上的吊车梁、屋架及跨度大于或等于（对砖砌体为 9m；对砌块和料石砌体为 7.2m）括号内数值的预制梁端部，应采用锚固件与墙、柱上的垫块锚固。

⑦ 填充墙、隔墙应分别采取措施与周边构件可靠连接。

⑧ 山墙处的壁柱宜砌至山墙顶部，屋面构件应与山墙可靠拉结。

⑨ 砌块砌体应分皮错缝搭砌，上下皮搭砌长度不得小于 90mm。当搭砌长度不满足上述要求时，应在水平灰缝内设置不少于 2φ4 的焊接钢筋网片（横向钢筋的间距不宜大于 200mm），网片每端均应超过该垂直缝，其长度不得小于 300mm。

⑩ 砌块墙与后砌隔墙交接处，应沿墙高每 400mm 在水平灰缝内设置不少于 2ф4、横筋间距不大于 200mm 的焊接钢筋网片，如图 12.11 所示。

⑪ 混凝土砌块房屋，宜将纵横墙交接处、距墙中心线每边不小于 300mm 范围内的孔洞，用不低于 Cb20 灌孔混凝土灌实，灌实高度应为墙身全高。

⑫ 混凝土砌块墙体的下列部位，如未设圈梁或混凝土垫块，应采用不低于 Cb20 灌孔混凝土将孔洞灌实：

a. 搁栅、檩条和钢筋混凝土楼板的支撑面下，高度不小于 200mm 的砌体；

b. 屋架、梁等构件的支撑面下，高度不小于 600mm，长度不小于 600mm 的砌体；

c. 挑梁支撑面下，距墙中心线每边不小于 300mm，高度不小于 600mm 的砌体。

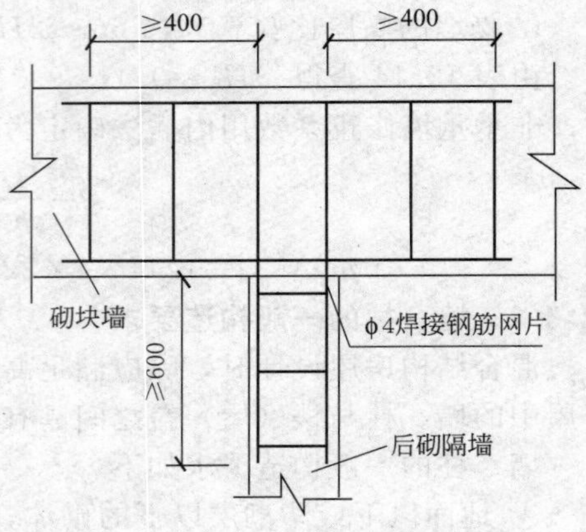

图 12.11 砌块墙与后砌隔墙交接处钢筋网片

⑬ 在砌体中留槽洞及埋设管道时，应遵守下列规定：

a. 不应在截面长边小于 500mm 的承重墙体、独立柱内埋设管线；

b. 不宜在墙体中穿行暗线或预留、开凿沟槽，无法避免时应采取必要的措施或按削弱后的截面验算墙体的承载力。

对受力较小或未灌孔的砌块砌体，允许在墙体的竖向孔洞中设置管线。

⑭ 夹心墙应符合下列规定：

a. 外叶墙的砖及混凝土砌块的强度等级不应低于 MU10；

b. 夹心墙的夹层厚度不宜大于 120mm；

c. 夹心墙外叶墙的最大横向支撑间距，设防烈度为 6 度时，不宜大于 9m，设防烈度为 7 度时，不宜大于 6m，设防烈度为 8 度、9 度时，不宜大于 3m。

12.3.3 砌体结构构件抗震设计要求

对处于地震区的砌体房屋除应满足墙、柱的一般构造要求外，还应满足下列构造要求：

① 配筋砌块砌体剪力墙房屋适用的最大高度不宜超过表 12.17 的规定。

表 12.17 配筋砌块砌体剪力墙房屋适用的最大高度 m

结构类型最小墙厚/mm		设防烈度和设计基本地震加速度					
		6 度	7 度		8 度		9 度
		0.05g	0.10g	0.15g	0.20g	0.30g	0.40g
配筋砌块砌体抗震墙	190mm	60	55	45	40	30	24
部分框支抗震墙		55	49	40	31	24	—

注：1. 房屋高度指室外地面至主要屋面板板顶的高度（不包括局部突出屋顶部分）。
2. 某层或几层开间大于 6.0m 以上的房间建筑面积占相应层建筑面积的 40%以上时，表中数据相应减少 6m。
3. 部分框支抗震墙结构指首层或底部两层为框支层的结构，不包括仅个别框支墙的情况。
4. 房屋的高度超过表内高度时，应根据专门的研究，采取有效的加强措施。

② 地震区的混凝土砌块、石砌体结构的材料，应符合下列规定：

a. 普通砖和多孔砖的强度等级不应低于 MU10，砌筑的砂浆强度等级不应低于 M5；蒸压灰砂砖、蒸压粉煤灰砖及混凝土砖的强度等级不应低于 MU15，其砂浆的强度等级不应低于 M5（Mb5）。

b. 混凝土砌块的强度等级不应低于 MU7.5，其砌筑的砂浆的强度等级不应低于 Mb7.5。

c. 约束砖砌体墙，其砌筑砂浆的强度等级不应低于 M10 或 Mb10。

d. 配筋砌块砌体抗震墙，其混凝土空心砌块的强度等级不应低于 MU10，其砌筑砂浆的强度等级不应低于 Mb10。

③ 砖砌体结构房屋应符合下列规定

a. 房屋的层数与构造柱（用 GZ 表示）设置应符合表 12.18 的要求。构造柱截面及配筋等构造要求，应符合现行国家标准 GB 50011《建筑抗震设计规范》的规定。

表 12.18 砖砌体房屋构造柱设置要求

<table>
<tr><th colspan="4">房屋层数</th><th colspan="2" rowspan="2">设置部位</th></tr>
<tr><th>6度</th><th>7度</th><th>8度</th><th>9度</th></tr>
<tr><td>≤五</td><td>≤四</td><td>≤三</td><td></td><td rowspan="3">楼、电梯间四角，楼梯斜梯段上下端对应的墙体处；外墙四角和对应转角；错层部位横墙与外纵墙交接处；大房间内外墙交接处；较大洞口两侧</td><td>隔 12m 或单元横墙与外纵墙交接处；楼梯间对应的另一侧内横墙与外纵墙交接处</td></tr>
<tr><td>六</td><td>五</td><td>四</td><td>二</td><td>山墙与内纵墙交接处，隔开间横墙（轴线）与外纵墙交接处</td></tr>
<tr><td>七</td><td>六、七</td><td>五、六</td><td>三、四</td><td>内墙（轴线）与外墙交接处；内墙的局部较小墙垛处；内纵墙与横墙（轴线）交接处</td></tr>
</table>

注：较大洞口，内墙指不小于 2.1m 的洞口；外墙在内外墙交接处已设置构造柱时允许适当放宽，但洞侧墙体应加强。

b. 多层砖砌体房屋的现浇钢筋混凝土圈梁设置应符合下列要求。装配式钢筋混凝土楼、屋盖或木屋盖的砖房，应按表 12.19 的要求设置圈梁；纵墙承重时，抗震横墙上的圈梁间距应比表内要求适当加密。

现浇或装配整体式钢筋混凝土楼、屋盖与墙体有可靠连接的房屋，应允许不另设圈梁，当楼板沿抗震墙体周边均应加强配筋并应与相应的构造柱钢筋可靠连接。

表 12.19 多层砖砌体房屋的现浇钢筋混凝土圈梁设置要求

<table>
<tr><th rowspan="2">墙类</th><th colspan="3">烈度</th></tr>
<tr><th>6、7</th><th>8</th><th>9</th></tr>
<tr><td>外墙和内纵墙</td><td>屋盖处及每层楼盖处</td><td>屋盖处及每层楼盖处</td><td>屋盖处及每层楼盖处</td></tr>
<tr><td>内横墙</td><td>同上；
屋盖处间距不应大于 4.5m；
楼盖处间距不应大于 7.2m；
构造柱对应部位</td><td>同上；
各层所有横墙且间距不应大于 4.5m；
构造柱对应部位</td><td>同上；
各层所有横墙</td></tr>
</table>

12.4 无筋砌体构件的承载力计算

12.4.1 受压构件的计算

混合结构房屋中的墙、柱都是以轴心受压或偏心受压为主的构件。

试验分析表明，砌体结构受压构件的承载能力将随构件的高厚比和轴向力偏心距的增加而降低，《砌体结构设计规范》规定把这种影响统一用影响系数 φ 来反映，即砌体结构受压构件的承载力可按下式计算：

$$N \leqslant \varphi f A \tag{12.4}$$

式中 $\boldsymbol{N}$——荷载设计值产生的轴向力，kN；

φ——高厚比 β 和轴向力的偏心距 e 对受压构件承载力的影响系数，可按表 12.17 确定；

e——轴向力的偏心距，$e=\dfrac{M}{\boldsymbol{N}}$ 按荷载标准值计算，mm；

f——砌体抗压强度设计值，按表 12.4～表 12.10 采用，MPa；

A——截面面积，对各类砌体均可按毛截面计算，mm^2。

对矩形截面构件，当轴向偏心方向的截面边长大于另一方向的边长时，除按偏心受压计算外还应对较小边长方向，按轴心受压进行验算。

查表 12. 20 影响系数表确定 φ 值时，应先将构件高厚比 β 应按下列公式计算。

对矩形截面

$$\beta=\gamma_\beta \frac{H_0}{h} \tag{12.5}$$

对 T 形截面

$$\beta=\gamma_\beta \frac{H_0}{h_T} \tag{12.6}$$

式中 H_0——受压构件的计算高度，按表 12.14 采用，mm；

h——矩形截面轴向力偏心方向的边长，当轴心受压时为截面较小边长。

h_T——T 形截面的折算厚度，可近似按 $3.5i$ 计算，i 为截面回转半径。

γ_β 按下面的规定进行取值：烧结普通砖、烧结多孔砖取 1.0；混凝土砖、混凝土及轻集料混凝土砌块取 1.1；蒸压灰砂砖、蒸压粉煤灰砖、细料石取 1.2；粗料石、毛石取 1.5；对灌孔混凝土砌块砌体，取 1.0。

【例 12.2】 截面为 620×370mm 的砖柱，采用强度等级 MU10 烧结普通砖及 M5 混合砂浆砌筑，柱的计算高度 $H_0=4.8$m，柱顶承受轴向压力设计值 N=200kN，试验算该柱柱底截面的承载力。

解：a. 求柱底截面的轴向力设计值

$$N=200+\gamma_G G_K=200+1.2(0.62\times0.37\times4.8\times19)=225.1(\text{kN})=225100\text{N}$$

b. 求柱的承载力

由表 12.4 查得 $f=1.50$MPa

因 $A=0.62\times0.37=0.23\text{m}^2<0.3\text{m}^2$，则砌体强度应乘以调整系数

$\gamma_a=\text{A}+0.7=0.23+0.7=0.93$

因该砖柱为轴心受压，所以 $e=0$

由 $\beta=\gamma_\beta \dfrac{H_0}{h}=1.0\times\dfrac{4.8\times10^3}{370}=13$ 及 $e=0$，查表 12.20a 得影响系数 $\varphi=0.80$。

则柱的承载力为

$$\varphi\gamma_a fA=0.80\times0..93\times1.50\times0.23\times10^6=256680(\text{N})>225100\text{N}$$

故该柱的承载力满足要求。

表 12.20a 影响系数 φ（砂浆强度等级≥M5）

β	e/h 或 e/h_T												
	0	0.025	0.05	0.075	0.1	0.125	0.15	0.175	0.2	0.225	0.25	0.275	0.3
≤3	1	0.99	0.97	0.94	0.89	0.84	0.79	0.73	0.68	0.62	0.57	0.52	0.48
4	0.98	0.95	0.90	0.85	0.80	0.74	0.69	0.64	0.58	0.53	0.49	0.45	0.41
6	0.95	0.91	0.86	0.81	0.75	0.69	0.64	0.59	0.54	0.49	0.45	0.42	0.38
8	0.91	0.86	0.81	0.76	0.70	0.64	0.59	0.54	0.50	0.46	0.42	0.39	0.36
10	0.87	0.82	0.76	0.71	0.65	0.60	0.55	0.50	0.46	0.42	0.39	0.36	0.33

续表

β	e/h或e/h_T												
	0	0.025	0.05	0.075	0.1	0.125	0.15	0.175	0.2	0.225	0.25	0.275	0.3
12	0.82	0.77	0.71	0.66	0.60	0.55	0.51	0.47	0.43	0.39	0.36	0.33	0.31
14	0.77	0.72	0.66	0.61	0.56	0.51	0.47	0.43	0.40	0.36	0.34	0.31	0.29
16	0.72	0.67	0.61	0.56	0.52	0.47	0.44	0.40	0.37	0.34	0.31	0.29	0.27
18	0.67	0.62	0.57	0.52	0.48	0.44	0.40	0.37	0.34	0.31	0.29	0.27	0.25
20	0.62	0.57	0.53	0.48	0.44	0.40	0.37	0.34	0.32	0.29	0.27	0.25	0.23
22	0.58	0.53	0.49	0.45	0.41	0.38	0.35	0.32	0.30	0.27	0.25	0.24	0.22
24	0.54	0.49	0.45	0.41	0.38	0.35	0.32	0.30	0.28	0.26	0.24	0.22	0.21
26	0.50	0.46	0.42	0.38	0.35	0.33	0.30	0.28	0.26	0.24	0.22	0.21	0.19
28	0.46	0.42	0.39	0.36	0.33	0.30	0.28	0.26	0.24	0.22	0.21	0.19	0.18
30	0.42	0.39	0.36	0.33	0.31	0.28	0.26	0.24	0.22	0.21	0.20	0.18	0.17

表 12.20b 影响系数 φ（砂浆强度等级 M2.5）

β	e/h或e/h_T												
	0	0.025	0.05	0.075	0.1	0.125	0.15	0.175	0.2	0.225	0.25	0.275	0.3
≤3	1	0.99	0.97	0.94	0.89	0.84	0.79	0.73	0.68	0.62	0.57	0.52	0.48
4	0.97	0.94	0.89	0.84	0.78	0.73	0.67	0.62	0.57	0.52	0.48	0.44	0.40
6	0.93	0.89	0.84	0.78	0.73	0.67	0.62	0.57	0.52	0.48	0.44	0.40	0.37
8	0.89	0.84	0.78	0.72	0.67	0.62	0.57	0.52	0.48	0.44	0.40	0.37	0.34
10	0.83	0.78	0.72	0.67	0.61	0.56	0.52	0.47	0.43	0.40	0.37	0.34	0.31
12	0.78	0.72	0.67	0.61	0.56	0.52	0.47	0.43	0.40	0.37	0.34	0.31	0.29
14	0.72	0.66	0.61	0.56	0.51	0.47	0.43	0.40	0.36	0.34	0.31	0.29	0.27
16	0.66	0.61	0.56	0.51	0.47	0.43	0.40	0.36	0.34	0.31	0.29	0.26	0.25
18	0.61	0.56	0.51	0.47	0.43	0.40	0.36	0.33	0.31	0.29	0.26	0.24	0.23
20	0.56	0.51	0.47	0.43	0.39	0.36	0.33	0.31	0.28	0.26	0.24	0.23	0.21
22	0.51	0.47	0.43	0.39	0.36	0.33	0.31	0.28	0.26	0.24	0.23	0.21	0.20
24	0.46	0.43	0.39	0.36	0.33	0.31	0.28	0.26	0.24	0.23	0.21	0.20	0.18
26	0.42	0.39	0.36	0.33	0.31	0.28	0.26	0.24	0.22	0.21	0.20	0.18	0.17
28	0.39	0.36	0.33	0.30	0.28	0.26	0.24	0.22	0.21	0.20	0.18	0.17	0.16
30	0.36	0.33	0.30	0.28	0.26	0.24	0.22	0.21	0.20	0.18	0.17	0.16	0.15

表 12.20c 影响系数 φ（砂浆强度 0）

β	e/h或e/h_T												
	0	0.025	0.05	0.075	0.1	0.125	0.15	0.175	0.2	0.225	0.25	0.275	0.3
≤3	1	0.99	0.97	0.94	0.89	0.84	0.79	0.73	0.68	0.62	0.57	0.52	0.48
4	0.87	0.82	0.77	0.71	0.66	0.60	0.55	0.51	0.46	0.43	0.39	0.36	0.33
6	0.76	0.70	0.65	0.59	0.54	0.50	0.46	0.42	0.39	0.36	0.33	0.30	0.28
8	0.63	0.58	0.54	0.49	0.45	0.41	0.38	0.35	0.32	0.30	0.28	0.25	0.24
10	0.53	0.48	0.44	0.41	0.37	0.34	0.32	0.29	0.27	0.25	0.23	0.22	0.20
12	0.44	0.40	0.37	0.34	0.31	0.29	0.27	0.25	0.23	0.21	0.20	0.19	0.17
14	0.36	0.33	0.31	0.28	0.26	0.24	0.23	0.21	0.20	0.18	0.17	0.16	0.15
16	0.30	0.28	0.26	0.24	0.22	0.21	0.19	0.18	0.17	0.16	0.15	0.14	0.13
18	0.26	0.24	0.22	0.21	0.19	0.18	0.17	0.16	0.15	0.14	0.13	0.12	0.12
20	0.22	0.20	0.19	0.18	0.17	0.16	0.15	0.14	0.13	0.12	0.12	0.11	0.10
22	0.19	0.18	0.16	0.15	0.14	0.14	0.13	0.12	0.12	0.11	0.10	0.10	0.09
24	0.16	0.15	0.14	0.13	0.13	0.12	0.11	0.11	0.10	0.10	0.09	0.09	0.08
26	0.14	0.13	0.13	0.12	0.11	0.11	0.10	0.10	0.09	0.09	0.08	0.08	0.07
28	0.12	0.12	0.11	0.11	0.10	0.10	0.09	0.09	0.08	0.08	0.08	0.07	0.07
30	0.11	0.10	0.10	0.09	0.09	0.09	0.08	0.08	0.07	0.07	0.07	0.07	0.06

【例 12.3】 带壁柱窗间墙如图 12.12 所示，采用 MU15 黏土砖及 M7.5 混合砂浆砌筑，计算高度 $H_0=9.6\text{m}$，柱底截面轴向力设计值 $N=65\text{kN}$，弯矩设计值 $M=13.7\text{kN}\cdot\text{m}$，偏心压力偏向截面肋部一侧，试验算其承载力是否满足要求。

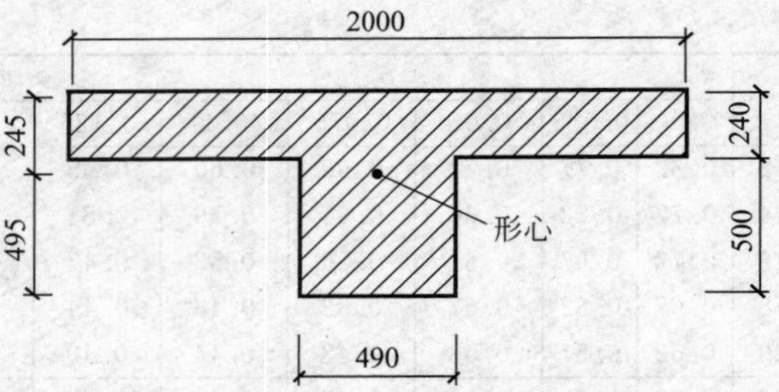

图 12.12

解：a. 计算截面几何特征

截面面积：

$$A=2000\times240+490\times500=725000(\text{mm}^2)$$

形心至截面边缘距离：

$$y_1=\frac{2000\times240\times120+490\times500\times490}{725000}=245(\text{mm})$$

$$y_2=740-245=495(\text{mm})$$

惯性矩：

$$I=\frac{2000\times240^3}{12}+2000\times240\times125^2+\frac{490\times500^3}{12}+490\times500\times245^2=293\times10^8(\text{mm}^4)$$

回转半径：

$$i=\sqrt{\frac{I}{A}}=\sqrt{\frac{293\times10^8}{725000}}=201(\text{mm})$$

T 形截面的折算厚度：

$$h_y=3.5i=3.5\times201=703.5(\text{mm})$$

b. 计算偏心矩

$$e=\frac{M}{N}=\frac{13.7}{65}=0.21(\text{m})=211(\text{mm})$$

$$e/y=e/y_2=\frac{211}{495}=0.426<0.6$$

c. 承载力计算

由表 12.4 查得 $f=2.07\text{MPa}$

由 $\beta=\frac{H_0}{h_\text{T}}=\frac{9.6\times10^3}{703.5}=13.65$ 和 $\frac{e}{h_\text{T}}=\frac{211}{703.5}=0.30$ 查表 12.20a 得 $\varphi=0.294$

则窗间墙承载力为：

$$\varphi fA=0.294\times2.07\times725000=441220.5(\text{N})>65000(\text{N})$$

故承载力满足要求。

12.4.2 局部受压计算

压力只作用在砌体的部分面积上称为局部受压。在混合结构房屋中经常遇到砌体局部受压的情况，例如屋架支撑在带壁柱的砖墙上，钢筋混凝土大梁支撑在砖墙上等，作为支座的砖墙就属于局部受压。

(1) 局部均匀受压的计算

当砌体局部受压面积上的压应力呈均匀分布时称为局部均匀受压，如图 12.13 所示。

试验表明：局部受压时，由于砌体周围未直接受荷部分对直接受荷部分砌体的横向变形起着约束的作用，因而砌体的局部抗压强度高于砌体的抗压强度，《砌体结构设计规范》规定，用局部抗压强度提高系数来计算砌体截面中受局部均匀压力时的承载力，其计算公式如下：

$$N_1 \leqslant \gamma f A_1 \tag{12.7}$$

式中　N_1——局部受压面积上的轴向力设计值；

γ——砌体局部抗压强度提高系数；

f——砌体的抗压强度设计值，局部受压面积小于 $0.3m^2$，可不考虑强度调整系数 γ_a 的影响；

A_1——局部受压面积。

砌体的局部抗压强度提高系数 γ 按下式计算：

$$\gamma = 1 + 0.35\sqrt{\frac{A_0}{A_1} - 1} \tag{12.8}$$

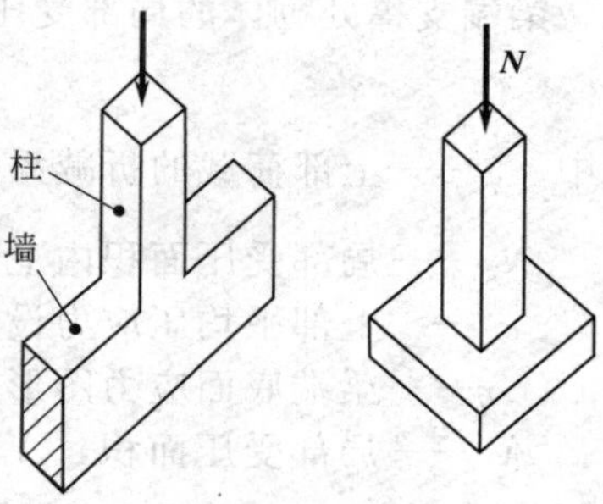

图 12.13　砌体的局部均匀受压

式中，A_0 为影响砌体局部抗压强度的计算面积，按下列规定采用。

① 在图 12.14(a) 的情况下，$A_0=(a+c+h)h$；

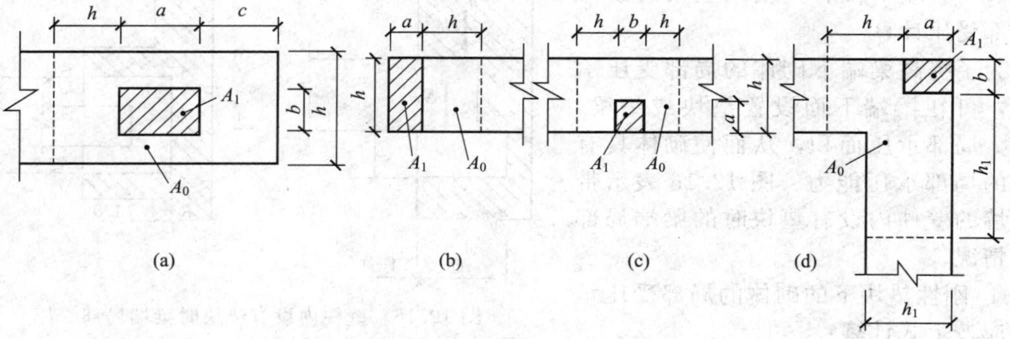

图 12.14　影响局部抗压强度的面积 A_0

② 在图 12.14(b) 的情况下，$A_0=(a+h)h$；

③ 在图 12.14(c) 的情况下，$A_0=(b+2h)h$；

④ 在图 12.14(d) 的情况下，$A_0=(a+h)h+(b+h_1-h)h_1$。

其中，a、b 为矩形局部受压面积 A_1 的边长；h、h_1 为墙厚或柱的较小边长；c 为矩形局部受压面积的外缘至构件边缘的较小距离，当大于 h 时，应取为 h。

按式(12.8) 计算所得的砌体局部抗压强度提高系数 γ 应符合下列规定。

① 在图 12.14(a) 的情况下，$\gamma \leqslant 2.5$；

② 在图 12.14(b) 的情况下，$\gamma \leqslant 1.25$；

③ 在图 12.14(c) 的情况下，$\gamma \leqslant 2.0$；

④ 在图 12.14(d) 的情况下，$\gamma \leqslant 1.5$；

⑤ 对多孔砖砌体孔洞难以灌实时，应按 $\gamma=1.0$ 取用，当设置混凝土垫块时，按垫块下的砌体局部受压计算；对未灌孔混凝土砌块砌体应按 $\gamma=1.0$ 取用。

(2) 梁端支撑处砌体局部受压的计算

当梁端直接支撑于砌体上时，支撑面上的砌体在梁传来的压力作用下也处于局部受压状态，但由于梁受力后其端头必然产生转角，因此其压力的分布是不均匀的。梁端的有效支撑长度也可能小于梁的实际支撑长度。此外，局部受压面积上除承受梁传来的压力外，还有上层砌体传来的轴向力 N_0 的作用，如图 12.15 所示。

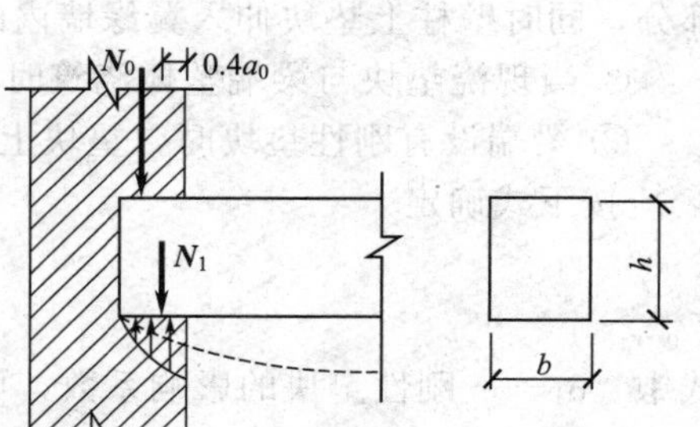

图 12.15　梁端支撑处砌体的局部受压

梁端支撑处砌体的局部受压承载力应按下式计算：

$$\psi \cdot \boldsymbol{N}_0 + \boldsymbol{N}_1 \leqslant \eta \gamma f A_1 \tag{12.9}$$

式中 ψ——上部荷载的折减系数，$\psi = 1.5 - 0.5\dfrac{A_0}{A_1}$，当$\dfrac{A_0}{A_1} \geqslant 3$时，取$\psi = 0$；

$\boldsymbol{N}_0$——局部受压面积内上部轴向力设计值，$\boldsymbol{N}_0 = \sigma_0 A_1$；

σ_0——上部平均压应力设计值；

η——梁端底面应力图形的完整系数，一般可取 0.7，对于过梁和墙梁可取 1.0；

A_1——局部受压面积，$A_1 = a_0 b$，b 为梁宽，a_0为有效支撑长度。

$$a_0 = 10\sqrt{\frac{h_c}{f}} \tag{12.10}$$

式中 h_c——梁的截面高度，mm；

f——砌体的抗压强度设计值，MPa。

(3) 梁端下设有垫块或垫梁时砌体的局部受压计算

为了提高梁端下砌体的局部受压承载力，可在梁端下面设置垫块或垫梁，以扩大局部承压面积，从而使砌体具有足够的局部承压能力。图 12.16 表示带壁柱墙的壁柱内设有垫块时的梁端局部受压情况。

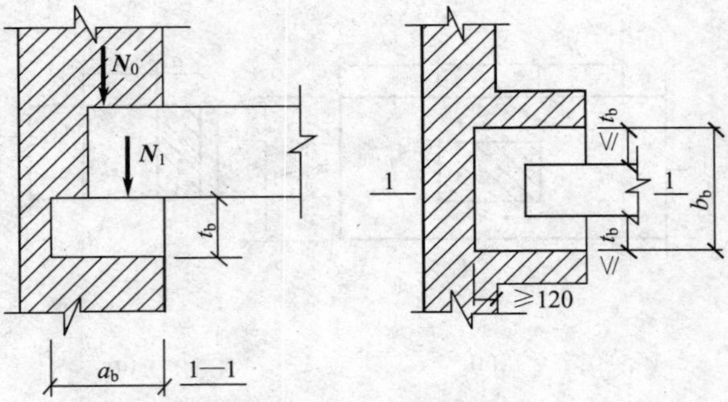

图 12.16 壁柱内设有垫块时梁端局部受压

① 刚性垫块下的砌体的局部受压承载力应按下式计算：

$$\boldsymbol{N}_0 + \boldsymbol{N}_1 \leqslant \varphi \gamma_1 f A_b \tag{12.11}$$

式中 $\boldsymbol{N}_0$——垫块面积 A_b 内上部轴向力设计值，$\boldsymbol{N}_0 = \sigma_0 A_b$；

φ——垫块上 N_0及 N_1合力的影响系数，采用表 12.20 中当$\beta \leqslant 3$时的 φ 值；

γ_1——垫块外砌体面积的有利影响系数，γ_1应为 0.8γ，但不小于 1.0；

γ——砌体局部抗压强度提高系数，按式(12.9) 以 A_b代替 A_1计算得出；

A_b——垫块面积，$A_b = a_b b_b$，a_b为垫块伸入墙内的长度，b_b为垫块的宽度。

② 刚性垫块的构造，应符合下列规定。

a. 刚性垫块的高度不应小于 180mm，自梁边算起的垫块挑出长度不应大于垫块高度 t_b。

b. 当在带壁柱墙内设有垫块时（图 12.16），其计算面积应取壁柱面积，不应计算翼缘部分，同时壁柱上垫块伸入翼缘墙内的长度不应小于 120mm。

c. 当现浇垫块与梁端整体浇筑时，垫块可在梁高范围内设置。

③ 梁端设有刚性垫块时，垫块上 N_1作用点的位置可取梁端有效支撑长度 a_0 的 0.4 倍。a_0 应按下式确定

$$a_0 = \delta_1\sqrt{\frac{h_c}{f}} \tag{12.12}$$

式中 δ_1——刚性垫块的影响系数，可按表 12.21 采用。

表 12.21 影响系数 $\boldsymbol{\delta_1}$ 值表

σ_0/f	0	0.2	0.4	0.6	0.8
δ_1	5.4	5.7	6.0	6.9	7.8

注：表中其间的数值可采用线性插入法求得。

④ 当梁下设有长度大于 πh_0 的垫梁（如圈梁等，见图 12.17）时，垫梁上梁端有效支撑

长度 a_0 可按式（12.13）计算。垫梁下的砌体局部受压承载力按下式计算：

$$N_0+N_l\leqslant 2.4\delta_2 f b_b h_0 \tag{12.13}$$

式中 N_0——垫梁 $\pi b_b h_0/2$ 范围内上部轴向力设计值，N，$N_0=\pi b_b h_0 \sigma_0/2$；

b_b——垫梁在墙厚方向的宽度，mm；

h_0——垫梁折算高度，$h_0=2\sqrt[3]{E_c I_c/Eh}$；

δ_2——垫梁底面压应力分布系数，当荷载沿墙厚方向均匀分布时可取 1.0，不均匀分布时可取 0.8。

E_c，I_c——分别为垫梁的混凝土弹性模量和截面惯性矩；

E——砌体的弹性模量；

h——墙厚，(mm)。

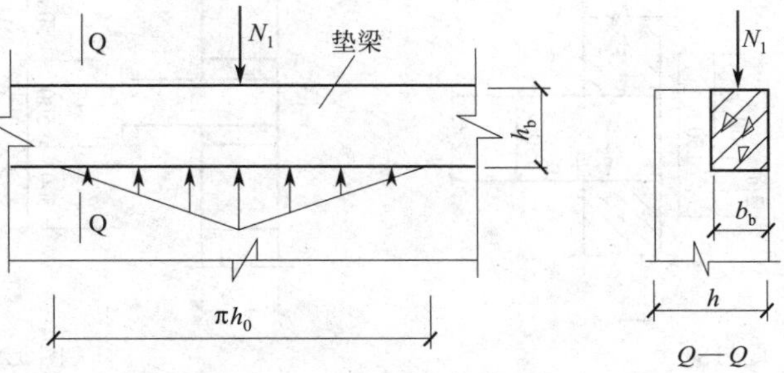

图 12.17 垫梁局部受压

【例 12.4】 某大梁截面尺寸 $b\times h=250\text{mm}\times 500\text{mm}$，支撑在 $1500\times 370\text{mm}$ 的窗间墙上，如图 12.18 所示。梁端实际支撑长度 $a=370\text{mm}$，荷载设计值产生的梁端支撑反力 $N_0=90\text{kN}$，梁底截面由上部荷载设计值产生的轴向力为 $N_1=182\text{kN}$，采用 MU10 普通砖和 M2.5 混合砂浆砌筑。梁的容许相对挠度为 1/250。试验算梁端下砌体局部受压承载力。

解：a. 按梁端下未设垫块时的情况计算

查表 12.3，$f=1.3\text{MPa}$

由于未设垫块，其局部承压承载力按式（12.9）计算，即：

$$\psi N_0+N_1\leqslant \eta\gamma f A_1$$

梁端有效支撑长度：

$$a_0=10\sqrt{\frac{h_c}{f}}=10\sqrt{\frac{500}{1.3}}=196.12(\text{mm})$$

则梁端局部受压面积：

$$A_l=a_0 b=196.12\times 250=49030(\text{mm}^2)$$

由图 12.14(c)，影响砌体局部抗压强度的计算面积为：

$$A_0=(b+2h)h=(250+2\times 370)\times 370=366300(\text{mm}^2)$$

则砌体局部抗压强度提高系数为：

$$\gamma=1+0.35\sqrt{\frac{A_0}{A_1}-1}=1+0.35\sqrt{\frac{366300}{49030}-1}=1.89\leqslant 2$$

取 $\gamma=1.89$，则

$$\eta\gamma f A_1=0.7\times 1.89\times 1.30\times 49030=84326.7(\text{N})$$

由于上部轴向力设计值 N_l 作用在整个窗间墙上，故上部平均压应力设计值为：

$$\sigma_0=\frac{182\times 10^3}{370\times 1500}=0.33(\text{N/mm}^2)$$

则局部受压面积内上部轴向力设计值为：

$$N_0=\sigma_0 A_l=0.33\times49030=16179.9(\text{N})$$

上部荷载折减系数为：

$$\psi=1.5-0.5\frac{A_0}{A_l}$$

由 $A_0/A_l=\frac{366360}{49030}=7.47>3$，故取 $\psi=0$

则　　$\psi N_0+N_1=182000N>\eta\gamma fA_1=84326.7(\text{N})$

承载力不满足局部抗压强度的要求，应在梁下设置垫块。

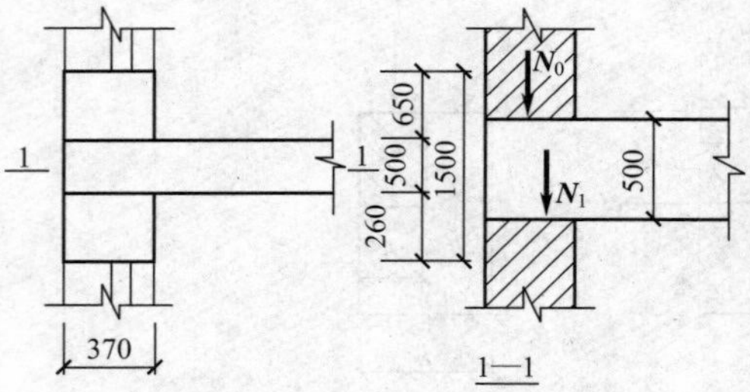

图 12.18

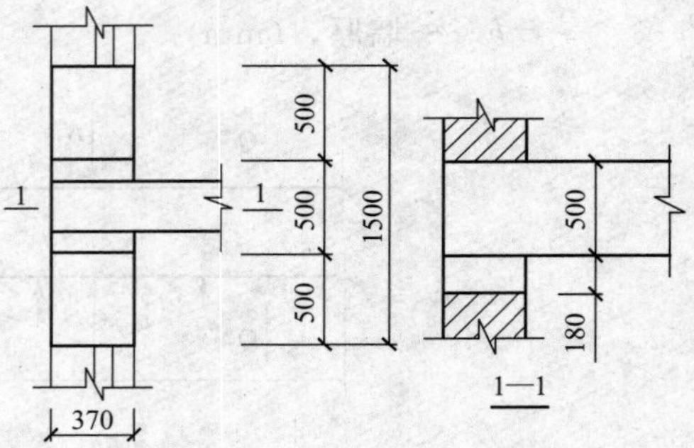

图 12.19

承载力不满足局部抗压强度的要求，应在梁下设置垫块。

b. 梁端设置垫块后砌体的局部抗压强度计算　如图 12.19 所示，现在梁下设预制钢筋混凝土垫块，高度取 $t_b=180\text{mm}$，平面尺寸 $a_b\times b_b$ 取 370mm×500mm，则垫块自两侧各挑出 150mm$<t_b=180$mm 符合要求。

按式(12.12) 验算如下。

查表 12.4，得 $f=1.30\text{N/mm}^2$

垫块面积 $A_b=a_b\times b_b=370\times500=185000(\text{mm}^2)$

影响砌体局部抗压强度的计算面积为：

$$A_0=(b_b+2h)h=(500+2\times370)\times370=444000(\text{mm}^2)$$

砌体的局部抗压强度提高系数为：

$$\gamma=1+0.35\sqrt{\frac{444000}{185000}-1}=1.41$$

则垫块外砌体面积的有利影响系数：

$$\gamma_1=0.8\gamma=0.8\times1.41=1.13\geqslant1\quad 取\ \gamma_1=1.13$$

垫块面积 A_b 内上部轴向力设计值：

$$\boldsymbol{N}_0=\boldsymbol{\sigma}_0 A_b=0.33\times185000=61050(\text{N})$$

$$\boldsymbol{N}_1=90\text{kN}$$

求 N_0 及 N_1 合力对垫块形心的偏心距 e，$\boldsymbol{N}_0$ 作用于垫块形心，而 $\boldsymbol{N}_1$ 对垫块形心的偏心距为 $370/2-0.4\times196.12=106.55(\text{mm})$

则

$$e=\frac{\boldsymbol{N}_1\times37}{\boldsymbol{N}_0+\boldsymbol{N}_1}=\frac{90\times10^3\times106.55}{61050+90\times10^3}=63.5(\text{mm})$$

由 $e/h=e/a_b=63.5/370=0.172$ 和 $\beta\leqslant3$ 查表 12.20b 查得 $\varphi=0.73$

由式(12.11) 得

$$\varphi\gamma_1 fA_b = 0.73 \times 1.13 \times 1.30 \times 185000 = 19839(\text{N})$$

$$\boldsymbol{N}_0 + \boldsymbol{N}_1 = 61050 + 90 \times 10^3 = 151050(\text{N})$$

则 $\varphi\gamma_1 fA_b > \boldsymbol{N}_0 + \boldsymbol{N}_1$，即满足局部抗压强度要求。

12.5 过梁与圈梁

过梁是门窗洞口上用以承受上部墙体的重量和楼盖传来荷载的常用构件。

12.5.1 过梁的形式与构造

过梁有砖砌平拱过梁、砖砌弧拱过梁、钢筋砖过梁和钢筋混凝土过梁等形式，如图 12.20 所示。

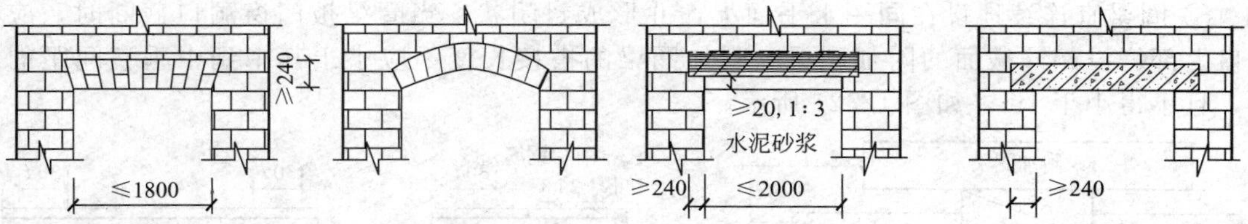

图 12.20 过梁的形式

砖砌平拱过梁是用竖立和侧立的砖砌筑而成的楔形砌体，它施工方便，不用钢材，但受力性能较差，一般砖砌平拱过梁的跨度不大于 1.2m。过梁用竖砖砌筑部分的高度不小于 240mm，截面计算高度内的砂浆不小于 M5。

砖砌弧拱过梁采用竖砖砌筑，其砌筑高度不小于 120mm。当矢高 $f=(1/12\sim1/8)l$ 时，弧拱的最大跨度为 2.5～3.5m；当 $f=(1/6\sim1/5)l$ 时，其最大跨度为 3～4m。因施工复杂，采用较少。

钢筋砖过梁的砌法与砖墙相同，只是在过梁的计算高度范围内采用较高强度等级的砖和砂浆砌筑，并在过梁底部砂浆层内配置纵向钢筋，钢筋砖过梁的跨度不大于 1.5m。底面砂浆层处的钢筋，其直径不小于 5mm，间距不大于 120mm，钢筋伸入砌体内的长度不小于 240mm，砂浆层的厚度不小于 30mm。

对跨度较大或有较大振动荷载及可能产生不均匀沉降的房屋，应采用钢筋混凝土过梁。目前砌体结构已大量采用钢筋混凝土过梁，其端部支撑长度不小于 240mm。

过梁形式选定后，对于砖砌过梁的截面高度，应通过计算来确定，过梁的截面宽度则与墙体厚度相同。若为钢筋砖过梁，其钢筋数量应通过计算并考虑构造要求确定。

为了提高砌体结构房屋的整体刚度，防止由于地基的不均匀沉降或较大的振动荷载对房屋引起的不利影响，可在墙体的某些部位设置钢筋混凝土圈梁或钢筋砖圈梁。

为增强房屋的整体刚度，防止由于地基的不均匀沉降或较大振动荷载等对房屋引起的不利影响，可按有关规定，在墙中设置现浇钢筋混凝土圈梁。

(1) 圈梁的设置

① 车间、仓库、食堂等空旷的单层房屋，应按下列规定设置圈梁。

• 砖砌体房屋，檐口标高为 5～8m 时，应在檐口标高处设置圈梁一道；檐口标高大于 8m 时，应增加设置数量。

• 砌块及料石砌体房屋，檐口标高为 4～5m 时，应在檐口标高处设置圈梁一道；檐口标高大于 5m 时，应增加设置数量。

• 对有吊车或有较大振动设备的单层工业房屋，除在檐口或窗顶标高处设置现浇钢筋混凝土圈梁外，尚应增加设置数量。

② 宿舍、办公楼等多层砌体民用房屋，且层数为 3～4 层时，应在檐口标高处设置圈梁一道；当层数超过 4 层时，除应在底层和檐口标高处各设置一道圈梁外，至少应在所有纵横墙上隔层设置。

多层砌体工业房屋，应每层设置现浇钢筋混凝土圈梁。

设置圈梁的多层砌体房屋应在托梁、墙梁顶面和檐口标高处设置现浇钢筋混凝土圈梁。

③ 建筑在软弱地基或不均匀地基上的砌体房屋，除满足以上规定设置圈梁外，尚应符合现行国家标准《建筑地基基础设计规范》(GB 50007) 的有关规定。

(2) 圈梁的构造要求

① 圈梁宜连续地设在同一水平面上，并形成封闭状；当圈梁被门窗洞口截断时，应在洞口上部增设相同截面的附加圈梁。附加圈梁的搭接长度不应小于其中到中垂直间距的二倍，且不得小于 1m，如图 12.21 所示。

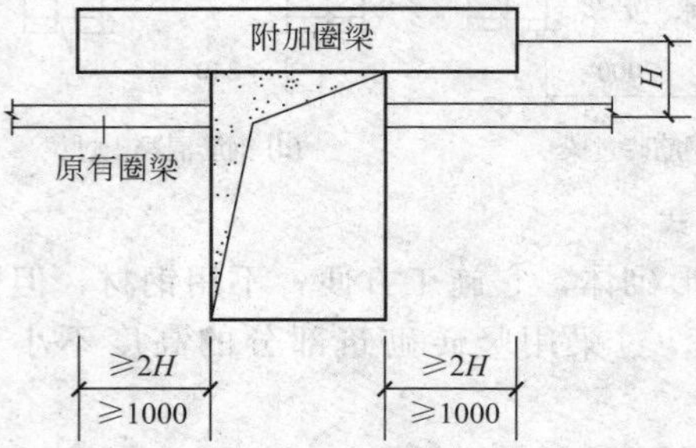

图 12.21 附加圈梁

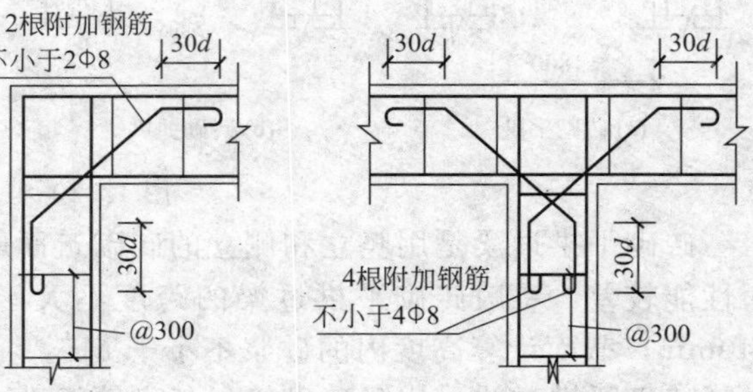

图 12.22 房屋转角处及丁字交叉处圈梁的构造

② 纵横墙交接处的圈梁应有可靠的连接。刚弹性和弹性方案房屋，圈梁应与屋架、大梁等构件可靠连接。

③ 钢筋混凝土圈梁的宽度宜与墙厚相同，当墙厚 $h \geqslant 240$mm 时，其宽度不宜小于$2h/3$。圈梁高度不应小于 120mm，纵向钢筋不应少于 4Φ10，绑扎接头的搭接长度按受拉钢筋考虑，箍筋间距不应大于 300mm。

④ 圈梁兼作过梁时，过梁部分的钢筋应按计算用量另行增配。

⑤ 采用现浇钢筋混凝土楼（屋）盖的多层砌体结构房屋，当层数超过 5 层时，除在檐口标高处设置一道圈梁外，可隔层设置圈梁，并与楼（屋）面板一起现浇。未设置圈梁的楼面板嵌入墙内的长度不应小于 120mm，并沿墙长配置不少于 2Φ10 的纵向钢筋。

⑥ 房屋转角及丁字交叉处，圈梁连接构造如图 12.22 所示。横墙圈梁的纵向钢筋应伸入纵墙圈梁，并不少于受拉钢筋的锚固长度要求。

思 考 题

12.1 砌体材料中的块材和砂浆都有哪些种类？你所在地区常用哪几种？有哪些规格？

12.2 试述影响砌体抗压强度的主要因素。

12.3 混合结构房屋的承重体系有哪几种？

12.4 砌体结构房屋的静力计算有几种方案？根据什么条件确定房屋属于哪种方案？

12.5 为什么要验算高厚比？写出验算公式。

12.6 如何计算砌体受压构件的承载力？

12.7　砌体的局部受压有哪几种情况？试述其计算要点。

12.8　过梁有哪几种形式？怎样选择？有哪些主要的构造要求？

12.9　为什么要设置圈梁？怎样设置？有哪些主要的构造要求？

习　　题

12.1　某四层教学楼，教室横墙间距为 9.9m，底层层高 3.6m，其余层高均为 3.3m，楼盖采用预应力空心板沿纵向布置，内横墙厚度为 240mm，纵墙厚度为 370mm，采用 M5 混合砂浆砌筑，每个教室的窗洞尺寸见图，基础顶标高 0.5m。试验算外纵墙高厚比。

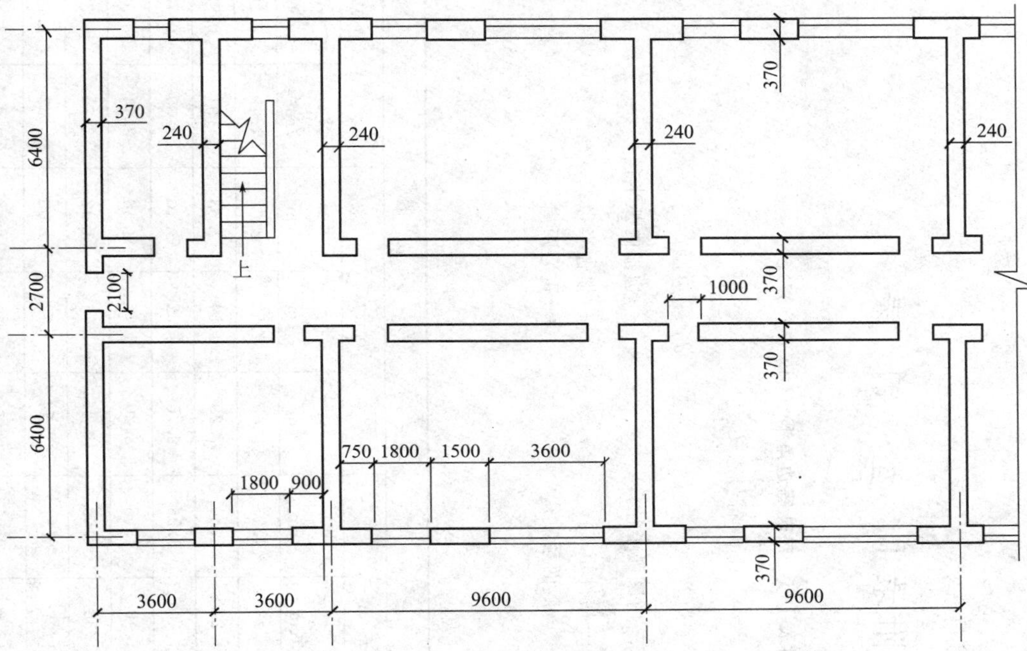

习题 12.1 图

12.2　验算某教学楼窗间墙（截面如习题 12.2 图所示）的受压承载力。已知轴向力设计值 $\boldsymbol{N}=450\text{kN}$，弯矩设计值 $M=4\text{kN}\cdot\text{m}$（荷载偏向翼缘一侧），由荷载标准值产生的偏心距 $e=10\text{mm}$，计算高度 $H_0=3.8\text{m}$，采用 MU10 砖及 M2.5 混合砂浆砌筑（截面重心已求出）。

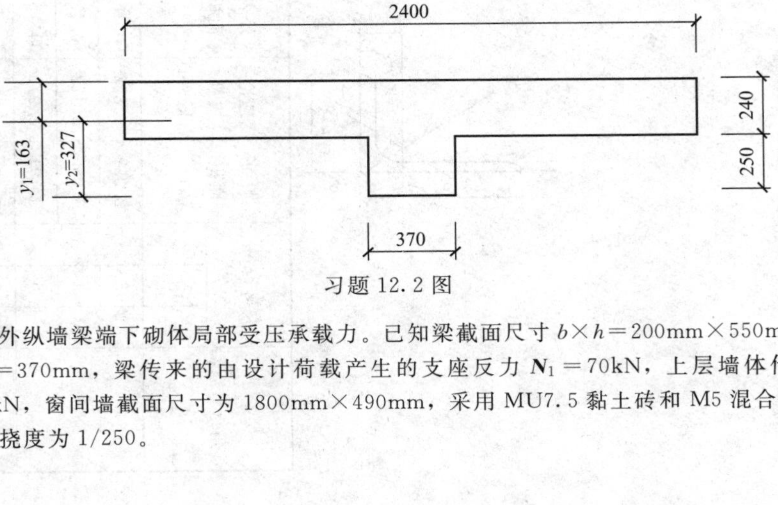

习题 12.2 图

12.3　验算房屋外纵墙梁端下砌体局部受压承载力。已知梁截面尺寸 $b\times h=200\text{mm}\times550\text{mm}$，梁伸入墙体内长度 $a=370\text{mm}$，梁传来的由设计荷载产生的支座反力 $\boldsymbol{N}_l=70\text{kN}$，上层墙体传来的设计荷载 $\boldsymbol{N}_s=205\text{kN}$，窗间墙截面尺寸为 1800mm×490mm，采用 MU7.5 黏土砖和 M5 混合砂浆砌筑，梁的容许相对挠度为 1/250。

附　　录

附录Ⅰ　型　钢　表

附表Ⅰ-1　热轧等边角钢（GB/T 9787）

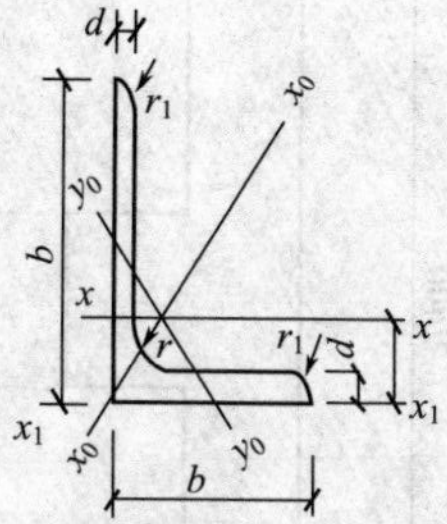

符号意义：

b——边宽；　　d——边厚；

r——内圆弧半径；　　r_1——边端内弧半径，$r_1=\frac{d}{3}$；

I——惯性矩；　　r_x、r_{x0}、r_{y0}——惯性半径；

W——截面系数；　　z_0——重心距离。

角钢号数	尺寸/mm			截面面积	理论重量	外表面积	参考数值										z_0
							x—x			x_0—x_0			y_0—y_0			x_1—x_1	
	b	d	r	/cm²	/(kg/m)	/(m²/m)	I_x /cm	r_x /cm	W_x /cm³	I_{x0} /cm⁴	r_{x0} /cm	W_{x0} /cm³	I_{y0} /cm⁴	r_{y0} /cm	W_{y0} /cm³	I_{x1} /cm⁴	/cm
4	40	3	5	2.359	1.852	0.157	3.59	1.23	1.23	5.69	1.55	2.01	1.49	0.79	0.96	6.41	1.09
		4		3.086	2.422	0.157	4.60	1.22	1.60	7.29	1.54	2.58	1.91	0.79	1.19	8.56	1.13
		5		3.791	2.976	0.156	5.53	1.21	1.96	8.76	1.52	3.10	2.30	0.78	1.39	10.74	1.17
4.5	45	3		2.659	2.088	0.177	5.17	1.40	1.58	8.20	1.76	2.58	2.14	0.90	1.24	9.12	1.22
		4		3.486	2.736	0.177	6.65	1.38	2.05	10.56	1.74	3.32	2.75	0.89	1.54	12.18	1.26
		5		4.292	3.369	0.176	8.04	1.37	2.51	12.74	1.72	4.00	3.33	0.88	1.81	15.25	1.30
		6		5.076	3.985	0.176	9.33	1.36	2.95	14.76	1.70	4.64	3.80	0.88	2.06	18.36	1.33

续表

角钢号数	尺寸/mm			截面面积	理论重量	外表面积	参考数值										z0
							$x—x$			$x_0—x_0$			$y_0—y_0$			$x_1—x_1$	z_0
	b	d	r	/cm²	/(kg/m)	/(m²/m)	I_x /cm	r_x /cm	W_x /cm³	I_{x0} /cm⁴	r_{x0} /cm	W_{x0} /cm³	I_{y0} /cm⁴	r_{y0} /cm	W_{y0} /cm³	I_{x1} /cm⁴	/cm
5	50	3	5.5	2.971	2.332	0.197	7.18	1.55	1.96	11.37	1.96	3.22	2.98	1.00	1.57	12.50	1.34
		4		3.897	3.059	0.197	9.26	1.54	2.56	14.70	1.94	4.16	3.82	0.99	1.96	16.69	1.38
		5		4.803	3.770	0.196	11.21	1.53	3.13	17.79	1.92	5.03	4.64	0.98	2.31	20.90	1.42
		6		5.688	4.465	0.196	13.05	1.52	3.68	20.68	1.91	5.85	5.42	0.98	2.63	25.14	1.46
5.6	56	3	6	3.343	2.624	0.221	10.19	1.75	2.48	16.14	2.20	4.08	4.24	1.13	2.02	17.56	1.48
		4		4.39	3.446	0.220	13.18	1.73	3.24	20.92	2.18	5.28	5.46	1.11	2.52	23.43	1.53
		5		5.415	4.251	0.220	16.02	1.72	3.97	25.42	2.17	6.42	6.61	1.10	2.98	29.33	1.57
		8		8.367	6.568	0.219	23.63	1.63	6.03	37.37	2.11	9.44	9.89	1.09	4.16	47.24	1.68
6.3	63	4	7	4.978	3.907	0.248	19.03	1.96	4.13	30.17	2.46	6.78	7.89	1.26	3.29	33.35	1.70
		5		6.143	4.822	0.248	23.17	1.94	5.08	36.77	2.45	8.25	9.57	1.25	3.90	41.73	1.74
		6		7.288	5.721	0.247	27.12	1.93	6.00	43.03	2.43	9.66	11.20	1.24	4.46	50.14	1.78
		8		9.515	7.469	0.247	34.46	1.90	7.75	54.56	2.40	12.25	14.33	1.23	5.47	67.11	1.85
		10		11.657	9.151	0.246	41.09	1.88	9.39	64.85	2.36	14.56	17.33	1.22	6.36	84.31	1.93
7	70	4	8	5.570	4.372	0.275	26.39	2.18	5.14	41.8	2.74	8.44	10.99	1.40	4.17	45.74	1.86
		5		6.875	5.397	0.275	32.21	2.16	6.32	51.03	2.73	10.32	13.34	1.39	4.95	57.21	1.91
		6		8.160	6.406	0.275	37.77	2.15	7.48	59.93	2.71	12.11	15.61	1.38	5.67	68.73	1.95
		7		9.424	7.398	0.275	43.09	2.14	8.59	68.35	2.69	13.81	17.82	1.38	6.34	80.29	1.99
		8		10.667	8.373	0.274	48.17	2.12	9.68	76.37	2.68	15.43	19.98	1.37	6.98	91.92	2.03
(7.5)	75	5	9	7.367	5.818	0.295	39.97	2.33	7.32	63.30	2.92	11.94	16.63	1.50	5.77	70.56	2.04
		6		8.797	6.905	0.294	46.95	2.31	8.64	74.38	2.90	14.02	19.51	1.49	6.67	84.55	2.07
		7		10.160	7.976	0.294	53.57	2.30	9.93	84.96	2.89	16.02	22.18	1.48	7.44	98.71	2.11
		8		11.503	9.030	0.294	50.96	2.28	11.20	95.07	2.88	17.93	24.86	1.47	8.19	112.97	2.15
		10		14.126	11.089	0.293	71.98	2.26	13.64	113.92	2.84	21.48	30.05	1.46	9.56	141.71	2.22

续表

角钢号数	尺寸/mm			截面面积 /cm^2	理论重量 /(kg/m)	外表面积 /(m^2/m)	参考数值										
							$x-x$			x_0-x_0			y_0-y_0			x_1-x_1	z_0 /cm
	b	d	r				I_x /cm	r_x /cm	W_x /cm^3	I_{x0} /cm^4	r_{x0} /cm	W_{x0} /cm^3	I_{y0} /cm^4	r_{y0} /cm	W_{y0} /cm^3	I_{x1} /cm^4	
8	80	5	9	7.912	6.211	0.315	48.79	2.48	8.34	77.33	3.13	13.67	20.25	1.60	6.66	85.36	2.15
		6		9.397	7.376	0.314	57.35	2.47	9.87	90.98	3.11	16.08	23.72	1.59	7.65	102.50	2.19
		7		10.860	8.525	0.314	65.58	2.46	11.37	104.07	3.10	18.40	27.09	1.58	8.58	119.70	2.23
		8		12.303	9.658	0.314	73.49	2.44	12.83	116.60	3.08	20.61	30.39	1.57	9.46	136.97	2.27
		10		15.126	11.874	0.313	88.43	2.42	15.64	140.09	3.04	24.76	36.77	1.56	11.08	171.74	2.35
9	90	6	10	10.637	8.350	0.354	82.77	2.79	12.61	131.26	3.51	20.63	34.28	1.80	9.95	145.87	2.44
		7		12.301	9.656	0.354	94.83	2.78	14.54	150.47	3.50	23.64	39.18	1.78	11.19	170.30	2.48
		8		13.944	10.946	0.353	106.47	2.76	16.42	168.97	3.48	26.55	43.97	1.78	12.35	194.80	2.52
		10		17.167	13.476	0.353	128.58	2.74	20.07	203.90	3.45	32.04	53.26	1.76	14.52	244.07	2.59
		12		20.306	15.940	0.352	149.22	2.71	23.57	236.21	3.41	37.12	62.22	1.75	16.49	293.76	2.67
10	100	6	12	11.932	9.366	0.393	114.95	3.10	15.68	181.98	3.90	25.74	47.92	2.00	12.69	200.07	2.67
		7		13.796	10.830	0.393	131.86	3.09	18.10	208.97	3.89	29.55	54.74	1.99	14.26	233.54	2.71
		8		15.638	12.276	0.393	148.24	3.08	20.47	235.07	3.88	33.24	61.41	1.98	15.75	267.09	2.76
		10		19.261	15.120	0.392	179.51	3.05	25.06	284.68	3.84	40.26	74.35	1.96	18.54	334.48	2.84
		12		22.800	17.898	0.391	208.90	3.03	29.48	330.95	3.81	46.80	86.84	1.95	21.08	402.34	2.91
		14		26.2556	20.611	0.391	236.53	3.00	33.73	374.06	3.77	52.90	99.00	1.94	23.44	470.75	2.99
		16		29.627	23.257	0.390	262.53	2.98	37.82	414.16	3.74	58.57	110.89	1.94	25.63	539.80	3.06
11	110	7	12	15.196	11.928	0.433	177.16	3.41	22.05	280.94	4.30	36.12	73.33	2.20	17.51	310.64	2.96
		8		17.238	13.532	0.433	199.46	3.40	24.95	316.49	4.28	40.69	82.42	2.19	19.39	355.20	3.01
		10		21.261	16.690	0.432	242.19	3.38	30.60	384.39	4.25	49.42	99.98	2.17	22.91	444.65	3.09
		12		25.200	19.782	0.431	282.55	3.35	36.05	448.17	4.22	57.62	116.93	2.15	26.15	534.60	3.16
		14		29.056	22.809	0.431	320.71	3.32	41.31	508.01	4.18	65.31	133.40	2.14	20.14	625.16	3.24

续表

角钢号数	尺寸/mm			截面面积	理论重量	外表面积	参考数值										z0
							$x-x$			x_0-x_0			y_0-y_0			x_1-x_1	z_0
	b	d	r	/cm^2	/(kg/m)	/(m^2/m)	I_x /cm	r_x /cm	W_x /cm^3	I_{x0} /cm^4	r_{x0} /cm	W_{x0} /cm^3	I_{y0} /cm^4	r_{y0} /cm	W_{y0} /cm^3	I_{x1} /cm^4	/cm
12.5	125	8	14	19.750	15.504	0.492	297.03	3.88	32.52	470.89	4.88	53.28	123.16	2.50	25.86	521.01	3.37
		10		24.373	19.133	0.491	361.67	3.85	39.97	573.89	4.85	64.93	149.46	2.48	30.62	651.93	3.45
		12		28.912	22.696	0.491	423.16	3.83	41.17	671.44	4.82	75.96	174.83	2.46	35.03	783.42	3.53
		14		33.367	26.193	0.490	481.65	3.80	54.16	763.73	4.78	86.41	199.57	2.45	39.13	915.61	3.61
14	140	10	14	27.373	21.488	0.551	514.65	4.34	50.58	817.27	5.46	82.56	212.04	2.78	39.20	915.11	3.82
		12		32.512	25.522	0.551	603.68	4.31	59.80	958.79	5.42	96.85	248.57	2.76	45.02	1099.28	3.90
		14		37.567	29.490	0.550	688.81	4.28	68.75	1093.56	5.40	110.47	284.06	2.75	50.45	1284.22	3.98
		16		42.539	33.393	0.549	770.24	4.26	77.46	1221.81	5.36	123.42	318.67	2.74	55.55	1470.07	4.06
16	160	10	16	31.502	24.729	0.630	779.53	4.98	66.70	1237.30	6.27	109.36	321.76	3.20	52.76	1365.33	4.31
		12		37.441	29.391	0.630	916.58	4.95	78.98	1455.68	6.24	128.67	377.49	3.18	60.74	1639.57	4.39
		14		43.296	33.987	0.629	1048.36	4.92	90.95	1665.02	6.20	147.17	431.70	3.16	68.24	1914.68	4.47
		16		49.037	38.518	0.629	1175.08	4.89	102.63	1865.57	6.17	164.89	484.59	3.14	75.31	2190.82	4.55
18	180	12	16	42.241	33.159	0.710	1321.35	5.59	100.82	2100.10	7.05	165.00	542.61	3.58	78.41	2332.80	4.89
		14		48.896	38.383	0.709	1514.48	5.56	116025	2407.42	7.02	189.14	621.53	3.56	88.38	2723.48	4.97
		16		55.467	43.542	0.709	1700.99	5.54	131.13	2703.37	6.98	212.40	698.60	3.55	97.83	3115.29	5.05
		18		61.955	48.634	0.708	1875.12	5.50	145.64	2988.24	6.94	234.78	762.01	3.51	105.14	3502.43	5.13
20	200	14	18	54.642	42.894	0.788	2103.55	6.20	144.70	3343.26	7.82	236.40	863.83	3.98	111.82	3734.10	5.46
		16		62.013	48.680	0.788	2366.15	6.18	163.65	3760.89	7.79	265.93	971.41	3.96	123.96	4270.39	5.54
		18		69.301	54.401	0.787	2620.64	6.15	182.22	4164.54	7.75	294.48	1076.74	3.94	135.52	4808.13	5.62
		20		76.505	60.056	0.787	2867.30	6.12	200.42	4554.55	7.72	322.06	1180.04	3.93	146.55	5347.51	5.69
		24		90.611	71.168	0.785	3338.25	6.07	236.17	5294.97	7.64	374.41	1381.53	3.90	166.55	6457.16	5.87

注：1. 对不常用的 2、2.5、3.0、3.6 等四个角钢号没有录入。

2. 截面图中的 $r_1=1/3d$ 及表中 r 的数据用于孔型设计，不作交货条件。

附表 I-2　热轧不等边角钢（GB/T 9788）

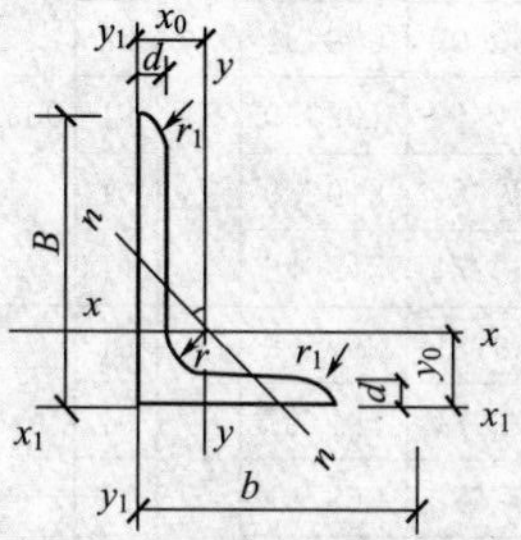

符号意义：

B——长边宽度；　b——短边宽度；

d——边厚；　r——内圆弧半径；

r_1——边端内弧半径，$r_1=\frac{d}{3}$；　I——惯性矩；

r_x, r_y, r_u——惯性半径；　W——截面系数；

x_0——重心距离；　y_0——重心距离。

角钢号数	尺寸/mm				截面面积/cm²	理论重量/(kg/m)	外表面积/(m²/m)	参考数值													
								x—x			y—y			x_1—x_1		y_1—y_1		n—n			
	B	b	d	r				I_x/cm⁴	r_x/cm	W_x/cm³	I_y/cm⁴	r_y/cm	W_y/cm³	I_{x1}/cm⁴	y_0/cm	I_{y1}/cm⁴	x_0/cm	I_u/cm⁴	r_u/cm	W_u/cm³	$\tan\alpha$
6.3/4	63	40	4	7	4.058	3.185	0.202	16.49	2.02	3.87	5.23	1.14	1.70	33.30	2.04	8.63	0.92	3.12	0.88	1.40	0.398
			5		4.993	3.920	0.202	20.02	2.00	4.74	6.31	1.12	2.71	41.63	2.08	10.86	0.95	3.76	0.87	1.71	0.396
			6		5.908	4.638	0.201	23.36	1.96	5.59	7.29	1.11	2.43	49.98	2.12	13.12	0.99	4.34	0.86	1.99	0.393
			7		6.802	5.339	0.201	26.53	1.98	6.40	8.24	1.10	2.78	58.07	2.15	15.47	1.03	4.97	0.86	2.29	0.389
7/4.5	70	45	4	7.5	4.547	3.570	0.226	23.17	2.26	4.86	7.55	1.29	2.17	45.92	2.24	12.26	1.02	4.40	0.98	1.77	0.410
			5		5.609	4.403	0.225	27.95	2.23	5.92	9.13	1.28	2.65	57.10	2.28	15.39	1.06	5.40	0.98	2.19	0.407
			6		6.647	5.218	0.225	32.54	2.21	6.95	10.62	1.26	3.12	68.35	2.32	18.58	1.09	6.35	0.98	2.59	0.404
			7		7.657	6.011	0.225	37.22	2.20	8.03	12.01	1.25	3.57	79.99	2.36	21.84	1.13	7.16	0.97	2.94	0.402
7.5/5	75	50	5	8	6.125	4.808	0.245	34.86	2.39	6.83	12.61	1.44	3.30	70.00	2.40	21.04	1.17	7.41	1.10	2.74	0.435
			6		7.260	5.699	0.245	41.12	2.38	8.12	14.70	1.42	3.88	84.30	2.44	25.37	1.21	8.54	1.08	3.19	0.435
			8		9.467	7.431	0.244	52.39	2.35	10.52	18.53	1.40	4.99	112.50	2.52	34.23	1.29	10.87	1.07	4.10	0.429
			10		11.590	9.098	0.244	62.71	2.33	12.79	21.96	1.38	6.04	140.80	2.60	43.43	1.36	13.10	1.06	4.99	0.423

续表

角钢号数	尺寸/mm				截面面积/cm²	理论重量/(kg/m)	外表面积/(m²/m)	参考数值													
								x—x			y—y			x_1—x_1		y_1—y_1		n—n			
	B	b	d	r				I_x/cm⁴	r_x/cm	W_x/cm³	I_y/cm⁴	r_y/cm	W_y/cm³	I_{x1}/cm⁴	y_0/cm	I_{y1}/cm⁴	x_0/cm	I_u/cm⁴	r_u/cm	W_u/cm³	tanα
8/5	80	50	5	8	6.375	5.005	0.255	41.96	2.56	7.78	12.82	1.42	3.32	85.21	2.60	21.06	1.14	7.66	1.10	2.74	0.388
			6		7.560	5.935	0.255	49.49	2.56	9.25	14.95	1.41	3.91	102.53	2.65	25.41	1.18	8.85	1.08	3.20	0.387
			7		8.724	6.848	0.255	56.16	2.54	10.58	16.96	1.39	4.48	119.33	2.69	29.82	1.21	10.18	1.08	3.70	0.384
			8		9.867	7.745	0.254	62.83	2.52	11.92	18.85	1.38	5.03	136.41	2.73	34.32	1.25	11038	1.07	4.16	0.381
9/5.6	90	56	5	9	7.212	5.661	0.287	60.45	2.90	9.92	18.32	1.59	4.21	121.32	2.91	29.53	1.25	10.98	1.23	3.49	0.385
			6		8.557	6.717	0.286	71.03	2.88	11.74	21.42	1.58	4.96	145.59	2.95	35.58	1.29	12.90	1.23	4.13	0.384
			7		9.880	7.756	0.286	81.01	2.86	13.49	24.36	1.57	5.70	169.66	3.00	41.71	1.33	14.67	1.22	4.72	0.382
			8		11.183	8.779	0.286	91.03	2.85	15.27	27.15	1.56	6.41	194.17	3.04	47.93	1.36	16.34	1.21	5.29	0.380
10/6.3	100	63	6	10	9.617	7.550	0.320	99.06	3.21	14.64	30.94	1.79	6.35	190.71	3.24	50.50	1.43	18.42	1.38	5.25	0.394
			7		11.111	8.722	0.320	113.45	3.20	16.88	35.26	1.78	7.29	233.00	3.28	59.14	1.47	21.00	1.38	6.02	0.393
			8		12.584	9.878	0.319	127.37	3.18	19.08	39.39	1.77	8.21	266.32	3.32	67.88	1.50	23.50	1.37	6.78	0.391
			10		15.467	12.142	0.319	153.81	3.15	23.32	47.12	1.74	9.98	333.06	3.40	85.73	1.58	28.33	1.35	8.24	0.387
10/8	100	80	6	10	10.637	8.350	0.354	107.04	3.17	15.19	61.24	2.40	10.16	199.83	2.95	102.68	1.97	31.65	1.72	8.37	0.627
			7		12.301	9.656	0.354	122.73	3.16	17.52	70.08	2.39	11.71	233.20	3.00	119.98	2.01	36.17	1.72	9.60	0.626
			8		13.944	10.946	0.353	137.92	3.14	19.81	78.58	2.37	13.21	266.61	3.04	137.37	2.05	40.58	1.71	10.80	0.625
			10		17.167	13.479	0.353	166.87	3.12	24.24	94.65	2.35	16.12	333.63	3.12	172.48	2.13	49.10	1.69	13.12	0.622
11/7	110	70	6	10	10.637	8.350	0.354	133.37	3.54	17.85	42.92	2.01	7.90	265.78	3.53	69.08	1.57	25.36	1.54	6.53	0.403
			7		12.301	9.656	0.354	153.00	3.53	20.60	49.01	2.00	9.09	310.07	3.57	80.82	1.61	28.95	1.53	7.50	0.402
			8		13.944	10.946	0.353	172.04	3.51	23.30	54.87	1.98	10.25	354.39	3.62	92.70	1.65	32.45	1.53	8.45	0.401
			10		17.167	13.476	0.353	208.39	3.48	28.54	65.88	1.96	12.48	443.13	3.70	116.83	1.72	39.20	1.51	10.29	0.397

续表

角钢号数	尺寸/mm				截面面积/cm²	理论重量/(kg/m)	外表面积/(m²/m)	参考数值													
								x—x			y—y			x_1—x_1		y_1—y_1		n—n			
	B	b	d	r				I_x/cm⁴	r_x/cm	W_x/cm³	I_y/cm⁴	r_y/cm	W_y/cm³	I_{x1}/cm⁴	y_0/cm	I_{y1}/cm⁴	x_0/cm	I_u/cm⁴	r_u/cm	W_u/cm³	tanα
12.5/8	125	80	7	11	14.096	11.066	0.403	227.98	4.02	26.86	74.42	2.30	12.01	454.99	4.01	120.32	1.80	43.81	1.76	9.92	0.408
			8		15.989	12.551	0.403	256.77	4.01	30.41	83.49	2.28	13.56	519.99	4.06	137.85	1.84	49.15	1.75	11.18	0.407
			10		19.712	15.474	0.402	312.04	3.98	37.33	100.67	2.26	16.56	650.09	4.14	173.40	1.92	59.45	1.74	13.64	0.404
			12		23.351	18.330	0.402	364.41	3.95	44.01	116.67	2.24	19.43	780.39	4.22	209.67	2.00	69.35	1.72	16.01	0.400
14/9	140	90	8	12	18.038	14.160	0.453	365.64	4.50	38.48	120.69	2.59	17.34	730.53	4.50	195.79	2.04	70.83	1.98	14.31	0.411
			10		22.261	17.475	0.452	445.50	4.47	47.31	146.03	2.56	21.22	913.20	4.58	245.92	2.12	85.62	1.96	17.48	0.409
			12		26.400	20.724	0.451	521.59	4.44	55.87	169.79	2.54	24.95	1096.09	4.66	296.89	2.19	90.21	1.95	20.54	0.406
			14		30.456	23.908	0.451	594.10	4.42	64.18	192.10	2.51	28.54	1279.26	4.74	348.82	2.27	114.13	1.94	23.52	0.403
16/10	160	100	10	13	25.315	19.872	0.512	668.69	5.14	62.13	205.03	2.85	26.56	1362.89	5.24	336.59	2.28	121.74	2.19	21.92	0.390
			12		30.054	23.592	0.511	748.91	5.11	73.49	239.06	2.82	31.28	1635.56	5.32	405.94	2.36	142.33	2.17	25.79	0.388
			14		34.709	27.247	0.510	896.30	5.08	84.56	271.20	2.80	35.83	1908.50	5.40	476.42	2.43	162.23	2.16	29.56	0.385
			16		39.281	30.835	0.510	1003.04	5.05	95.33	301.60	2.77	40.24	2181.79	5.48	548.22	2.51	182.57	2.16	33.44	0.382
18/11	180	110	10	14	28.373	22.273	0.571	956.25	5.80	78.96	278.11	3.13	32.49	1940.40	5.89	447.22	2.44	166.50	2.42	26.88	0.376
			12		33.712	26.464	0.571	1124.72	5.78	93.53	325.03	3.10	38.32	2328.38	5.98	538.94	2.52	194.87	2.40	31.66	0.374
			14		38.967	30.589	0.570	286.91	5.75	107.76	369.55	3.08	43.97	2716.60	6.06	631.95	2.59	222.30	2.39	36.32	0.372
			16		44.139	34.649	0.569	1443.06	5.72	121.64	411.85	3.06	49.44	3105.15	6.14	726.46	2.67	248.94	2.38	40.87	0.369
20/12.5	200	125	12	14	37.912	29.761	0.641	1570.90	6.44	116.73	483.16	3.57	49.99	3193.85	6.54	787.74	2.83	285.79	2.74	41.23	0.392
			14		43.867	34.436	0.640	800.97	6.41	134.65	550.83	3.54	57.44	3726.17	6.62	922.47	2.91	326.58	2.73	47.34	0.390
			16		49.739	39.045	0.639	2023.35	6.38	152.18	615.44	3.52	64.69	4258.86	6.70	1058.86	2.99	366.21	2.71	53.32	0.388
			18		55.526	43.588	0.639	2238.30	6.35	169.33	677.19	3.49	71.74	4792.00	6.78	1197.13	3.06	404.83	2.70	59.18	0.385

注：1. 对不常用的 2.5/1.6、3.2/2、4/2.5、4.5/2.8、5/3.2、5.6/3.6 六个角钢号没有录入。

2. 括号内型号不推荐使用。

3. 截面图中的 $r_1=1/3d$ 及表中 r 的数据用于孔型设计，不作交货条件。

附表 I-3 热轧工字钢（GB/T 706）

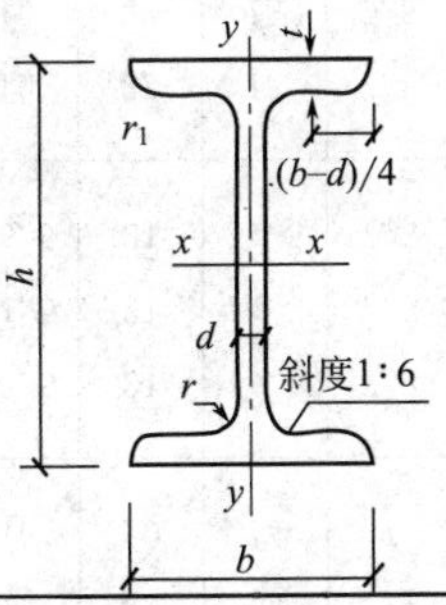

符号意义：

h——高度；
b——腿宽；
d——腰厚；
t——平均腿厚；
r——内圆弧半径；
r_1——腿端圆弧半径；
I——惯性矩；
W——截面系数；
r_x、r_y——惯性半径；
S——半截面的面积矩。

型号	尺寸/mm						截面面积 /cm²	理论重量 /(kg/m)	参考数值						
									x—x				y—y		
	h	b	d	t	r	r_1			I_x /cm⁴	W_x /cm³	r_x /cm	I_x : S_x	I_y /cm⁴	W_y /cm³	r_y /cm
10	100	68	4.5	7.6	6.5	3.3	14.3	11.2	245	49	4.14	8.59	33	9.72	1.52
12.6	126	74	5	8.4	7	3.5	18.1	14.2	488.434	77.529	5.195	10.848	46.906	12.677	1.609
14	140	80	5.5	9.1	7.5	3.8	21.5	16.9	712	102	5.76	12	64.4	16.1	1.73
16	160	88	6	9.9	8	4	26.1	20.5	1130	141	6.58	13.8	93.1	21.2	1.89
18	180	94	6.5	10.7	8.5	4.3	30.6	24.1	1660	185	7.36	15.4	122	26	2
20a	200	100	7	11.4	9	4.5	35.5	27.9	2370	237	8.15	17.2	158	31.5	2.12
20b	200	102	9	11.4	9	4.5	39.5	31.1	2500	250	7.96	16.9	169	33.1	2.06
22a	220	110	7.5	12.3	9.5	4.8	42	33	3400	309	8.99	18.9	225	40.9	2.31
22b	220	112	9.5	12.3	9.5	4.8	46.4	36.4	3570	325	8.78	18.7	236	42.7	2.27
25a	250	116	8	13	10	5	48.5	38.1	5023.54	401.883	10.18	21.577	280.046	48.283	2.403
25b	250	118	10	13	10	5	53.5	42	5283.965	422.717	9.938	21.27	309.297	52.423	2.404
28a	280	122	8.5	13.7	10.5	5.3	55.45	43.4	7114.14	508.153	11.32	24.62	345.051	56.565	2.495
28b	280	124	10.5	13.7	10.5	5.3	61.05	47.9	7480.006	534.286	11.08	24.241	379.496	61.209	2.493
32a	320	130	9.5	15	11.5	5.8	67.05	52.7	11075.525	692.202	12.84	27.458	459.929	70.758	2.619
32b	320	132	11.5	15	11.5	5.8	73.45	57.7	11621.378	726.333	12.58	27.093	501.534	75.989	2.614
32c	320	134	13.5	15	11.5	5.8	79.95	62.8	12167.511	760.469	12.34	26.766	543.811	81.166	2.608

续表

型号	尺寸/mm						截面面积/cm²	理论重量/(kg/m)	参考数值						
									x—x				y—y		
	h	b	d	t	r	r_1			I_x/cm⁴	W_x/cm³	r_x/cm	$I_x:S_x$	I_y/cm⁴	W_y/cm³	r_y/cm
36a	360	136	10	15.8	12	6	76.3	59.9	15760	875	14.4	30.7	552	81.2	2.69
36b	360	136	12	15.8	12	6	83.5	65.6	16530	919	14.1	30.3	582	84.3	2.64
36c	360	140	14	15.8	12	6	90.7	71.2	17310	962	13.8	29.9	612	87.4	2.6
40a	400	142	10.5	16.5	12.5	6.3	86.1	67.6	21720	1090	15.9	34.1	660	93.2	2.77
40b	400	144	12.5	16.5	12.5	6.3	94.1	73.8	22780	1140	15.6	33.6	692	96.2	2.71
40c	400	146	14.5	16.5	12.5	6.3	102	80.1	23350	1190	15.2	33.2	727	99.6	2.65
45a	450	150	11.5	18	13.5	6.8	102	80.4	32240	1430	17.7	38.6	855	114	2.89
45b	450	152	13.5	18	13.5	6.8	111	87.4	33760	1500	17.4	38	894	118	2.84
45c	450	154	15.5	18	13.5	6.8	120	94.4	35280	1570	17.1	37.6	938	122	2.79
50a	500	158	12	20	14	7	119	93.6	46470	1860	19.7	42.8	1120	142	3.07
50b	500	160	14	20	14	7	129	101	48560	1940	19.4	42.4	1170	146	3.01
50c	500	162	16	20	14	7	139	109	50640	2080	19	41.8	1220	151	2.96
56a	560	166	12.5	21	14.5	7.3	135.25	106.2	65585.566	2342.31	22.02	47.727	1370.163	165.079	3.182
56b	560	168	14.5	21	14.5	7.3	146.45	115	68512.499	2446.687	21.63	47.166	1486.75	174.247	3.162
56c	560	170	16.5	21	14.5	7.3	157.85	123.9	71439.43	2551.408	21.27	46.663	1558.389	183.339	3.158
63a	630	176	13	22	15	7.5	154.9	121.6	93916.18	2981.47	24.62	54.173	1700.549	193.244	3.314
63b	630	178	15	22	15	7.5	167.5	131.5	98083.63	3163.98	24.2	53.514	1812.069	203.603	3.289
63c	630	180	17	22	15	7.5	180.1	141	102251.08	3298.42	23.82	52.923	1924.913	213.879	3.268

注：截面图和表中标注的圆弧半径 r，r_1 数据用于孔型设计，不作交货。

附表Ⅰ-4　热轧槽钢（GB/T 707）

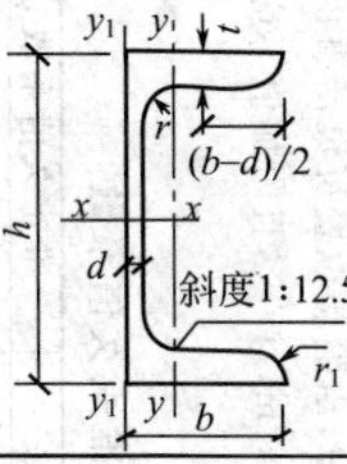

符号意义：

h——高度；　　r_1——腿端圆弧半径；

b——腿宽；　　I——惯性矩；

d——腰厚；　　W——截面系数；

t——平均腿厚；　　r_x、r_y——惯性半径；

r——内圆弧半径；　　z_0——$y-y$ 与 y_1-y_1 轴线间距离。

型号	尺寸/mm						截面面积/cm²	理论重量/(kg/m)	参考数值								
									$x-x$			$y-y$			y_1-y_1		
	h	b	d	t	r	r_1			W_x/cm³	I_x/cm⁴	r_x/cm	W_y/cm³	I_y/cm⁴	r_y/cm	I_{y1}/cm⁴	z_0/cm
5	50	37	4.5	7	7	3.5	6.93	5.44	10.4	26	1.94	3.55	8.3	1.1	20.9	1.35
6.3	63	40	4.8	7.5	7.5	3.75	8.444	6.63	16.123	50.786	2.453	4.5	11.872	1.185	28.38	1.36
8	80	43	5	8	8	4	10.24	8.04	25.3	101.3	3.15	5.79	16.6	1.27	37.4	1.43
10	100	48	5.3	8.5	8.5	4.25	12.74	10.00	39.7	198.3	3.95	7.8	25.6	1.41	54.9	1.52
12.6	126	53	5.5	9	9	4.5	15.69	12.37	62.137	391.466	4.953	10.242	37.99	1.567	77.09	1.59
14 a	140	58	6	9.5	9.5	4.75	18.51	14.53	80.5	563.7	5.52	13.01	53.2	1.7	107.1	1.71
14 b	140	60	8	9.5	9.5	4.75	21.31	16.73	87.1	609.4	5.35	14.12	61.1	1.69	120.6	1.67
16 a	160	63	6.5	10	10	5	21.95	17.23	108.3	866.2	6.28	16.3	73.3	1.83	144.1	1.8
16	160	65	8.5	10	10	5	25.15	19.74	116.8	934.5	6.1	17.55	83.4	1.82	160.8	1.75
18 a	180	68	7	10.5	10.5	5.25	25.69	20.17	141.4	1272.7	7.04	20.03	98.6	1.96	189.7	1.88
18	180	70	9	10.5	10.5	5.25	29.29	22.99	152.2	1369.9	6.84	21.52	111	1.95	210.1	1.84
20 a	200	73	7	11	11	5.5	28.83	22.63	178.0	1780.4	7.86	24.2	128	2.11	244	2.01
20	200	75	9	11	11	5.5	32.83	25.77	191.4	1913.7	7.64	25.88	143.6	2.09	268.4	1.95
22 a	220	77	7	11.5	11.5	5.75	31.84	24.99	217.6	2393.9	8.67	28.17	157.8	2.23	298.2	2.1
22	220	79	9	11.5	11.5	5.75	36.24	28.45	233.8	2571.4	8.42	30.05	176.4	2.21	326.3	2.03
25 a	250	78	7	12	12	6	34.91	27.47	269.597	3369.619	9.823	30.607	175.529	2.243	322.256	2.065
25 b	250	80	9	12	12	6	39.91	31.39	282.402	3530.035	9.405	32.657	196.421	2.218	353.187	1.982
25 c	250	82	11	12	12	6	44.91	35.32	295.236	3690.452	9.065	35.926	218.415	2.206	384.133	1.921
28 a	280	82	7.5	12.5	12.5	6.25	40.02	31.42	340.328	4764.587	10.91	35.718	217.989	2.333	387.566	2.097
28 b	280	84	9.5	12.5	12.5	6.25	45.62	35.81	366.460	5130.453	10.6	37.929	242.144	2.304	427.589	2.016
28 c	280	86	11.5	12.5	12.5	6.25	51.22	40.21	392.594	5496.319	10.35	40.301	267.602	2.286	426.597	1.951
32 a	320	88	8	14	14	7	48.7	38.22	474.879	7598.064	12.49	46.473	304.787	2.502	552.31	2.242
32 b	320	90	10	14	14	7	55.1	43.25	509.012	8144.197	12.15	49.157	336.332	2.471	592.933	2.158
32 c	320	92	12	14	14	7	61.5	48.28	543.145	8690.33	11.88	52.642	374.175	2.467	643.299	2.092
36 a	360	96	9	16	16	8	60.89	47.80	659.7	11874.2	13.97	63.54	455	2.73	818.4	2.44
36 b	360	98	11	16	16	8	68.09	53.45	702.9	12651.8	13.63	66.85	496.7	2.7	880.4	2.37
36 c	360	100	13	16	16	8	75.25	59.10	746.1	13429.4	13.36	70.02	536.4	2.67	947.9	2.34
40 a	400	100	10.5	18	18	9	75.05	58.91	878.9	17577.9	15.30	78.83	592	2.81	1067.7	2.49
40 b	400	102	12.5	18	18	9	83.05	65.19	932.2	18644.5	14.98	82.52	640	2.78	1135.6	2.44
40 c	400	104	14.5	18	18	9	91.05	71.47	985.6	19711.2	14.71	86.19	687.8	2.75	1220.7	2.42

注：截面图和表中标注的圆弧半径 r，r_1 数据用于孔型设计，不作交货。

附录Ⅱ

附表Ⅱ-1　民用建筑楼面均布荷载标准值及其组合值、频遇值和准永久值系数

项次	类别			标准值/(kN/m²)	组合值系数 ψ_c	频遇值系数 ψ_f	准永久值系数 ψ_q
1	(1)住宅、宿舍、旅馆、办公楼、医院病房、托儿所、幼儿园			2.0	0.7	0.5	0.4
	(2)试验室、阅览室、会议室、医院门诊室			2.0	0.7	0.6	0.5
2	教室、食堂、餐厅、资料档案室			2.5	0.7	0.6	0.5
3	(1)礼堂、剧场、影院、有固定座位的看台			3.0	0.7	0.5	0.3
	(2)公共洗衣房			3.0	0.7	0.6	0.5
4	(1)商店、展览厅、车站、港口、机场大厅及其旅客等候室			3.5	0.7	0.6	0.5
	(2)无固定座位的看台			3.5	0.7	0.5	0.3
5	(1)健身房、演出舞台			4.0	0.7	0.6	0.5
	(2)运动场、舞厅			4.0	0.7	0.6	0.3
6	(1)书库、档案室、贮藏室			5.0	0.9	0.9	0.8
	(2)密集柜书库			12.0	0.9	0.9	0.8
7	通风机房、电梯机房			7.0	0.9	0.9	0.8
8	汽车通道及客车停车库	(1)单向板楼盖(板跨不小于2m)和双向板楼盖(板跨不小于3m×3m)	客车	4.0	0.7	0.7	0.6
			消防车	35.0	0.7	0.5	0.0
		(2)双向板楼盖(板跨不小于6m×6m)和无梁楼盖(柱网不小于6m×6m)	客车	2.5	0.7	0.7	0.6
			消防车	20.0	0.7	0.5	0.0
9	厨房	(1)餐厅		4.0	0.7	0.7	0.7
		(2)其他		2.0	0.7	0.6	0.5
10	浴室、卫生间、盥洗室			2.5	0.7	0.6	0.5
11	走廊、门厅	(1)宿舍、旅馆、医院病房、托儿所、幼儿园、住宅		2.0	0.7	0.5	0.4
		(2)办公楼、餐厅、医院门诊部		2.5	0.7	0.6	0.5
		(3)教学楼及其他可能出现人员密集的情况		3.5	0.7	0.5	0.3
12	楼梯	(1)多层住宅		2.0	0.7	0.5	0.4
		(2)其他		3.5	0.7	0.5	0.3
13	阳台	(1)可能出现人员密集的情况		3.5	0.7	0.6	0.5
		(2)其他		2.5	0.7	0.6	0.5

注:1. 本表所给各项活荷载适用于一般使用条件，当使用荷载较大、情况特殊或有专门要求时，应按情况采用。

2. 第6项书库活荷载当书架高度大于2m时，书库活荷载尚应按每米书架高度不小于2.5kN/m²确定。

3. 第8项中的客车活荷载仅适用于停放载人少于9人的客车；消防车活荷载适用于满载总重为300kN的大型车辆；当不符合本表的要求时，应将车轮的局部荷载按结构效应的等效原则，换算为等效均布荷载。

4. 第8项消防车活荷载，当双向板楼盖板跨介于3m×3m～6m×6m之间时，应按跨度线性插值确定。

5. 第12项楼梯活荷载，对预制楼梯踏步平板，尚应按1.5kN集中荷载验算。

6. 本表各项荷载不包括隔墙自重和二次装修荷载，对固定隔墙的自重应按永久荷载考虑，当隔墙位置可灵活自由布置时，非固定隔墙的自重应取不小于1/3的每延米长墙重(kN/m)作为楼面活荷载的附加值(kN/m²)计入，且附加值不应小于1.0kN/m²。

附表Ⅱ-2　屋面均布活荷载标准值及其组合值系数、频遇值系数和准永久值系数

项次	类别	标准值/(kN/m²)	组合值系数 ψ_c	频遇值系数 ψ_f	准永久值系数 ψ_q
1	不上人屋面	0.5	0.7	0.5	0.0
2	上人屋面	2.0	0.7	0.5	0.4
3	屋顶花园	3.0	0.7	0.7	0.6
0.54	屋顶运动场	3.0	0.7	0.6	0.4

注:1. 不上人的屋面，当施工或维修荷载较大时，应按实际情况采用；对不同类型的结构应按有关设计规范的规定采用，但不得低于0.3kN/m²。

2. 当上人的屋面兼作其他用途时，应按相应楼面活荷载采用。

3. 对于因屋面排水不畅、堵塞等引起的积水荷载，应采取构造措施加以防止。必要时，应按积水的可能深度确定屋面活荷载。

4. 屋顶花园活荷载不应包括花圃土石等材料自重。

附表Ⅱ-3　活荷载按楼层的折减系数

墙、柱、基础计算截面以上的层数	1	2～3	4～5	6～8	9～20	＞20
计算截面以上各楼层活荷载总的折减系数	1.00(0.90)	0.85	0.7	0.65	0.60	0.55

注：当楼面梁的从属面积超过 25m² 时，应采用括号内的系数。

附表Ⅱ-4　建筑结构的安全等级及结构重要性系数 γ_0

安全等级	破坏后果	建筑物类型	设计使用年限	结构重要性系数 γ_0
一级	很严重	重要的建筑物	100 年以上	1.1
二级	严重	一般的建筑物	50 年	1.0
三级	不严重	次要的建筑物	5 年及以上	0.9
对地震设计状况不应小于				1.0

注：对于特殊建筑物，安全等级可根据具体情况另行确定。

附录Ⅲ

附表Ⅲ-1　钢筋的计算截面面积及理论重量

公称直径 d /mm	不同根数钢筋的计算截面面积/mm²									单根钢筋的理论重量/(kg/m)
	1	2	3	4	5	6	7	8	9	
6	28.3	57	85	113	142	170	198	226	255	0.222
6.5	33.2	66	100	133	166	199	232	265	299	0.260
8	50.3	101	151	201	252	302	352	402	453	0.395
8.2	52.8	106	158	211	264	317	370	423	475	0.432
10	78.5	157	236	314	393	471	550	628	707	0.617
12	113.1	226	339	452	565	678	791	904	1017	0.888
14	153.9	308	461	615	769	923	1077	1231	1385	1.21
16	201.1	402	603	804	1005	1026	1407	1608	1809	1.58
18	254.5	509	763	1017	1272	1527	1781	2036	2290	2.00
20	314.2	628	941	1256	1570	1884	2199	2513	2827	2.47
22	380.1	760	1140	1520	1900	2281	2661	3041	3421	2.98
25	490.9	982	1473	1964	2454	2945	3436	3927	4418	3.85
28	615.8	1232	1847	2463	3079	3695	4310	4926	5542	4.83
32	804.2	1609	2413	3217	4021	4826	5630	6434	7238	6.31
36	1017.9	2036	3054	4072	5089	6107	7125	8143	9161	7.99
40	1256.6	2513	3770	5027	6283	7540	8796	10053	11310	9.87
50	1964	3928	5892	7856	9820	11784	13748	15712	17676	15.42

注：表中直径 d=8.2mm 的计算截面面积及理论重量仅适用于有纵肋的热处理钢筋。

附表Ⅲ-2　钢绞线公称直径、公称截面面积及理论重量

种　类	公称直径/mm	公称截面面积/mm²	理论重量/(kg/m)
1×3	8.6	37.4	0.295
	10.8	59.3	0.465
	12.9	85.4	0.671
1×7 标准型	9.5	54.8	0.432
	11.1	74.2	0.580
	12.7	98.7	0.774
	15.2	139	1.101

附表Ⅲ-3 钢丝公称直径、公称截面面积及理论重量

公称直径/mm	公称截面面积/mm^2	理论重量/(kg/m)
4.0	12.57	0.099
5.0	19.63	0.154
6.0	28.27	0.222
7.0	38.48	0.302
8.0	50.26	0.394
9.0	63.62	0.499

附表Ⅲ-4 各种钢筋间距每米板宽内的钢筋截面面积表

钢筋间距/mm	当钢筋直径(mm)为下列数值时的钢筋截面面积/mm^2													
	3	4	5	6	6/8	8	8/10	10	10/12	12	12/14	14	14/16	16
70	101.0	179	281	404	561	719	920	1121	1369	1616	1908	2199	2536	2872
75	94.3	167	262	377	524	671	859	1047	1277	1508	1780	2053	2367	2681
80	88.4	157	245	354	491	629	805	981	1198	1414	1669	1924	2218	2513
85	83.2	148	231	333	462	592	758	924	1127	1331	1571	1811	2088	2365
90	78.5	140	218	314	437	559	716	872	1064	1257	1484	1710	1972	2234
95	74.5	132	207	298	414	529	678	826	1008	1190	1405	1620	1868	2116
100	70.6	126	196	283	393	503	644	785	958	1131	1335	1539	1775	2011
110	64.2	114.0	178	257	357	457	585	714	871	1028	1214	1399	1614	1828
120	58.9	105.0	163	236	327	419	537	654	798	942	1112	1283	1480	1676
125	56.5	100.6	157	226	314	402	515	628	766	905	1068	1232	1420	1608
130	54.4	96.6	151	218	302	387	495	604	737	870	1027	1184	1366	1547
140	50.5	89.7	140	202	281	359	460	561	684	808	954	1100	1268	1436
150	47.1	83.8	131	189	262	335	429	523	639	754	890	1026	1183	1340
160	44.1	78.5	123	177	246	314	403	491	599	707	834	962	1110	1257
170	41.5	73.9	115	166	231	296	379	462	564	665	786	906	1044	1183
180	39.2	69.8	109	157	218	279	358	436	532	628	742	855	985	1117
190	37.2	66.1	103	149	207	265	339	413	504	595	702	810	934	1058
200	35.3	62.8	98.2	141	196	251	322	393	479	565	668	770	888	1005
220	32.1	57.1	89.3	129	178	228	292	357	436	514	607	700	807	914
240	29.4	52.4	81.9	118	164	209	258	327	399	471	556	641	740	838
250	28.3	50.2	78.5	113	157	201	258	314	383	452	534	616	710	804
260	27.2	48.3	75.5	109	151	193	248	302	368	435	514	592	682	773
280	25.2	44.9	70.1	101	140	180	230	281	342	404	477	550	634	718
300	23.6	41.9	65.5	94	131	168	215	262	320	377	445	513	592	670
320	22.1	39.2	61.4	88	123	157	201	245	299	353	417	481	554	628

注：表中钢筋直径中的6/8、8/10、…系指两种直径的钢筋间隔放。

附表Ⅲ-5　钢筋组合截面面积表

1根				2根		3根		4根	
直径	面积/mm²	周长/mm	每米质量/(kg/m)	根数及直径	面积/mm²	根数及直径	面积/mm²	根数及直径	面积/mm²
Φ3	7.1	9.4	0.055	2Φ10	157	3Φ12	339	4Φ12	452
Φ4	12.6	12.6	0.099	1Φ10+Φ12	192	2Φ12+1Φ14	380	3Φ12+1Φ14	493
Φ5	19.6	15.7	0.154	2Φ12	226	1Φ12+2Φ14	421	2Φ12+2Φ14	534
Φ5.5	23.8	17.3	0.197	1Φ12+1Φ14	267	3Φ14	461	1Φ12+3Φ14	575
Φ6	28.3	18.9	0.222	2Φ14	308	2Φ14+1Φ16	509	4Φ14	615
Φ6.5	33.2	20.4	0.26	1Φ14+1Φ16	355	1Φ14+2Φ16	556	3Φ14+1Φ16	663
Φ7	38.5	22	0.302	2Φ16	402	3Φ16	603	2Φ14+2Φ16	710
Φ8	50.3	25.1	0.395	1Φ16+1Φ18	456	2Φ16+1Φ18	657	1Φ14+3Φ16	757
Φ9	63.6	28.3	0.499	2Φ18	509	1Φ16+2Φ18	710	4Φ16	804
Φ10	78.5	31.4	0.617	1Φ18+1Φ20	569	3Φ18	763	3Φ16+1Φ18	858
Φ12	113	37.7	0.888	2Φ20	628	2Φ18+1Φ20	823	2Φ16+2Φ18	911
Φ14	154	44	1.21	1Φ20+1Φ22	694	1Φ18+2Φ20	883	1Φ16+3Φ18	965
Φ16	201	50.3	1.58	2Φ22	760	3Φ20	941	4Φ18	1017
Φ18	255	56.5	2	1Φ22+1Φ25	871	2Φ20+1Φ22	1009	3Φ18+1Φ20	1078
Φ19	284	59.7	2.23	2Φ25	982	1Φ20+2Φ22	1074	2Φ18+2Φ20	1137
Φ20	321.54	62.8	2.47			3Φ22	1140	1Φ18+3Φ20	1197
Φ22	380	69.1	2.98			2Φ22+1Φ25	1251	4Φ20	1256
Φ25	491	78.5	3.85			1Φ22+2Φ25	1362	3Φ20+1Φ22	1323
Φ28	615	88	4.83			3Φ25	1473	2Φ20+2Φ22	1389
Φ30	707	94.2	5.55						
Φ32	804	101	6.31					1Φ20+3Φ22	1455
Φ36	1020	113	7.99					4Φ22	1520
Φ40	1260	126	9.87					3Φ22+1Φ25	1631
								2Φ22+2Φ25	1742
								1Φ22+3Φ25	1853
								4Φ25	1964

续表

5根		6根		7根		8根	
直　径	面积/mm^2	直　径	面积/mm^2	直　径	面积/mm^2	直　径	面积/mm^2
5Φ12	565	6Φ12	678	7Φ12	791	8Φ12	904
4Φ12+1Φ14	606	4Φ12+2Φ14	760	5Φ12+2Φ14	873	6Φ12+2Φ14	986
3Φ12+2Φ14	647	3Φ12+3Φ14	801	4Φ12+3Φ14	914	5Φ12+3Φ14	1027
2Φ12+3Φ14	688	2Φ12+4Φ14	842	3Φ12+4Φ14	955	4Φ12+4Φ14	1068
1Φ12+4Φ14	729	1Φ12+5Φ14	883	2Φ12+5Φ14	996	3Φ12+5Φ14	1109
5Φ14	769	6Φ14	923	7Φ14	1077	2Φ12+6Φ14	1150
4Φ14+1Φ16	817	4Φ14+2Φ16	1018	5Φ14+2Φ16	1172	8Φ14	1231
3Φ14+2Φ16	864	3Φ14+3Φ16	1065	4Φ14+3Φ16	1219	6Φ14+2Φ16	1326
2Φ14+3Φ16	911	2Φ14+4Φ16	1112	3Φ14+4Φ16	1266	5Φ14+3Φ16	1373
1Φ14+4Φ16	958	1Φ14+5Φ16	1159	2Φ14+5Φ16	1313	4Φ14+4Φ16	1420
5Φ16	1005	6Φ16	1206	7Φ16	1407	3Φ14+5Φ16	1467
4Φ16+1Φ18	1059	4Φ16+2Φ18	1313	5Φ16+2Φ18	1514	2Φ14+6Φ16	1514
3Φ16+2Φ18	1112	3Φ16+3Φ18	1367	4Φ16+3Φ18	1568	8Φ16	1608
2Φ16+3Φ18	1166	2Φ16+4Φ18	1420	3Φ16+4Φ18	1621	6Φ16+2Φ18	1716
1Φ16+4Φ18	1219	1Φ16+5Φ18	1474	2Φ16+5Φ18	1675	5Φ16+3Φ18	1769
5Φ18	1272	6Φ18	1526	7Φ18	1780	4Φ16+4Φ18	1822
4Φ18+1Φ20	1332	4Φ18+2Φ20	1646	5Φ18+2Φ20	1901	3Φ16+5Φ18	1876
3Φ18+2Φ20	1392	3Φ18+3Φ20	1706	4Φ18+3Φ20	1961	2Φ16+6Φ18	1929
2Φ18+3Φ20	1452	2Φ18+4Φ20	1766	3Φ18+4Φ20	2020	8Φ18	2036
1Φ18+4Φ20	1511	1Φ18+5Φ20	1823	2Φ18+5Φ20	2080	6Φ18+2Φ20	2155
5Φ20	1570	6Φ20	1884	7Φ20	2200	5Φ18+3Φ20	2215
4Φ20+1Φ22	1637	4Φ20+2Φ22	2017	5Φ20+2Φ22	2331	4Φ18+4Φ20	2275
3Φ20+2Φ22	1703	3Φ20+3Φ22	2083	4Φ20+3Φ22	2397	3Φ18+5Φ20	2335
2Φ20+3Φ22	1769	2Φ20+4Φ22	2149	3Φ20+4Φ22	2463	2Φ18+6Φ20	2394
1Φ20+4Φ22	1835	1Φ20+5Φ22	2215	2Φ20+5Φ22	2529	8Φ20	2513
5Φ22	1900	6Φ22	2281	7Φ22	2661	6Φ20+2Φ22	2646
4Φ22+1Φ25	2011	4Φ22+2Φ25	2502	5Φ22+2Φ25	2882	5Φ20+3Φ22	2711
3Φ22+2Φ25	2122	3Φ22+3Φ25	2613	4Φ22+3Φ25	2993	4Φ20+4Φ22	2777
2Φ22+3Φ25	2233	2Φ22+4Φ25	2724	3Φ22+4Φ25	3102	3Φ20+5Φ22	2843
1Φ22+4Φ25	2344	1Φ22+5Φ25	2835	2Φ22+5Φ25	3215	2Φ20+6Φ22	2909
5Φ25	2454	6Φ25	2945	7Φ25	3436	8Φ22	3041
						6Φ22+2Φ25	3263
						5Φ22+3Φ25	3373
						4Φ22+4Φ25	3484
						3Φ22+5Φ25	3595
						2Φ22+6Φ25	3706
						8Φ25	3927

附表Ⅲ-6　混凝土保护层的最小厚度　　mm

环境类别	板、墙、壳	梁、柱、杆
一	15	20
二 a	20	25
二 b	25	35
三 a	30	40
三 b	40	50

注：1. 混凝土强度等级不大于 C25 时，表中保护层厚度数值应增加 5mm。

2. 钢筋混凝土基础宜设置混凝土垫层，其受力钢筋的混凝土保护层厚度应从垫层顶面算起，且不应小于 40mm。

附表Ⅲ-7　受弯构件的挠度限值

项次		构件类型	挠度限值
1		吊车梁：手动吊车 电动吊车	$l_0/500$ $l_0/600$
2	屋盖、楼盖及楼梯构件	当 $l_0<7$m 时 当 7m$\leqslant l_0\leqslant$9m 时 当 $l_0>9$m 时	$l_0/200(l_0/250)$ $l_0/250(l_0/300)$ $l_0/300(l_0/400)$

注：1. 表中 l_0 为构件的计算跨度；计算悬臂构件的挠度限值时，其计算跨度 l_0 按实际悬臂长度的 2 倍取用。

2. 表内括号内的数值适用于使用上对挠度有较高要求的构件。

3. 如果构件制作时预先起拱，且使用上也允许，则在验算挠度时，可将计算所得的挠度值减去起拱值；对预应力混凝土构件，尚可减去预应力所产生的反拱值。

4. 构件制作时的起拱值和预加力所产生的反拱值，不宜超过构件在相应荷载组合作用下的计算挠度值。

5. 当构件对使用功能和外观有较高要求时，设计可对挠度限值适当加严。

附表Ⅲ-8　冷拉控制应力及最大冷拉率

项次	钢筋级别	冷拉控制应力/(N/mm²)	最大冷拉率/%
1	Ⅰ	280	≤10
2	Ⅱ	450(430)	≤5.5
3	Ⅲ	500	≤5
4	Ⅳ	700	≤4

注：括号中数字适用于Φ 28～Φ 40。

附表Ⅲ-9　测定冷拉率时钢筋冷拉应力

项次	钢筋级别	冷拉应力/(N/mm²)
1	Ⅰ	320
2	Ⅱ	480(460)
3	Ⅲ	530
4	Ⅳ	730

附表Ⅲ-10　结构构件的裂缝宽度控制等级及最大裂缝宽度限值

环境类别	钢筋混凝土结构		预应力混凝土结构	
	裂缝控制等级	ω_{lim}/mm	裂缝控制等级	ω_{lim}/mm
一	三级	0.3(0.4)	三级	0.2
二 a		0.2		0.1
二 b			二级	—
三 a、三 b			一级	—

注：1. 表中的规定适用于采用热轧钢筋的钢筋混凝土构件和采用预应力钢丝、钢绞线及预应力螺纹钢筋的预应力混凝土构件；当采用其他类别的钢丝或钢筋时，其裂缝控制要求可按专门标准确定。

2. 对处于年平均相对湿度小于60%地区一类环境下的受弯构件，其最大裂缝宽度限值可采用括号内的数值。

3. 在一类环境下，对钢筋混凝土屋架、托架及需作疲劳验算的吊车梁，其最大裂缝宽度限值应取为0.2mm；对钢筋混凝土屋面梁和托梁，其最大裂缝宽度限值应取为0.3mm。

4. 在一类环境下，对预应力混凝土屋架、托梁及双向板体系，应按二级裂缝控制等级进行验算；对一类环境下的预应力屋面梁、托梁、单向板，按表中二 a 级环境的要求进行验算；在一类和二类环境下的需作疲劳验算的预应力混凝土吊车梁，应按一级裂缝控制等级进行验算。

5. 表中规定的预应力混凝土构件的裂缝控制等级和最大裂缝宽度限值仅适用于正截面的验算；预应力混凝土构件的斜截面的裂缝控制验算应符合本规范(建筑结构设计规范)第7章的要求。

6. 对于烟囱、筒仓和处于液体压力下的结构构件，其裂缝控制要求应符合专门标准的有关规定。

7. 对于处于四、五类环境下的结构构件，其裂缝控制要求应符合专门标准的有关规定。

8. 混凝土保护层厚度较大的构件，可根据实践经验对表中最大裂缝宽度限值适当放宽。

习题参考答案

第 1～3 章（略）

第 4 章　静定平面桁架

4.2（a）各杆件的内力分别如下：

$N_{AC}=N_{CA}=0$　　$N_{AD}=N_{DA}=-32.5$ kN(压力)　　$N_{DC}=N_{CD}=25.16$kN(拉力)

$N_{CE}=N_{EC}=-22.5$ kN(压力)　　$N_{CF}=N_{FC}=11.25$ kN(拉力)　　$N_{DE}=N_{ED}=11.25$ kN(压)

$N_{EG}=N_{GE}=-12.5$ kN(压力)　　$N_{EF}=N_{FE}=2.8$ kN(拉力)　　$N_{FH}=N_{HF}=-2.8$kN(压力)

$N_{FI}=N_{IF}=13.75$kN(拉力)　　$N_{FG}=N_{GF}=0$　　$N_{GH}=N_{HG}=-12.50$kN(压力)

$N_{IH}=N_{HI}=-17.5$kN(压力)　　$N_{IJ}=N_{JI}=19.57$kN(拉力)　　$N_{JH}=N_{HJ}-13.75$kN(压力)

$N_{BI}=N_{IB}=-5$KN(压力)　　$N_{BJ}=N_{JB}=-27.5$kN(压力)

4.2（b）各杆件的内力分别如下：

$N_{AB}=N_{BA}=0$　　$N_{AC}=N_{CA}=60$kN(拉力)　　$N_{BC}=N_{CB}=-56.58$kN(压力)

$N_{BD}=N_{DB}=-20$kN(压力)　　$N_{ED}=N_{DE}=-28.28$kN(压力)　　$N_{CD}=N_{DC}=20$kN(拉力)

$N_{EC}=N_{CE}=20$kN(拉力)

4.3（a）各杆件的内力分别如下：$N_1=-22.5$kN(压力)　$N_2=-6.25$kN(压力)　$N_3=26.25$kN(拉力)

4.3（b）各杆件的内力分别如下：$N_1=20$kN(拉力)　$N_2=-50$kN(压力)　$N_3=-15$kN(拉力)

4.4（a）各杆件的内力分别如下：$N_1=-25$kN(压力)　$N_2=-50$kN(压力)　$N_4=50$kN(拉力)

4.4（b）各杆件的内力分别如下：$N_1=0$　$N_2=-10.82$kN(压力)　$N_3=12.73$kN(拉力)

第 5 章　轴向拉伸和压缩

5.1（a）截面上的轴力：$N_1=-3.5$kN　$N_2=-3$kN　$N_3=0$

5.1（b）截面上的轴力：$N_1=-0.5F$　$N_2=2F$　$N_3=2F$

5.1（c）截面上的轴力：$N_1=4$kN　$N_2=2.5$kN　$N_3=0.5$kN

5.2（a）截面上的轴力：$N_{AB}=F$　$N_{BC}=2F$

5.2（b）截面上的轴力：$N_{AB}=2$kN　$N_{BC}=2$kN

5.2（c）截面上的轴力：$N_{AB}=F$　$N_{BC}=-F$　$N_{CD}=-F$

5.3（a）截面上的轴力：

$N_1=-40$kN(压力)　$N_2=-20$kN(压力)　$N_3=20$kN(拉力)

5.3（b）截面上的轴力：$N_1=-4$kN(压力)　$N_2=1$kN(拉力)　$N_3=3$kN(拉力)

5.4　$\sigma_{BC}=41\cdot67$MPa　$\sigma_{CD}=25$MPa

5.5　$A_{BC}=8\times10^{-2}\,m^2$　$A_{AB}=4\cdot7\times10^{-3}\,m^2$

5.6　$\sigma=9.6\text{MPa}<[\sigma]=10$

第 6 章　受弯构件

6.1　$S_Z=-2\times10^7\,mm^3$　$I_Z=8.8\times10^9\,mm^4$

6.2 (a) $V_1=-1.75$kN（↑）　$m_1=2.25$kN·m（↖）　$V_2=-1.75$kN（↑）　$m_2=0.5$kN（↖）

$V_3=-1.75$kN（↓）　$m_3=-3$kN（↖）

6.2（b） $V_1=1.67kN$（↓） $m_1=3.34kN$（↖） $V_2=-3.33kN$（↑） $m_2=3.34kN.m$（↖）
$V_3=1.67kN$（↑） $m_3=-3.34kN\cdot m$（↖）

6.6 $\sigma=6\cdot42MPa<[\sigma]=10MPa$

6.7 $F=35\cdot02kN$

6.8 $\sigma_{max}=1\cdot86MPa$ $\tau_{max}=0.33MPa$ $\tau_D=0.23MPa$

6.9 工25a

第7章 压杆稳定

7.1 $p_{lj}=136.9kN$

7.2（1） $P_{lj圆}:P_{lj正}=\frac{3}{\pi}$ $\sigma_{lj圆}:\sigma_{lj正}=\frac{3}{\pi}$

7.2（2） 临界力相等$\frac{d}{a}=\left(\frac{16}{3\pi}\right)^{\frac{1}{4}}$ 临界应力相等$\frac{d}{a}=\left(\frac{4}{3}\right)^{\frac{1}{4}}$

7.3 安全

7.4 $a=19cm$

第9章 钢筋混凝土受弯构件

9.1 $A_S=1008mm^2$ 3Φ22（$A_S=1140mm^2$）

9.2 $A_S=2098.76mm^2$ $M=285.53kN\cdot m$

9.3 满足要求

9.4 $M=327.84kN\cdot m$

9.5 3Φ18（$A_S=763mm^2$）

9.6 双肢箍Φ6@350

9.7 双肢箍Φ6@350

第10章 钢筋混凝土受压构件

10.1 $A_S=995mm^2$ 4Φ18（$A_S=1017mm^2$）

10.2 $N=2815.7kN$

10.3 $A_S=1390mm^2$ 4Φ25（$A_S=1964mm^2$）

10.4 该柱安全

第12章 砌体结构

12.1 $\beta=11.1<\mu_1\mu_2[\beta]=18.6$

12.2 $N=\varphi\cdot f\cdot A=677859N>45000N$

12.3 $\psi N_0+N_1=205000N>\eta\gamma fA_1=81110.4N$，承载力不满足局部抗压强度的要求，应在梁下设置垫块。

参 考 文 献

[1] 张流芳. 材料力学. 第二版. 武汉：武汉理工大学出版社，2008.
[2] 张流芳，胡兴国. 建筑力学. 第二版. 武汉：武汉理工大学出版社，2004.
[3] 胡兴国，吴莹. 结构力学. 第四版. 武汉：武汉理工大学出版社，2012.
[4] 胡兴福. 建筑力学与结构. 第三版. 武汉：武汉理工大学出版社，2007.
[5] 孙元桃. 结构设计原理. 第三版. 北京：人民交通出版社，2009.
[6] 汪菁. 工程力学. 第二版 . 北京：化学工业出版社，2012
[7] 吴大炜. 结构力学. 北京：化学工业出版社，2010.
[8] 杜绍堂，赵萍. 工程力学与建筑结构. 第二版 . 北京：科学出版社，2011.
[9] 胡兴福. 结构设计原理. 北京：机械工业出版社，2005.
[10] 中华人民共和国建设部. 建筑地基基础设计规范（GB50007-2011). 北京：中国建筑工业出版社，2011.
[11] 中华人民共和国建设部. 建筑结构荷载规范（GB50009—2012). 北京：中国建筑工业出版社，2012.
[12] 中华人民共和国建设部. 混凝土结构设计规范（GB50010—2010). 北京：中国建筑工业出版社，2010.
[13] 中华人民共和国建设部. 砌体结构设计规范（GB50003—2011). 北京：中国建筑工业出版社，2011.
[14] 中华人民共和国建设部. 高层建筑混凝土结构技术规程（JGJ3—2010). 北京：中国建筑工业出版社，2010.
[15] 中华人民共和国建设部. 建筑结构设计术语和符号标准（GB/T50083—97). 北京：中国建筑工业出版社，1997.